“十四 育课程思政改革系列教材

精细化工工艺设计

JINGXI HUAGONG GONGYI SHEJI

张珍明　李润莱　李树安　著

配套电子资源

南京大学出版社

图书在版编目(CIP)数据

精细化工工艺设计 / 张珍明，李润莱，李树安著.
—南京 ：南京大学出版社，2023.1
ISBN 978 - 7 - 305 - 26069 - 8

Ⅰ. ①精… Ⅱ. ①张… ②李… ③李… Ⅲ. ①精细化工—工艺设计 Ⅳ. ①TQ39

中国版本图书馆 CIP 数据核字(2022)第 147930 号

出版发行 南京大学出版社
社　　址 南京市汉口路 22 号　　邮　编 210093
出 版 人 金鑫荣

书　　名 精细化工工艺设计
著　　者 张珍明　李润莱　李树安
责任编辑 刘　飞　　编辑热线 025 - 83592146

照　　排 南京南琳图文制作有限公司
印　　刷 丹阳兴华印务有限公司
开　　本 787×1092　1/16　印张 18　字数 405 千
版　　次 2023 年 1 月第 1 版　2023 年 1 月第 1 次印刷
ISBN 978 - 7 - 305 - 26069 - 8
定　　价 59.00 元

网址：http://www.njupco.com
官方微博：http://weibo.com/njupco
官方微信号：njupress
销售咨询热线：(025) 83594756

前　言

精细化工是当今化学工业中最具活力的新兴领域之一，是新材料的重要组成部分。精细化工产品种类多、附加值高、用途广、产业关联度大，直接服务于国民经济的诸多行业和高新技术产业的各个领域。大力发展精细化工已成为世界各国调整化学工业结构、提升化学工业产业能级和扩大经济效益的战略重点。世界精细化工正在向着产业集群化，工艺清洁化、节能化，产品多样化、专用化、高性能化的方向发展。进入二十一世纪以来，化工工业更加关注安全、绿色、可持续发展，精细化工工艺技术发展可谓一日千里。例如相转移催化、不对称催化和微波照射等有机合成新技术的出现给精细化工带来很大的进步；随着反应器型式由间歇反应釜过渡到了连续化管道反应器，引起操作方式由间歇向连续化转变；研发设备也在更新，很多实验室配备了微管道反应器；借助动力学方程及相关数据，实现反应器设计与选型、加料方式选择和反应工艺条件确定等工作化繁为简；利用溶度差分离异构体、使用“产物”制造产物等方法，促使产品分离提纯及晶型制备等后处理手段变革。同时，我国在精细化工领域涌现出许多追求真理、勇于创新、为民族复兴、为科学献身的可歌可泣的科学家。本书将我国科学家的创新精神和家国情怀以及著者在工作中的一点浅显经验和实验心得分享给读者。

本书分为10章，包括30个实战案例，另外还贯穿了8个思政元素案例，这些案例与每一章节的理论知识相得益彰。本书内容及特色包括：

1. 精细化工工艺开发方法概论、化学化工文献检索与应用以及人名反应，这能帮助读者理清精细化工工艺开发的基本方法、基本原理，了解可利用的精细化工各种文献资源，更能帮助读者继承和借鉴前人的成果，避免重复研究而少走弯路，加速化学化工等科学研究工作的进程。

2. 以理论为先导，并通过实战案例向读者展示连续化技术、联产技术、管道化等精细化工生产的前沿技术；实战案例还把概念、技术和方法转化为精细化工的实用技术，如书中不仅阐述产品的技术背景、反应机理，还介绍工艺流程、实验材料和设备选型以及后处理等技术，将知识迁移形成相关案例、衍生物工艺和拓展案例，著作格式和内容由浅入深，如叙述故事引人入胜，带着问题展开，读者通过学习，既可以找到问题答案，还能够知晓科学研究的方法，读者由被动阅读变为主动学习。

3. 根据动力学方程及相关数据，巧妙用于选择和设计工业化的反应器、判断加料方式和优化反应的工艺条件。

4. 举例说明水蒸气蒸馏法、溶解度差法如何用于产品分离、萃取和重结晶等后处理过程。

5. 采用反应“产物”来制造产物，以促进析晶或生成期望的晶型。

6. 课程思政元素几乎贯穿每一章，以激发读者的科研素养和科学创新，对读者植入“责任关怀”和“双碳理念”。

本书既可作为广大从事精细化工产品研发和生产人员的实用参考书，也可以作为高等院校精细化工专业方向硕士研究生和本科生的专业教材，还可作为其他化工类的硕士研究生和本科生或高职高专化工技术类专业学生的选修教材。

本书由江苏海洋大学张珍明、李树安，四川大学李润莱著。本书得到江苏海洋大学张明星、张东恩等老师大力支持和帮助，在此深表谢意！鉴于精细化学品合成工艺及应用涉及面广、品种繁多，理论研究和应用技术发展迅速，在写作过程中，本书还参阅国内外已出版专利、专著和专业期刊等，吸取了许多专家学者宝贵经验，在此一并感谢！限于作者的水平，书中定有不妥或谬误之处，恳请读者批评指正。

著　者

2022年12月

目　录

第1章　精细化工工艺开发方法概论

1

第 2 章 化学化工文献检索与应用

第 3 章 连续化技术——甲苯氯化生产氯化苄

第6章 人名反应方法——8-羟基喹啉制备技术

126

第7章 水蒸气蒸馏法——吡啶硫酮工艺

第8章 动力学在精细化工工艺开发中的应用

第1章 精细化工工艺开发方法概论

未来的化学工程师在化工工艺开发中不仅需要克服和回避热力学障碍，掌握逐级经验放大、数学模型放大、反应过程强化和化学过程放大效应；还应该具备绿色化工、循环经济和责任关怀的理念和素养。

1.1 化工工艺开发案例及其启示

合成化学的特点：反应复杂，有时还需要催化剂、溶剂、高压、高温、分离、拆分才能得到纯的化合物。无论是合成大宗的基础化工产品、精细化学品、医药产品，还是合成具有功能的分子器件和分子机器，都不可避免地伴生三废。原子经济性反应要求反应物中的原子极大限度地出现在产物的分子结构中，原子经济性通常用原子利用率衡量，原子利用率与收率是不同的概念，收率高的反应不一定是原子经济性反应。化工工艺特别是工业化的化工工艺设计，是依靠化学家对化学、数学、物理、材料和生物的研究，做出正确的评价、估算和假设而创造出来的。所以，成功的化工工艺设计既是科学，又是艺术。

1.1.1 高压聚乙烯工艺的开发

受到20世纪30年代在高温、高压下，催化 H_2 和 N_2 反应合成氨的启发[1]，1933年英国帝国化学工业公司福西特和吉布森在 1.013×10^8 Pa，170 ℃条件下试图引发乙烯和苯甲醛的反应，希望获得新的物质。不幸的是乙烯和苯甲醛在高温和高压下并没有发生反应，但意外发现在反应器壁上有一些白色蜡状的固体薄膜，经过化验分析是聚乙烯。后来又重复试验了多次，始终没有得到预期的结果。到了年底，该公司使用了一个 80 mL 反应器，在 1.013×10^8 Pa 和 180 ℃高温下进行乙烯聚合反应，由于密封性不好，漏掉了一些乙烯，补充乙烯后又继续试验，意外地获得了成功。研究者分析：试验条件都一样，以前多次试验都没有成功，而这次因乙烯泄漏，补加部分乙烯才得以成功，是什么物质起到了催化作用？原因可能是在补加乙烯时，带进了微量的氧气而引发了乙烯的聚合反应，这个推论在后续的试验中得到了证实。

$$N_2 + 3H_2 \xrightarrow{\text{高温、高压}} 2NH_3$$

类比反应：

$$= + \text{(苯甲醛)} \xrightarrow{\text{高温、高压}} \text{新化合物?}$$

意外成功：

$$n\mathrm{CH_2{=}CH_2} \xrightarrow[1.013\times10^8\ \mathrm{Pa}]{\mathrm{O_2},180℃} \mathrm{\{CH_2{-}CH_2\}_n}$$

1839 年，橡胶之父、硫化橡胶发明人查尔斯 · 固特异(Charles Goodyear)用相似的方法开发了硫化橡胶产品。初期的橡胶制品遇冷则硬脆，遇热则软粘。当时正值英国工业革命，钢铁工业突飞猛进，固特异从铁改性成为钢的方法中得到启发，尝试类推到在橡胶中添加某种物质以改造其性能，但屡遭失败。有一天，当在加热的橡胶中加入硫时，立即放出难闻而窒息的气体，他不得不停止试验，并将试样抛入垃圾箱。事后，他在炉边发现了一块在忙乱中散落的橡胶，由于他长期对试样的观察，立即意识到这一样品与其他样品的差异，进一步试验表明，硫化橡胶高温不粘，低温不脆，具有良好的弹性。在此基础上，他继续优化配比、加热时间、反应时间，并确定在有铅化合物存在时，硫化效果更好。

从方法论角度看聚乙烯的开发过程，有两个方面的价值：其一，使用了类推法。虽然乙烯与苯甲醛的反应失败了，但乙烯聚合反应成功了。其二，使用了观察法。氨的合成使过去认为不能进行的反应实现了，打破了认识上的局限。开阔视野后，人们开始有计划、有目的地收集材料，试图回答高压可以使本来不能进行的反应变成现实，所以对试验现象细致入微地观察，才发现了白色蜡状薄膜。后来在因密封不良而意外获得成功后，又进行抽象思维与推理判断，得出了是微量氧的催化作用，并在实验中得到证实。

1.1.2 尼龙-66 的开发

1927 年，美国杜邦公司为了在激烈的市场竞争中占有优势，决定推进基础研究，如每年划出 25 万美元作为专项经费，并招聘优秀人才加盟。华莱士 · 卡罗瑟斯(Wallace Carothers)后来应聘，他的研究工作从二元醇和二元羧酸缩合开始。虽然醇和羧酸缩合生成酯是人们熟知的常规反应，但他的研究不同于常规的有机合成，通过严格配比，醇和酸的摩尔比为 1 ∶ 1，其误差不超过 1%，反应程度要求超过

99.5%,突破了有机合成的常规,进而发现了二元醇和二元羧酸的缩合聚合规律[2]。反应式如式 1-1 所示。

$$n\ \mathrm{HO{-}CH_2CH_2{-}OH} + n\ \mathrm{HOOC(CH_2)_4COOH} \longrightarrow \mathrm{HO{-}[CO(CH_2)_4CO{-}O{-}CH_2CH_2{-}O]_n{-}H} + (2n-1)\mathrm{H_2O}$$

式 1-1　二元醇和二元羧酸缩合聚合为聚酯的反应式

有趣的是熔融的聚酯具有非常奇妙的性质,如能拉成丝,具可纺性。这种聚酯丝在冷的状态还可拉伸,且强度和弹性均增加。出于职业的敏感性,卡罗瑟斯立即意识到聚酯这一特性的商业价值(也就是后来的合成纤维)。此后研究拓展到当时能获得的所有脂肪酸和醇的缩合,后因脂肪酸和醇的缩合物熔点偏低,易于水解,不适合于商业目的而放弃了这一路线,之后转向结构比聚酯稳定的聚酰胺的研究。他将二元醇替换为二元胺,和二元酸合成了上百种聚酰胺,最终发现己二胺和己二酸合成的聚酰胺最为理想,但从实验室到产业化(如原料的生产、计量、控制、喷丝等),经历了 11 年,先后有 230 名专家参加了该项研究,总耗资约 2 200 万美元。1941 年,英国的温菲尔德(T. R. Whinfield)和迪克森(J. T. Dickson)用对苯二甲酸替代脂肪二元酸,即用乙二醇和对苯二甲酸进行缩合反应,获得了另外一个新产品,就是众所周知的“涤纶”(Dacron)。

启发　突破常规往往会有意想不到的结果。走不通的路线,换一种思维,也是走向成功的捷径。

1.1.3　异丁烷与正丁烯烷基化反应

1930 年,美国环球油品公司(UOP)的 H. Pines 在分析室里从事测定热裂解产生汽油中不饱和烃的含量的日常控制分析,分析步骤:先将汽油样品与定量的 96%的硫酸加入带有活塞的刻度量瓶,再把量瓶浸入冰水中,振荡一段时间后从量瓶读取油层减少的体积,计算出与硫酸反应的烯烃量。

然而发生了一件奇怪的事情,他有一次把量瓶长时间放置在冰水中,发现油层增加了,他认为是由于与硫酸反应的烯烃或者原来溶解于硫酸中的烷烃进入油层的缘故。为了证实自己的解释,他又将量瓶放置一段时间,但并没有发现油层体积的变化。他认为多年用于分析烷烃中烯烃含量的方法有误差,并向领导汇报,但当时没有被领导重视和接受。1930 年 9 月,新任领导伊帕蒂耶夫(V. N. Ipatieff)上任,Pines 向他汇报了自己的发现后便得到了支持,Ipatieff 决定用纯烯烃和含有烯烃和烷烃的混合物做实验,结果导致了烷基化反应的发现。

用烯烃如丁烯等与 96%的硫酸实验。烯烃进入硫酸中形成均匀的一层,放置一段时间后,意外发现产生了油层,分离出的油层主要是烷烃。这是因为丁烯在此条件下发生了歧化反应，一部分烯烃把氢转移到另外一些烯烃上，将它饱和；同时自己生成高度不饱和的烯烃，之后与硫酸生成酸溶性化合物。在发现硫酸能引发烯烃歧化反应后，又考察了其他酸是否也能引发歧化反应。最终发现用其他酸，例如 HF、BF_3/HF、$AlCl_3$/HCl 也能引发同类反应。

Ipatieff 从烯烃歧化反应的发现，意识到烯烃可以生成烷烃，于是设想在强酸存在下，烷烃可能也是不稳定的，逆反应可能发生。进而设想在强酸存在下，烯烃还可能与烷烃反应。于是在搅拌情况下，将乙烯和盐酸通入戊烷和三氯化铝中，结果发现乙烯被吸收，产物是烷烃。后来的试验发现只有异构烷烃才与烯烃反应，而正构烷烃不反应，恰巧本反应是正戊烷和异戊烷的混合物。上述比较系统的研究，使得他们发现了异构烷烃与正构烯烃之间的烷基化反应[3,4]。

在烷基化反应发现后，以此为基础，开发了硫酸法和氢氟酸法下异丁烷-正丁烯烷基化制高辛烷值汽油组分的新工艺。具体原理如下：正丁烯与硫酸中的 H^+ 反应生成的仲丁基碳正离子，进一步异构化为叔丁基碳正离子，分别脱质子为 2-丁烯和异丁烯；叔丁基碳正离子与异丁烯发生加成反应生成 8 个 C 的异构烷烃碳正离子，然后，再与异丁烷发生离子交换，生成 8 个 C 的异构烷烃（烷基化汽油）和叔丁基碳正离子。由于烷基化汽油的各种优点，使得烷基化工艺蓬勃发展。至今，世界上已有数百套烷基化反应装置，在运行中烷基化反应已成为石油加工的主要过程之一，也成为炼油工业中提高汽油辛烷值的一种重要工艺。

拓展 其他酸是否可行？HF、$AlCl_3$/HCl 都可以。

推理 烷烃在强酸下也是不稳定的。例如实验：乙烯和 HCl 通入戊烷中，发现乙烯被吸收，产物是烷烃。幸运的是使用的戊烷中含有异戊烷，进一步研究发现正构烷烃不发生反应[1,2]。在石油炼制过程中，副产大量的异丁烷和正丁烯，在当时并没有实际用途。异丁烷与正丁烯烷基化反应的发现，启发人们用异丁烷与正丁烯通过烷基化反应制备高辛烷值的油品。以异丁烷-正丁烯为起始原料制备烷基化汽油的反应机理如式 1-2 所示。

$$\mathrm{CH_3{-}CH_2{-}CH{=}CH_2 + H^+ \rightleftharpoons CH_3{-}CH_2{-}\overset{+}{C}H{-}CH_3 \longrightarrow CH_3{-}\overset{+}{C}(CH_3){-}CH_3}$$

$$\mathrm{CH_3{-}CH_2{-}\overset{+}{C}H{-}CH_3 \longrightarrow CH_3{-}CH{=}CH{-}CH_3}$$

$$\mathrm{CH_3{-}\overset{+}{C}(CH_3){-}CH_3 \longrightarrow CH_3{-}C(CH_3){=}CH_2}$$

$$\mathrm{CH_3{-}\overset{+}{C}(CH_3){-}CH_3 + CH_3{-}C(CH_3){=}CH_2 \longrightarrow CH_3{-}C(CH_3)_2{-}CH_2{-}\overset{+}{C}(CH_3){-}CH_3}$$

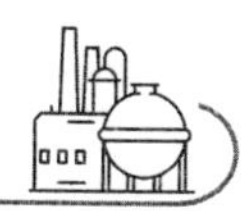

$$CH_3-\underset{CH_3}{\overset{CH_3}{C}}-CH_2-\overset{CH_3}{\underset{+}{C}}-CH_3 + CH_3-\overset{CH_3}{\underset{+}{C}}-CH_3 \longrightarrow CH_3-\underset{CH_3}{\overset{CH_3}{C}}-CH_2-\overset{CH_3}{CH}-CH_3 + CH_3-\overset{CH_3}{\underset{+}{C}}-CH_3$$

式 1-2　以异丁烷-正丁烯为起始原料制备烷基化汽油的反应机理

启发 1. 注意发现实验的异常现象，敢于挑战权威和经典。

2. 深入、细致、系统地研究异常现象，认识其本质。

1.1.4　数学模型的应用——丙烯二聚

实验室的研究成果都是经过逐个因素探索和逐级放大而获得工业化的，其耗资费时是显而易见的。为了摆脱这种局面，数学模型法受到重视。丙烯二聚生产异戊二烯就是一个例子[2]。

丙烯二聚生产异戊二烯分为三个阶段：聚合、异构化、裂解。反应式如式 1-3 所示。

$$\xrightarrow{\text{聚合反应}}$$

式 1-3　丙烯二聚合成 2-甲基戊烯反应式

小试在连续换热管式反应器中进行，丙烯与催化剂三乙基铝混合，加压下进入反应器，均相反应得到了如下方面的研究结果：反应速率、活性、起始温度、转化率、产品分布、催化剂失活研究、最佳反应条件。

为了建立模型，进行假设和简化。

(1) 在所有的浓度下，混合物的密度、传热系数和热容为常数；

(2) 流体通过系统的压力不变化，即略去阻力损失；

(3) 冷却介质速率足够高，反应器每一截面视为等温；

(4) 反应介质流速不随反应器高度改变；

(5) 不存在轴向返混、径向返混；

(6) 不存在径向温度分布；

(7) 反应管有个冷源，沿着反应器温度变化不连续，应分别进行积分。

根据上述的假设和简化，写出数学模型方程式：

(1) 转化率方程

根据假设，反应器为活塞流。记反应速率常数为 k，转化率为 x，反应时间为 Δt，一级化学反应时，转化率方程为

$$x=1-\exp(-k\Delta t) \quad (公式 1-1)$$

(2) 温度对速率常数的影响

记 T_0 温度的反应常数为 k_0，T 温度时的反应速率常数为 k，E 为反应活化能，R 为通用气体常数，则

$$k=k_0\exp\left[-\frac{E}{R}\left(\frac{1}{T_0}-\frac{1}{T}\right)\right] \quad (公式 1-2)$$

(3) 反应介质的密度

记反应介质中催化剂的含量为 L，烃与催化剂总重为 A，则 L/A 为催化剂所占重量分率，$1-\frac{L}{A}$ 为烃所占重量分率。又以 d_{HC}、d_C 分别表示烃与催化剂的密度。反应介质的密度 ρ 为

$$\rho=\left[\frac{1}{d_C}\left(\frac{L}{A}\right)+\frac{1}{d_{HC}}\left(1-\frac{L}{A}\right)\right]^{-1} \quad (公式 1-3)$$

(4) 传热微分方程

记反应介质体积流量为 V，丙烯浓度为 C，反应热为 ΔH，则反应放热为

$$V\rho C\left(1-\frac{L}{A}\right)[1-\exp(-k\Delta t)]\Delta H \quad (公式 1-4)$$

记反应管半径为 r，管内介质温度为 T，冷却介质温度为 T_c，传热总系数为 K，相应管长为 l，Δt 时间内的传热量为

$$2\pi rlK(T-T_c)\Delta t \quad (公式 1-5)$$

Δt 时间内的热量衡算式

$$Q=V\rho C\left(1-\frac{L}{A}\right)[1-\exp(-k\Delta t)]\Delta H-2\pi rlK(T-T_c)\Delta t \quad (公式 1-6)$$

(5) 反应介质的温度变化微分方程

记介质的热容为 C_p，Δt 时间内温度变化为 ΔT，根据热平衡

$$Q=V\rho C_p\Delta T \quad (公式 1-7)$$

(公式 1-6)与(公式 1-7)联立，得到温度变化 ΔT 为

$$\Delta T=\frac{C\Delta H}{C_p}\left(1-\frac{L}{A}\right)[1-\exp(-k\Delta t)]-\frac{2K(T-T_c)}{r\rho C_p}\Delta t \quad (公式 1-8)$$

在计算机上综合上述反应速率和传热方程，未经中间实验实现了聚合反应放大 17 000倍的工艺。工业装置数据测定表明与模型预言的数据吻合得极好，在 2 000 m 长的管式反应器中温度最大误差不超过 2 ℃。

2-甲基戊烯异构化生成 2-甲基-2-戊烯的反应式如式 1-4：

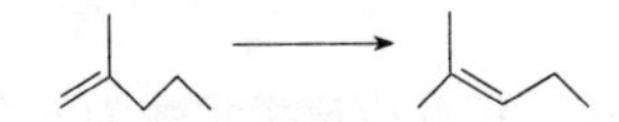

式 1-4　2-甲基戊烯异构化生成 2-甲基-2-戊烯的反应式

当操作温度为 80～150 ℃，热力学数据显示转化率达到 75%。酸性催化剂有利于异构化完成，小试在固定床反应器中进行，考察了不同高径比、循环倍数、催化剂活性。鉴于在最佳条件下反应已经达到平衡，故不需要开发动力学模型。

裂解反应式如式 1－5：

$$\longrightarrow \quad + \ CH_4$$

式 1－5　2-甲基-2-戊烯裂解生成异戊二烯的反应式

小试分别采用等温炉和辐射炉的高温管式固定床反应器，副反应少，与工业装置相比分别放大了 20 000 倍和 6 000 倍。

结论　丙烯二聚生产异戊二烯的开发方法，虽然是个案，但代表了一种崭新的开发研究方法。

1.1.5　丁二烯氯化制备氯化丁烯

丁二烯与氯气进行气相反应，得到二氯丁烯，反应式如式 1－6，副反应产物为氯代产物和多氯加成产物[2]。

$$\underset{\text{丁二烯}}{C_4H_6} + \underset{\text{氯气}}{Cl_2} \longrightarrow \underset{\text{二氯丁烯}}{C_4H_6Cl_2}$$

式 1－6　丁二烯与氯气加成生成二氯丁烯的反应式

该反应速度很快，优化工艺条件，选择合适的反应器，提高选择性和收率是小试的主要任务。开发者设计了实验，初步认识反应的特征，如主副反应哪个对温度更敏感等。

1. 认识实验

在认识实验阶段，不必追求装置的正规和精密，只要能达到实验目的就可以了，开发者小试采用的反应装置如图 1－1 所示，原料气经 Y 形管混合后进入玻璃管，其外面缠绕电热丝，以调节反应温度，体现了方便、迅速的特点。实验结果表明：该反应速度极快，即使在常温下反应速度也很快，产物分布对温度很敏感，以 270 ℃为界限，高温有利于加成反应，低温有利于氯取代反应，这意味着加成反应的活化能大于氯取代反应的活化能，认识到反应的温度效应特征，即高温有利于主反应进行。

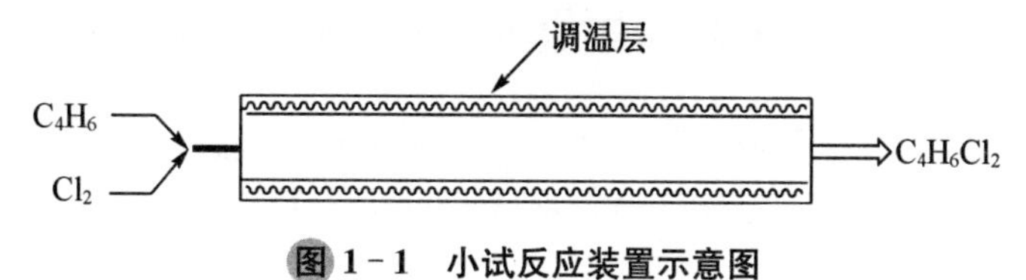

图 1－1　小试反应装置示意图

按照开发工作者科学方法论的原则，开发者应及早地把工艺与工程结合起来进行思考。反应器的型式是产生工程因素的主要来源之一，针对已认识到的反应特征，反应器保证不出现低于 270 ℃的低温度区。为了满足这一工艺要求，开发者提出了可供选择的方案以及筛选这些方案的判据。

原料气预热方案，经验表明，一是若进行原料气预热后再进入反应器，因丁二烯容易聚合，必然造成换热面的玷污而增加热阻，使换热器难于稳定且长期的运转；二是不预热原料，采用全返混釜式反应器，利用返混使进入反应器的冷料与已在反应器中的热料迅速混合，用反应产物加热原料，且反应器内温度均一，但搅拌桨的密封又遇到不可避免的麻烦；三是利用原料气的动量，抽吸反应产物达到返混的目的。在实现反应器等温操作目标的同时，既回避了换热器，又不存在搅拌密封的问题，这是很具有吸引力的方案。

假定进料温度为 30 ℃，反应产物的温度为 300 ℃。为使原料温度升到 270 ℃，假设原料与产品的热容相同，抽吸量与喷射量的比值为 8～10，进一步计算表明要产生如此大的抽吸量，喷射速度为 100 m/s，射流阻力降为 5 000 N/m^2，这些数据表明条件并不苛刻，工业上是可以实现的。为了进一步判明返混反应是否会对二氯丁烯生成反应不利，可以制作小型全混反应釜或者小型射流反应器加以验证，但这都是难度极高且不宜稳定操作的。开发者认为回答反应物返混反应器是否降低反应选择性的问题与回答丁二烯与氯气是否存在串联副反应这一问题是等价的。这样的推理思考，相当于进行了命题的转化，而命题的转化则建立在过程分析与反应工程理论指导的基础之上。

实验已经证明，高温下氯气取代副反应已不存在，剩下的是加成反应，丁二烯氯化的可能途径如图 1-2 所示。可能存在的副反应有两种：其一是平行反应，因为这是一个多氯加成副反应，可以预见其反应级数即对氯气浓度的敏感程度比主反应更大。反应工程理论对此已有定论，即当平行反应的反应级数大于主反应时，返混存在对主反应的选择性无害。其二为串联副反应，反应工程理论对此也有定论，即返混导致选择性下降，可见回答返混是否有害与回答串联副反应是否存在是等价的。命题转化得到的好处是实验工作大大简化，不需要再为返混反应器的制造而烦恼，实验装置和以前一样，通过改变进料的组成，即将二氯丁烯气化与氯气混合进入反应器，如产品中有多氯化合物存在，则存在串联反应，反之串联反应不存在，返混不影响选择性。

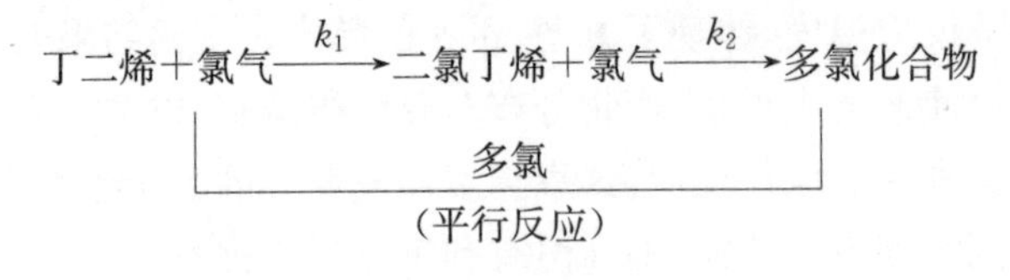

图 1-2　丁二烯氯化的可能途径

基于以上主导思想组织的第二组实验，显然是为了认识反应的类型、特征及串联副反应是否存在，实验结果表明：产品中存在大量的多氯化合物，串联副反应存在确证无疑。

2. 鉴别实验

通过两组实验认识了反应的两大特征：温度效应表明为了抑制氯代副反应，反应器不应有低温区。为此，借助于返混这一工程因素，创造等温条件。浓度效应表明返混时选择性下降，应予以限制。开发工作处于顾此失彼的两难境界。若放弃返混，则抑制氯代副反应，一时无新的方案，只能坚持返混原则，寻求抑制串联副反应的办法。

在没有反应动力学的条件下，不妨简略的分析一下影响选择性的因素，假定串联的主副反应都是一级反应，即总反应速率为 $r_{总}$，副反应的速率为 $r_{副}$，反应的选择性为 S，则有

$$r_{总}=k_1[C_4H_6][Cl_2]$$

$$r_{副}=k_2[C_4H_6Cl_2][Cl_2]$$

$$S=\frac{r_{总}-r_{副}}{r_{总}}=\frac{k_1[C_4H_6][Cl_2]-k_2[C_4H_6Cl_2][Cl_2]}{k_1[C_4H_6][Cl_2]}=1-\frac{k_2[C_4H_6Cl_2]}{k_1[C_4H_6]}$$

（公式 1-9）

上述表明过量的丁二烯是可能提高选择性的唯一措施。在管式反应中，随着反应的进行，选择性越来越低；在返混式反应器中，浓度均一，各处都处于恶劣的条件之下，因此选择性很小。形成上述概念以后，要组织实验进行验证，判断正确与否。再次运用命题转化的方式，因为进料浓度与返混这两个工程因素产生的浓度效应是等效的，仍然可以利用已有的管式反应器进行验证试验。在进料中含氯气、丁二烯和二氯丁烯三种物质，它与氯气和丁二烯两种物质为原料在返混反应器中进行反应是等效的。这样再一次回避了设备问题，但确认了要验证的问题。

3. 验证试验

第三组实验表明，在过量丁二烯存在下，产品中几乎不存在多氯化合物。试想如果不是理论指导下进行逻辑思维推断，形成概念后又加以验证，而采取常规尝试误差或经验搜索的方法，将是何等的费时费力。

在第三组实验的基础上，开发者决定了反应器的选型即喷射式返混反应器，确定了大致的工艺条件即温度在 300 ℃左右、丁二烯过量。为了不在反应器中敷设加热或冷却排管，避免因结构而留后患，绝热操作是理想中的目标。热平衡计算表明，进料中氯气与丁二烯之比为 1∶4，即可达到要求。这一配比在满足工程约束——绝热操作的同时，也满足了工艺要求——高选择性，但前者处于主导地位。

接下来面临的问题是对反应器的设计依据进行决策。习惯上反应器的体积决定了反应速率，但实验结果表明，丁二烯氯化反应进行地很快，以此为基准的体积一定不大；另一方面，从工程的角度考虑，射流应有足够的喷射长度和限流直径，以满足抽吸量是喷射量的 10 倍，达到返混以维持等温。两者相继比较，后者是设计的依据。因此，系统的实验内容不是丁二烯氯化的动力学测定，而是冷模实验。测试喷射长度、射流动量、限流直径与返混量的关系。

这个开发案例是利用工程特殊性简化实验，反应器的几何尺寸不是由动力学数据决定，从而省略这一环节试验与计算；原料配比不是由实验结果优选的，而是由绝热操

作决定，从而省略了配比的优选。

启发 正确的开发方法是在反应工程的理论指导下，在正确的实验方法论的指导下，充分利用对象的特殊性进行分析推理、命题转化、规划实验和简化实验。

1.2 克服和回避热力学障碍的方法

1.2.1 操作条件对平衡的影响

道奇(Dodge)曾对一个化学反应是否有希望进行给出如下判据：

(1) 当 $\Delta G_{298}^{\ominus}<0$，反应大有希望；

(2) 当 $0<\Delta G_{298}^{\ominus}<40\,000$ kJ/kmol，反应难以预料，有待进一步研究；

(3) $\Delta G_{298}^{\ominus}>40\,000$ kJ/kmol，仅在极少数情况下反应才能进行。

例如对于气相反应，温度、压力及惰性组分都有不同的影响。

1.2.2 反应耦合

当一个反应遇到热力学障碍，即 $\Delta G_{298}^{\ominus}>0$，如果向系统中添加一种物质，它能与反应产物之一进行反应，且 $\Delta G\ll 0$，使总反应的 ΔG 为负数或很小的正数，从而达到克服热力学的障碍，即为反应耦合原理[1]。甲烷耦合反应的过程及总反应式如式 1-7。

甲烷脱氧制乙烯：　$2CH_4 \longrightarrow H_2C{=}CH_2 + 2H_2$

氢气燃烧反应：　$H_2 + 1/2\ O_2 \longrightarrow H_2O$

甲烷耦合总反应：　$2CH_4 + O_2 \longrightarrow H_2C{=}CH_2 + 2H_2O$

式 1-7　甲烷耦合反应的过程及总反应式

式 1-7 中第一个吸热反应具有较大的正 $\Delta G_{298}^{\ominus}$，只有在很高的温度下，$\Delta G<0$。但当该反应与具有很大的负 $\Delta G_{298}^{\ominus}$ 氢氧燃烧反应耦合时，反应很容易进行，转化率合适。

1.2.3 分步反应

当一个反应遇到热力学障碍，即 $\Delta G>0$，无法进行反应，可设计为多步反应。前一个反应的产物是中间产物，中间产物继续反应得到最终产物。分步反应的条件各异，但

都处于有利的热力学条件下。如甲烷和二氧化碳合成甲醇。反应式如式1－8。

$$3CH_4 + CO_2 + 2H_2O \longrightarrow 4CH_3OH$$

式1－8　甲烷和二氧化碳合成甲醇的反应式

这个吸热反应具有较大的正ΔG,无法进行。分步反应为在800 ℃下,甲烷和二氧化碳生成一氧化碳和氢气,然后在250～390 ℃下合成甲醇。分步反应如式1－9。

$$3CH_4 + CO_2 + 2H_2O \longrightarrow 4CO + 8H_2$$

$$4CO + 8H_2 \longrightarrow 4CH_3OH$$

式1－9　甲烷和二氧化碳通过分步反应合成甲醇的反应式

1.2.4　苏尔威群

当一个反应遇到热力学障碍(即$\Delta G_{298}^{\ominus}>0$)无法进行反应,就用一群反应共同完成所需反应。苏尔威(Solvay)发现了一个由六个反应组成的反应群[1],实现了氯化钠和碳酸钙制造纯碱的工艺,这就是最著名的苏尔威制碱法。反应式如式1－10。

$$2NaCl + CaCO_3 \longrightarrow Na_2CO_3 + CaCl_2$$

式1－10　苏尔威制碱法反应式

这个吸热反应具有较大的正$\Delta G_{298}^{\ominus}=40\ 200$ kJ/kmol,无法进行,但分步反应,每一步都很容易完成。分步反应如式1－11。

$$CaCO_3 \longrightarrow CaO + CO_2 \qquad 1\ 000\ ℃$$

$$CaO + H_2O \longrightarrow Ca(OH)_2 \qquad 100\ ℃$$

$$Ca(OH)_2 + 2NH_4Cl \longrightarrow CaCl_2 + 2NH_2 + 2H_2O \qquad 120\ ℃$$

$$2NH_3 + 2H_2O + 2CO_2 \longrightarrow 2NH_4HCO_3 \qquad 60\ ℃$$

$$2NH_4HCO_3 + 2NaCl \longrightarrow 2NaHCO_3 + 2NH_4Cl \qquad 60\ ℃$$

$$2NaHCO_3 \longrightarrow Na_2CO_3 + CO_2 + H_2O \qquad 200\ ℃$$

式1－11　氯化钠和碳酸钙分步反应合成碳酸钠的反应式

1.3　反应与装置是工艺开发的核心

精细化工产品的特点是多品种、小批量生产、具有高附加价值和各种功能。成千上万种化学品通过各种化学反应在各式各样的反应装置中进行着,以完成生产任务。科学工作者仍不断探索许多新的反应和新的装置,以便实施新的工艺[5]。因此,可以把工艺或者技术简单理解成反应和装置的问题。一个优势的反应,反应条件不苛刻,反应的设备和装置都比较简单，则设备和装置对反应的选择性和收率的影响不大，例如水杨酸和乙酸酐的酰化反应。相对劣势的反应，不仅反应条件苛刻，设备和装置要求高，而且工艺和操作比较复杂，例如合成氨反应。对于需要多步反应才能完成的产品制造，合成路线的设计和选择也会影响着目标化合物的生产效率，这意味着不仅影响收率和投资，还影响着成本和环境保护。例如郭宗儒教授研发的新药艾瑞昔布为五步合成法[6]，如式1－12。

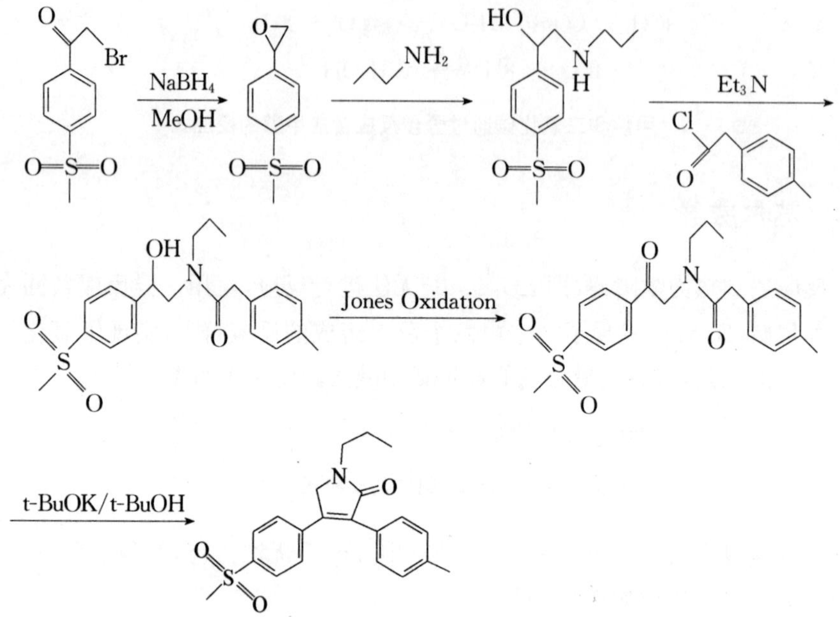

式 1－12　艾瑞昔布的五步合成法

生产工艺改成二步合成法，如式 1－13。

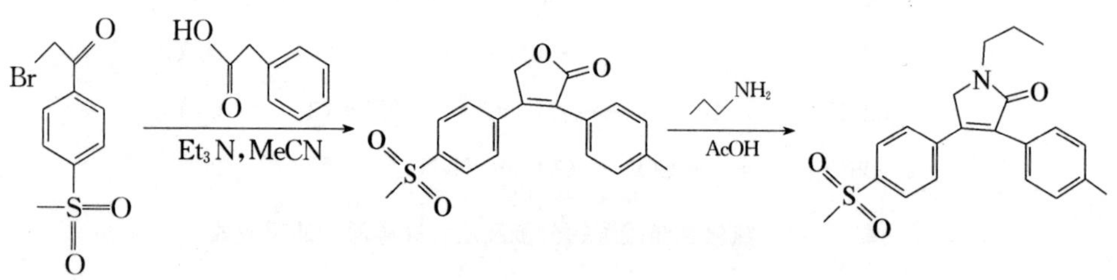

式 1－13　艾瑞昔布的二步合成法

改成二步合成法后生产设备和装置都大大减少，避免了还原、无水和强碱缩合等苛刻条件的操作，后处理次数减少，收率高，环境影响小，综合成本更低。

众所周知，反应本身的特征是用动力学表达的，属于转化过程的内因，而装置的结构形式和尺寸大小则是实现反应的外部环境，属于转化过程的外因。外因是变化的条件，内因是变化的根据，外因通过内因而起作用。反应物料从一开始进入反应装置，到离开装置为止，整个历程就是内、外因不断相互作用而使矛盾不断转化的过程，因此对

各种反应和装置正确和深入地理解能够加快化学工艺的开发进程。

反应的动力学特性是根据反应物系的相态不同而变化的，可以分为均相和非均相。均相包括气相和液相，它的特征是无相界面，反应速度只与温度和浓度有关，适应的反应器型式有管式反应器和搅拌釜式反应器。例如均相酯化反应，酯的生成速度与酸和醇的浓度一次方乘积成正比，其他均相也有类似的关系，只是浓度的幂次方不同而已。非均相包括气-液相、液-液相、气-固相、液-固相、固-固相和气-液-固相，其特征是有相界面，实际反应速度与相界面大小以及相间扩散速度有关，适应的反应器有釜式、塔式、固定床和流化床等。乙炔和氯化氢反应制备氯乙烯是典型的气-固相催化反应，它的反应速度与催化剂的作用有关，反应动力学的方程与均相不同，但与其他非均相气-固相催化反应的表达式具有共同的规律。反应器的特征与适应的反应类型如表1-1。

表1-1　反应器的特征与适应的反应类型

反应器类型	适应的反应类型	反应器优缺点	应用案例
搅拌釜式反应器或多级串联	液相、液-液相、液-固相	适应性大，操作弹性大，连续操作时温度和浓度易于控制，但高转化率时，反应器容积大	甲苯硝化、丙烯酸聚合
管式	液相、气相	返混小，所需反应器容积较小，比传热面积大，但对于慢反应需要管很长，压降大	2-吡啶生产、二元酚制备
空塔或搅拌塔	液相、液-液相	结构简单，返混程度与高径比及搅拌有关，轴向温差大	己内酰胺聚合
鼓泡搅拌釜	气-液-固(催化剂)相、气-液相	返混程度大，传质速度快，需耗动力	甲苯氧化、苯的氯化
鼓泡塔或挡板	气-液-固(催化剂)相、气-液相	气相返混小、液相返混大，温度易调节，气体压降大，流速有限制	苯的烷基化、乙醛氧化
填料塔	液相、气-液相	结构简单，返混小，压降小，有温差，填料装卸麻烦	丙烯连续聚合
板式塔	气-液相	逆流接触，气液返混均小，流速有限制，需传热，挡板间另加传热面	异丙苯氧化、苯连续磺化
喷雾塔	气-液相快速反应	结构简单，液体表面积大，停留时间受塔高限制，气流速度有限制	氯乙醇制丙烯腈
湿壁塔	气-液相	结构简单，液体返混小，温度与停留时间易调节，处理量小	苯的氯化
固定床	气-固相	返混小，高转化率时催化剂用量少且不磨损，不易传热控温	乙烯法制乙酸乙酯
流化床	气-固相，催化剂很快失活的反应	传热好，温度均匀，易控制，颗粒传输容易，易磨损，床内返混大	丙烯氨氧化制丙烯腈
移动床	气-固相，催化剂很快失活的反应	固体返混小，固气比可变性大，粒子传输容易，床内温差大，调节困难	二甲苯异构化

（续表）

反应器类型	适应的反应类型	反应器优缺点	应用案例
输气管	气-固相	结构简单，处理量大，瞬间传热好，固体传送方便，停留时间有限制	石油催化裂解
滴液床	气-液-固（催化剂）相	催化剂带出少，易分离，气液分布要求均匀，温度调节较困难	丁炔二醇加氢
蓄热床	气相，以固相为载热体	结构简单，材料易得，调节范围大，但切换频繁，温度波动大，收率较低	天然气裂解
回转筒式	气-固相、固-固相、高黏度液相	粒子返混小，相接触面小，传热效能低，设备容积较大	烷基苯磺化
喷嘴式	气相、高速反应的液相	传质和传热速度快，流体混合好，反应物易淬冷，操作条件限制严格	天然气裂解制乙炔
螺旋挤压机	高黏度液相	停留时间均一，传热较困难，能连续处理高黏度物料	聚乙烯醇的醇解

装置的特性是指传递过程的特性，尤其是流体的流动和传热特性。例如流体在管内和在搅拌釜内流动状态是完全不相同的，而列管式反应器和绝热式反应器内，传热情况也是完全不相同的，因此，一般以装置的型式作为划分传递过程的准则。又因为动力学特性要求不同，某种型式的反应器往往只适用于某一些反应，正如表 1－1 所示。流体的流动状态与反应器型式有极大的关系，典型的两种流动极端状态是理想返混式（又称全混式），以及理想排挤式（又称平推式，挤出流动式或柱塞式）。

理想返混式是指反应器内各处的浓度完全均一，如强烈的搅拌釜式反应器与之相近；**理想排挤式**是指在与流动方向垂直的截面上，各处的流速与流向都完全相同，就像活塞平推过去一样，细长型的管式反应器与之类似。在许多种反应装置内，由于扩散与装置结构的影响，使流动状态偏离这两种理想模式，出现前面的流体分子被带回到后面的流体中，就是所谓的返混现象。返混程度不同，装置内物料浓度分布情况也不同，从而影响到反应的收率和选择性，小试装置试验时的流动状态常和大生产装置中不同，这就是“放大效应”的一个重要来源。

1.4 化工工艺的开发方法

工业反应过程的开发中，无论应用何种方法，都需要解决以下三个方面的问题：

（1）反应器的合理选型；

（2）反应器操作的优化条件；

（3）反应工程的放大。

1.4.1 逐级经验放大方法

根据小试的结果，通过逐次放大规模的实验来摸索过程的规律，这种研究方法称为**逐次经验放大法**。首先进行小型的工艺实验，以确定优选的工艺条件，然后进行规模稍大一点模型实验验证小试实验的结果，再建立规模更大的(如中试工厂规模)的装置，通过逐次摸索，最后设计出工业规模的大型生产装置。多层次的中间试验每次放大倍数都很低，显然是相当费时、费力和费钱，但目前这种方法仍然是比较可靠的工艺开发方法之一。

通过逐级经验放大方法解决化工工艺开发三个方面问题的基本步骤：

(1) 通过小试实验确定反应器型式(结构变量)；

(2) 通过小试实验确定反应器工艺条件(操作变量)；

(3) 通过逐次中试考察几何尺寸的影响(几何变量)。

逐级经验放大法首先根据在各种小型反应器试验的反应结果的优劣评价反应器型式。在选定的反应器型式中，对各种工艺条件如温度、浓度、压力和空速等进行试验，从反应结果优劣来选择适宜的工艺条件，并在这个基础上进行几种不同规模的反应器试验，以考察选择反应器；然后，再外推放大反应器，如果这种放大的反应器试验效果好，就继续放大，直到工业级规模为止，如果反应器的试验效果差，就归结于“放大效应”，重新调整试验条件，继续试验。这种放大方法，无论结果是优还是劣，都注重总的效果，并不知道哪种因素导致了“放大效应”。

1.4.2 数学模型放大方法

对于反应过程进行机理等方面的深刻认识和理解，并对过程进行合理的简化，利用普遍适应的物理和化学原理，对过程进行数学描述，结合限定的条件求解方程，再通过实验求取的模型参数，并对模型适应性进行验证，这种研究方法称为**数学模型法**[7]。数学模型方法，首先是把工业反应过程分解为化学反应过程和传递过程；然后分别研究化学反应规律和传递过程规律，经过合理的简化，这些过程都可以用方程来表述。由于化学反应规律不因设备尺寸变化而变化，所以化学反应规律完全可以在小型装置中测定出来；传递规律受设备尺寸大小的影响比较大，则需要在大型装置中进行。考虑到只是研究传递过程，无须实现化学反应，所以完全可以利用空气、水和沙子等价廉的模型物进行实验，来探明传递过程规律，这种实验也叫**冷模实验**。按照数学模型方法进行工业反应过程开发的工作可以分为四个步骤：

(1) 小试研究化学反应规律；

(2) 大型冷模试验研究传递过程规律；

(3) 计算机上综合预测大型反应器的性能，寻找优选的条件；

(4) 中间试验检测数学模型的等效性。

对于一个特定的工业反应过程，化学反应规律是其个性，而反应器中的传递规律则是其共性。一旦对某一类反应器的传递规律有深刻的了解，那么采用这一类反应器的工业反应过程开发实验，只限于小试测定反应规律和中试的检测，无须再进行大规模冷模实验了。具备了传递过程规律和小试测定的反应过程规律，就可以直接设计工业反应器，这样就不存在设备的放大问题。采用数学模型的优点是可以实现高倍数的放大，借助冷模试验的验证，并且用数学模型在计算机上进行试验，可大量节省人力、物力和时间。

1.4.3 反应过程强化

化工过程强化就是通过大幅度减少生产设备的尺寸，减少生产装置的数量等方法，使生产装置更加合理，单位能耗更低，废料、副产物更少，选择性和收率更高的方法。化工过程强化包括装置和工艺的强化。生产设备的强化包括新型反应器、新型热交换器、高效填料、新型塔板等；生产过程强化是反应和分离的耦合，如反应精馏、膜反应、萃取反应、反应-结晶组合分离过程，组合分离过程如膜吸收、膜精馏、膜萃取和吸收精馏等，外场作用如离心场、超声、微波和太阳能等，以及其他新技术如超临界流体、动态反应操作系统、微界面、微反应等的应用。

相对于传统的化工设备和化工过程，化工过程强化后的新装置和新工艺，可以大幅度地提高生产效率，显著减少设备尺寸，降低能耗和减少废料生产，最终达到提高生产效率和降低生产成本，提高安全性和减少环境污染的目的。

1.4.4 化工过程放大效应

1. 制备量的放大实验

在实际工作中，常常遇到制备量的放大与缩小问题。在实验室制备规模上，大多使用相似放大或缩小方法。一般来说，如果反应条件相似，也就是传热传质等因素相同，反应不会因为反应体积的变化而改变，但实际上反应体积和反应器形状变化了，传热传质等因素会急剧变化，从而导致放大效应[8]，如表 1－2 所示。

表 1－2 大小玻璃反应器的物理特征

项目	25 mL 圆底烧瓶	22 L 反应器
高/cm	3.6	34.8
从上到底混合速率	能很快混合	不能很快混合
表面积和体积比/$cm^2 \cdot mL^{-1}$	1.66	0.17
产生热量/反应物质量/$J \cdot g^{-1}$	151.5	1 452.9

有关更大制备量的实验，也就是工艺放大，涉及的反应体积在 1 L～5 L 间。通常反应体积超过这个值，就需要使用专业设备进行反应，这显然超出本书的讨论范围，详细见相关研究专著。与小量制备相比，转移到放大量制备除了考虑反应传热传质等因素外，还必须考虑其他问题。放大主要考虑的问题是安全，因为所有与反应相关的安全隐患增加。因此，在尝试更大的制备规模之前，有必要在小量制备内测试反应规律，始

终将放大规模限制在≤10倍。

制备量放大时,需要考虑的一些主要问题:

(1) 放大会花更长的时间。由于涉及的反应体积较大,试剂加入、溶剂蒸发、相分离和后处理等过程,所有这些都要比小规模试验花费更长的时间,所以要确保有足够的时间以完成试验。此外,因反应装置的质量和体积将明显增加,还要确保反应装置被牢牢地固定。

(2) 有效的搅拌可能是个问题。通常在放大的设备中机械搅拌是必需的,而磁力搅拌效果很差。在反应容器中有挡板也是有益的,因为这样可以提高搅拌的效果。浸入反应混合物像温度计一样简单的东西会引起严重的湍流,对混合有好处。

(3) 通过注射器加料可用于较小数量的制备试验(<50 mL),但对于放大量的制备注射泵加料更有效,尤其是当缓慢、需要控制加料时。可使用恒压滴液漏斗滴加液体料,但不可用于需要精密控制滴加速率的反应。各种各样的输送泵装置可用于控制更大量的加料。

(4) 对于大体积反应器,反应温度的控制变得更加困难,它需要加热或冷却更长的时间。通过简单的加热和冷却浴,不容易控制大圆底烧瓶的内部温度。对于高于或低于环境温度的反应建议使用夹套容器。

(5) 放热反应在制备量比较大的试验中特别具有挑战性。在小量制备试验中,反应过程中产生的任何热量通常很快消散,因为反应混合物相对于它的体积而言有比较大的表面积。然而较大量制备反应的相对表面积要小得多,使得热量不易散失。任何热量的积累都会导致反应速率加快,这将产生更多的热量,又促使反应速率更快。如果发生这种情况,反应会很快失控,因此在设计大量制备反应时,必须确保这种飞温情况不能发生。在放大之前,一定要在小量制备试验内监控反应,测量反应放热行为。对于放热反应,一个常见错误是在开始时把所有试剂一起加入反应瓶中或迅速地将一种反应物加到另一种反应物中,导致反应活性组分的积累。在开始产生热量之前,通常会有一个初始延迟(诱导期)。如果不小心,可能在这一点上加了太多的试剂,它会产生更多的热量,直到它被消耗完为止。在可控条件下进行放热反应,最好的做法是在添加限制性试剂之前使反应混合物达到所需温度。然后,以一定的速率添加试剂,以确保反应的安全温度。在升高温度下开始放热反应是不合理的,但如果反应需要在室温以上进行,最安全的方法是避免添加试剂的积聚。

(6) 分离和纯化的某些方面可能更具挑战性。例如,应该为后处理阶段留出相当多的时间用于溶剂分离,而用色谱法净化大量物质也不太方便。

(7) 有些问题在更大量的制备上变得不那么重要。例如,湿敏反应在大量制备反应中更容易进行,因为进入系统痕迹的水占反应混合物百分比很小。保持大的反应器干燥的一个简便方法是先加入反应溶剂之前,加入一个与水能形成共沸的溶剂,然后蒸馏共沸物除去水。选择的溶剂应该能与水形成良好的共沸物,如甲苯和氯仿等。在产品分离纯化过程中产品的损失在更大量的制备中也变得不那么重要,而在更大量规模内结晶或蒸馏原料更容易。

2. 制备量的放大与缩小实验

小规模反应定义为混合物体积小于 5 mL 的反应。在这种规模下进行有机反应，将出现一些特别的问题，制备量缩小反应的注意事项：

(1) 称量少量敏感试剂较困难；

(2) 由于设备设计而造成的物料损失较大；

(3) 难以除去对水分敏感的反应物料中的微量水分。

通常情况下，这些损失只占总物料的百分之几；然而随着反应规模的减小，这个百分比会急剧增加。例如，如果在 1.0 mol 规模上进行湿敏反应，则需要 18.0 g 水才能完全停止反应的发生，但如果在 0.1 mmol 规模上进行相同的反应，则只要 1.8 mg 水就能完全淬灭反应。一个实验技能熟练的化学家应该能够成功地在 0.01 mmol 的尺度上进行水分敏感反应。

1.5 绿色化工

思政案例

化学化工面临的挑战

化学是一把双刃剑，化学工业为衣、食、住、行、保健和娱乐以及国防安全提供了丰富的化学物质，极大地丰富了人们的物质生活。20 世纪是人类对资源和环境破坏最严重的一百年，一些商家为了追逐利润，肆意污染环境，浪费能源，毁坏生态，甚至威胁着人类的生存。人类社会正面临着包括全球气候变暖、核冬天威胁、臭氧层破坏、光化学迷雾和大气污染、酸雨、生物多样性锐减、森林破坏、土地荒漠化等环境问题，还包括能源、土地、矿产和生物资源问题，以及健康及可持续发展问题。近年来，随着环境污染的加剧和人类对环境问题的关心，化学化工面临着前所未有的挑战。很多人对化学工业提出质疑，认为环境变差，化学是罪魁祸首。于是对化学产生一种莫名其妙的恐惧心理，害怕、逃避与化学有关联的事物。凡是标有“人工添加剂”的食品都不受欢迎，化妆品广告中也反复强调本品不含任何“化学物质”，甚至西方媒体中出现了一个新词汇“chemphobia”(化学恐惧症)。

随着人类社会和平与发展逐渐成为人类追求文明与进步的共同主题，环境污染已成为威胁世界的第一危机。当今重大的环境问题几乎都与化学品的生产有直接或间接的关系，提起化学化工产业，人们总会把它与污染、癌症联系在一起。化学学科、化学产品在人们的心目中也由喜欢、爱惜转为害怕、厌恶。例如，曾经是最著名的农药和杀虫剂，先被推广为一种奇妙的化学品，后来又跌落神坛，沦为众矢之的的“滴滴涕”。其化学名为双对氯苯基三氯乙烷(DDT，Dichloro-Diphenyl-Trichloroethane)，结构式如式 1-14 所示。

CCl_3

Cl　　Cl

DDT

式1-14　双对氯苯基三氯乙烷的结构式

1939年，瑞士化学家保罗·赫尔曼·米勒(Paul Hermann Müller)由氯苯和三氯乙醛在酸性条件下高温缩合制备DDT；1942年，投放市场，用于植物杀虫和卫生防护，DDT等化学农药使用后减少了病虫害，挽回的粮食损失占总产量的15%；在第二次世界大战和战后时期，DDT等有效杀灭了蚊虫、苍蝇和虱子，使疟疾、伤寒和霍乱等传染疾病的发病率急剧下降，大约拯救了2 500万人的生命。由于在预防传染病方面的重要贡献，保罗·米勒于1948年获得了诺贝尔生理学或医学奖。20世纪60年代，科学家们发现DDT在生物体内的代谢半衰期为8年，并可在动物脂肪内蓄积，甚至在南极企鹅的血液中也检测出DDT。据研究鸟类体内含DDT会导致其产软壳蛋而不能孵化，特别是处于食物链顶级的食肉鸟，如美国国鸟白头海雕几乎因此而灭绝，此外，DDT对鱼类也是高毒的。1962年，美国海洋生物学家雷切尔·卡森(Rachel Carson)所著的《寂静的春天》出版后，引起国际社会强烈反响，此书在唤起公众意识方面起到了重要作用。书中对包括DDT在内的农药所造成的危害，做过生动的描写："天空无飞鸟，河中无鱼虾，成群鸡鸭羊病倒和死亡，果树开花但不能结果，农夫们诉说着莫名其妙的疾病接踵袭来。总之，生机勃勃的田野和农庄变得一片寂静，死亡之幽灵到处游荡……"

20世纪70年代后，多数国家禁止或限制生产和使用DDT，我国政府1985年明令禁止使用DDT，世界卫生组织(WHO)也将其界定为二级致癌物。

20世纪是化工行业迅速发展的时代，也是给人类带来灾难最严重的年代。环境污染、能源枯竭等问题是当前人们最为关心的热门话题之一，传统化学化工面临着人类可持续发展要求的严重挑战。化学工业的出路在于大力开发和应用基于绿色化学原理产生和发展起来的绿色化学化工技术。

1.5.1　绿色化工的定义

绿色化工是在化工产品生产过程中，从工艺源头上就运用环保的理念，推行源头的消减，生产过程的优化集成，废物的再利用与资源化，从而降低成本与消耗，减少废弃物的排放和毒性，削弱产品全生命周期对环境的不良影响。绿色化工的兴起，使化学工业环境污染的治理由先污染后治理转向从源头上根治环境污染。绿色化工已经成为化工行业未来发展的必然趋势和实现可持续发展的必经之路。绿色化工的最终目的就是利用绿色化学技术将环境污染程度以及对人类健康的不良影响降到最低。

绿色化学是利用化学原理和方法来减少或消除对人类健康、社区安全、生态环境有害的反应原料、催化剂、溶剂和试剂、产物、副产物的新兴学科，是一门从源头和根本上减少或消除污染的化学，又称**环境无害化学**(Environmentally Benign Chemistry)、**环境友好化学**(Environmentally Friendly Chemistry)或**清洁化学**(Clean Chemistry)。

1.5.2 绿色化学的十二条原则

绿色化学的十二条原则如下：

(1) 防止污染的产生优于治理产生的污染(Prevention)；

(2) 最有效地设计化学反应和过程，最大限度地提高原子经济性(Atom Economy)；

(3) 尽可能使用毒性小的化学合成路线(Less Hazardous Chemical Syntheses)；

(4) 设计功效卓著而无毒无害的化学品(Design Safer Chemicals)；

(5) 尽可能避免使用辅助物质(如溶剂、分离剂等)，如需使用应无毒无害(Safer Solvents and Auxiliaries)；

(6) 在考虑环境和经济的同时，尽可能使能耗最低(Design for Energy Efficiency)；

(7) 技术和经济上可行时，应以可再生资源为原料(Use Renewable Feedstocks)；

(8) 尽量避免不必要的衍生化步骤(Reduce Derivatives)；

(9) 尽可能使用性能优异的催化剂(Catalysts with Excellent Performance)；

(10) 设计功能终结后可降解为无害物质的化学品(Design for Degradation)；

(11) 发展实时分析方法，以监控和避免有害物质生成(Real-Time Analysis for Pollution Prevention)；

(12) 尽可能选用安全的化学物质，最大限度地减少化学事故的发生(Inherently Safer Chemistry for Accident Prevention)。

1.5.3 原子经济性

原子经济性(Atom Economy)由绿色化学领域的主要创始人，美国斯坦福大学Barry M. Trost教授提出，是指化学反应中反应物的原子有多少进入了产物。可理解为理想的原子经济反应是在化学品合成过程中，合成方法和工艺应被设计成能把反应过程中所有原材料分子中的原子全部(或尽可能多)地转化到最终产物中，不产生(或尽可能少地产生)副产物或废物，实现废物的“零排放”(Zero Emission)。常用原子利用率衡量化学过程的原子经济性，一个化学反应的反应物中所有原子都进入了目标产物中，则为一个理想的原子经济性的反应，也就是原子利用率为100%的反应。原子利用率计算公式为

$$原子利用率=\frac{目标产物的分子量}{各反应物的分子量之和}\times 100\%=\frac{目标产物的分子量}{所有产物的分子量之和}\times 100\% \quad (公式1-10)$$

在合成反应中，要减少废物排放的关键是提高目标产物的选择性和原子利用率。原子利用率可以衡量一个化学反应中生产一定量目标产物时，究竟会产生多少废物。

1.6　循环经济

1.6.1　精细化工的原料资源

精细化工原料资源是煤、石油、天然气和动植物[9]。

1. 煤

从植物变成煤需要1.3亿～1.8亿年。煤的主要成分是C，其次是H，此外还有O、S和N等其他元素，这些元素以结构复杂的芳环、杂环或脂环化合物存在。煤通过高温干馏、气化或生电石提供为化工原料。

煤的高温干馏是指在隔绝空气900～1 100 ℃时，煤会生成焦炭、煤焦油、粗苯和煤气。煤焦油是黑色黏稠液体，主要成分是芳烃和杂环化合物，已经鉴定的煤焦油成分就有400余种。煤焦油经过进一步加工分离可得到萘、1-甲基萘、2-甲基萘、蒽、菲、芴、苊、芘、苯酚、甲酚、二甲酚、氧芴、吡啶、甲基吡啶、喹啉和咔唑等化工原料。粗苯经分离可得到苯、甲苯和二甲苯。煤高温干馏提供的化工原料量少，不能满足精细化工生产的需要。

煤的气化是指在高温、常压或加压条件下，煤与水蒸气、空气或两者的混合物反应，得到水煤气（CO和H_2）、半水煤气或空气煤气。煤气的主要成分是H_2、CO和CH_4等，它们都是重要的化工原料。作为化工原料的煤气又称合成气（主要成分为CO和H_2），目前合成气的生产主要以含氢较高的石油加工馏分或天然气为原料。

2. 石油

从动物和藻类形成石油需要200万年～5亿年。石油是黄色至黑色的黏稠液体。石油中含有几万种碳氢化合物，还有一些含硫、氮和氧的化合物。我国石油的主要成分是烷烃、环烷烃和少量芳烃。石油加工的第一步是用常压和减压精馏分割成直馏汽油、煤油、轻柴油、重柴油和润滑油等馏分，或分割成催化裂化原料油、催化重整原料油等馏分供二次加工使用。石油的加工过程主要是催化重整和热裂解。

催化重整是将沸程为60～165 ℃的轻汽油馏分或石脑油馏分在480～510 ℃，2.0 MPa～3.0 MPa的H_2压力和含铂催化剂的存在下，使原料油中的一部分环烷烃和烷烃转化为芳烃的过程。重整汽油可作为高辛烷值汽油，也可经分离得到苯、甲苯和二甲苯。

烃类热裂解是乙烷、石脑油、直馏汽油、轻柴油、减压柴油等基本原料在750～800 ℃进行热裂解时，发生C—C键断裂、脱氢、缩合、聚合等反应，以制备乙烯、丙烯、丁二烯、苯、甲苯和二甲苯等化工原料。

芳烃转化是指因市场对于苯、对二甲苯和邻二甲苯等石油芳烃的原料需求大，对甲苯、间二甲苯和C_9芳烃的需求量少，而采取甲苯脱烷基制苯、甲苯歧化异构化和烷基转移等工艺得到更多量的苯、对二甲苯和邻二甲苯。

萘的需求量很大,焦油萘已远不能满足需要。沸程在210～295 ℃的重质芳烃馏分中含有质量分数35%～55%的各种甲基萘和烷基萘,将这些烷基萘进行脱烷基化可得到石油萘。

3. 天然气

天然气的主要成分是甲烷,油型天然气含 C_2 以上烃约占5%(V/V),煤型天然气含 C_2 以上烃占20%～25%(V/V),生物天然气含甲烷占97%(V/V)以上。天然气中的甲烷是重要的化工原料,C_2 以上烃的混合物可用作燃料、热裂解或生产芳烃的原料。天然气可芳构化产生轻质芳烃,也可转化成水煤气。

4. 动植物

含糖或淀粉的农副产品经水解可得到各种单糖,例如葡萄糖、果糖、甘露糖、木糖、半乳糖等。如果用适当的微生物酶进行发酵,可分别得到乙醇、丙酮、丁醇、丁酸、乳酸、葡萄糖酸和乙酸等。

含纤维素的农副产品水解可得己糖 $C_6H_{12}O_6$(主要是葡萄糖)和戊糖 $C_5H_{10}O_5$(主要是木糖)。己糖经发酵可得到乙醇,戊糖经水解可得到糠醛。

从含油的动植物体可以得到各种动物油和植物油。天然油脂经水解可得到高碳脂肪酸和甘油。另外,从某些动植物体还可提取到药物、香料、食品添加剂及制备它们的中间体。

煤、石油及天然气需要漫长的时间才能形成,是不可再生资源,而动植物原料是可再生资源。

1.6.2 循环经济理论

循环经济是指遵循自然生态系统的物质循环和能量流动规律,重构经济系统,使其和谐地纳入自然生态系统的物质和能量循环利用的总过程[10]。循环经济是一门新兴学科,旨在充分运用资源经济学、环境经济学、生态经济学等学科的理论,主要解决自然资源的节约和循环利用、环境污染的控制、经济可持续发展等问题[11]。

近现代人类社会长期、大规模、高强度、未善待大自然的开发活动导致自然资源和生态环境逼近其耐受极限。为了谋求人类社会发展和大自然生命的可持续性与双赢,须尽快建立能够使人类赖以生存的自然资本得到保值、增值的高生态位经济体系,或称绿色经济体系,其中循环经济是这一全新经济体系的主要支柱。大自然是一种有序的自组织系统,其结构组成存在着多方面的恒定比例关系,进行着有条不紊的物质循环、能量转换和多种符合平衡规律的运动过程。人类活动对自然资本的大量消耗和非友好态度,不断地削弱大自然自组织系统的有限和脆弱的自调节能力,导致许多原本符合平衡规律的结构比例、循环负反馈运动处于或逼近失衡状态,任何累加的人类盲目干预和破坏大自然的活动都会触发难以预料的负面连锁反应,将会造成更多、更大的恶果。

循环经济理念是在全球人口剧增、资源短缺、环境污染的严峻形势下提出的,是解

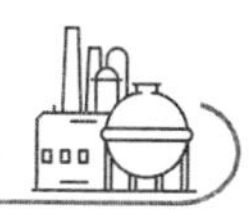

决人类社会发展中出现的人与自然尖锐矛盾的一条可行途径。践行循环经济理论的意义在于循环经济是经济发展与生态环保“双赢”的理论，它改变了经济增长只能靠消耗、枯竭生态环境资源，资源和能源不间断地变成废物来换取经济发展的传统模式，提出了一个资源和生态环境融合发展的新经济模式。

1.6.3　可再生资源

随着经济快速增长和人口不断增加，因人类过度开发而造成水、土地、能源等资源不足的矛盾越来越突出，面对生态建设和环境保护形势的日益严峻，发展再生资源对发展循环经济、建立循环型社会有着重要的意义。

可再生资源是指能够通过自然力以某一增长率保持或增加蕴藏量的自然资源。对于可再生资源来说，主要是通过合理调控资源使用率，实现资源的持续利用。可再生资源的持续利用主要受自然增长规律的制约。

可生性资源在消耗以后可以在较短时间内再度恢复，主要指动植物、土地和水资源等。这些资源是人类生产和生活的物质基础，若合理利用和消耗，则可以通过繁殖、施肥和循环等过程不断再生出来，但如果开发利用不合理、不科学，会使这些资源数量减少，质量降低，甚至耗尽。工业革命以来，随着人口的激增和科学技术的迅速发展，人类对可再生资源的破坏日益加剧。因此，对可再生资源的合理保护、利用和管理，使之保持不断再生能力，是当前生态保护工作的主要任务之一。

合理开发和利用可再生资源有两种途径。第一种途径是发展再生资源回收行业，把经济活动组织成“资源—生产—消费—再生资源”的闭合型经济发展模式，实现经济生产的低消耗、高利用、低废弃，以尽可能小的资源消耗和环境成本，获得尽可能大的经济效益和社会效益，即尽可能地节约不可再生资源和最大限度地减少废弃物排放，这符合绿色化学的核心内容之一——原子经济性的要求；第二种途径是适度开发和利用动植物可再生资源，在充分利用动植物资源的同时，保护资源和环境、生物多样性和生态平衡，注意对濒危和紧缺动植物资源的修复和再生，防止流失、退化和灭绝，保障动植物资源的可持续利用和可持续发展，从而使经济系统与自然生态系统的物质循环过程相互和谐，促进资源永续利用。

思政案例

可再生资源——青蒿

对人类来说，作为精细化工原料的石油和煤是不可再生资源，人类对资源的不断索取，使石油和煤面临枯竭的危机，缓解石油和煤过度使用的有效途径是寻找可再生资源，我国药学家屠呦呦提取青蒿素的原料中药青蒿，即是可再生资源。

1969年1月，39岁的屠呦呦接受国家“523”抗疟药物研究任务，带领课题组成员开展如下工作：① 从本草研究入手编撰了载有640种药物的疟疾单密验方集等资料；② 进行300余次筛选实验，确定了以可再生资源中药青蒿(菊科植物黄花蒿的全草)为原料的研究方向；③ 用乙醇冷浸萃取法从中药青蒿中提取抗疟成分，经历190次失败后，得到了青蒿素，屠呦呦和团队成员住院一周，以身试药，最终试验确定此药安全。

图1-3　诺贝尔奖获得者屠呦呦和青蒿素

屠呦呦教授依据《肘后备急方》用溶剂从青蒿中萃取的青蒿素获得成效，研制了新型抗疟药——青蒿素和双氢青蒿素，有效降低了疟疾患者的死亡率。20年来，青蒿素和它的衍生物走向国际抗疟临床，并成为全球抗疟一线药物。根据世界卫生组织的统计，2000年—2015年期间全球疟疾发病率下降了37%，疟疾患者的死亡率下降了60%，全球共挽救了620万人的生命。

2015年10月5日，瑞典卡罗琳医学院宣布，将2015年诺贝尔生理学或医学奖授予中国中医科学院的药学家屠呦呦等三名科学家，以表彰他们对治疗疟疾新药的发现、对疟疾等寄生虫病机理和治疗的研究成果。这是中国科学家在中国本土进行的科学研究首次获诺贝尔科学奖，是中国医学界迄今为止获得的世界最高奖，也是中医药成果获得的世界最高奖。

药学家屠呦呦从青蒿素出发研制出新型抗疟药有四点启示：① 青蒿素以可再生资源为原料，符合可持续发展战略；② 我国本土培养科学家在本国进行科学研究，也能获诺贝尔科学奖，这充分体现了我国社会主义制度的优越性；③ 依据《肘后备急方》，用中药青蒿提取抗疟药物青蒿素，说明中国文化的博大精深；④ 要学习老一辈科学家不畏艰难，为祖国和全人类的健康事业努力奋斗，为患者服务的爱国主义和国际主义精神。

习题 1

1. 精细化工产品的特点是什么？

2. 精细化工反应过程的开发需要解决哪些问题？

3. 绿色化学的十二条原则是什么？什么是原子经济性？理想的原子经济性反应是怎样的？

4. 什么是循环经济？什么是可再生资源？

5. 屠呦呦老师从中药青蒿中提取青蒿素对我们有什么启示？

6. 精细化工的原料来源中哪些是不可再生资源？

参考文献

[1] 华东化工学院化工过程分析与开发教研组. 化工过程分析与开发[M]. 上海：华东化工学院，1983.
[2] 陈敏恒，袁渭康. 工业反应过程的开发方法[M]. 北京：化学工业出版社，1985.
[3] Ipatieff V N, Pines H. Treatment of Hydrocarbons: US 2112847[P]. 1938 - 04 - 05.
[4] Ipatieff V N, Pines H. Treatment of Hydrocarbons: US 2174883[P]. 1939 - 10 - 03.
[5] 张浩勤，章亚东，陈卫航. 化工过程开发与设计[M]. 北京：化学工业出版社，2002.
[6] 赵临襄. 化学制药工艺学[M]. 北京：中国医药科技出版社，2003.
[7] 陈甘棠，梁玉衡. 化学反应技术基础[M]. 北京：科学出版社，1983.
[8] 张珍明，李树安，李润莱. 精细化工专业实验[M]. 南京：南京大学出版社，2020.
[9] 冯亚青，王世荣，张宝. 精细有机合成[M]. 北京：化学工业出版社，2018.
[10] 阮洪. 循环经济理论的经济学思考[J]. 湖北社会科学，2011(10)：70 - 72.
[11] 李康. 循环经济理论思索[J]. 环境科学研究，2007，20(1)：114 - 117.

第2章 化学化工文献检索与应用

文献检索不仅能够促进信息资源的迅速开发和利用，而且能够帮助科研人员继承和借鉴前人的成果，避免重复研究而多走弯路；节省查找文献的时间，从而加速化学化工等科学研究工作的进程。

2.1 化工工艺研发相关的参考文献

站在巨人的肩膀上可以看得更远，化工人员可以从过去的文献中寻找数据，从现在的文献中得到技术。从事化工工艺开发需要阅读大量的书籍、期刊、专利等文献资料，及时掌握化工开发领域内的最新发展和动态，汲取别人的经验，开阔自己的思路和视野，从文献中得到启迪和创新思维[1]。

2.1.1 期刊

Organic Process Research & Development，《有机过程研究与开发》创刊于1997年，美国化学学会出版，为工业化学家与大学和研究机构化学家之间的交流工具，主要发表关于工业过程化学广泛领域的原始研究工作。该杂志涵盖了有机化学的方方面面，包括催化、合成方法开发和合成策略探索的所有方面，也包括分析和固态化学以及化学工程的各个方面，如后处理、过程安全或流动化学。化学反应和化学过程发展和优化的目标是放大到更大规模的工艺，该杂志高度重视这类研究和放大规模实施的论文。这些论文包括无论工业、研究机构还是学术界的新发展研究尚未在规模上得到证实，但可以预期会有工业用途且这些研究已经解决了工艺放大的重要问题，并强调了工艺的

可靠性和实用性。该杂志涵盖精细有机化学品和特种化学品行业的研发，包括医药、农用化学品、电子化学品、香料和香料中间体、食品添加剂和特种聚合物等。该杂志是精细化工工艺研究和开发的重要参考资料。

Industrial & Engineering Chemistry，《工业与工程化学》创刊于 1909 年，美国化学学会编辑出版，周刊，报道应用化学、化学和生物分子/生化工程等广泛领域的工业和学术研究。发表的论文包括实验、计算或理论、数学或描述性、化学、物理或生物的工作以及综合多学科的研究报告（例如通过建模验证的实验）。该杂志报道了重要的基础研究进展，如热力学，传输现象，化学反应动力学和工程，催化，分离和过程系统工程等核心领域的报告，也报道有关产品研究和开发方面重大进展的报告，例如利用化学和工程原理改进或创造新的催化剂、塑料、吸附剂、膜和功能材料。

The Journal of Chemical & Engineering Data，《化学与工程数据杂志》创刊于 1959 年，美国化学学会编辑出版，双月刊，致力于发表从实验和计算中获得的数据，这两种数据被视为补充。它是美国化学学会唯一一份主要关注有关相平衡、物理、热力学和传输特性的杂志，包括已知成分的复杂混合物。该期刊讨论的主题领域包括气-液和超临界流体平衡、液-液和气-液-液平衡、固体溶解度、吸附平衡、气体水合物、两亲物相平衡、热物理性质（包括传输）和热性质。该期刊还包括从量子化学、分子模拟和分子力学计算中获得的相行为和热物理性质。在这些计算中，所报告的数据必须是通过统计力学方法可观察到的特性。

The Journal of the American Chemical Society (*JACS*)，《美国化学学会杂志》创刊于 1879 年，是美国化学学会的旗舰期刊，也是世界上所有化学和相关科学领域的杰出期刊，每周出版。该期刊致力于基础研究论文的发表，包括有机合成方法学、全合成和反应机理等方面研究的最新成果。

Organic Letters，《有机快报》创刊于 1999 年，美国化学学会编辑出版，有机化学领域的领先期刊，可以快速发表关于前沿研究、创新方法和广泛主题的创新想法的简短报告。重点领域：有机化学（含金属有机化学和材料化学）、物理与理论有机化学、天然产物分离与合成、新的综合方法论、生物有机与药物化学。

The Journal of Organic Chemistry，《有机化学杂志》创刊于 1936 年，美国化学学会编辑出版，致力于发表在有机化学理论和实践的所有分支中的基础研究的原创论文。该杂志注重论文的质量和新颖性，重点领域：单步或多步合成方法和全合成，重点展示策略、转化或缩短路线，以显示概念新颖性的目标结构；机理研究（实验或理论）显示方法学的进步或提供化学反应过程的新见解；天然产物分离和鉴定研究报告不寻常的骨架特征、结构测定方法的改进或对生物合成途径的洞察；还包含生物学、分析化学、功能分子和系统、材料科学等方面研究。

The Journal of Medicinal Chemistry，《药物化学杂志》创刊于 1963 年，美国化学学会编辑出版，双月刊，主要发表有助于理解分子结构与生物活性或作用方式之间关系的研究。虽为药物化学杂志，但也发表一些合成论题。具体领域：作为药理学工具的新型生物活性化合物、诊断剂或标记配体的设计、合成和生物学评价，结构-活性关系

(SAR)，新型前药的设计、合成和评价。

ACS Sustainable Chemistry & Engineering，《ACS 可持续化学与工程》，美国化学学会编辑出版，月刊，发表论文的主题为绿色化学，绿色制造与工程，生物质或废物作为资源，替代能源，生命周期评估等，以解决在化工企业的可持续性挑战，提出绿色化学和绿色工程的原则。重点发表：光化学、电化学（光电化学及能量转换与储存），纳米科学和纳米技术，工业生态学，溶剂和可持续化学与工程中生物质原料与加工。

Organic & Biomolecular Chemistry，《有机与生物分子化学》，创刊于 2003 年，英国皇家化学会编辑出版，半月刊，发表在全合成、合成方法学、物理和理论有机化学方面有新的或显著改进的方案或方法的研究；在化学生物学、催化、生物化学、有机化学或分子设计方面具有显著进步的研究，包括超分子和大分子化学，理论化学，面向机理的物理有机化学，药物化学或天然产物。

Organic Chemistry Frontiers，《有机化学前沿》，英国皇家化学会编辑出版，月刊。重点报告新的或显著改进的方案或方法对有机化学领域做出重大贡献的研究。主题包括有机合成、开发综合方法、催化作用、天然产物、功能性有机材料、超分子和大分子化学。

Green Chemistry，《绿色化学》，创刊于 1999 年，英国皇家化学会编辑出版，月刊。它提供了一个独特的论坛，发表关于发展替代性绿色和可持续技术的创新性研究。

Catalysis Science & Technology，《催化科学与技术》，英国皇家化学会编辑出版，月刊，致力于发表有关催化的高质量、前沿发展研究报告。该杂志同样关注来自非均相、均相、热、电、光、有机和生物催化领域的研究论文，发表基础、技术导向、实验、计算、数字和数据驱动的原创性研究。

Chemical Engineering Progress（《化学工程进展》）和 *International Chemical Engineering*（《国际化学工程》），是由美国化学工程师协会编辑出版的刊物。前者是刊载化工领域最新发展的月刊，后者则专门翻译欧洲和日本等国化工方面的重要文章。

Chemical Engineering，《化学工程》是由美国 McGraw-Hill 出版的刊物，主要发表美国化学工业的研究、设计、生产和管理技术等方面的文章。

The Chemical Engineering Research & Design（《化学工程研究与设计》）和 *The Chemical Engineer*（《化学工程师》），由英国化学工程师协会出版，前者专门发表化工基本原理的最新研究和实验成果，后者主要发表化工基本原理的应用性文章，并介绍其工艺学以及专业上的变化与进展。

《化学工学》是日本化学工学协会出版的，主要介绍化学工程及相关领域的化工机械设备的原理设计、工业运用、工艺过程等，《化学工业》《化学工程》和《别册化学工业》是日本化学工业出版社出版的三种有关化学工程、化工工艺和化工设备等方面的刊物。

《化工学报》和《化工进展》是中国化工学会编辑出版的刊物，前者发表中国化工技术基础研究和应用研究的创新成果；后者发表化学工程和化学工业各方面的研究和开发进展。

《中国化学》《有机化学》和《化学学报》是中国化学会出版的期刊。国内出版的各种

化学化工专业性期刊还有《化学工程》《石油化工》《催化学报》《精细化工》《精细石油化工》《中国医药工业杂志》《合成化学》《染料工业》《涂料工业》《日用化学品工业》等。这些专业性的期刊报道范围涉及当代中国精细化工科学与工业的众多新兴领域，包括功能材料、表面活性剂、电子化学品、生物工程、中药现代化技术、催化与分离提纯技术、香料与香精、医药与日化原料、药物分离与纯化技术、食品与饲料添加剂、有机电化学与工业、皮革化学品、淀粉化学品、水处理技术、橡塑助剂、纺织染整助剂、造纸化学品、油田化学品与油品添加剂、丙烯酸系列化学品、特种染料与颜料、黏合剂、建筑用化学品、精细化工中间体、工艺放大等。

2.1.2　工具书和专著

(1)《化工工艺设计手册(上下册)》，第五版，化学工业出版社 2018 年出版，共含 6 篇 53 章。上册包括工厂设计、化工工艺流程设计、化工单元工艺设计 3 篇；下册包括化工系统设计、配管设计、相关专业设计和设备选型 3 篇。除新增化工工艺流程设计一篇外，其他各篇在专业内容和现代化设计方面都有充实、丰富的介绍。

(2)《化学工程手册(1～5 册)》，第三版，化学工业出版社 2019 年出版，该手册为化学工程领域标志性的工具书，分 5 卷共 30 篇，全面阐述了当前化学工程领域的基础理论、单元操作、反应器与反应工程以及相关交叉学科的发展与研究新成果、新技术。最新版在前版的基础上，各篇的内容均有较大幅度的更新，特别加强了信息技术、多尺度理论、微化工技术、离子液体、新材料、催化工程、新能源等方面的介绍。该手册立足学科基础，着眼学术前沿，紧密关联工程应用，全面反映了化工领域在 21 世纪以来的理论创新与技术应用成果。

(3)《化工装置实用工艺设计(1～3 卷)》，原著第三版，Ernest E Ludwig 编著，中国寰球工程公司、清华大学等联合翻译，化学工业出版社 2006 年出版。该书主要介绍化工和石油化工装置的化学工程设计计算方法。第一卷包括工艺策略、计划和流程设计，流体流动，流体输送，机械分离，液体混合，喷射器及真空装置，泄压装置等方面的内容；第二卷包括蒸馏，填料塔等方面的内容；第三卷包括传热，制冷装置，压缩设备，压缩缓冲罐和驱动装置等方面的内容。每章均通过基本原理和设计方法的一般介绍和大量设计实例帮助读者准确地理解和应用书中所述的设计方法。

(4)《溶剂手册》，第五版，程能林主编，化学工业出版社 2015 年出版。该书分总论与各论两大部分，总论共五章，概要地介绍溶剂的概念、分类、各种性质、毒性、安全使用以及溶剂的综合利用；各论共十二章，按官能团分类介绍了 995 种溶剂。

(5) *Kirk-Othmer Encyclopedia of Chemical Technology*，又名《柯克-奥斯莫化工大全》，以其作者柯克-奥斯莫而得名。该书第一版于 1949 年出版，由美国 John Wiley & Sons 公司出版，最新版为第四版，有 DVD 光盘版本。该书是一部具有重要参考价值的大型化工参考工具书，1998 年的新版(第四版)共有 27 卷(包括索引卷和补编)，主要介绍了各种化工产品的性质、制法、较新的经济资料、分析与规格、毒性与安全以及用途等内容，并对化学化工的基本原理、化工单元操作和流程等问题进行了探讨。

(6) *Ullman's Encyclopedia of Industrial Chemistry*，又名《乌尔曼化工百科全书》，最新版本是1985年出版的第五版。该全书内容从工业化学的基本知识面到化工专题，从1972年的25卷扩展到现在的36卷，且编辑们已承诺每年修改3～4卷，从而确保内容相对最新。该全书的覆盖范围与《柯克-奥斯莫化工大全》类似，并通过选择具有广泛行业经验的作者以维持本书强大的行业影响力。书中每个章节都经过提炼，只保留必要的内容，每节末尾都提供了广泛的参考资料列表。这部百科全书还收集了大量工业化学工程师和化学家们感兴趣的资料，主要分为两个领域。

第一个领域共8卷，涵盖工业化学各个方面的基础知识，如分析方法、工艺控制工程、化学工程基础、单元操作、反应器基础和工程，以及环境保护和安全。

反应工程部分对反应基础和反应器设计都有很好的概述。基础部分涵盖了用于均相和非均相催化的大多数重要动力学模型，提供了广泛的参考文献列表，将引导读者进行更详细的学习和讨论。工业反应器设计部分提供了文献中最详细的一组数据，同时提供了反应器描述与典型工业应用列表。分析方法部分包括研究和过程工程活动中常用的分析方法，方法以清晰的方式详细说明，使非分析化学人员能够清楚地了解潜在的应用领域。化学工程基础、单元操作和过程控制部分提供了化学工程教科书中常见的信息。重点是技术的应用以及少量的传递现象的讨论。数值方法部分也介绍得很好，包括可用的计算机程序，可用于解决典型的化工问题的讨论。

安全和环境法规的爆炸性增长对执业工程师和科学家的责任产生了重大影响。环境和安全部分分为两卷，全面阐述了该领域的主要论题，并根据当前的监管环境对行业责任进行了审查。有关环境的讨论按介质细分，分别以土壤、水和空气为主题，简要讨论了测定污染物水平的分析方法，以及污染介质的清理和净化方法。

第二个领域共28卷，按字母顺序对一系列涵盖化学技术各个领域的主题进行了概述性讨论，包括炼油、造纸、纺织和香料、塑料、天然气(合成)生产等。

该书章节中还对在全球范围内的新兴技术如生物技术、微电子技术和药理学等进行了讨论，甚至提供了如酶、半导体和药物等物质详细的信息。

(7)《有机合成工艺优化》，陈荣业著，化学工业出版社2006年出版。此书介绍了用动力学方法研究反应的选择性，将化学动力学基本概念转化成有机合成实用技术的过程。全书共分为19章。第1～2章从理论上介绍了用动力学方法研究反应过程和简单、实用的分离技巧；第3～17章从应用的方面，分别对芳烃的混酸硝化、芳烃的磺化、芳烃的烷基化和酰基化、芳环上的卤化、芳醚的合成、卤代芳烃的胺解、卤代芳烃的腈化、卤代烷烃的腈化、芳烃重氮基水解、重氮基的自由基取代、重氮基卤代反应的工艺条件、氟代芳烃的合成、芳烃侧链的卤代、格氏试剂的制备与反应、羰基的加成缩合、氮杂环化合物进行了详细介绍；第18～19章对进攻试剂的活性比较和有机合成反应的工业化放大进行了说明。此书理论性强，结构紧密，适合从事有机合成研究开发的专业工作者、教学培训工作者、在读研究生学习使用。

(8)《化学药物制备的工业化技术》，尤启东、周伟澄主编，化学工业出版社2007年出版。该书主要分为三大部分。第一部分介绍我国药物合成工艺的研究概况；第二部

分介绍药物合成通用技术，包括不对称合成、拆分和相转移催化合成技术；第三部分介绍主要化学药物的合成技术，选取了当前医药工业生产中重要且技术难度高的药物的合成方法(包括核苷类药物、甾体药物、HMGCoA还原酶制剂、氟喹诺酮药物和唑类抗真菌药物)。此书突出应用价值较高的药物合成技术，关注有关专题的技术难点、解决办法、特点和局限性，注重对产业化的推动作用。全书具有较高的理论性、科学性、实践性，可作为从事化学药物合成方法和工艺研究的科研、生产人员的技术参考用书，也可作为制药工程、化学工程等相关专业高年级本科生或研究生用书。

(9)《工业催化剂的研制与开发——我的实践与探索》，第二版，闵恩泽著，中国石化出版社2014年出版。该书根据作者50多年来从事工业催化剂研制与开发的经历，从实践的角度全面总结和介绍了研制开发工业催化剂的经验教训与体会、指导思想与方法，特别是如何进行导向性基础研究、开拓性探索与创新，最终形成技术商品、实现技术转让的过程。书中还讨论了学习国外创新历史经验及工业催化剂从记忆到科学的前景。本书第二版中增加了1997年后催化材料工程领域发展状况和作者近20年的两个实践案例，进一步综述了导向性基础研究的工业化历程。

(10)《有机合成工艺研发——副反应抑制法》，李爱军著，中国石化出版社2020年出版。该书不同于其他工艺研发书籍的是从副反应的角度进行工艺研发，将研究化学反应的重点由主反应转移至副反应。首先，从反应物分子结构与活性关系的角度论述了副反应发生的根源，并将常见的副反应进行了详细归类，重点论述了副反应是如何发生的，又是如何被控制的。然后，对工艺过程的各个阶段产生的杂质也进行了归类，对杂质的来龙去脉描述的较为详尽，即杂质是如何生成的，杂质又是如何被清除的。最后，重点总结了杂质的抑制方法和清除方法。工艺研究的最终目的是为了规模化生产，因而书中也对反应放大时容易产生的问题进行了叙述，重点论述了放大对化学反应选择性的影响。

(11)《工业反应过程的开发方法》，陈敏恒、袁渭康著，化学工业出版社1985年出版。该书提出了开发方法的两条基本原则：一是反应工程理论的指导；二是正确实验方法的指导。在两条原则指导下，并用丁二烯氯化制二氯丁烯、丁烯氧化脱氢等多个案例诠释开发方法。

(12)《化学制药工艺学》，第四版，赵临襄主编，中国医药科技出版社2015年出版。该书共十五章，前六章分别为绪论、药物合成工艺路线的设计和选择、化学合成药物的工艺研究、手性药物的制备技术、中试放大与工艺规程、化学制药与环境保护，这些都突出了新技术和新范例，注重实用性，深入浅出地阐述化学制药工艺的特点和基本规律；其余九章以重要性、代表性和新颖性为原则，分别对塞来西布、生育酚、氯霉素、埃索美拉唑、地塞米松、盐酸地尔硫䓬、左氧氟沙星等药物进行叙述。

2.2 精细化工相关的网上资源

本节将列出精细化工常用的网上资源的名称及网址，一般资源的名称鲜有变化，有少数资源所在的网址链接会有变动，但通过资源名称仍然能进入其所对应的网站。

2.2.1 有机合成常备网址

有机化学与有机合成常备网址如表 2-1 所示。

表 2-1 有机化学与有机合成常备网址

序号	资源英文名称	资源中文名称	网址
1	*Organic Syntheses*	有机合成手册	http:/www. orgsyn. org
2	*Named Organic Reactions Collection from the University of Oxford*	有机合成中的命名反应库	http://www. chem. ox. ac. uk/thirdyearcomputing/namedorganicreac
3	*Organic Chemistry Resources Worldwide*	有机化学资源导航	http://www. organicworldwide. net
4	*Synthesis Reviews*	有机合成文献综述数据库	http://www. chem. leedsac. uk/srev/srev. html
5	*e-EROS Encyclopedia of Reagents for Organic Synthesis*	有机合成试剂百科全书	http://www. mrw. interscience. wiley. com/eros
6	*Methods in Organic Synthesis*	有机合成方法	http://www. rsc. org/is/database/mosabou. html
7	*Solid Phase Synthesis database*	固相有机合成	http://www. accelrys comlchem_dblsps. html
8	*Synthetic Pages*	合成化学数据库	http://www. syntheticpages. orgl
9	*CASreact-Chemical Reactions Database*	CAS 的化学反应数据库	http://www. cas. org/casfiles/CASreact
10	*Organic Reaction Catalysis Society*	有机反应催化学会	http://www. orcs. orgl
11	*Jinno*	日本丰桥大学 Jinno 实验室的研究数据库	http:/chrom. tutms. tut. acjp/Jinno/English/Research/research. html
12	*Organic Chemistry Portal*	有机化学门户	https://www. organic-chemistry. org

2.2.2　免费外文文献全文

免费外文文献全文如表 2－2 所示。

表 2－2　免费外文文献全文

序号	资源英文名称	资源中文名称	网址
1	*HighWire Press*	全球最大免费全文学术文献出版商	http://highwire.stanford.edu
2	*Beilstein Journal of Organic Chemistry*	贝尔斯坦有机化学杂志	https://www.beilstein-institut.de/en/publications/organic-chemistry
3	*Thieme-Connect*	德国医学、化学及生命科学在线电子资源	https://www.thieme.de/en/thieme- connect/home-3939.html
4	*Shanghai Science and Technology Innovation Resources Center*	上海研发公共服务平台	http://www.sgst.cn
5	*Socolar*	Open Access 资源检索和全文链接	http://www.socolar.com
6	*ABC-Chemistry：Free Chemical Information*	白俄罗斯化学免费全文数据库	http://www.abc.chemistry.bsu.by/ current/fulltexto.html

2.2.3　专利网站

专利全文网址如表 2－3 所示。

表 2－3　专利全文网站

序号	专利名称	专利来源	专利网址
1	各国专利	Patent Retriever	http://www.patentretriever.com
2	中国专利	全文打包下载	https://www.drugfuture.com/cnpat/cn_patent.asp
3	中国专利	国家知识产权局	https://www.cnipa.gov.cn
4	美国专利	United States Patent	https://patft.uspto.gov
5	欧洲专利	Espacenet Patent	https://worldwide.espacenet.com/? locale=en_EP
6	英国专利	Gov. UK	https://www.gov.uk/government/organisations/intellectual-property-office
7	日本专利	Japanese Patent Office	https://www.jpo.go.jp
8	印度专利	Indian Patent Office	https://www.intepat.com/ip-services/patent-search-india

2.2.4 查文献的万全之法

先在官网查到DIO号，再通过Sci-Hub查阅需要的文献。Sci-Hub最新可用网址如表2-4所示。若表2-4的资源网址有变动，则可以首先进入科研者之家(Home for Researchers，https://www.home-for-researchers.com/static/index.html#/)页面，在其网页最下端有Sci-Hub永久链接，点击即可进入Sci-Hub网页。

表2-4 DIO号文献查阅网站

序号	资源网址	序号	资源网址
1	https://sci-hub.do	5	https://sci-hub.ren
2	https://sci-hub.ee	6	https://sci-hub.se
3	https://sci-hub.st	7	https://citationsy.com/archives
4	https://sci-hub.shop		

2.2.5 化合物(原料)查询

化合物(原料)查询网址如表2-5所示。

表2-5 化合物(原料)查询网址

序号	资源名称	资源网址
1	the NIST Chemistry WebBook	http://webbook.nist.gov/chemistry
2	Chemical Index Database	http://www.drugfuture.com/chemdata/index.aspx
3	Chemical Directory	http://chemexper.com
4	Directory of Organic Compounds	https://doc.chemnetbase.com/faces/chemical/ChemicalSearch.xhtml
5	Chemical Book	https://www.chemicalbook.com/indexCN.aspx

2.2.6 谱图与键能等查询

谱图与键能等查询网址如表2-6所示。

表2-6 谱图与键能等查询网站

序号	资源名称	资源网址
1	质谱、氢谱、碳谱、红外光谱、拉曼光谱	http://riodb01.ibase.aist.go.jp/sdbs/cgi-bin/direct_frame_top.cgi
2	谱图和其他各种数据	http://www.organchem.csdb.cn/scdb
3	Bordwell pK_a Table	http://www.chem.wisc.edu/areas/reich/pkatable/index.html

（续表）

序号	资源名称	资源网址
4	有机物键能数据库(iBonD)	http://ibond.nankai.edu.cn
5	Chemical Database Service 英国化学数据服务中心	http://cds3.dl.ac.uk/cds/cds.html
6	有机化学各种精美图表	https://cheminfographic.wordpress.com

2.2.7　顶级期刊

顶级期刊网址如表 2－7 所示。

表 2－7　顶级期刊网址

序号	正刊	正刊及子刊名称	资源网址
1	*Science*	① *Science*(科学) ② *Science Advances*(科学发展)	https://science.sciencemag.org
2	*Nature*	① *Nature*(自然) ② *Nature Communications*(自然・通讯) ③ *Nature Chemistry*(自然・化学)	http://www.nature.com
3	*PNAS*	*Proceedings of the National Academy of Sciences of the United States of America*(《美国科学院院报》)	https://www.pnas.org

2.2.8　有机化学相关资源

有机化学相关资源如表 2－8 所示。

表 2－8　有机化学相关资源网站

序号	来源	资源名称	资源网址
1	国际有机制备和程序	Organic Preparations and Procedures International, OPPI	http://www.oppint.com
2	上海有机化学研究所	有机化学	http://sioc-journal.cn/index.html
3	*Elsevier*	Carbohydrate Research(摘要)	http://www.elsevier.com/locate/carres
4	*Springer*	Russian Journal of Bioorganic Chemistry(摘要)	https://www.springer.com/journal/11171
		Russian Journal of Organic Chemistry	https://www.springer.com/journal/11178

（续表）

序号	来源	资源名称	资源网址
5	*Bentham Science*	Current Organic Chemistry（摘要）	https：//www. eurekaselect. com/ 596
6	*e-EROS*（有机合成试剂百科全书）	Electronic Encyclopedia of Reagents for Organic Synthesis	http：//www. mrw. interscience. wiley. com/eros
7	*European Journal Societies*	European Journal of Organic Chemistry	http：//www. interscience. wiley. com/jpages/1434－193X
8	*MOS*，有机合成方法	Methods in Organic Synthesis	http：//www. rsc. org/is/ database/mosabou. html
9	*ACS Publications*	Organometallics	https：//pubs. acs. org/journal/ orgnd7
10	*Houben-Wey* 有机化学参考工具书	Science of Synthesis：Houben-Weyl Methods of Molecular Transformation	http：//www. science-of-synthesis. com
11	*Thieme Chemistry*	Science of Synthesis	https：//www. thieme. de/en/ thieme-chemistry/ journals-54617. html
12	*Accelrys*	Solid-Phase Synthesis（固相有机合成）	http：//www. accelrys. com/ chem_db/sps. html
13	*Synthetic Pages*	合成化学数据库	http：//www. syntheticpages. org

2.3 化工文献查阅、评价和应用的方法和技巧

2.3.1 引言

（1）给定精细化工产品开发的题目后，很多人不知道查阅哪方面的内容，或者只注意合成方法的查阅，忽视分析方法、产物分离纯化方法的检索，对于合成路线中所涉及的原料、催化剂、中间体和溶剂的物化参数没有查阅。

（2）查阅收率较高的合成线路，而没有考虑到方法本身条件的苛刻程度，包括实验室现有的条件，如仪器设备是否具备，试剂是否易得，分析分离方法是否可行等。

（3）对于查阅得到的大量文献中的实验方法以及实验中所列出的千差万别的实验条件如何取舍，如何选择最佳的实验步骤？

针对以上问题，笔者认为在查文献时，应从检索文献的内容、方法以及如何评价、使用文献等方面引起重视。

2.3.2　文献查阅的方法

文献检索是文献实验课的一个重要环节，如何查阅文献，综合分析文献是一项重要技能。另外，大部分文献上记载的实验操作和反应条件比较简单，没有实验书上描述得详细或者完全相同。有关仪器装置和操作条件的选择、产物的分离、试剂的纯化和配制基本上可按照图 2-1 所示的程序查阅文献，综合分析后才能拟出好的实验方案。

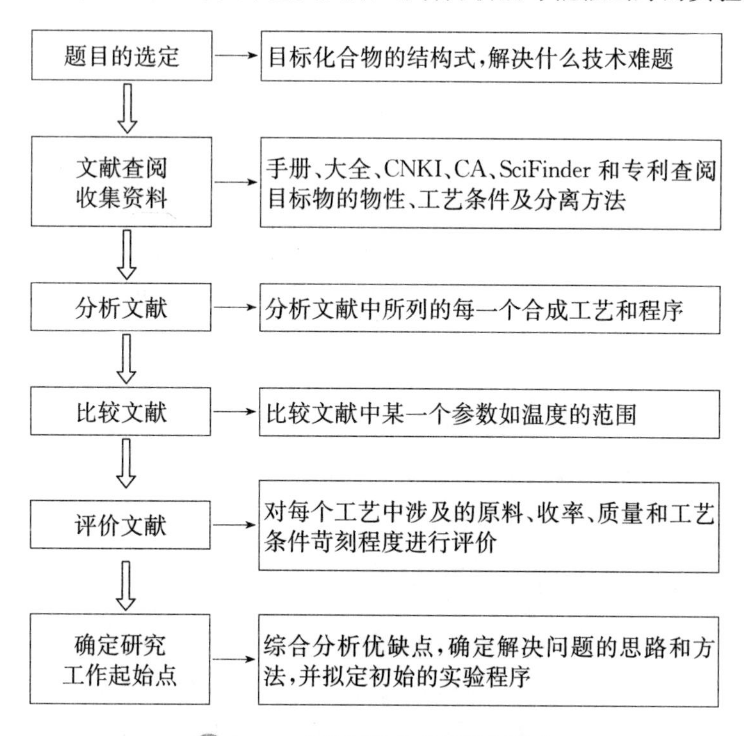

图 2-1　有机制备的文献检索程序

文献查阅的一些方法或技巧：

(1) 有关化合物的物化常数查阅的指导。首先要利用图书馆、资料室或实验室中的手册、工具书、词典和大全等获得有关原料、溶剂、中间体和目标化合物等基本物化数据，包括名称、俗名、英文化学名称、分子式、商品名称、CAS、光谱特征吸收峰、熔点、沸点和溶解度，为进一步在 CA(Chemical Abstracts，美国化学文摘)查阅做准备，为分析、分离纯化中间体和目标产物提供参考。

(2) 尽管课题要求只能选择与课题相关的合成路线，但还是鼓励系统查阅这个化合物的合成，以便比较它们的制备方法，扩大知识面。具体做法：首先，查阅有机制备手册或有机合成上所列的制备方法，因为重复它们所列的实验程序比较容易；然后，系统查阅 CNKI(中国知网)、CA、SciFinder(美国化学资料电子数据库)和中国化工文摘等。

例如，查阅用 R 反应和试剂 X，从 A 制备 B 的合成路线。应注意以下几点：

① 查阅最近一期关于 R 反应的综述性文章或实用有机制备手册，浏览所列出的制备中是否有 A 为起始原料，B 为产物的案例。

② 查阅化合物 A 是否有作为上述 R 反应的类似反应的原料。

③ 查阅是否有用相似的方法得到 B 化合物的反应。

④ 查阅 A、B 的相同官能团的其他化合物的制备方法。是否有更接近于 A、B？假如没有查阅到从 A 制备 B 的直接方法，相类似的反应条件可以参考借鉴。如在欧洲专利网站上没有查到 2,5-二氨基苯乙醇（2,5-diaminophenylethanol）直接的专利合成方法，而关键词换成 2-羟基-5-硝基苯乙醇（2-hydroxy-5-nitrophenylethanol）就可以查到制备 2,5-二氨基苯乙醇的关键中间体（2-氨基-5-硝基苯乙醇）的合成方法（WO86/02829）。

（3）一个化合物有多个名称，应该逐个作为关键词试一下。例如，查阅“6-nitrocresol”的美国专利情况，在美国专利网上输入“2-nitro-5-methylphenol”，就没有几条专利出现，更不用说有合成这个化合物的专利了。如果换成“5-methyl-2-nitrophenol”，网上专利的条目就多了起来，而且最后两条的题目就是合成这个化合物的美国专利（US 4034050、US 3987113）。类似物质有很多，再如，邻甲酰基苯腈的制备方法直接查找比较困难，应该查找邻甲酰基苯腈的衍生物，也就是它可以合成什么药物、中间体或者产品就比较容易。还有邻甲酰基苯腈可以制备抗高血压药物肼屈嗪，查找肼屈嗪的合成方法，能查阅到日本专利（Japan Kokai 7727786、7727787），这些日本专利又引用了德国专利（DE2207550—1972），在德国专利中就详细介绍了合成肼屈嗪的重要中间体邻甲酰基苯腈的制备方法。

2.3.3 评价 CA 上所列条目的方法

CA 是世界最大的化学文摘库，也是目前世界上应用最广泛、最为重要的化学化工及相关学科的检索工具[2-4]。CA 创刊于 1907 年，由 CAS 编辑出版，被誉为“打开世界化学化工文献的钥匙”。无论用主题索引、分子式索引还是其他索引在 CA 中查阅一个化合物的合成时，都会发现有较多的条目是关于这个化合物的生物活性、分析、制备、反应和应用等内容，是只需查阅制备条目，还是全部查阅呢？根据笔者的经验，全部查阅会浪费很多的时间，也是不必要的，只检索制备条目（美国化学文摘号后缀有“*pr*”的标记，表明它是与制备相关的文献）往往又会遗漏许多重要的信息。对于查阅制备的条目要注意以下提示：

（1）查阅这个化合物以及衍生物的制备方法和分离方法。

（2）查阅这个化合物标题下的无标题词的条目，因为无标题词意味着这篇文章含有很多的信息（多含有制备方法），以至于文摘员觉得都重要而不能给出一个标题词来表达。

（3）“preparation of ... ”通常指的是实验室的制备方法，CA 近期上的实验步骤有时不易重复。

（4）“bromination of，oxidation of，reaction of”等条目，可能是有价值的制备方法，因为要研究这个化合物的反应，往往要先制备这个化合物，至少会给出这个化合物制备的参考文献。

(5) "carcinogentic activity of ... "可能无用。

(6) "in grape fruit seed "很可能无用。

(7) "bond length in ... "完全无用。

查阅合成时，评价条目还要注意关键词，如 preparation（实验室的制备方法）、manufacture（中试或批量生产）、synthesis（由小分子合成大分子）。它们的含义是有差异的，从而确定是否要进一步查阅文摘或者原始文献。含有 attempt synthesis、catalytic bromination、improved preparation 的词语往往也涉及很多的制备程序。

2.3.4　综合评价所查阅文献的方法

从经典手册或 1940 年之前 CA 上摘录的制备程序，一般都容易重复，应当重点采纳上述文献所引的实验程序。对于近期 CA 或期刊上的论文所列的实验程序要根据现有的知识和经验进行分析、判断，以确定实验程序。因为科学报道、会议论文、工艺总结中的实验程序大多数是经保密技术处理过的[5-7]。

【例 1】查阅到日本专利文献上关于用对甲苯磺酸乳酸甲酯和 2-甲氧基萘或异丁苯反应，制备镇痛消炎药物萘普生和布洛芬。文献上所列的反应温度都是相同的，但二者分子结构有比较大的差异，显然相同温度不是它们各自的最佳反应温度。

【例 2】实验程序中"在 20 ℃，加入 75%氢氧化钠溶液于反应体系中"显然这个条件不太准确。因为在 20 ℃时，氢氧化钠饱和溶液的浓度只有 52.2%。

【例 3】在常压下，以乙醇为溶剂，反应温度是 150 ℃，这个温度条件显然是经过技术处理的，乙醇的沸点为 80 ℃。

如果查阅到的制备方法有许多种，而且每一种制备条件都有差异，则要使用系统分析判断，选择最适宜的条件。例如，查阅一个化合物的制备，从不同的专利文献上得到的温度范围如图 2-2 所示。

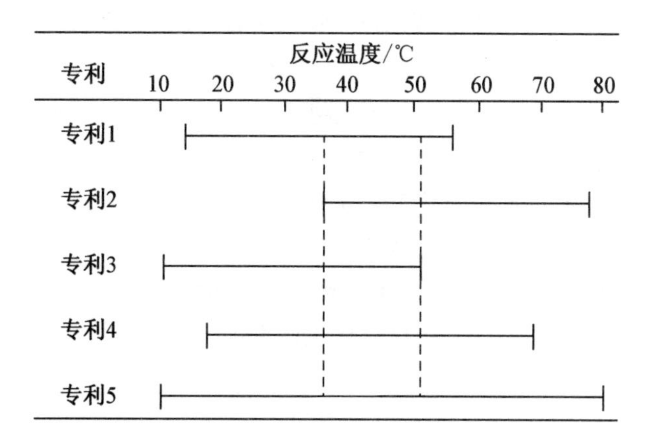

图 2-2　专利文献上所示的反应温度分析

通过比较可知，虚线间的温度值是最有可能的优化条件。通过比较其他条件，然后再考虑到现有的实验条件，拟定出合理可行的实验程序，最后通过实验进行验证。

2.3.5 SciFinder 数据库

SciFinder 是由美国化学学会（ACS）旗下的化学文摘服务社（CAS）自主研发的，它的前身是 CAS 出版的 CA。1995 年，CAS 推出了 SciFinder 联机检索数据库；2009 年，推出基于网页形式的 SciFinder Web 数据库一站式搜索平台；经过多年的发展与整合，SciFinder 综合了全球 200 多个国家和地区、60 多种语言的 1 万多份期刊，内容丰富全面。使用者能通过主题、分子式、结构式和反应式等多种方式进行检索。

SciFinder 与一般数据库不同的是除了文献数据库外，还具有物质与化学反应等七大数据库。其中，文摘数据库包括：

CAplus，它覆盖了化学等相关众多学科领域的多种参考文献；

MedLine，它是由美国国立医学图书馆（简称 NLM）创立的国际性综合生物医学信息书目数据库，是当前国际上最权威的生物医学文献数据库。

除此之外，还有物质数据库包括：

Registry，世界上最大的物质数据库，收集了各种有机、无机物质与基因序列；

ChemList，查询备案或管控化学信息的工具，收集了全球主要市场的管制化学品信息；

Chemcats，收集了各种化学品的商业信息的数据库，其中包括价格、质量等级、供应商信息等；

Marpat，用于专利的 Markush 结构的搜索数据库，它收集了各种专利中的 markush 结构。

CASReact，这是一个反应信息数据库，收集了各种反应与制备信息。

习题 2

1. 请列出化工工艺研发相关的主要期刊。
2. 《化工工艺设计手册》主要包括哪些内容？
3. 请写出查询中国专利、美国专利和欧洲专利的网址。
4. 列出本校电子图书馆有哪些化学化工数据库。

参考文献

[1] 向春. 化学文献及查阅方法[M]. 北京：科学出版社，2003.
[2] Maizell R E. How to Find Chemical Information—A Guide for Practicing Chemists, Teachers and Students[M]. New York: John Wiley&Sons Inc, 1979.
[3] 姚荣余. 美国《化学文摘》查阅法[M]. 北京：化学工业出版社，2004.

[4] Bottle R. T. 化学文献的使用(第三版)[M]. 冯曾泽,译. 北京:化学工业出版社,1987.
[5] 毕玉侠. 药学信息检索与利用(第三版)[M]. 北京:中国医药科技出版社,2015.
[6] 张明哲. 有机化学文献及其查阅法[M]. 北京:高等教育出版社,1982.
[7] 姚钟尧. 化学化工科技文献检索(第三版)[M]. 广州:华南理工大学出版社,2007.

第3章 连续化技术——甲苯氯化生产氯化苄

实施专业的、优化的、连续化的生产技术，能促使生产企业节能增效，提升核心竞争力。以甲苯的光氯化生产氯化苄为例，介绍光氯化反应器从间歇反应釜到连续反应装置的发展过程，并进一步叙述氯化苄衍生物产品的生产技术和产品的应用。

3.1 化工连续化技术

农药、医药中间体、染料、助剂等精细化工产品规模小、产量低、生产步骤多，而且品种繁多，数量远超基础大宗化工产品。全球年需求总量在十万吨以下的精细化工产品，几乎都是以间歇式的生产过程为主，生产粗糙，设备简单，反应器单一，多个反应釜完成相同的反应，并使用大量的水或溶剂进行分离工艺，工艺状况本身就决定了安全环保无法提高档次。国内大部分的精细化工企业建立于20世纪90年代，那是一个精细化工行业大爆发的十年，生产量和出口量都急剧增加，但当时的工艺水平都是间歇式的，很少有自控，极少实现连续化的自控生产工艺。后来部分危险的工艺按照安监局的要求做了一些安全连锁装置，但是整体上工艺部分几乎没有优化，还是批次化操作。目前，随着HSE(Health、Safety、Environment)监管压力的增大以及工人对于职业健康的渴望，都对精细化工的工艺生产提出了更高的要求。

3.1.1 连续生产工艺的特征

连续生产是将各种反应原料按一定比例和恒定的速度连续不断地加到反应器中，而且从反应器中以恒定的速度连续不断地排出反应产物，反应器中某一特定部位的反

应物料组成、温度和压力始终保持恒定。目前，我国只有大型石油化工及基础化工的生产过程能采用自动连续化生产方式。在精细化工领域，尤其一些全球年需求量不超过十万吨的产品，基本是采用间歇式生产。精细化工产品品种较多，对某一个产品的生产工艺无法深入研究，而且产量较小，很多研发机构和企业不愿投入精力和时间去进行深度研发。国外有很多大型化工厂基本能进行大型化、连续化的生产，例如陶氏化学，因为对工艺有深入的研究，所以敢将产品的生产进行放大，达到一种产品拥有多个20 m^3的反应罐，向全球市场供应。我国目前距离世界先进水平还有较大差距，实施专业的、优化的、连续生产工程化技术，能够促使生产企业进一步节能高效，提升核心竞争力。随着制造技术的提升，我国已有企业开始重视生产方式的连续化改造，也出现了一些专门将间歇生产工艺转换成连续化工艺的科技公司，希望会给精细化工企业带来新的发展。

3.1.2　连续反应器的类型

连续化工艺中的反应器主要有微通道反应器、管道平推流反应器(活塞流反应器)、釜式连续全混流反应器、固定床反应器、高效气液混合反应器、连续加氢反应器、绝热反应器、连续反应精馏反应器、光催化连续化反应器等。下面列举几个进行分析。

1. 全混流反应器

特点：采用多釜串联的全混流反应器，解决返混问题，实现各个不同温度段的停留时间，辅助的加热/冷却方案，易于在原车间系统做改造。最典型的连续化过程是连续搅拌釜式反应器(CSTR)：反应物连续进料到第一个反应釜，釜内物料溢流到下一个反应釜，每个反应釜有良好的搅拌，实现了第二个反应釜以及随后的反应釜中的物料与第一个反应釜内的反应物分离。此外，每个反应釜内的组分是均匀的，但整个工艺存在梯度。

2. 管道反应器

特点：平推流，返混小，容积效率高；适合要求转化率较高或有串联副反应发生的反应；换热效率大幅度提高；出现超温超压等情况可以迅速得到控制，即使发生异常，因为物料量少较安全；实现分段温度控制。但该反应器无法做得特别长，大化工上有3 000 m的管道反应器，精细化工一般最多是 500 m，所以停留时间无法设计特别长。此外，工艺中有固体或气体排出的，都不很适用。管式反应器还可以设计成一种绝热类型，以克服很多精细化学反应放热大，无法放大和连续化的情况，从而减少工艺风险点。全绝热管道反应器技术是将反应的放热和移热分成两个部分，给物料以充分的稀释，用多倍的产品来稀释反应热，使反应热得到平稳的释放和转移，这样的工艺在热力学方面完全没有放大效应，特别适合于放热量大、反应迅速的反应类型。

3. 回路反应器

回路反应器国外用于加氢反应较多，是改善气液混合的一个好的方案。利用文丘里管来实现气体和反应液的高效混合。与常见的高压反应釜相比，氢气的气泡直径从原来的 1～2 mm 减小到 0.003～0.07 mm，传质系数从原来的 0.15～0.35 kLa/s 提高到 1.6～2.0 kLa/s，整个反应的动力学状态得到很大的改善。在线的连续化过滤催化剂的技术，可以实现间歇化或连续化生产，适合 $H_2/NH_3/CO_2$ 还原胺化制备小分子有机胺。

4. 微通道反应器

微通道反应器是一种新型的、微型化的连续流动的管道式反应器。反应器中的微通道通过精密加工技术制造而成，特征尺寸一般在 10～1 000 μm。微通道反应器的“微”不是指微反应装置的外形尺寸小或产品产量小，而是表示流体通道在 μm 或 mm 级别。微通道反应器可以显著提高流体混合程度，增强传质性能，提高总传热效率；适用于低温、高温、高危、非均相等多种化学强放热、反应物或产物不稳定的反应，如高压加氢、丁基锂使用、硝化、氧化、非均相，但不适用于生成固体或放出气体的反应，也不适合反应时间很长的反应。

5. 固定床反应器

对于一些可以固载催化剂的液液反应或者气液反应，可以将釜式反应器改成固定床反应器，可以增大催化剂和物料的比例，大大提高反应速度。固定床反应器的传热类型可分为绝热型、换热型和自热型，适合于液-固、气-液-固和气-固相反应。对于停留时间特别长或者反应前后段参数差异大的反应，可以使用多段固定床反应器连续化生产。

6. 连续流光催化反应器

氯气的自由基取代反应，现在几乎所有的工厂都是采用偶氮类化合物作为催化剂，但是，此类链式连锁的自由基反应非常容易失控，很多工厂都发生过反应被爆发式引发导致冲料和爆炸事故。连续流光催化反应器采用了 LED 光催化技术，波长集中（在 10 nm 内），电光转化率高，不发热；使用文丘里管来实现高效的氯气和反应液的混合，和之前的鼓泡器相比，气液混合效果提高了 200 倍；采用连续化的设计，全线自动化操作，岗位上基本不需要员工。

3.1.3 连续反应工艺的应用

出于经济成本的考虑，企业开发了大吨位规模的连续化工艺。例如，作为大吨位溶剂的甲基叔丁基醚（MTBE）和乙酸乙酯（EtOAc）等精细化工产品通过起始原料与固定化酸性催化剂的接触已经实现了连续化生产；模拟移动床色谱法（SMB）也是一种经济有效的连续纯化技术；连续化工艺还用于硅烷和硅氧烷的制造。连续化过程特别适合于下列反应工艺[1]。

1. 有不稳定中间体生成的过程

对于有不稳定中间体生成的合成过程，实验室的连续化操作有明显的优势。例如，用 $SOCl_2$ 处理醇得到相应的卤代烃，这个化合物极不稳定，在 30～35 ℃时半衰期仅有 20 秒，在 100 g 的规模上，继续和 NaCN 反应收率不到 30%。改进方法：$SOCl_2$ 和醇用

平衡泵连续加到 10 mL 圆底烧瓶中，让反应混合物溢流到第二个 10 mL 的圆底烧瓶里，然后再溢流到更大的含有相转移催化剂的反应瓶内，并与 NaCN 反应生成腈，反应如式 3－1，装置如图 3－1 所示。第二个反应瓶作用是增加停留时间，在稳定状态下，停留时间大约 1 min，反应物料进入更大反应瓶的流速是每分钟 10 mL，反应温度为 30～35 ℃，连续操作一周，用两个 10 mL 的反应瓶可以生产大约 10 kg 腈，收率为 90%[2]。

$$\text{HO(H}_3\text{C)CH–}(\text{furyl})\text{–C}_6\text{H}_4\text{Cl} \xrightarrow[30\sim35\ ^\circ\text{C}]{\text{SOCl}_2\text{, PhCH}_3} \text{Cl(H}_3\text{C)CH–}(\text{furyl})\text{–C}_6\text{H}_4\text{Cl} \xrightarrow[\text{PhNMe}_3\text{OH, }0\sim15\ ^\circ\text{C}]{\text{NaCN, NaOH}} \text{NC(H}_3\text{C)CH–}(\text{furyl})\text{–C}_6\text{H}_4\text{Cl}$$

式 3－1　醇经 $SOCl_2$ 处理后继续与 NaCN 反应生成腈的合成路线

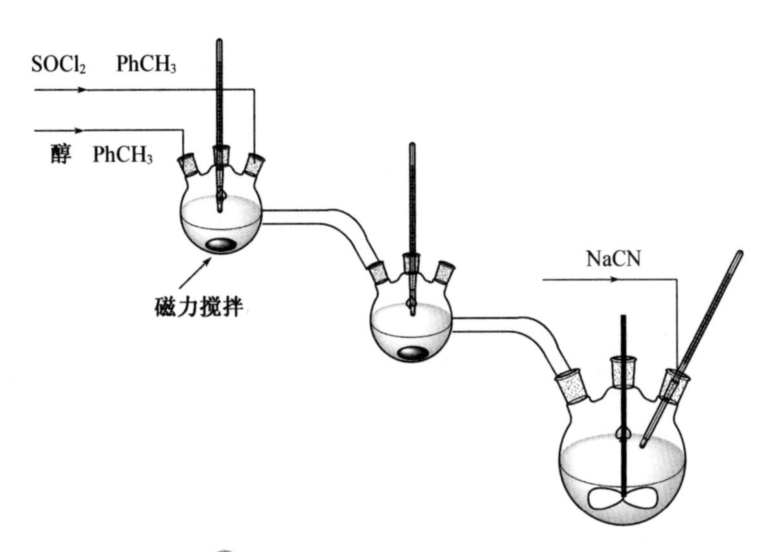

图 3－1　制备腈的连续工艺装置图

2. 有高活性或剧毒化合物参与的反应过程

基于安全考虑，反应活性高的化合物如重氮甲烷和光气都是以小体积（少量）进行连续化生产的。例如，氮甲烷的连续化制备是将 N-甲基-N-亚硝基胺溶解在水溶性的有机溶剂中，与溶解在水溶液中无机碱连续混合反应，产生重氮甲烷，几乎没有爆炸危险。所选择的有机溶剂是不溶于重氮甲烷的。反应完成后，静置一段时间，使水相和有机相产生相分离，分离出产物[3]，合成路线如式 3－2。

$$\text{CH}_3\text{NHC(O)NH}_2 \xrightarrow[\text{HNO}_3]{\text{NaNO}_2} \text{CH}_3\text{N(NO)C(O)NH}_2 \xrightarrow[\text{THF, Et}_2\text{O}]{\text{KOH, H}_2\text{O}} \text{CH}_2\text{N}_2 + \text{KCNO}$$

式 3－2　甲基脲为原料连续化制备重氮甲烷的合成路线

如图 3-2 所示，流程图中“亚硝化 1”反应器和“亚硝化 2”反应器是连续反应器，每个容器都配备有搅拌器，反应器 1 代表亚硝化反应的两个阶段中的第一阶段，反应器 2 代表第二阶段。反应器 1 由三股管道供给原料（溶于水的甲基脲、溶于水的亚硝酸钠($NaNO_2$)、溶于水的 70% 硝酸、四氢呋喃(THF)和乙醚，在容器 1 中的停留时间为 10.0 min，温度为(12.0±3.5)℃。将产品从反应器 1 转移到反应器 2，其中在相同温度下的停留时间额外增加 10.0 min。然后，将完全亚硝化的产物转移到相分离器 3 中，在相分离器 3 中停留时间为 5.0～10.0 min，并且温度保持在(20.0±10.0)℃。分别抽出含有 N-甲基-N-亚硝基脲的有机相和水相。水相被引导至废水处理容器 4，向其中添加 NaOH 水溶液以处理第一批的废水后去污水池。将有机相引导至两级连续反应器 5 和 6 中的第一个反应器 5，其中有机相与 KOH 水溶液接触反应。在两个反应器 5 和 6 中进行重排反应的停留时间各为 6.7 min，且各容器中的温度保持在 0～5 ℃。两相产物流入相分离器 7，其停留时间为 4.5 min，温度保持在(−10±5)℃。分离的有机相含有溶解在乙醚和四氢呋喃中的重氮甲烷，同时水相被引导到废水处理容器 8，添加硝酸以处理第二批的废水后去污水池。

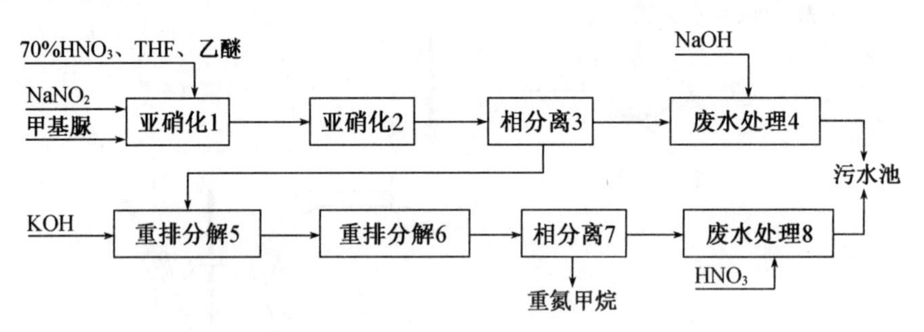

图 3-2　重氮甲烷的连续化制备工艺

3. 有快速剧烈放热的反应过程

在环丙基甲酰胺霍夫曼(Hofmann)重排制环丙胺(CPA)的过程中，就采用 CSTR 工艺控制中间体异氰酸酯的放热水解反应。该装置由两个带有搅拌装置的反应器和一个带有常规设备的分离蒸馏塔组成。反应器 1 通过 2 个泵注入环丙烷甲酰胺溶液和 NaClO 溶液，反应器 1 中的内容物通过溢流管进入反应器 2，反应器 2 通过第 3 个泵注入 NaOH 溶液。在达到稳定状态(15 min 的预运行时间)后，在 30 min 的过程中进行反应[4]，制备环丙胺的反应如式 3-3。

$$\text{环丙基-C(=O)}NH_2 \xrightarrow[NaOH]{NaClO} \text{环丙基-}NH_2$$

式 3-3　环丙基甲酰胺 Hofmann 重排制备环丙胺

制备过程：将 171.7 g 99%(ω)的环丙烷甲酰胺溶解在 888.2 g 水中，在 18.5 ℃下泵入反应器 1，同时加入 1 069.6 g 13.9%(ω)的 NaClO 溶液；停留时间为 6 min。然后，将混合物在低于 30.0 ℃下，与第三台泵注入的 711.0 g 45%(ω) NaOH 溶液混合在反

应器 2 中，停留时间为 2.5 min，并收集在蒸馏装置中。在蒸馏过程中(纯环丙胺沸点为 49.0 ℃)，首先获得含水的环丙胺，通过回流比控制环丙胺的水含量(回流比为 1∶1 得到水含量 2%～3%的环丙胺；回流比为 3∶1 得到约水含量 1%的环丙胺)，最后，在 50～99 ℃范围内得到的馏分主要是水，99 ℃仍然含有 1%～2%的环丙胺。环丙胺可从该馏分中通过反复精密蒸馏或在加入 HCl 后通过汽提水分离得到含盐酸盐的环丙胺 97.6 g，理论收率为 85.5%(分离得到环丙胺为 100.1 g，含水量为 2.5%，回流比为 1∶1，沸点为 49.0 ℃)；环丙胺的盐酸盐 24.9 g，理论收率为 13.0%，总收率为 98.5%。

4. 大规模生产的过程

对于大吨位精细化学品的生产应使用多釜串联，特别适用于连串反应，过程反应条件能够严格控制，以便达到最大产能。例如，光催化甲苯氯化制备三氯苄[5]。该工艺使用 6 个串联的搪瓷反应器(如图 3-3 所示)，反应器配备有浸入反应混合物中的汞蒸气灯。反应器的体积、每个反应器的灯数和这些灯的功率，以及每个反应器的温度如表 3-1。新鲜氯气通过管道分别以一定流量引入反应器 2～6。预先脱氧的甲苯(氧含量小于 5 mg/kg)通过管道以 627.44 kg/h 的流量输送到反应器 1，然后，分别用连接管道通过重力输送到反应器 2～6，同时形成 $C_6H_5CCl_3$。这样每小时通过管道能获得 1 335.48 kg的三氯苄。表 3-1 中还显示了用甲苯给反应器 1 进料的流量和用新鲜氯气给反应器 2～6 进料的流量。通过管道从反应器 2～6 排出的废气收集后被引入反应器 1，进入反应器 1 的废气包括按重量计的 HCl 气体和未反应的氯气的量大约为 40%和 13%，还包括未转化的甲苯(大约 8%)和夹带的单氯苄、二氯苄、三氯苄。表 3-2 显示从每个反应器排出的液体反应产物的重量组成。从反应器 1 排出的 HCl 的含 Cl 量小于 0.2%，最终得到的三氯苄含量为 97.7%，二氯甲苯的质量分数为 0.11%，其余副产物基本上由环上氯化的三氯苄或双键氯化，以及有两个芳香环偶联产物构成。

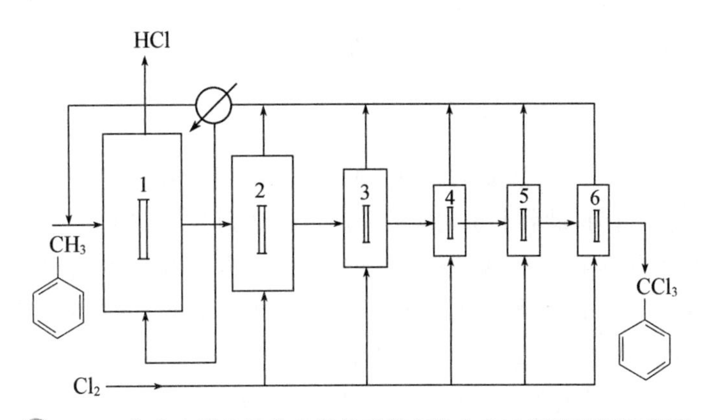

图 3-3　多釜串联连续化光催化甲苯氯化生产三氯苄流程示意图

表 3-1 光催化甲苯氯化工艺条件

反应器	容积/m^3	高压汞灯		温度/℃	进料量/$kg \cdot h^{-1}$	
		个数	功率/W		甲苯	氯气
1	2.5	3	4	96.1	627.44	—
2	1.5	3	4	151.8	—	783.7
3	1.0	3	4	135.9	—	392.9
4	0.3	1	8	144.3	—	224.9
5	0.3	1	8	143.5	—	57.9
6	0.3	1	8	138.1	—	11.1

表 3-2 每个串联反应釜溢出氯化液的组成

反应器	从每个氯化釜溢出液体的组成,%(*wt*)				
	甲苯	氯化苄	二氯苄	三氯苄	多氯产物
1	38.23	23.11	16.22	20.54	0.16
2	2.30	17.78	41.71	36.72	0.28
3	0.03	2.15	27.60	68.95	0.61
4	0.01	0.75	11.99	86.05	0.56
5	—	—	0.73	97.36	0.93
6	—	—	0.11	97.74	1.22

3.2 实战案例|连续氯化甲苯生产氯化苄

氯化苄用途广泛,属于大吨位的精细化工产品,而甲苯光催化氯化反应是一个连串反应,要想获得氯化苄为主要产品,必须控制氯化深度。

3.2.1 氯化苄的生产技术

氯化苄(苄基氯)是一种重要的有机中间体,广泛用于农药、医药、香料和增塑剂等有机产品的制造。目前,世界上氯化苄的总产量已达到 2.5×10^5 t[6],我国也有 20 多家生产企业,生产能力每年约 4×10^4 t。氯化苄的合成方法有很多,如甲苯侧链光氯化,甲苯用 $HCl-O_2$ 氧氯化,甲苯用硫酰氯氯化,苯用甲醛- HCl 氯甲基化等方法,但具有经济意义的工业方法是用甲苯侧链光氯化法[7]。

甲苯侧链氯化得到氯化苄的反应属于自由基取代反应,由三个假一级连串反应(Pseudo first-order serial reaction)组成[8]。在 100 ℃时,连串反应的动力学速率常数之比 k_1/k_2 和 k_2/k_3 约为 6,而在 40 ℃时,比值约为 8。显然,低温时氯化苄的选择性高,合成路线如式 3-4,甲苯光氯化深度与产物分布如图 3-4。

$$\text{CH}_3\text{-苯环} \xrightarrow[Cl_2]{k_1} \text{CH}_2\text{Cl-苯环} \xrightarrow[Cl_2]{k_2} \text{CHCl}_2\text{-苯环} \xrightarrow[Cl_2]{k_3} \text{CCl}_3\text{-苯环}$$

甲苯　　　氯化苄　　　二氯苄　　　三氯苄

式 3-4　甲苯侧链氯化生成三氯苄合成路线

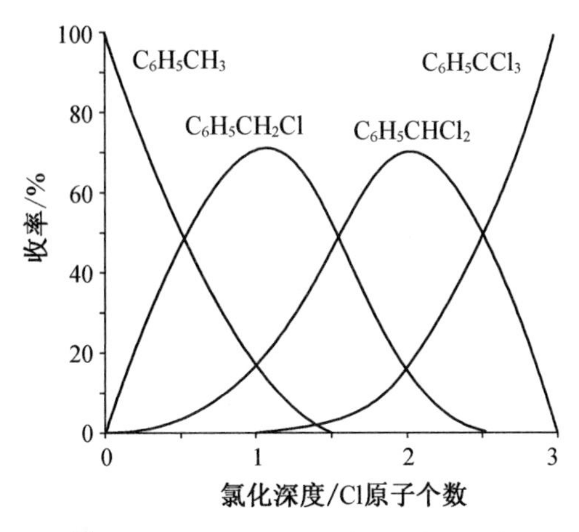

图 3-4　甲苯光氯化深度与产物分布

用甲苯氯化法生产氯化苄为主产物时，因受到反应动力学速率常数的限制，甲苯的单程转化率不可能高。通常情况下，控制甲苯的转化率为 50%以下，否则会联产出大量的二氯苄(苄叉二氯、亚苄基二氯)，三氯苄(苄川三氯、次苄基三氯)。如反应体系中含有微量的 Fe 等杂质，会引起甲苯母核上环氯化及氯化苄聚合反应。除了用光引发反应外，还可用偶氮二异丁腈、过氧苯甲酰等化学物引发反应。为了加快反应的速度，常常加入红磷、PCl_3、活性炭等催化剂。为了提高氯化苄的收率，有时加入酚类物质，抑制连串反应。在生产过程中，为了防止氯化苄的聚合或抑制环氯化反应，常常加入 DMF、三乙胺和三苯基膦等。氯化苄的一般生产条件：在 110 ℃、紫外光或蓝光光照下，甲苯与 Cl_2 反应，控制甲苯转化率为 50%，氯化液经减压蒸馏除去甲苯，甲苯循环使用，再精馏得到氯化苄产品，下脚料可以制造三氯苄或苯甲醛，工艺流程如图 3-5 所示。

为了提高氯化苄的收率，降低生产成本，各国科学家和公司都不断地研究氯化苄工艺。总的研究方向有两个，即设计最佳的反应器和改善化学反应的过程。前者主要研究反应类型(气-液相反应、气-气相反应)，反应器的类型和材质等；后者主要选择最佳的催化剂以促进甲苯侧链氯化而抑制其他副反应的进行。在工艺研究中，调节适宜的温度、反应物的配比、反应时间、氯化深度、光源选择、产品精制方法等也是至关重要的[9]。

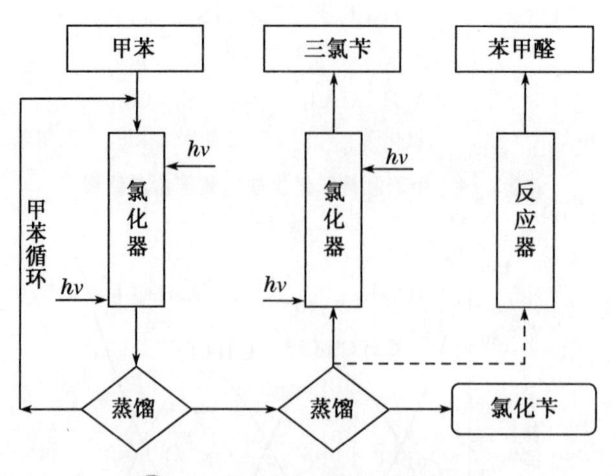

图 3-5　甲苯光催化氯化流程图

3.2.2　工业化的生产工艺

1. 釜式光氯化

我国氯化苄生产初期使用的是釜式反应器，可以间歇进行，也可连续化生产。这种氯化器结构简单，从釜盖上引入光源，如图 3-6 所示。通过甲苯回流及夹套把反应热移走，反应温度控制在 120 ℃以下，甲苯的转化率为 45%～50%。未转化的甲苯蒸馏后套用，总收率约为 90%，氯化苄与二氯苄之比为 10∶1.5～10∶2.5。反应釜的材质一般为搪瓷，体积为 300～1 500 L，若用过大容积的反应釜，国内现行的光照系统难以达到预期的结果，因而导致反应速度变慢，环氯甲苯量大。现有型号的搪瓷釜作为氯化

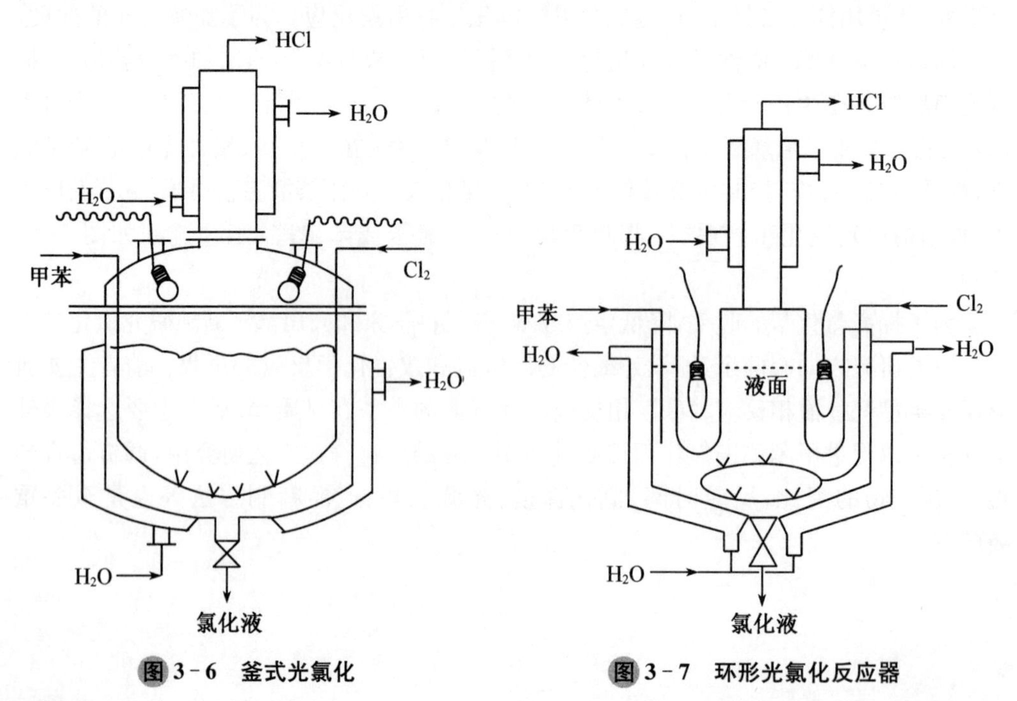

图 3-6　釜式光氯化　　　图 3-7　环形光氯化反应器

釜不是非常理想，主要是因为难以引入充足的光照及氯气分布不均匀，应重新设计。图 3－7 是一种材质为玻璃的可用于工业化生产的环形光氯化反应器[10]。

2. 玻璃柱串联连续光氯化

连续光氯化器是由高 2 m，直径为 0.3～0.4 m 的 4～6 个玻璃柱串联组成，如图 3－8 所示。用紫外灯或蓝光灯环绕光照，由底部通入 Cl_2，串联溢流排出产品，控制氯化液的密度为 1.2 g/mL 左右(25 ℃)，产物中氯化苄与二氯苄之比为 10∶1，基本上无三氯苄。甲苯单程转化率为 50%。该法在我国较为流行，缺点是管件、管道腐蚀严重，泄露点较多[6]。

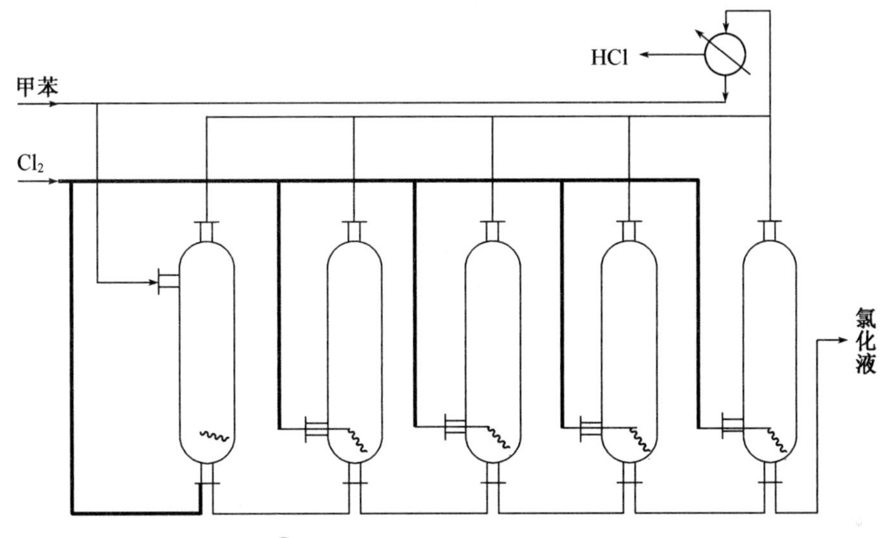

图 3－8　玻璃柱串联氯化反应装置

小知识　氯化苄的沸点 179.4 ℃，腐蚀性较大，提高氯化苄的质量和产量取决于蒸馏塔和再沸器的材质。过去选择耐腐蚀的搪瓷材质的设备进行蒸馏，因传热性能不好，操作时间长，聚合严重，效率很低；现在选择耐腐蚀性好，传热效果优良的金属材质，大大提高了蒸馏效率和产品的质量。

氯化釜体积大，生产量大，有利于稳定控制，适合于大规模连续化生产。只要解决光照、光源产生的热以及反应放热移走的问题即可。国外在这方面的技术相对成熟，氯化反应釜的容积通常为 3～10 m^3。特殊的高压汞灯，浸入反应液液面以下也能够提供高效的光照。工艺流程如图 3－9 所示，反应混合物中氯化苄的含量控制在 45%～50%，通过连续蒸馏除去甲苯并精馏出氯化苄，整个生产过程是连续化的。

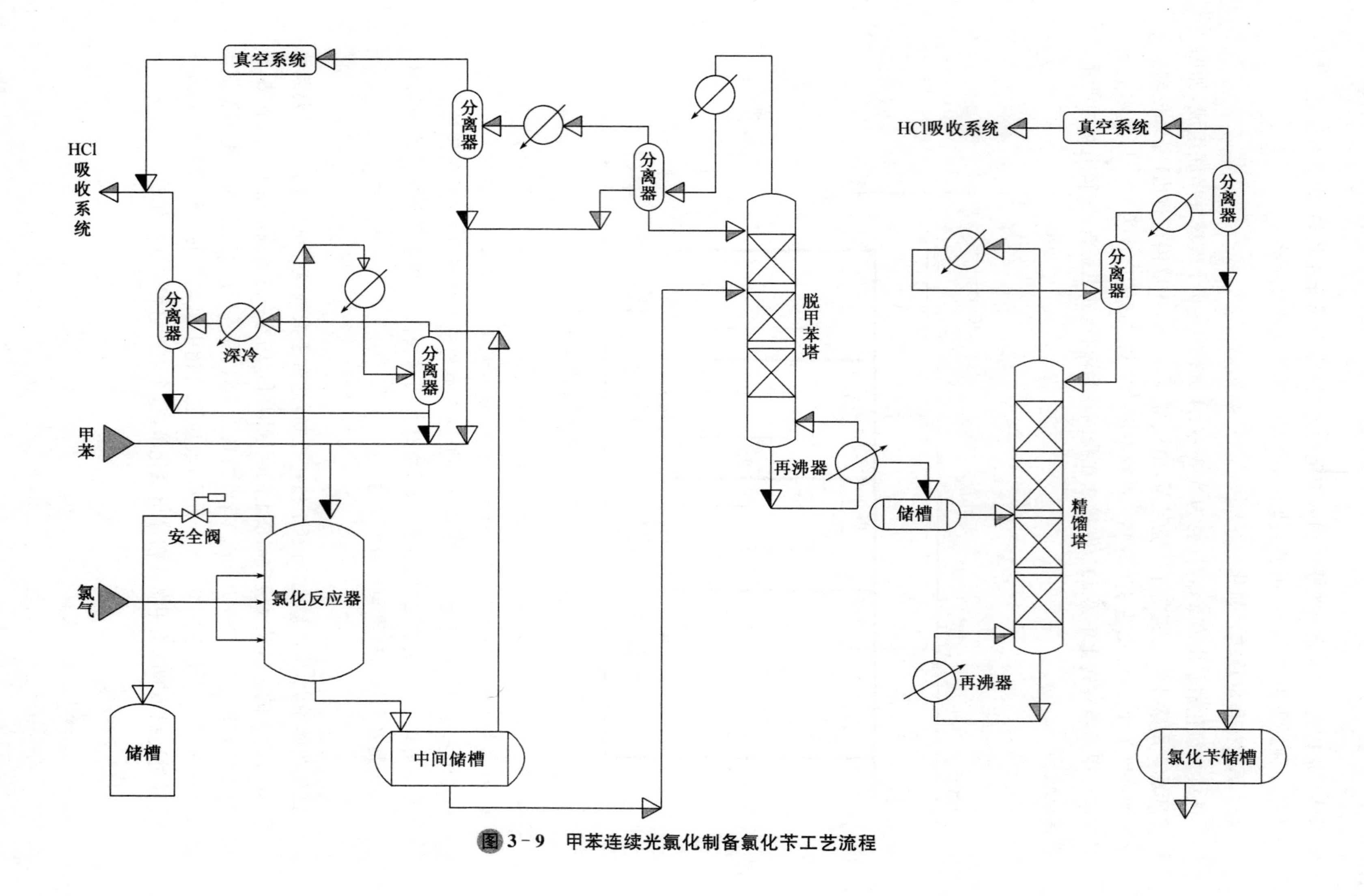

图3-9 甲苯连续光氯化制备氯化苄工艺流程

3. 沸腾床氯化

沸腾的甲苯在暗处用氯气侧链氯化[11]，直到重量增加 37.5%，然后，蒸馏出未反应的甲苯循环套用，甲苯单程转化率接近 90%，产物中氯化苄、二氯苄、三氯苄之比为 10∶1.0∶0.1。这一技术优点是甲苯的单程转化率大大提高，从而降低了甲苯回收的能量消耗。采用沸腾床便于使用氯化催化剂，从而改变甲苯氯化反应过程，否则在常规条件下，氯化反应速率常数的比值达不到 10。我国也成功地开发了低温连续氯化工艺，其特征为转化率高，产物二氯苄少。

4. 反应蒸馏氯化

国外 20 世纪 50 年代就报道了反应蒸馏法生产氯化苄[12]，这个工艺是根据甲苯侧链氯化动力学特征而设计的，如图 3－10 所示。甲苯氯化与未反应甲苯的蒸馏在一个板式塔中完成，氯气从塔板上引入，在光照条件下，与被蒸到塔板上的液体甲苯反应，生成的氯化苄因沸点、密度不同于甲苯而返回塔底。未反应的甲苯用氯化反应热蒸发至塔板上再与氯气反应，从而提高甲苯转化率与选择性(>95%)，降低蒸馏未反应甲苯的能耗。这个工艺可以间歇，也可以连续化，是目前生产氯化苄较为先进的工艺之一。

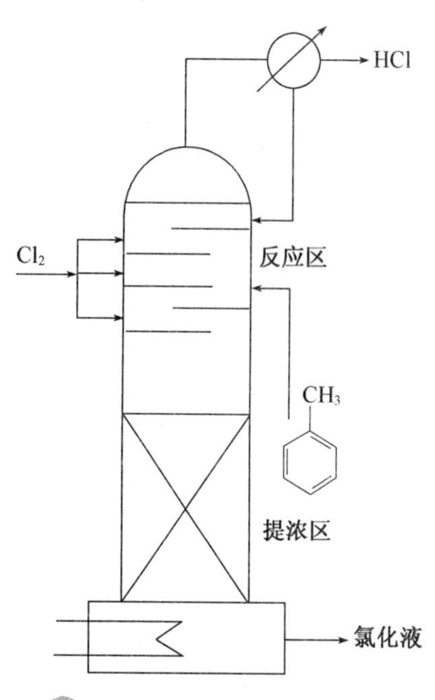

图 3－10　反应蒸馏装置示意图

3.2.3　氯化苄技术开发的建议

(1) 由于氯化苄是有机合成的重要中间体，需求量很大，因此只有开发新的氯化技术，提高甲苯单程转化率与选择性，才能降低成本，提高经济效益。另外，也要注重开发氯化苄衍生产品的生产技术，如氯化苄羰基化合成苯乙酸和苯丙酮酸等，以促进氯化苄生产技术的发展。

(2) 由于氯化苄腐蚀性大，微量金属等杂质会引起环氯化与氯化苄聚合，所以应积极开发新材料，制造适合于输送或加热氯化苄的设备，如石墨泵，特种钢再沸器等。

(3) 开展稳定化氯化苄技术的研究[13]，使氯化苄的生产、储存、运输等能在不苛刻的条件下进行。

3.2.4　稳定化氯化苄

氯化苄是精细有机合成中的重要中间体，主要用于制造农药辛硫磷、乙基稻丰散等；医药上用于制造青霉素、咳必清等；还用于制造增塑剂邻苯二甲酸丁苄酯，香料苯甲醇、乙酸苄酯等，用途十分广泛。因此，世界上许多国家都有氯化苄的生产，总生产能力每年达25万吨以上，其中生产量靠前的是美国、欧共体、日本等，中国的年生产量在2万吨以上，生产能力最大的厂家分布在江苏、湖北和山东。我国的氯化苄生产始于20世纪50年代，经过多年的技术改造，部分厂家的产品质量已达到世界先进水平，符合日本JIK 4125—1980标准，产品已出口到美国、日本等国家和地区。氯化苄生产厂家在区域上分布不平衡，而目前使用氯化苄的厂家越来越多，出口需要长时间的运输，纯氯化苄产品在储存运输过程中，会受到光照、高温、接触金属离子和水分等的影响，使氯化苄质量下降或树脂化[14]。因此，稳定化氯化苄的生产技术开发迫在眉睫。

1. 稳定化氯化苄制造原理

纯氯化苄分子由于侧键上的氯原子非常活泼，易发生水解、聚合及烷基化反应，因此，在储存操作过程中易发生上述副反应，使氯化苄的质量降低。影响最严重的是金属离子催化氯化苄发生Friedel-Crafts烷基化反应，生成高聚物或树脂状物，并放出HCl气体。另外，不稳定因素还取决于最初的氯化苄含量、盛放容器的材质、制造过程以及采用设备类型等。稳定化氯化苄制备的原理是加入一种或几种化学物质，阻断或抑制氯化苄因痕量金属离子催化剂污染而发生的Friedel-Crafts反应，使氯化苄产品能够相对稳定。能够抑制或阻断氯化苄发生Friedel-Crafts反应的物质有酰胺、有机膦、胺类化合物等[14]。这类物质可以是一种，也可以是几种混合使用，都可以作为制备稳定化氯化苄的添加剂。

下面介绍几类常用的稳定剂：

(1) 碱性水溶液

氢氧化钠或碳酸钠等水溶液能够有效抑制氯化苄发生烷基化反应。这类碱性水溶液与氯化苄混合，可以使用铁制容器存放，节省包装费用；否则，需要用没有催化活性的玻璃、搪瓷、塑料等容器存放，费用较高。碱性水溶液是最便宜的抑制剂，但有些场合要求氯化苄无水，例如，氯化苄进行格氏反应时，加入这类抑制剂是不适合的。

(2) 强酸性物质

各种无机强酸或有机磺酸能有效地抑制氯化苄的分解。即使在100 ℃以上有水存在时，氯化苄的保留率仍高于96%，但由于高温下强酸会损坏铁质容器而一般很少使用。

(3) 有机膦类化合物

常用的有三苯基膦、磷酸三烷基酯、取代的三苯基膦等。这类物质用量较小，抑制活性大，但是价格高、毒性也大[15]。

(4) 酰胺类化合物

常用的化合物有二甲基甲酰胺、己内酰胺、乙酰胺等。它们化学稳定性好，不会和氯化苄发生反应。

(5) 有机胺类化合物

常用的有三乙胺、醇胺、多烯胺、萘胺、苯胺类衍生物。这些物质容易买到，价格适中，常用来制造稳定化的氯化苄[16,17]。

2. 纯氯化苄的制造

一般来说，稳定化氯化苄的生产是由纯氯化苄加入稳定剂，混合后便得到稳定化氯化苄产品。

纯氯化苄产品的制造方法很多[18]，下面介绍最常用且技术方法比较先进的 4 种：

（1）甲苯间歇液相光氯化法

在典型的液相氯化条件下，通氯反应，当 n(甲苯)：n(氯气)＝1.1：1.0 时，氯化苄的单程转化率最高可达 70%。但粗品中含有较多的二氯苄，若联产苯甲醛，本法仍有实用价值。

（2）甲苯侧链连续光氯化法

反应初始温度约 65 ℃，然后逐步提高到约 95 ℃，质量分数增加到 20%～25%，甲苯的单程转化率约 50%，m(氯化苄)：m(二氯苄)＝10.0：1.0，采用合理精馏方法，产品质量含量可达 99%以上。美国、日本及中国均采用此法，其缺点是单程转化率低，能耗大。

（3）甲苯低温连续氯化法

在催化剂存在下，甲苯与氯气低温反应，利用低温下甲苯转化成氯化苄高的特点，提高转化率及选择性，产品质量含量最高可达 99%。

（4）采用反应精馏装置

在特制的反应精馏塔内进行氯化反应，塔上部为反应区，使生成的氯化苄迅速离开反应区而下降至塔底，利用反应热把塔底未反应的甲苯蒸发至塔上反应区进行反应，使甲苯的单程转化率及选择性大幅度地提高，能耗降低，生产成本下降。

3. 稳定化氯化苄的制备

稳定化氯化苄通常在纯氯化苄中加入 0.05%(ω)的有机氮化合物或其他抑制剂而得到，其性能与纯氯化苄相同，但稳定性好。例如，拜耳公司稳定化氯化苄产品规格：外观无色而有刺激味的液体，含量＞99%，相对密度(20 ℃)1.109 g/cm^3，沸点(101.3 kPa)179.4 ℃，闪点 60 ℃，凝固点－39.2 ℃。基本上与纯氯化苄的规格相同。

4. 稳定化技术的应用

（1）氯化过程

氯化苄的制备是采用甲苯和氯气光引发侧链氯化的方法，反应体系中由于甲苯、氯气含量不可能很高，加上设备材料等因素，可能会引入痕量的金属离子、水分等杂质，在氯化过程中，发生催化甲苯环氯化反应，并使已生成的氯化苄再发生聚合反应，影响选择性及产品的含量。所以在氯化过程中，除了对原料纯化，采用玻璃、搪瓷等反应设备外，还需加入环氯化抑制剂，这些物质可以是酰胺、三苯基膦、醇胺等。其作用是络合金属离子，抑制它们所催化的烷基化反应及环氯化反应，提高氯化苄的选择性及收率。一般抑制剂的加入量(ω)为 0.015%～1%。例如，甲苯混合 0.5%三苯基膦且含有浓度为 10^{-5} mol·L^{-1}的铁离子，于 95 ℃氯化条件下反应到有 50%的甲苯转化，环氯仅有 0.1%，而没有添加三苯基膦，环氯化合物的生成量超过 1.5%，说明三苯基膦能有效地抑制环氯化反应，提高氯化苄的选择性[14,15]。

（2）精馏过程

普通的精馏是在100 ℃以上进行，而在此温度下部分氯化苄易发生自聚反应，若有金属离子存在，还会引发 Friedel-Crafts 反应，使精馏的物料颜色变成褐色，甚至有树脂状物生成。蒸馏时在起始的物料中加入0.05%的三苯基膦等抑制剂，精馏过程中没有氯化氢气体生成，最后釜底的物料颜色浅，透明，树脂状物极少。

（3）储存过程

纯氯化苄由于化学活性高，在储存过程中会发生副反应，使产品质量下降。例如，20 ℃下存放1个月，产品中含有1.27%(ω)的 HCl，说明有部分氯化苄自聚。再进行蒸馏则产生大量 HCl，物料变成褐色。蒸馏时加入微量的苯胺等抑制剂，就能有效地抑制 HCl 的生成，结果见表3-3。产品中 HCl 含量越高，说明氯化苄自聚越多[16,17]。

表3-3 氯化苄储存稳定效果

编号	储存时间	储存温度/℃	ω(储存后 HCl)/%
1*	1 min	20	1.27(蒸馏时产生大量 HCl)
2*	10 min	80	4.64(蒸馏时产生大量 HCl 且成褐色树脂)
3	1 min	20	0.003 8
4	10 d	50	0.004 3
5	1 min	20	0.038(蒸馏时测)
6	3 h	100	0.031

注：编号1*、2*为纯氯化苄(对照样品)，其余为含有质量分数为$5.0\times10^{-11}\sim1.0\times10^{-10}$苯胺类化合物的稳定化氯化苄。

5. 稳定化氯化苄产品开发的意义

（1）便于长时间的运输、储存，增加生产的安全性。由于纯氯化苄会发生自聚反应，且伴随有 HCl 生成，在密封容器内会发生爆炸或损坏容器。而稳定化氯化苄则没有此缺点。稳定化氯化苄对金属离子不敏感，可以在铁质容器中储存运输，易于操作，节省包装费用。

（2）有利于扩大使用的地区及出口创汇。

（3）可以采用不锈钢反应装置来制造氯化苄，使之在不太苛刻的条件下生产出合格产品，有利于降低生产成本，提高经济效益。

（4）稳定化氯化苄能够在其参与的化学反应体系中有效地抑制自身的聚合等副反应的发生，提高原料的利用率。

3.3　相关案例丨邻氰基氯苄制造工艺

邻氰基氯苄是合成荧光增白剂 ER 的重要中间体[19,20]。由于 ER 具有优良的增白效果，广泛应用于涤纶、醋酸纤维和锦纶等织物的增白。因此，对荧光增白剂 ER 的需求量逐年增加，进而促进了邻氰基氯苄优化制造工艺的研究与开发。邻氰基氯苄通常是以邻氰基甲苯为原料，在光照的条件下，与氯气发生光氯化反应来制备的[19]，收率 60%～70%。由于邻氰基甲苯的氯化反应是典型的连串反应，所以一次通氯反应，邻氰基氯苄的最高收率不超过 80%。专利文献[21]报道了用反应精馏的方法制备邻氰基氯苄，收率达到了 80%以上。反应精馏法所需的设备比较特殊，而且邻氰基氯苄化学活性大，沸点高，在高温下易发生聚合等副反应。根据连串反应的特征和邻氰基氯苄易于从氯化液中结晶出来的特性，控制合适氯化深度，采用多次氯化反应—冷却结晶的方法，能达到良好的结果。反应式如式 3-5，流程示意如图 3-11 所示。实践中可首先研究小试工艺，并在小试的基础上，研究中试制备工艺条件。

$$\text{C}_6\text{H}_4(\text{CH}_3)(\text{CN}) \xrightarrow[\text{Cl}_2]{h\nu} \underset{\text{主产物}}{\text{C}_6\text{H}_4(\text{CH}_2\text{Cl})(\text{CN})} + \underset{\text{副产物}}{\text{C}_6\text{H}_4(\text{CHCl}_2)(\text{CN})} + \text{HCl}$$

式 3-5　合成邻氰基氯苄的反应式

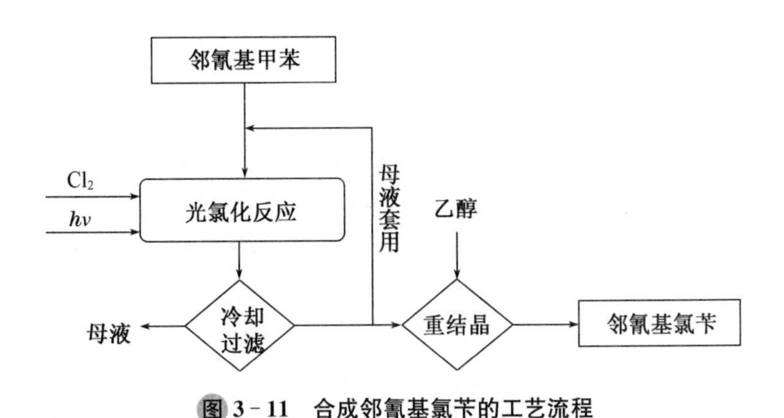

图 3-11　合成邻氰基氯苄的工艺流程

小知识　邻氰基氯苄和邻氰基二氯苄常温下都是固体，二者等质量混合则变成液态，分离比较困难。氯化过程中，邻氰基氯苄含量高于 50%时，在冷却下很容易从反应液中结晶析出来，使生产工艺变得简单有效。

3.3.1 实验操作

1. 药品

邻氰基甲苯(质量分数为98%);液氯[ω(Cl_2)=99.5%];无水乙醇[ω(C_2H_5OH)=99%]。以上均为工业品。

2. 分析方法

气相色谱仪:氢火焰检测器,毛细管柱,OV—1701固定液,进样0.5 μL。色谱条件:柱温度150 ℃,进样品温度260 ℃;检测器温度280 ℃,邻氰基甲苯、邻氰基氯苄和邻氰基二氯苄的停留时间分别约为1.94 min、4.25 min和4.68 min。

3. 制备

在500 mL四口烧瓶上,安装搅拌器、温度计、通Cl_2管和回流冷凝管,回流冷凝管上连接HCl吸收系统,靠近烧瓶安装100 W的白炽灯。加入118.0 g(1.0 mol)邻氰基甲苯,搅拌加热。当温度到140 ℃时,开始通入经浓硫酸干燥的Cl_2,随着氯化反应的进行,反应混合物的温度逐渐升高。控制反应温度在150~155 ℃,通入Cl_2时间约3 h,通Cl_2约49 g,用气相色谱监控反应的进行程度。当邻氰基氯苄质量分数达到70%,停止通Cl_2,冷却反应物,抽滤出结晶物。用乙醇重结晶,得白色晶体邻氰基氯苄95.5 g,熔点59~60 ℃,质量分数99.2%,收率63%。母液在相同条件下适量通Cl_2,还可以得到部分邻氰基氯苄的结晶。

3.3.2 结果与讨论

1. 氯化温度对反应的影响

在100 W的白炽灯照射下,邻氰基甲苯投料为118.0 g,当氯化液中邻氰基氯苄的含量达到70%时,温度对氯化反应收率的影响如表3-4所示。反应温度低于80 ℃时,氯化反应速度慢,邻氰基氯苄选择性稍高些;温度在150~160 ℃时,氯化速度明显加快,而当温度高于180 ℃,氯化速度很快,但邻氰基氯苄选择性低一点,母液的色泽为棕黄色不透明,循环套用收率低。考虑到收率和母液的套用因素,氯化温度选择150~160 ℃为宜。

表3-4 温度对邻氰基甲苯氯化反应收率的影响

项目	温度 T/℃				
	80	120	150	160	180
完成时间/h	6.3	5.7	3.4	3.1	2.8
邻氰基氯苄/%	63.2	62.3	62.0	60.6	58.1
邻氰基二氯苄/%	6.8	7.7	8.0	9.5	11.9
母液颜色	无色	微黄色	淡黄色	黄色	棕黄色

2. 光照条件对氯化收率的影响

邻氰基甲苯投料59.0 g,在不同光源的照射下,100 ℃通 Cl_2 反应,邻氰基甲苯转化率为70%左右,不同光源照射对反应的影响如表3-5所示。

光照可以大大提高光氯化反应的速度,缩短反应时间。蓝光照射下氯化反应速度最快,归结于蓝光有很强的穿透性。其他几种光源的催化效果几乎相同。

表3-5　光照对邻氰基甲苯氯化反应收率的影响

项目	光照条件/ W				
	无日光/0	日光灯/30	白炽灯/30	紫外灯/28	蓝光灯/28
完成时间/h	14.5	2.6	2.8	2.5	2.1
邻氰基氯苄/%	51.3	63.7	63.6	62.5	60.8
邻氰基二氯苄/%	5.8	6.3	6.4	7.5	8.2

3. 氯化深度的选择

由于在小试氯化时,Cl_2 的计量比较困难,所以,采用了150 ℃时中试的实验分析数据,并参考了根据氯化液中组分的含量推算出的 Cl_2 的消耗量。绘制出邻氰基甲苯氯化反应产物的分布图,如图3-12所示,与文献[21]的结果基本一致。从图3-12可知,一次性通 Cl_2 氯化,邻氰基氯苄在氯化液中最高质量分数为79%。由于邻氰基氯苄和邻氰基二氯苄会形成共熔体,当氯化液中邻氰基氯苄质量分数低于30%时,邻氰基氯苄就结晶不出来,二者的沸点高(邻氰基氯苄沸点为252 ℃,邻氰基二氯苄沸点为260 ℃,)蒸馏分离有困难。一次性通 Cl_2 氯化得到邻氰基氯苄的收率最高为70%,而副产物邻氰基二氯苄的用途尚未有效开发。因此,应选择合适的氯化深度,提高邻氰基氯苄的收率,减少副产物的生成。小试因为母液量少,分次通 Cl_2 实验上有一定的难度。在中试规模上则能实现分次通 Cl_2 氯化的实验。很显然,氯化的程度越浅,副产物

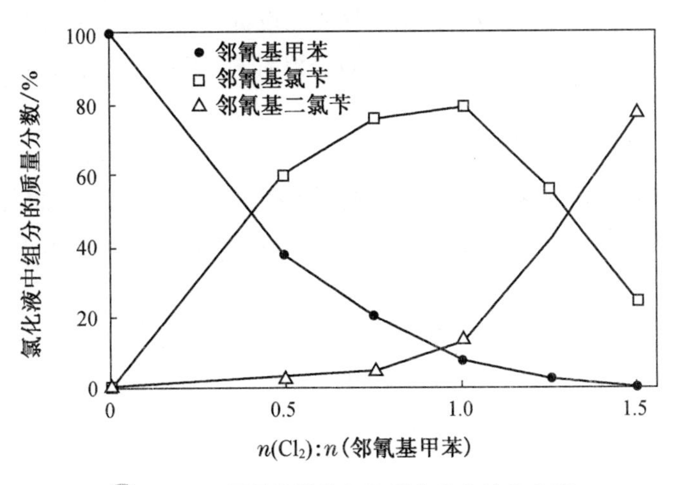

图3-12　邻氰基甲苯氯化反应产物的分布图

生成的量就越少。但通 Cl_2 的次数多，操作费用大，生产周期长。通过实验和优化计算，采用 4 次通 Cl_2 氯化，分批冷却结晶的方法，能取得良好的效果。

3.3.3 中试放大

1. 工艺放大实验

把 160.0 kg 的邻氰基甲苯投到 300.0 L 的搪瓷反应釜中，如图 3-13 所示。用导热油加热到 130 ℃，开始通入经过浓硫酸干燥的 Cl_2，通 Cl_2 的速度为 9～10 kg/h，通氯约 40.0 kg 后停止反应。把氯化液放到冷却罐中冷却，用离心机分离出析出的晶体，母液再投到反应釜中，继续通入 Cl_2，重复上述的操作。通 Cl_2 质量分别为 16.0 kg、11.0 kg 和 6.0 kg，把 4 次所得的邻氰基氯苄合并，用乙醇重结晶，干燥，共得到产物 168.0 kg，总收率为 81.3%[22]。

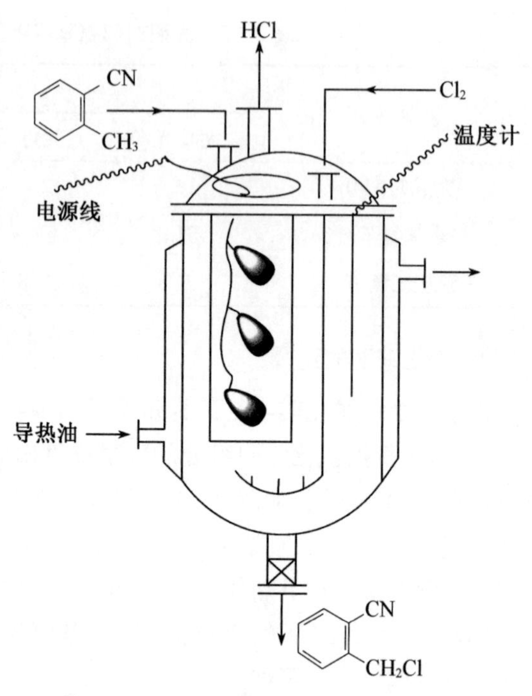

图 3-13 邻氰基甲苯光催化氯化反应釜

2. 中试工程问题的解决

(1) 设备的选型和材质

由于反应涉及腐蚀性的气体如氯气、HCl 和邻氰基氯苄。特别是邻氰基氯苄，化学性质活泼，易在金属离子存在下发生 Fridel-Crafts 反应[13]或环氯化反应。因此，反应混合物中不能有金属离子存在，所以反应设备和冷凝器应选择搪瓷材质的设备。邻氰基甲苯的光氯化反应是气-液相反应，为了增加氯气在反应混合物中的停留时间，使氯气充分反应，应选择细长型的搪瓷反应釜。

(2) 光照条件

从小试结果来看，光照条件对反应收率影响很大，但在反应釜外面安装光照装置从手孔引入光是很不充分的。特别对于细长型的反应釜来说，即使使用穿透能力很强的蓝光也不能到达釜底。因此，选用一根一端封口的直径为 108.0 mm 的玻璃管，固定在反应釜盖上，把 3 只 100 W 白炽灯的光照引入反应液中，光氯化效果很好，如图 3-13 所示。因为反应在 150 ℃进行，一般的紫外灯、蓝光灯和日光灯都承受不了长时间的高温，所以选择了白炽灯。

(3) 搅拌混合

由于强化了光照，反应釜中的机械搅拌应用受到限制。而反应要求 Cl_2 在邻氰基

甲苯中分散均匀，所以 Cl_2 从反应釜底部通入且有分配器，使 Cl_2 的气泡变小与反应物接触面积增大，在液面下就反应完全。通入 Cl_2 的速度控制在 10.0 kg /h，这样有利于搅拌，也能达到传质传热的目的。

3.3.4　结论

研究了以邻氰基甲苯为原料用光氯化方法制备邻氰基氯苄的工艺。将邻氰基甲苯加热到 150～155 ℃，在 100 W 白炽灯照射下，4 h 内通入定量的 Cl_2，氯化液冷却、过滤、用乙醇重结晶，得到邻氰基氯苄，收率为 63%，质量分数为 99.2%。母液中未反应的原料循环使用。在此基础上，研究了中试的工艺条件和控制方法，在细长型搪瓷反应釜中，应用一端封口的玻璃管把光照引入到液面下，进行光氯化反应，为了提高邻氰基氯苄的收率，减少副产物邻氰基二氯苄的生成[23]，分 4 次进行氯化反应——冷却结晶，总收率为 81.3%。

3.4　衍生物工艺｜间接法制备苯甲醇

苯甲醇是合成香料、医药的重要中间体，也广泛应用于感光、染整、化妆品等领域。随着相关行业的发展及国际市场的开放，国内外对苯甲醇的需求量日趋增加。目前国内大多采用氯化苄与纯碱间歇水解的方法制取苯甲醇。该法收率较低，有 CO_2 排放，废水量大，设备利用率低。另有连续水解法和甲苯直接氧化法[24,25]，但这些方法设备投资均较大。以下案例开发了收率高，投资较少，适合于一般工厂生产的工艺[26,27]。

3.4.1　原理与工艺流程

1. 原理

制取苯甲醇的主要反应如式 3 - 6。

CH_2Cl + RCOONa —催化剂→ (O, O, R) + NaCl(酯化过程)

(O, O, R) + NaOH ⟶ (OH) + RCOONa(水解过程)

式 3 - 6　由氯化苄制备苯甲醇的反应式

工艺流程如图 3 - 14 所示。在相转移催化剂存在下，羧酸盐与氯化苄反应生成苄酯[28]，然后，用氢氧化钠水解苄酯，生成苯甲醇和羧酸盐水溶液，有机层精馏得精品苯甲醇，水层含羧酸盐和催化剂，可循环使用。

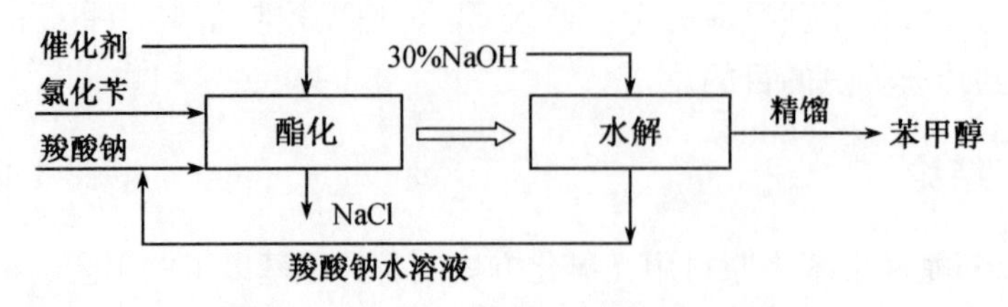

图 3-14 氯化苄制备苯甲醇工艺流程

2. 操作步骤

将定量的氯化苄和羧酸钠投入四口烧瓶中，加入适量的相转移催化剂，搅拌升温。控制温度在 100～106 ℃，回流 3 h，冷却静置分层，弃去废水，生成的苄酯投到反应烧瓶内。补加相转移催化剂，用 30%NaOH 水解 2 h，反应温度为 102～106 ℃。冷却静置分层后，分出有机层，得到粗醇，称重，分析其含量。水层中含羧酸钠和相转移催化剂，补加部分羧酸钠后循环使用。粗醇经减压精馏后得精品，按 GB 8794—1988 分析，符合要求。

3.4.2 结果与讨论

1. 催化剂种类

要求相转移催化剂对酯化和水解反应都有明显的作用，而且对苯甲醇的香气没有影响。选择以下 4 种催化剂进行实验，结果如表 3-6。可见季铵盐 A 的用量少，苯甲醇收率高；其次是聚乙二醇 1 000，苯甲醇收率也较高。

表 3-6 催化剂种类对苯甲醇收率的影响

名　称	催化剂			
	聚乙二醇 1 000	OP—10	长链季铵盐	季铵盐 A
催化剂用量/g	5	12	5	2
氯化苄/mL	50	50	100	50
乙酸钠/g	65	65	131	65
粗品醇含量/%	61.28	72.8	66.6	83.9
苯甲醇收率/%	90.4	73.9	69.9	91.9

2. 催化剂用量

氯化苄投料量为 50.0 mL，甲酸钠投料量为 50.0 g，酯化反应为 3 h，用 30% NaOH 水解 2 h，粗品中苯甲醇含量和苯甲醇收率随催化剂季铵盐 A 用量不同而变化，其结果如表 3-7 所示。此表显示，当催化剂用量为 1.0 g(氯化苄投料量的 1.8%)时，苯甲醇收率即可达到 90.8%。

表3-7 催化剂用量对苯甲醇收率的影响

催化剂用量/g	粗品醇含量/%	苯甲醇收率/%
8.0	79.3	93.0
6.0	80.1	95.1
4.0	84.1	92.1
2.0	80.7	92.7
1.0	82.4	90.8
0.5	64.8	81.3
0.3	66.5	79.9

3. 羧酸盐种类

分别用乙酸钠、甲酸钠同氯化苄进行酯化反应实验，结果如表3-8。从该表看出应用乙酸钠和甲酸钠都可以，但从化学计量上来看，甲酸钠分子量小，与氯化苄反应生成酯时，需要量少一些，在其他条件相似时，宜选用甲酸钠。

表3-8 羧酸盐种类和用量对苯甲醇收率的影响

羧酸盐种类	羧酸盐用量/g	催化剂用量/%	苯甲醇收率/%
甲酸钠	50.0	2	89.6
甲酸钠	55.0	2	93.6
甲酸钠	112.0	4	91.2
乙酸钠	60.0	2	87.9
乙酸钠	65.0	2	91.7
乙酸钠	130.0	4	92.7

4. 投料比

羧酸盐与氯化苄投入量比对苯甲醇收率的影响如表3-9。若氯化苄酯化不完全，未酯化的氯化苄在水解过程中受到NaOH的催化与苯甲醇反应生成二苄醚，使苯甲醇收率下降，所以羧酸盐要过量一些。从表3-9看出，n(羧酸盐)∶n(氯化苄)=1.1∶1.0时，苯甲醇收率可达到90%以上。

表3-9 投料比对苯甲醇收率的影响

$n_1:n_3$	1∶1	1.05∶1	1.10∶1	1.15∶1	1.20∶1
收率/%	88.3	89.4	91.3	91.2	93.6
$n_2:n_3$	1∶1	1.05∶1	1.10∶1	1.15∶1	1.20∶1
收率/%	80.7	87.8	90.7	92.3	91.4

注：n_1 即为 n(甲酸钠)，n_2 为 n(乙酸钠)，n_3 为 n(氯化苄)。

5. 母液循环使用次数

水解母液经补加羧酸盐后可循环使用，以降低成本。乙酸钠母液循环使用次数对苯甲醇收率影响的实验结果如表3-10。由此表看出，循环使用5次，收率没有明显降低。甲酸钠母液也有类似的结果。在相转移催化剂存在下，羧酸钠和氯化苄反应生成苄酯，再用30% NaOH水解制取苯甲醇工艺是可行的。最佳工艺条件：氯化苄与甲酸钠的物质的量比为1∶1.10，催化剂为季铵盐A，用量为氯化苄投料重量的1.8%～2.0%，酯化反应3 h，水解反应2 h，反应温度100～110 ℃，水解母液补加10%～20%的羧酸钠后循环使用，苯甲醇收率可达90%以上，最高可达95%。产品经分析符合GB 8794—1988标准。

表3-10 母液循环使用次数对苯甲醇收率的影响

套用次数	1	2	3	4	5
收率/%	92.2	93.4	91.8	90.6	92.5

3.5 衍生物工艺 | 苯乙腈生产

苯乙腈是重要的医药、农药及香料的中间体，主要用于合成杀虫剂辛硫磷、稻丰散、乙基稻丰散。苯乙腈水解可制得苯乙酸和苯乙酸钠、苯乙酸钾、苯乙酰胺。苯乙腈与乙酸乙酯缩合，然后水解可生产苯基丙酮，苯基丙酮与甲酰胺反应可制得医药中间体苯基异丙胺。另外，还可用苯乙腈为原料生产出邻硝基苯乙酸、α-苯基丁腈、对硝基苯乙酸、苯乙胺等精细化工中间体，苯乙酸的酯类用于配制食用、皂用、化妆品用的香精。从目前市场来看，高含量的苯乙腈需求量越来越大。采用苯乙腈碱解、制片技术生产苯乙酸，需用含量＞99%的苯乙腈为原料，才能生产出合格产品。苯基丙酮生产中的缩合反应要求苯乙腈含量高，水分、氯化苄、苯甲醇等杂质含量极低，反应才能易于进行，收率才能较高。苯乙腈的烷基化、氯化反应也需含量高的原料，以生产出高质量的中间体。此外，由于欧美对环境保护意识加强，苯乙腈的生产受到限制，所需部分转向市场购买。但国内普遍采用的是氯化苄与氰化钠水溶液在二甲胺催化下合成粗品[29]，然后用减压蒸馏方法纯化，得到含量一般为94%～98%的产品，尚达不到99%，严重限制了苯乙腈的应用及出口。苯乙腈中的主要杂质是未反应的氯化苄及副产物苯甲醇等高沸物。这种生产方法蒸馏的能耗较大，残渣量多。所用的反应设备是易被苯乙腈生产原料所腐蚀的搪瓷铸铁、塑料等材质，生产成本高。

3.5.1 实验操作

在500 mL四口烧瓶上，安装搅拌器、温度计、回流冷凝管及滴液漏斗，加入氯化苄129.0 g、复合相转移催化剂3.0 mL及20.0 mL水。搅拌、加热，当温度升高到65～

75 ℃时，开始滴加氰化钠水溶液 145.0 g，滴加速度保持反应水溶液 pH<10 为宜，15 min加完，加完后控温在 70～80 ℃。反应 10 min 后，升温，回流 15 min，加水 100 mL 搅拌5 min，停止反应。冷却至室温，分去水层，取油层样品分析，把油层转入带有长为 1 m、内径为 5 cm 精馏柱的分离装置中，在回流比为 3～5 下减压蒸馏，分析苯乙腈含量及蒸馏残渣量。

3.5.2　结果与讨论

1. 制备过程中的副反应分析

在复合相转移催化剂存在下，氯化苄与氰化钠水溶液反应生成的油层中，用 GC-MS分析有以下物质：甲苯、邻氯甲苯、氯化苄、苯甲醇、苄胺，N，N-二甲基苄胺、苯乙腈、苯甲醛、联苄、二苄醚等；水层中有苯乙酸、苯甲醇等物质。减压蒸馏后的苯乙腈样品仍含有以下物质：邻氯甲苯、苯乙腈、氯化苄、苯甲醇、N，N-二甲基苄胺、联苄以及氰基苯乙腈。根据杂质的化学结构可推断在苯乙腈制备过程中发生了以下副反应[30]，如式 3-7 所示。

CH_2Cl　NaOH　CH_2OH　O　CN　COOH　CH_2Cl　NH_2　NH_3　$(CH_3)_2NH$　CH_3　N　CH_3　Fe

式 3-7　苯乙腈制备过程中发生的副反应

在气相色谱图中，苯甲醇是含量最高的杂质，而且与苯乙腈分离困难，直接影响到苯乙腈的含量。其中甲苯、邻氯甲苯为氯化苄原料带入的杂质，氨及其他有机胺是催化剂二甲胺水溶液带入的杂质。除了苯甲醇外，其他杂质含量都很少，而且大多易与苯乙腈分离。

2. 相转移催化剂的影响

复合相转移催化剂与二甲胺、三乙胺、TEBA 相比较，催化效果明显较高[31]，如表 3-11 所示。主要杂质苯甲醇的含量明显降低，另外，反应后油层为红色透明液体，没有炭化现象。而单独使用二甲胺等相转移催化剂时，水层和油层都显黑褐色，有明显炭化现象。

表 3-11 不同相转移催化剂的催化效果

催化剂名称	催化剂用量/g	粗品外观	苯乙腈含量/%	苯甲醇含量/%	苯乙腈收率/%
二甲胺	3.0	深褐色不透明	93.6	5.56	92.0
三乙胺	3.0	深褐色不透明	90.8	3.82	94.2
TEBA	3.0	浅褐色不透明	84.3	6.01	90.6
新洁尔灭	3.0	浅褐色不透明	80.4	3.26	88.3
复合型	3.0	褐色透明	95.6	1.5	96.0

注：实验为 1 mol 氯化苄投料量，在 pH 为 9～9.5，温度为 90～107 ℃下反应 4 h。结果是 4 次实验的平均值

3. 反应液 pH 的影响

反应液的 pH 偏高，副反应加剧，致使残渣量增加，收率下降。通过加入碳酸氢钠形成缓冲体系或把氰化钠向氯化苄中滴加，虽有一定的作用，但效果不明显。实践表明，在复合相转移催化剂的存在下，向氯化苄中滴加氰化钠，反应溶液的 pH 可维持在 9～10，反应速度快。为了使反应最后的溶液 pH 能够维持在 8 左右，氯化苄使用过量（比化学计量多 2%～5% mol），这样蒸馏残量小于 3.1%，结果见表 3-12。

表 3-12 pH 对反应收率的影响（氯化苄投料量为 1 mol）

起始 pH	最终 pH	苯乙腈收率/%	残渣量/%
9.1	8.4	96.2	0.89
9.4	8.2	95.8	1.00
9.3	8.6	96.0	0.96
9.4	8.0	96.5	1.10
9.1	9.0	96.8	3.10
9.4	10.5	92.6	4.70
9.4	11.0	87.2	10.40
9.4	13.0	85.0	14.20

4. 反应温度的影响

温度对苯乙腈的合成收率影响较大，如表 3-13 所示。当温度低于 60 ℃时，反应基本上不能进行；当反应温度达到回流温度 110 ℃时，反应速度很快，但外观呈黑色，有明显碳化现象，而且副产物量增加；温度控制在 70～80 ℃，收率最高，副产物较少，外观呈淡红色透明液体。

表 3-13　温度对反应的影响(氯化苄投料量为 1 mol,pH 为 8~9)

反应温度/℃	苯乙腈收率/%	蒸馏残渣量/%
60	32.0	0.4
70	95.7	2.3
80	93.2	3.0
90	86.5	6.7
110	84.6	8.2

3.5.3　苯乙腈衍生产品的开发

1. 苯乙酸

苯乙酸主要用于青霉素的生产,其次是用于香料工业的苯乙酸乙酯、苄酯、异丁酯的生产,也用于合成苯基丙酮等精细化学品和中间体的制备。从 1985 年起,发达国家的一些青霉素生产厂逐步进行了产品结构调整,转为生产高附加值的半合成抗生素。青霉素的原料药生产因利润相对较小,污染大而逐步停产,导致国际市场有 5 000 t 苯乙酸工业原料药的缺口。我国也是青霉素原料生产大国之一,若满负荷生产,每年需求苯乙酸至少在 8 000 t 以上。国内现有生产苯乙酸厂家大多采用苯乙腈水解—静置结晶法,质量外观都好,只是受季节影响大,产量低,污染大。江苏某企业采用氯化苄羰基化生产苯乙酸,工艺较为先进,但此工艺尚在完善中,投资大,推广有一定的风险性。江苏另一化工企业开发的苯乙腈水解制片技术生产苯乙酸,不受季节的限制,产量大,设备投资少。该工艺的关键是使用含量>99%的苯乙腈为原料及特殊的制片设备[32]。

2. α-肟基苯乙腈

由于游离碱的浓度高,限制了肟钠的应用领域,因此用盐酸中和析出反式异构体肟,含量大于 97%(ω),再用碱中和,便可得到无过量游离碱的肟钠。

3. 苯基丙酮

苯基丙酮是合成杀虫剂敌鼠钠的重要中间体,也是合成医药中间体苯基异丙胺的原料,附加值高。用苯乙腈为原料,在甲醇钠溶液中与乙酸乙酯反应,生成的钠盐冷却后用 30%盐酸酸化得到 α-氰基苯基丙酮,然后用硫酸水解、脱羧,得到粗品;用简单蒸馏方法便可得到含量大于 99%的苯基丙酮,目前出口行情较好。

4. 其他品种

苯乙腈的衍生物很多,如 α-溴代或氯代苯乙腈,α-乙基、环戊基或苯基苯乙腈都是重要的医药中间体,α-乙基苯乙腈是生产抗血小板聚集药吲哚波芬的中间体,α-环戊基苯乙腈是生产咳必清的中间体,α-丁基苯乙腈是合成咪菌腈的中间体,二苯乙腈是生产胃胺的医药中间体,这些衍生物虽然用量不大,用途单一,但附加值高,值得开发。

3.5.4 建议

1. 开发苯乙腈连续化生产工艺

应开发苯乙腈连续化生产工艺，因为现有的苯乙腈生产技术多为间歇法，反应时间较长，氯化苄水解成苯甲醇量较大，分离困难；另外，间歇蒸馏残渣量多，损失大，而连续合成工艺，反应时间短，苯甲醇生成量极小，连续蒸馏残渣量少，设备体积小，投资少；同时，也要开发氯化苄能够在碱性较大、氰化钠浓度极低的条件下反应生成苯乙腈的工艺。因为一方面可减少含氰化钠废水的处理量，减少对环境的污染；另一方面能提高苯乙腈的收率，降低成本。特别值得重视的是氰化钠有较大毒性，开发绿色可持续发展的苯乙腈生产技术以替代氰化钠，是当前精细化工的一项重要工作。

2. 开发耐氯化苄、苯乙腈腐蚀的材料

在苯乙腈生产过程中，要接触氯化苄、苯乙腈、氰化钠及高温导热油（>200 ℃）等介质，一些碳钢、搪瓷等材质的设备和管道使用时间不长就会被腐蚀，造成生产成本偏高，因而应开发研究新材料应用于苯乙腈的生产。

3. 制定苯乙腈质量标准

由于国内没有统一的苯乙腈质量标准和分析方法，各生产厂家都自行制定了标准。一部分厂家使用沸程含量分析法，该方法准确度较低；另一部分厂家使用气相色谱分析法，因柱条件不一样，分析同样的样品，含量也不相同。因此，有必要参照国外标准制定苯乙腈质量标准，这样既有利于指导生产，也有利于出口创造外汇。新标准应使用气相色谱分析含量，其中苯乙腈>99%，水分<0.5%，苯甲醇<0.25%，氯化苄<0.25%，还应标明高沸物的含量。

3.5.5 结论

苯乙腈制备过程中发生的氯化苄水解生成苯甲醇等副反应，严重地影响了苯乙腈的含量。通过使用复合相转移催化剂，控制反应阶段的 pH<10，并控制好滴加氰化钠的温度在 70～80 ℃，可抑制氯化苄、苯乙腈的水解，苯乙腈的含量可提高到 99%以上，蒸馏残渣量也降低到 3.1%。本案例中开发的复合催化剂及合理工艺条件，抑制了主要副反应的发生，苯乙腈的转化率高达 98%，苯甲醇的生成量极少，而且粗品易于分层，无悬浊物、絮状物，外观为淡红色透明液体。目前，利用国内现有的材料、设备开发一套精馏工艺，能使苯乙腈含量达到 99.5%。该工艺已在山东一家化工厂 1 000 t/a 装置上实现了工业化。高含量苯乙腈的生产不仅拓宽了它的应用领域，提高了相关行业产品的质量，同时也提高了苯乙腈参与国际市场的竞争能力，增加出口创造外汇。

3.6　责任关怀

3.6.1　化学工业的负面社会形象

在现实生活中，不管是国家还是普通人的生活都离不开化工。在人类多姿多彩的生活中，化工无处不在，它与环境保护、能源、材料、国防、医药卫生、资源的综合利用以及人类的衣、食、住、行都密切相关。对于人类来说，离开化工的生活是不可想象的，然而，化工是一柄双刃剑，化工企业在创造大量财富，满足、方便、美化人类生活的同时，由于工业的迅猛发展和人类的使用不当，在生产经营过程中把大量的化工企业成本转嫁给社会，如环境污染、资源过度开发、食品安全等问题，造成社会环境受损。随着化工企业规模的日益扩大，伴随的社会问题也日趋严重，而化工企业的实际社会表现与社会对化工企业的期望存在一定的差距。因此，化工企业招致越来越多的批评。特别是近年来某些化工企业一系列化工重大安全事故的发生，导致一些地区化工产业被过度“妖魔化”，很多化工厂周边的居民谈化色变，部分地区竟然要求所有化工企业搬迁，达到“无化区”的状态。

化工生产规模庞大，资金、技术、人才高度密集，污染性与危险性大，安全生产十分重要。此外，生产连续性强，自动化、节能环保及物流要求也较高。化工行业一直是公民环境意识和安全意识的焦点之一，甚至有一些人认为化工带有原罪，化工企业很无奈地走到了前台，成了公众企业。

事实上，社会对化学工业在认识上存在着局限性。很多人认为化工行业高危，高考填报志愿时许多学生不愿意报考化工专业，因此化工专业学生中一半以上是高考服从志愿，高职院校化工专业招生人数也是逐年减少，造成化工企业人才短缺，有的化工企业竟然无化工专业技术人员。

化工行业人才工作现状是薪金待遇低，环境差，地理位置偏远，人才培养周期却很长；对口就业主要集中于工厂，工作地点离市区远，初入岗位一般在生产线上倒班，导致这个行业遭到年轻人的唾弃；化工行业逐渐呈现后继无人的趋势，很多化工企业都有上了年纪的非本专业，甚至是没有学历的工作人员。目前，化工企业还面临安全环保的压力、关厂入园的要求、生存空间受到压缩以及社会舆论等负面导向。

3.6.2　“责任关怀”理念

2020 年 8 月 24 日，习近平总书记在经济社会领域专家座谈会上指出，“十四五”时期，我国将进入新发展阶段，要深刻认识错综复杂的国际环境带来的新矛盾、新挑战；增强机遇意识和风险意识，努力实现更高质量、更有效率、更加公平、更可持续、更为安全的发展。

那么，什么是安全？《周易》之《易传》中先贤把安全概括为“无危则安，无损则全”。

即指危险与安全是相对立的，缺损与安全是相对的，不危险、不缺损就是安全完整的。在现代社会，可以把安全理解为人的身心免受外界因素危害的存在状态及其保障条件，是将人员伤亡或财产损失的概率和严重度控制在社会可接受的危险度水平之下的状态。“责任关怀”是实现化工行业绿色可持续安全发展的必然选择。

3.6.3 “责任关怀”国外研究现状

随着全球工业经济的不断发展和升级，石油化工作为全球发展较早且水平较高的行业，安全问题成为制约其发展的关键因素。从20世纪80年代前期，各大石油化工企业的安全问题不断的呈现，比如石油运输爆炸、石油及化工制品泄露、石油化工生产过程不清洁及行业污染程度较高等。因此，1985年加拿大化学制品协会(Canadian Chemical Producers' Association，CCPA)根据当时石油化工企业面临的问题，首先发起**“责任关怀”**(Responsible Care，RC)理念，这是全球化学化工行业针对自身的发展情况，自发性提出的一整套自律性、持续改进健康(Health)、安全(Safety)及环境保护(Environmental Protection)绩效的管理体系。“责任关怀”是关于健康、安全及环境(HSE)等方面不断改善绩效的行为，是化工行业专有的自愿性行动。推行“责任关怀”理念，旨在改善各化工企业生产经营活动中的健康、安全及环境表现，提高当地社区对化工行业的认识和参与水平[33]。

“责任关怀”理念的提出，立即引起了全球范围内的重大关注。1988年在美国，1989—1990年在西欧和澳大利亚正式接受“责任关怀”理念；1992年被英国标准学会(British Standards Institution，BSI)接纳；同年，“责任关怀”被化工协会国际联合会(International Federation of Chemical Associations，AICM)采纳并完善，之后在全球范围内推行；至今，全球已有68个国家和地区推行“责任关怀”理念。“责任关怀”是全球化学工业对于不断提高健康、安全和环境质量的庄严承诺。“责任关怀”全球宪章的核心原则：

① 提高化工企业在技术、生产工艺和产品中对环境、健康和安全的认知度和行动意识，避免产品周期中对人类和环境造成损害；

② 充分使用能源，并使废物排放最小化；

③ 公开报告有关的行动、成绩和缺陷；

④ 沟通并倾听公众关注的问题；

⑤ 与政府和相关组织在相关法规、标准的制定和实施方面进行合作；

⑥ 与供应商、承包商等利益相关方共享“责任关怀”的经验和声誉，并提供帮助，以促进责任关怀的推广。

“责任关怀”生产过程安全准则(Process Safety)的目的是预防火灾、爆炸及危险化学物质的泄漏等；雇员健康和安全准则(Employee Health & Safety)的目的是改善操作人员作业时，工作环境和防护设备，使操作人员能安全地工作，确保操作人员的安全与健康[34]。2020年，美国化学委员会(American Chemistry Council，ACC)首席执行官克里斯·贾恩(Chris Jahn)在贸易集团虚拟年会上指出：“‘责任关怀’是关于持续改进

的，不仅仅是针对ACC成员公司，而是针对‘责任关怀’计划本身。尽管ACC的成员企业在HSE和可持续性方面取得了明显的进步（如员工安全记录比整体制造企业高5倍，比整体化工企业高3倍），但公众并不真正相信这一点。”

2021年，意大利化学工业协会把“责任关怀”奖项，颁发给2017—2020年间，在可持续发展战略中减少能源和水的消耗、降低产生废物量、变废为宝或以生物质为原料的企业。

3.6.4 “责任关怀”国内研究现状

2002年，中国石油和化学工业联合会（CPCIA）与国际化学品制造商协会（Association of International Chemical Manufacturers，AICM）签署推广“责任关怀”合作意向书，开始在国内化工行业推行“责任关怀”。2009年，瓮福（集团）有限责任公司等12家企业首次公开发布“责任关怀”年度报告。2011年6月15日，我国工信部发布“责任关怀”实施准则（Responsible Care Codes Practice）：社区认知与应急响应准则、储运安全准则、污染防治准则、工艺安全准则、职业健康安全准则、产品安全监管准则[35]。从此，“责任关怀”在国内如火如荼地实施开来。

中国石油和化学工业联合会作为国内化工行业实施“责任关怀”理念的有力宣传者和积极推动者，指出中国化工行业逐渐向园区发展的模式转变，越来越多化工企业汇集到了园区，可持续发展之路是园区发展的唯一途径。因此，园区要将“责任关怀”理念作为园区生存和发展的最高发展战略，深入践行和落实“责任关怀”理念，不断调整化工行业组成结构是保证健康发展、绿色发展、安全发展等可持续发展的重要途径。

中国石油和化学工业联合会“责任关怀”工作委员会先后成立了应急响应、储运安全、污染防治、工艺安全、职业健康安全、产品安全监管、宣传培训、化工园区和院校9个工作组。截至2020年底，8家中央企业集团公司、13家专业协会及分支机构，共有617家企事业单位签署了“责任关怀”承诺书。8家化工园区、3家专业和地方协会自发成立了“责任关怀”工作组织。“责任关怀”工作在中国的推进得到了ICCA及国际同行的一致肯定和赞扬。倡导健康、安全、环保为主要内容的“责任关怀”理念日益被行业普遍接受，安全环保治理水平得到明显提升。承诺实施“责任关怀”理念的企业越来越多，一些化工园区和专业协会也积极推进“责任关怀”，社会影响越来越大，也越来越广泛。化工企业实施“责任关怀”，最根本是要有最高管理层集体决策，并提出承诺，为实施“责任关怀”需要的人才、资金等予以保障和支持。

经过19年的坚持与努力，我国石油和化工行业安全生产形势持续好转。中国石油和化学工业联合会会长李寿生在2021年中国“责任关怀”促进大会上公布：“十三五”期间，全国共发生化工事故929起，死亡1 175人。五年中每年发生化工事故分别为226起、219起、176起、164起和144起，化工事故起数持续下降，如图3-15所示。2020年化工事故死亡178人，比2016年死亡人数减少56人。五年来，化工事故总起数下降了36.3%，死亡总人数下降了23.9%。

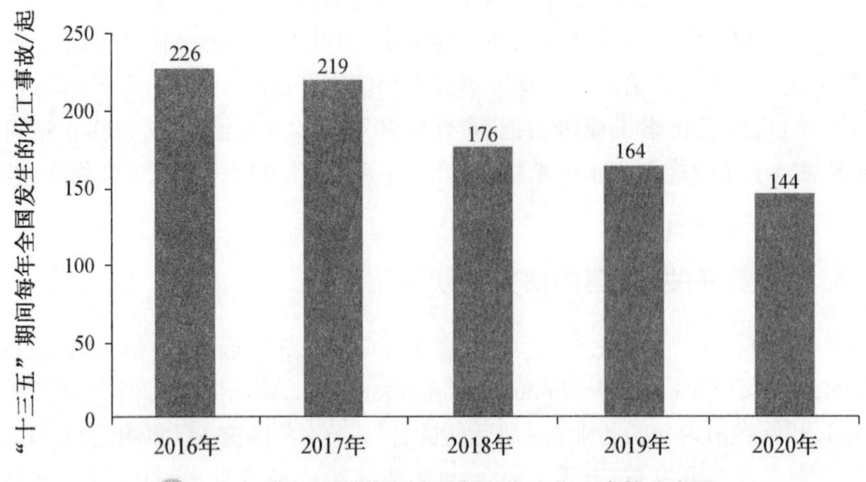

图 3－15 "十三五"期间全国每年发生化工事故分布图

思政案例

实施"责任关怀"的意义

"责任关怀"旨在通过严格的监测体系、运行指标和认证程序，向世人展示化工企业在健康、安全和环境保护方面所做的努力。践行"责任关怀"，可使企业生产过程更为安全有效，从而为企业创造更大的经济效益，并且极大程度地获得社会及公众信任，实现全行业可持续发展。

对于石油化工行业来说，良好的社会形象有助于行业的持续发展。对于国家来说，石油化工行业作为化工行业领域的重要组成部分，石油化工行业践行"责任关怀"理念和发展自身安全管理体系是国家实现可持续发展的重要支撑。

全球推行"责任关怀"理念的意义：

① "责任关怀"理念是一种自律性的改善企业自身安全管理体系及促进全球范围内石油化工行业可持续发展的重要途径；

② 对于企业本身而言，加快企业安全管理体系的建立可有效改善或消除各类安全隐患，顺利达到零伤亡、零污染的高效业绩；

③ 实施"责任关怀"，不仅给企业带来了经济效益和巨大的无形资产，同时增强化工行业岗位安全意识，为员工和社会提供更加安全的生产环境。通过化工行业在"责任关怀"方面的努力，可以树立化工在社会、公众心目中的正面形象，为促进化学工业的可持续发展做出巨大贡献。

习题 3

1. 什么是连续生产？连续反应器有哪些类型？
2. 如何提高氯化苄的收率及降低生产成本？
3. 写出反应蒸馏氯化的原理？
4. 微通道反应器的优缺点有哪些？
5. 什么是“责任关怀”理念？

参考文献

[1] Anderson N G. Practical Use of Continuous Processing in Developing and Scaling Up Laboratory Processes[J]. Organic Process Research & Development, 2001, 5(6): 613－621.

[2] Foulkes J A, Hutton J. A Simple Laboratory Procedure for the Preparation of Nitriles from Alcohol via Unstable Chloride in Large Quantities[J]. Synthetic Communications, 1980, 9(7): 625－630.

[3] Archibald T G, Barnard J C, Reese H F. Continuous process for diazomethane from an N-methyl-N-nitrosoamine and from methylurea through N--methyl-N-nitrosourea: US 5854405[P]. 1998－12－29.

[4] Diehl H, Blank H U, Ritzer E. Process for the preparation of cyclopropylamine: EP 0367010 A2 [P]. 1991－07－16.

[5] Commandeur R, Loz E R. Process for the continuous preparation of mono-and/or bis(mono-and/or di-and/or trichloromethyl) benzenes: US 6265628 B1[P]. 2001－07－24.

[6] 陈柏洲. 对苯二甲醛制备技术进展[J]. 染料与染色，1994(2):25－26.

[7] 李树安，黄超. 甲苯氯化法生产氯化苄的技术进展[J]. 化学工程师，1997(3):26－28.

[8] 董书国，李道杰，于佰胜，等. 氯化苄连续氯化生产工艺:CN 101250085[P]. 2008－03－13.

[9] 浙江兰溪县农药厂. 氯化苄实现连续化生产[J]. 农药工业，1975(4):28.

[10] Toumier A, Deglise X J, André J C. Industrial photochemistry V: modelling and trial runs of a reactor with separate photochemical and thermal steps[J]. Journal of Photochemistry, 1983, 22(4): 313－332.

[11] Faith W L, Keyes D B, Clark R L. Industrial Chemicals(4th ed)[J]. New York: John Wiley and Sons Inc, 1975.

[12] Georg S. Vorrichtung zur Halogenierung verdampfbarer organischer Verbindungen: AT 170453B [P]. 1952－02－25.

[13] 李树安，汪长秋，陈德娟. 稳定化氯化苄技术进展[J]. 现代化工，1995(10):21－23.

[14] Glendon K. Stabiliaing Compositions: US 3535391A[P]. 1970－10－20.

[15] Glendon K. Chlorination process: US 3363013A[P]. 1968－01－09.

[16] Hatzmann C S. Gas-Liquid Separator For Fuel Tank: NL 7305725A[P], 1973－10－31.

[17] Chavannes C S. Datum van terinzagelegging: NL 7305726A[P]. 1973－10－30.

[18] 陈柏洲. 氯化苄生产技术进展[J]. 武汉化工，1991(3):14－19.

[19] 王学勤，陈华，刘新河. 荧光增白剂 ER 的合成[J]. 化学世界，1998(9)：501-502.
[20] 杨明华，郑云法，王智敏. 荧光增白剂 ER 合成的改进及其分散液的制备[J]. 化学试剂，2001，23(2)：111-112.
[21] Jaromir P, Jiri P. The preparation of *o*-cyanobenzylchloride: CS 214156(B1)[P]. 1982-04-09.
[22] 李树安，葛洪玉. 光氯化法制备邻氰基氯苄中试工艺研究[J]. 精细化工，2005，22(12)：952-954.
[23] 李树安，张珍明，于亚丰，等. 用邻氰基氯苄的副产物合成盐酸肼屈嗪的研究[J]. 精细石油化工，2008，25(2)：32-35.
[24] Frantisek J. Method of Preparation of the Benzylalcohlol: CS 216043B1[P]. 1982-10-29.
[25] Velsicol Chemical Corp. Hydrolysis of Benzyl Chloride to Benzylalcohol: US 3557222A[P]. 1971-01-19.
[26] 李树安，张珍明. 间接法相转移催化水解氯化苄制备苯甲醇的研究[J]. 现代化工，1996，16(7)：34-35.
[27] 李树安，王学明. 高收率苯甲醇制备工艺研究[J]. 淮海工学院学报(自然科学版)，1997(1)：48-50.
[28] 李嘉珞，韩凤娟，李德鹏，等. 相转移催化合成乙酸苄酯香料[J]. 大连理工大学学报(自然科学版)，1992，32(2)：156-161.
[29] 魏文德. 有机化工原料大全(第四卷)[M]. 北京：化学工业出版社，1985.
[30] 李树安. 高含量苯乙腈及衍生产品技术开发进展[J]. 现代化工，1999，19(9)：18-19.
[31] Charles L L, Edward M B. Omege-phase catalyzed chemical reaction: US 4801728[P]. 1989-07-31.
[32] 李树安. 高含量苯乙腈制备工艺研究[J]. 陕西化工，1999，28(2)：16-17，20.
[33] 龚占魁，赵丽娟，陈兴义. 以"责任关怀"理念践行为切入点，探究校企合作育人[J]. 化工管理，2021(13)：21-22.
[34] 中国石油和化学联合会质量安全环保部，中国化工环保协会. HG/T 4184—2011 责任关怀实施准则[S]. 北京：中国标准出版社，2011.
[35] 刘欢. 基于"责任关怀"理念的化工企业安全管理研究[D]. 北京：北京化工大学，2018.

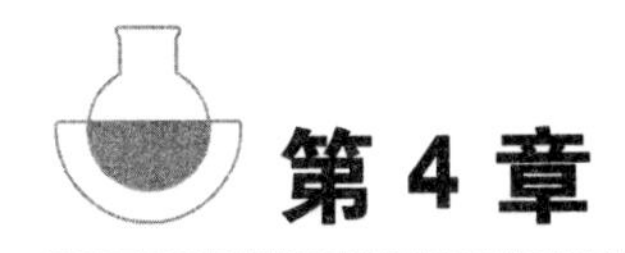

第4章

联产技术——苯甲醛和酰氯联产工艺

化工联产技术就是根据反应和产物的特性，在一个反应工艺中生产出两种或两种以上的产品。其特点是尽量把参加反应的原子转化到产物分子上或者是把反应产生的化合物尽量都分离为产品，从而达到化工工艺充分利用资源，减少三废，节省投资，实现原子节约和环境友好。

4.1 化工联产技术与应用

联产是化工生产中常见的技术，在化工工艺开发和设计中该技术被广泛使用。所谓**联产技术**(工艺)即指在一个工艺过程中同时生产出两种或两种以上的化工产品。英文名称为“Simultaneous Production(Combinational Preparation, Joint Synthesis)”。就这个意义而言，组合化学技术也可以看作是广义上的联产技术，它在快速合成多个化合物及药物活性筛选过程中起到非常重要的作用[1]。开发商业化的化工工艺原则上是开发选择性高、成本低、“三废”量少的工艺，但是由于反应特性的限制，很难找到高选择性可利用的反应及催化剂，大多数可利用的化学反应都会或多或少地生成一些副产物。随着化学工业的发展，这些副产物实际上也是有用的化工中间体。目前，环境污染日趋严重，社会对环境保护提出更高的要求。一些通过消耗额外的原料，起活化或导向作用的工艺显然不符合现代化工设计和生产的要求。

现代化工工艺发展的趋势是**直接性**、**原子节约性**和**环境友好性**。直接性就是要尽量减少反应步骤数，从原料到产品尽可能做到直达，在生产过程中尽可能不用那些对产品的化学结构没有直接贡献的物料。原子节约性要求反应物中的原子极大限度地出现在产物的结构中。环境友好性是要求化工工艺中的反应、后处理及使用过程中不产生污染[2]。综合考虑以上因素,化工工艺的开发与设计一方面要研究专一性反应及催化剂;另一方面则是利用现有的知识和手段开发联产技术。联产技术的应用在一定程度上可以有效地降低化工生产污染,降低产品的生产成本。一些产品用常规方法生产,成本较高,工艺复杂,改用联产方法生产则工艺较简单,成本更经济。因此,联产技术是一种环境友好的工艺,它将在石油化工、氯碱工业及精细化工等领域得到广泛的应用。

4.1.1 联产技术的设计技巧及特点

化工联产技术主要是根据下列反应或过程开发的,如连串反应、平行反应、原子经济性反应、成对电解和物理过程等。在同一个工艺过程中生产出两种或两种以上的化合物,必须通过精馏、萃取、水蒸气蒸馏、结晶和渗析等纯化方法,使混合物能够有效地分离开,并达到一定的含量要求。化工联产可化害为利,变废为宝,减少资源浪费,防止环境污染,造福人类。

基于不同反应开发的联产技术其工艺特点各不相同,下面以工业化的例子来说明联产技术的特点及设计技巧。

1. 连串反应

许多化工产品的生产是借助于连串反应来设计的。由于动力学的因素,不可避免地生成一些副产物,如甲苯光氯化反应生产氯化苄,同时会生成一定数量的二氯苄及三氯苄;苯氯化生产一氯化苯会副产二氯苯;甲苯催化氧化生产苯甲酸,会同时生产出苯甲醛。如果控制只生成一个中间产物,工艺条件将十分苛刻。由于这些副产物是比较重要的化工产品,而且用量较大;同时,它们与主产物的沸点和熔点有比较大的差别,可方便地用精馏或结晶方法把它们分离开,因而开发成联产工艺更为合理可行。

2. 平行反应

甲苯单硝化生产邻、间、对硝基甲苯,苯酚和过氧化氢发生羟基化反应生产对苯二酚和邻苯二酚等都是利用平行反应设计的联产工艺。以甲苯为原料在混酸中硝化,得到硝基甲苯混合物,其中邻、间、对异构体比例约为 60∶4∶36,常压下的沸点分别为 221.7 ℃、231.9 ℃和 238.5 ℃,熔点分别为−9.55 ℃、16.1 ℃和 51.7 ℃。因此,可以用精馏结晶法分离异构体,先减压蒸出邻位异构体,然后结晶滤出对位异构体,最后纯化间位异构体。也可以用全精馏法,采用压降小、效率高的丝网波纹或其他高效填料塔分离,产品含量较高。苯酚和过氧化氢反应联产二元酚,最初使用金属离子或酸为催化剂,现在改用 TS(钛硅分子筛)为催化剂[3],苯酚单程转化率由原来的 5%提高到 25%,且焦油量小,产品也是通过高效填料塔来分离的。

3. 原子节约反应

直接制备某种化合物较困难时,可以引入活化基团,活化基团在完成活化作用后可变成一个产品;或一个分子上所需要引入的官能团,恰好是另一产品的分子上要去掉的官能团,二者联合生产可达到原子节约的目的。如苯用空气氧化生产苯酚的工艺比较

困难，目前仍在研究之中，但用丙烯或异丙醇与苯先发生烷基化反应生成异丙苯，然后用催化氧化的方法生成异丙苯过氧化物，水解生成苯酚和丙酮。苯酚和丙酮的联产一箭双雕地解决了两个大宗化工原料的生产问题。苯甲醛普遍的生产方法为二氯苄水解，二氯苄分子上氯原子全部变成氯化氢，不仅价格低，而且造成污染。若改用二氯苄与羧酸反应，联产苯甲醛和酰氯，只有一分子氯化氢生成。这样一方面减少了氯化氢处理费用，另一方面可方便地合成较难生产的酰氯，且附加价值高。另外，将 Cl_2 和 SO_2 通入 PCl_3 中反应，粗品经蒸馏精制即联产得到氯化亚砜和三氯氧磷[4]，这样既减少了环境污染，又节省了成本，如果两者单独生产，污染都会比较大。

4. 成对电解

氯碱工业是以电解食盐水为基础发展起来的，实际上是根据成对电解开发的联产工艺，阴极生产 H_2，阳极生产 Cl_2，它们在电解槽中通过隔膜分开。电解液浓缩后，氢氧化钠与未电解的食盐能够有效地分离，且可循环使用。有机物电解往往只利用一个电极反应，若开发成对电解工艺，从原则上讲电解利用率可以提高一倍。例如，乙醛酸和氨基丙酸的电解联产，它的成功要点为使用特殊的隔膜材料使两极的电解产物溶液可以有效地分离。但并非任何两个极的电合成产品，都可以成对生产，因为有一个匹配问题，如电解条件（电压、温度、时间）要大致相同，所以在这个领域要做很多基础性研究工作。

5. 物理过程

联碱是利用盐析作用开发的非常成功的联产工艺。索维尔制碱法是饱和食盐水吸氨后变成氨盐水，通入 CO_2 碳化后得到碳酸氢钠，过滤，煅烧得到纯碱。过滤后的母液含氯化铵，加入石灰乳反应并蒸馏回收氨，回收的氨可以循环使用，含氯化钙的废液直接排放。侯德榜先生开发的联碱工艺即把过滤后的母液冷却析出部分氯化铵后，再加入 NaCl，因盐析作用，剩余的氯化铵从溶液中析出，氯化钠进入溶液后，再吸氨变成氨盐水，循环作用。此法克服了索维尔法的废液排放问题，将纯碱和氯化铵联合起来生产，获得 1 t 纯碱，就能联产 1 t 氯化铵，理论上没有“三废”排放，原子利用率达 100%。

4.1.2　联产技术的发展趋势及建议

联产工艺的应用具有降低成本、减少污染、工艺简单易行等诸多优点，因此，在化工产品开发和化工工艺设计过程中，要注意使用联产技术的概念，加强联产技术开发的意识，这样可以避免追求对高选择性的反应和催化剂的研究。

以甲苯为原料氧化成苯甲醛，单程收率较低，而用甲苯和苯乙烯混合物氧化，联产苯甲醛和苯乙醛，苯甲醛的单程收率可达 23%，而苯甲醛和苯乙醛用简单精馏就可以分离开。对于一些小批量精细化工产品，可以考虑同较大批量产品联产，以节省投资。例如，邻硝基苯甲醛的几种制备方法中溴化法和缩合氧化法操作都比较复杂，若以苯甲醛为原料直接硝化，利用间位和邻位的亚硫酸钠加成物溶解度不同而使邻、间异构体分离开，邻硝基苯甲醛同间硝基苯甲醛联产，成本上要经济得多。

由于化工工艺的开发设计是基于反应原理及市场需要，联产技术虽然有诸多的优点，但是当联产产品中有一个不畅销时，会造成产品的积压，势必会影响另外联产产品的生产及销售。因此，联产技术对市场要有一定的可适应性。联产产品的产量可以调节，或者可以在一定范围内联产其他品种，或者把联产技术改成单产技术。例如：氯化苄的生产，若要减少副产二氯苄，降低成本，可以利用反应精馏方法，氯化苄的收率可达95%。对硝基甲苯在一定时期内用量大时，可以使用对位定向催化剂，提高对位的产量。苯酚和丙酮的联产，若丙酮不畅销，可考虑把丙酮加氢还原成异丙醇，再与苯发生反应生成异丙苯，开发只生产出苯酚不联产丙酮的工艺。二氯苄与有机酸反应联产苯甲醛和酰氯的工艺，可以根据市场，选择不同的有机酸为原料联产出畅销的酰氯。总之，联产工艺的设计不仅要考虑到反应的特征，也要考虑到环境及市场的因素[5,6]。

4.2 实战案例|苯甲醛和酰氯联产工艺

问题提出：如何用混合的氯化苄(含有50%(ω)二氯苄，30%(ω)氯化苄)制造苯甲醛。

4.2.1 苯甲醛现有生产技术

随着农药、医药、香料和食品添加剂等工业的发展，苯甲醛的新用途不断地被拓宽，国内外需求量日趋增加，而且对苯甲醛的质量要求越来越高。据调查：① 国外需求苯甲醛的量转向中国市场购买，仅美国用户年需99%(ω)的苯甲醛就约有1 000吨以上；② 国内用户越来越多，苯甲醛是合成精细化工产品的重要中间体；③ 苯甲醛是L-苯丙氨酸的合成原料，一个规模较大的L-苯丙氨酸生产基地，年需求苯甲醛预计150吨以上。

某化工企业以氯化苄的下脚料为原料，成功开发了生产工艺合理、产品质量高的苯甲醛工艺。该厂生产苯甲醛原工艺是用电石渣水解氯化苄的下脚料中的二氯苄生产苯甲醛，无论在质量(一般含量为95%～97%，酸价小于0.3%)，还是规模(200吨/年)上都适应不了形势和市场的发展。例如，约2.5吨下脚料只生产1吨苯甲醛，此生产工艺中有大量的废渣，生产周期长，质量不是很高。而这家生产苯甲醛的企业有市场、技术及较多闲置设备，公用工程尚有余量，有条件建立新的车间或扩建。为此，此企业着手开发经济合理、产品质量高的苯甲醛生产新工艺。反应式如式4-1。

$$C_6H_5CHCl_2 + C_6H_5CH_2Cl \xrightarrow{Ca(OH)_2} C_6H_5CHO + C_6H_5CH_2OH + CaCl_2$$

式4-1 氯化苄的下脚料合成苯甲醛的反应式

目前，文献报道的制备苯甲醛的方法主要有两种。一是用纯的二氯化苄为原料，在Lewis酸的催化下反应；二是甲苯的氧化。该企业的技术人员也曾经研究过混合氯化苄的水解反应制备苯甲醛，但反应速度仍然很慢。查阅文献得到如下条件。

催化剂：$ZnCl_2$、$ZnCO_3$、$Zn(OH)_2$、$Zn_3(PO_4)_2$、$SnCl_2$、$SnCl_4$ 都有一定的催化活性。

反应温度一般为80～160 ℃，通过试验发现 $ZnCl_2$、$ZnCO_3$、$Zn(OH)_2$ 为催化剂，在反应体系有过量的水时，催化剂失活。$Zn_3(PO_4)_2$ 表面大、活性高，但在催化剂颗粒表面易于结焦。

1. 电石渣水解氯化苄下脚料工艺

对于质量好的氯化苄下脚料（比重 $d=1.22\sim1.26$），水解时间8 h，水蒸气蒸馏12 h，4个3 000 L的反应釜一天可生产苯甲醛精品约1吨。粗品含量80%～88%(ω)，酸价0.5～2.0 mg KOH/g，成品含量95%～97%(ω)，偶尔可以达到98%(ω)。一般2.5吨下脚料可制备1吨苯甲醛，而对于质量差的下脚料约3～5吨，才可以生产1吨苯甲醛。

工艺特点：设备和操作简单，成本较低，但设备利用率低，反应混合物的pH调节困难，造成产品质量不稳定；废水、废渣同时存在。

2. 纯碱水解氯化苄下脚料工艺

基本上和电石渣工艺类似，纯碱配成水溶液易于调节反应混合物的pH，对于质量好的下脚料约2～2.5吨能制备1吨苯甲醛，产品质量稳定。对于质量差的下脚料约3～5吨，才能制备1吨苯甲醛。

工艺特点：操作简单，设备利用率低；纯碱消耗量每吨苯甲醛约需1.1～1.2吨纯碱，不仅有废水，还有废气，但没有废渣，产品成本比电石渣工艺高一些。

3. 酸解、碳酸钠碱解联合应用工艺

使用的原料为甲苯深度氯化产物，酸解使用ZnO、磷酸锌混合催化剂，酸解时间为10 h，用纯碱碱解时间为8 h，水蒸气蒸馏时间为12 h，生产的苯甲醛产品质量一般较高，含量最高可达99%(ω)。酸解、纯碱碱解联合制备苯甲醛的反应式如式4-2。

$$C_6H_5CHCl_2 + C_6H_5CH_2Cl \xrightarrow[\text{酸解}]{ZnO/H_2O} C_6H_5CHO + C_6H_5CH_2Cl + HCl\uparrow$$

$$C_6H_5CHO + C_6H_5CH_2Cl \xrightarrow[\text{碱解}]{Na_2CO_3/H_2O} C_6H_5CHO + C_6H_5CH_2OH + NaCl$$

式4-2　酸解、纯碱碱解联合制备苯甲醛的反应式

通过改进催化剂及反应方式，使酸解反应时间大大缩短，使用的原料为氯化苄下脚料，可回收部分盐酸，粗品含量较高，一般为80%～88%，碱的消耗量比纯碱法节省80%，废水，废气存在，但废气总量比纯碱法少得多。

工艺特点：粗品含量较高，可回收部分盐酸，设备利用率高，碱解时间仍较长，粗品质量稍差，含有大量的苄醇以及少量的氯化苄。

4. 酸解、有机碱碱解联合应用工艺

该工艺酸解部分和联合水解工艺相同，碱解用六次甲基四胺（乌洛托品）-甲醛、甲醛-氨水混合物、多聚甲醛-氨水混合物等有机碱替代碳酸钠，使得碱解时间由原来的纯碱 8 h，缩短为 3 h；苯甲醛的收率提高了 10%～30%，粗品的质量高，一般在 90%(ω)以上，苄醇含量约 0.1%～0.2%(ω)，苄氯含量小于 0.05%(ω)，多数情况下为零。一次普通的蒸馏即可达到 97%(ω)以上，下脚料制备出的粗品经过常压蒸馏含量可达 99%(ω)，采用盐酸回收工艺，处理只存在的废水，设备利用率高。

5. 氯化苄下脚料生产苯甲醛原理的应用

一般来说，甲苯氯化法得到二氯苄、氯化苄和环氯甲苯等混合物，以混合物为原料生产苯甲醛。首先通过催化酸解把二氯苄转化为苯甲醛，然后用纯碱或者氧化法把氯化苄转化为苄醇或者苯甲醛，使之容易分离。因为苯甲醛和氯化苄的沸点差别很小，不易分离，所以碱解和氧化的目的就是把氯化苄转化成其衍生物如苯甲醇或者苯甲醛，苯甲醇与苯甲醛沸点有较大的差异，易于分离。转化的方法有两种：碱解和氧化。碱解法是氯化苄和纯碱反应生成苯甲醇，碱消耗少，但很难把氯化苄完全转化，粗品中含苄醇较高，不利于用蒸馏法获得高含量的苯甲醛。苯甲醛的蒸馏残渣一般含苄醇、苯甲醛或其他高聚物，这些还没有被开发利用，易造成环境污染，而废水中氯化钠含量也高。

酸解的关键问题是有金属离子存在，反应原料中的氯化苄在温度较高的条件下易于聚合。因此，如何让含氯化苄的二氯苄的催化水解生成苯甲醛，而其中氯化苄保持不变就成了关键问题。

4.2.2 氯化苄存在下二氯苄催化水解反应研究

工业上用甲苯光氯化反应生产氯化苄。甲苯发生侧链氯化反应是自由基连串反应，因而，在生成氯化苄的同时，尽管控制单程转化率在 50%以下，仍有相当数量的二氯苄生成[7]，每吨氯化苄副产 100～200 kg 的二氯苄。由于氯化苄和二氯苄二者性质差别小，完全分离相当困难。一般情况下，用釜式或玻璃柱串联氯化法生产氯化苄的蒸馏下脚料中含氯化苄 10%～30%(ω)，二氯苄 70%～80%(ω)。这些下脚料经蒸馏后可继续光氯化生产二氯苄，或者水解生产苯甲醛。水解的催化剂多为锌盐[8]，当温度高于 100 ℃时，氯化苄在金属离子作用下会发生 Friedel-Crafts 反应[9]，生成焦油，造成环境污染。为使下脚料中的氯化苄能够被充分利用，在复合的金属锌盐及阻聚剂存在下，将氯化苄和二氯苄混合物水解，二氯苄水解率>95%，氯化苄保留率>96%。然后，水解液中加入乌洛托品或其他氧化剂把氯化苄转化成苯甲醛，或加碱水解生成苯甲醇，分离后加以利用。

1. 实验部分

(1) 药品

二氯苄(纯度不低于98%(ω)),由含有80%(ω)二氯苄的下脚料蒸馏而得;氯化苄(纯度不低于98%(ω),工业级);混合物是二氯苄和氯化苄按一定比例混合而得;催化剂A是ZnO∶$SnCl_2$质量比为3∶1的复合物;其余药品皆为分析纯。

(2) 分析方法

用SP-2305型气相色谱仪分析,色谱柱为不锈钢柱(长1 m),担体(载体,Support)为101白色担体,阿皮松L及硅油为固定液,氢焰离子化检测器。色谱条件:柱温135～145 ℃,检测温度200 ℃,气化温度200 ℃,氮气流量30 mL/min,氢气流量30 mL/min,空气流量400～500 mL/min,进样量0.2 μL,苯甲醛、氯化苄、二氯苄的保留时间分别约为10.8 min、15.7 min和34.2 min。

(3) 实验方法

① 阻聚实验:取100 mL无色透明氯化苄加到250 mL三角烧瓶中,加入0.05 g还原铁粉,然后加入环氧丙烷或吡啶等阻聚剂。在45 ℃下,不避光存放,观察溶液颜色的变化,结果如表4-1所示。

表4-1 不同阻聚剂的效果

阻聚剂	用量/g	存放时间/h		
		0.33	12	24
空白	—	黄色	深红色	黑色
环氧丙烷	0.15	无色	无色	淡黄色透明
三乙胺	0.3	淡黄色	淡黄色	浑浊
吡啶	0.3	无色	无色	无色
二苯甲胺	0.45	淡黄色	淡黄色	淡黄色
二乙烯三胺	0.45	淡黄色	淡黄色	淡黄色浑浊
乙二胺	0.3	淡黄色	淡黄色	淡黄色
DMF	0.15	无色	无色	浑浊
三乙醇胺	0.15	无色	无色	无色稍有浑浊

② 水解实验:在500 mL四口烧瓶上安装搅拌器、恒压滴液漏斗、温度计及回流冷凝管,回流冷凝管上连接氯化氢吸收装置。加入200 g二氯苄及氯化苄混合物、催化剂及阻聚剂。开动搅拌、加热,当温度升高到120 ℃时,开始滴加水,便有大量HCl气体逸出。滴加水的速度应能维持反应平稳地进行,不要过慢滴加水(使反应温度升得太高),也不要过快滴加水(使反应停止)。在反应过程中隔时取样分析,直到没有明显的HCl气体逸出为止。

2. 结果与讨论

(1) 阻聚剂的选择

氯化苄在金属离子催化下易发生 Friedel-Crafts 聚合反应[9]，加入少量的醇胺或环氧化合物、苯胺、酰胺和有机膦等可以抑制金属离子的催化氯化苄聚合反应，保持氯化苄不变色、不聚合[10]。从表 4-1 的试验结果可知，所列的物质都有不同程度的阻聚效果。其中，环氧丙烷、吡啶、三乙醇胺效果更好。环氧丙烷因沸点太低，不适合高于 100 ℃ 的反应条件；吡啶气味太浓，可能会影响苯甲醛的香气；实验中选用了沸点较高的三乙醇胺，用量较少，阻聚效果明显。

(2) 催化剂的影响

大多数锌盐催化二氯苄水解的效果都很好[8]，如表 4-2 所示。当反应体系有过量的水时，$ZnCl_2$ 易水解而失活。磷酸锌不易水解，但表面活性大，在颗粒表面结焦。$ZnCO_3$、$Zn(OH)_2$ 反应开始时催化效果好，但反应 30～50 min 后，当反应体系有过量的水存在时，就会失活。催化剂 A 由于含有不易水解的 Lewis 酸，即使有过量的水存在，也能催化二氯苄水解，反应易于控制。另外，催化剂 A 与三乙醇胺的用量有一定的关系，阻聚剂过量，催化剂被抑制而不起作用；阻聚剂用量太少，没有阻聚效果。试验表明催化剂与阻聚剂质量之比为 10∶1.5 比较适宜，对 10%～30%(ω)含量的氯化苄与二氯苄的混合物，催化效果好。但当氯化苄含量大于 40%(ω)，二氯苄水解率达到 95%，氯化苄保留率会降低到 80%以下。

表 4-2　不同催化剂的催化效果

催化剂	用量/g	水解时间/h	二氯苄水解率/%	氯化苄保留率/%
$ZnCl_2$	0.5	7.0	90.4	76.7
$ZnCO_3$	0.5	4.0	95.0	92.5
$Zn_3(PO_4)_2$	0.4	4.5	86.7	80.1
$Zn(OH)_2$	0.4	4.0	96.0	92.6
$ZnO/SnCl_2$	0.5	3.0	95.6	96.3

(3) 反应温度的影响

二氯苄水解程度与反应温度的关系如图 4-1 所示。温度为 100 ℃时，反应速度慢，10 h 后仍有 30%二氯苄未水解；当温度为 120～140 ℃时，反应完成时间较短，水解时间一般只有 2.5～3.0 h；当反应温度升高到 160 ℃以上，反应速度太快，且氯化苄保留率仅有 56%，所以适宜的水解温度为 120～140 ℃。

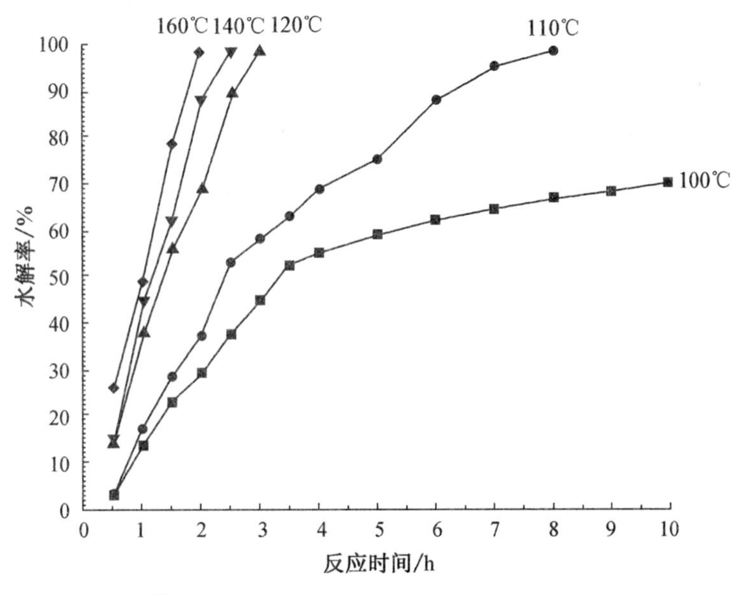

图 4-1 二氯苄水解程度与反应温度的关系

3. 结论

含有10%～30%(ω)氯化苄的二氯苄水解条件:催化剂用 ZnO∶$SnCl_2$ 质量比为3∶1的复合物,三乙醇胺为阻聚剂,催化剂与阻聚剂质量比为10.0∶1.5,水解温度120～140 ℃,反应可在3 h之内完成,二氯苄水解率≥95%,氯化苄保留率>96%。

4.2.3 苯甲醛生产的新工艺

问题转化:如何把苯甲醛中的氯化苄方便地转变为苯甲醛?

实验研究可得在含有10%～30%(ω)氯化苄存在下的二氯苄水解的工艺条件为在120～140 ℃下,反应可在3 h之内完成,二氯苄水解率≥95%,氯化苄保留率>96%。因此,把未反应的氯化苄转化为苯甲醛成为新的研究内容。由于下脚料中的氯化苄含量并不高,催化酸解后的水溶液为酸性,适合 Sommelet 反应,加入少量的乌洛托品就可以把氯化苄转化为苯甲醛,所以可以尝试研究先将氯化苄催化酸解,再用乌洛托品处理生产苯甲醛的新工艺。

通过查阅资料可知,卤化苄利用 Sommelet 反应制备苯甲醛是卤化苄与乌洛托品(六次甲基四胺)先进行亲核取代使氢转移,然后水解生成苯甲醛。氯化苄与乌洛托品合成苯甲醛的反应机理如式4-3。

量取比重为1.2～1.3 g/mL 的氯化苄下脚料 1 500 mL,投到 3 000 mL 四口烧瓶内。搅拌并加入催化剂2.8 g、助催化剂1.0 g。安装回流冷凝管,上接氯化氢气体出口管及吸收装置。安装恒压滴液漏斗和温度计后,开始加热、搅拌,温度升至100～135 ℃范围时,开始滴加水,滴加的速度应使反应混合物温度保持在120～140 ℃范围内,反应在1.5～5 h 内完成,共滴加150.0 mL 水,保温反应1 h。然后,冷却至80～90 ℃,加入

500～600 mL 的水洗涤 1 次。静置分层，上层水层，下层接回反应瓶，50～80 ℃温度范围内滴加乌洛托品的水溶液 700 mL，10～15 min 滴毕。再升温至 100～104 ℃，回流反应 3 h，冷却静置分层，分去下层的水层（保存，循环套用或配置碱液），用 500 mL 水洗涤 1 次，分去水层，用水蒸气蒸馏，收集 4 500 mL 的馏出液。共得到粗醛质量 815 g，蒸馏收率大于 90%，产品含量大于 97%(ω)，最高含量大于 99%(ω)。

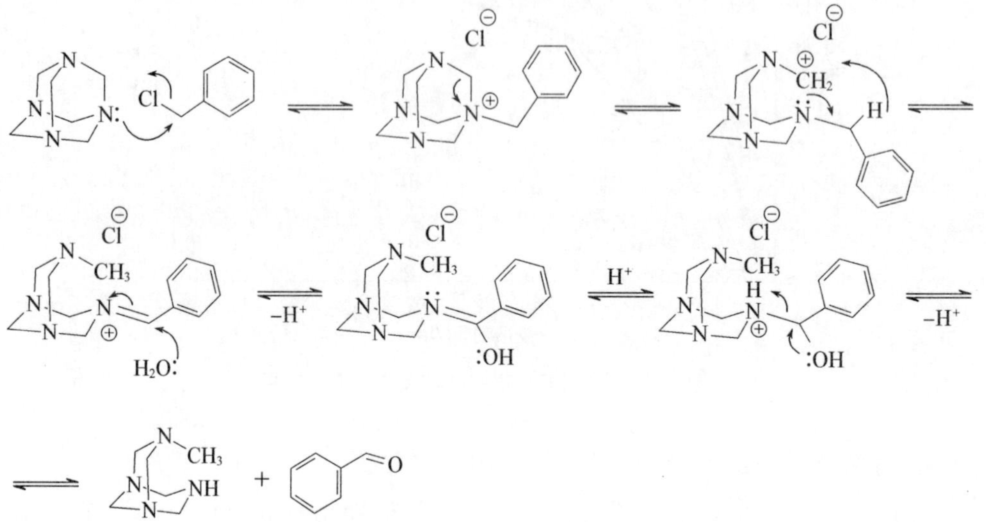

式 4-3　由氯化苄与乌洛托品合成苯甲醛反应机理

催化酸解-乌洛托品碱解实验结果如表 4-3，乌洛托品用量对苯甲醛粗品质量收率的影响如表 4-4。从表中数据可见，此工艺对于质量较差的氯化苄下脚料仍然可以得到质量高的苯甲醛粗品，转化率高，酸性水解时间短，一般反应时间为 1.5～5.0 h，反应易于控制，碱解时间比较短，而且工艺放大效应不明显。实验中氯化苄下脚料的投料量为100 mL、200 mL、400 mL、1 000 mL、1 500 mL 和 2 000 mL 时，酸解时间并没有延长。催化剂用量为 0.25 g/100 mL，放大到 2000 mL 的催化剂用量为 0.19 g/100 mL 也没有成倍增加，碱解时间比较短，没有明显放大效应。

表 4-3　催化酸解-乌洛托品碱解实验结果

投料量/mL	酸解时间/h	催化剂用量/g	碱解时间/h	碱用量/g	分析结果(GC)/%		
					苯甲醛	氯化苄	苄醇
100	3.0	0.25	10.0	30.0	83.13	3.95	5.78
200	5.0	0.9	2.5	50.0	94.15	0	0.22
200	5.0	1.2	2.5	50.0	93.73	0.035	0.40
200	3.0	1.2	2.0	50.0	94.50	0	0.25
200	3.0	1.2	2.0	45.0	93.35	0	0.26
200	3.0	1.0	3.0	30.0	93.52	0	0.26

（续表）

投料量/mL	酸解时间/h	催化剂用量/g	碱解时间/h	碱用量/g	分析结果(GC)/%		
					苯甲醛	氯化苄	苄醇
400	4.0	1.9	2.5	100.0	91.06	0.36	0.26
1 000	3.0	3.1	3.0	200.0	95.93	0	0
1 500	3.5	3.8	3.0	400.0	93.25	0	0.12
1 500	2.0	3.8	3.0	350.0	93.22	0	0.26
2 000	7.0	3.8	3.0	400.0	89.17	0	0.13

表 4-4　乌洛托品用量对苯甲醛粗品质量的影响

投料量/mL	酸解时间/h	催化剂用量/g	碱解时间/h	碱用量/g	分析结果(GC)/%		
					苯甲醛	氯化苄	苄醇
200	2.0	1.0	3.0	15.0	83.9	6.78	2.15
200	3.0	1.0	3.0	18.0	87.1	4.82	1.24
200	3.0	1.0	3.0	20.0	88.2	2.25	2.66
200	3.0	1.0	3.0	25.0	92.1	1.73	0.78
200	3.0	1.0	3.0	30.0	93.5	0	0.26
200	3.0	1.0	3.0	40.0	95.9	0	0
200	3.0	1.0	3.0	45.0	93.4	0	0.26
200	3.0	1.0	3.0	47.0	93.2	0	0
200	3.5	1.0	3.0	50.0	94.5	0	0.25
1 500	2.0	3.8	3.0	350.0	93.2	0	0.26
2 000	7.0	3.8	3.0	400.0	89.2	0	0.13

从反应机理上发现乌洛托品的作用相当于希夫碱中 $CH_2=NH$ 的作用，而乌洛托品和氯化苄反应后，自身生成甲醛和氨水的混合物，这些甲醛和氨水仍然形成 $CH_2=NH$，能继续和氯化苄反应生成苯甲醛。甲醛、氨水混合物对苯甲醛收率的影响见表4-5。

表 4-5　甲醛、氨水混合物对苯甲醛收率的影响

投料量/mL	甲醛、氨水混合物		分析结果(GC)/%		
	甲醛	氨水	苯甲醛	氯化苄	苄醇
200	45	45	92.70	0.17	0.35
200	45	50	93.40	0	0.06
400	92	110	94.13	0	0.01
600	138	165	95.05	0.07	0.04

问题提出：如何控制二氯苄快速的催化水解反应，以及快速吸收逸出的 HCl 气体？

在此小试的基础上，开发了年产 500 吨苯甲醛生产工艺。现在关键的问题是控制水解反应，使所筛选的催化剂效果好，催化水解反应速度比较快，而且可以通过滴加的速度和数量来调节反应速度。由于催化水解反应比较快，生成的 HCl 夹带水和苯甲醛等会一起冲入冷凝器，而冷凝下来的水和苯甲醛与 HCl 形成液泛，使 HCl 气体逸出困难。为了解决这个问题，在冷凝器之前安装一个旋液分离器，如图 4-2、图 4-3 所示。从反应釜逸出的 HCl 气体，从切线方向进入旋液分离器，夹带的水和苯甲醛液体通过旋液与 HCl 气体分离，这样 HCl 夹带进入冷凝器中的液体很少，不会阻止从反应釜逸出的 HCl 气体。冷凝下来的水和苯甲醛进入分离器，通过 U 型管溢流返回反应釜。通过滴加水的速度控制水解反应，确保温度保持在 120～140 ℃。水滴加太快，反应温度降低，使反应速度变慢，需要停止滴加水，并关闭 U 型管溢流返回反应釜的阀门，继续加热，让反应釜内多余的水蒸发到分离器中，以提高反应釜温度，加快反应速度。

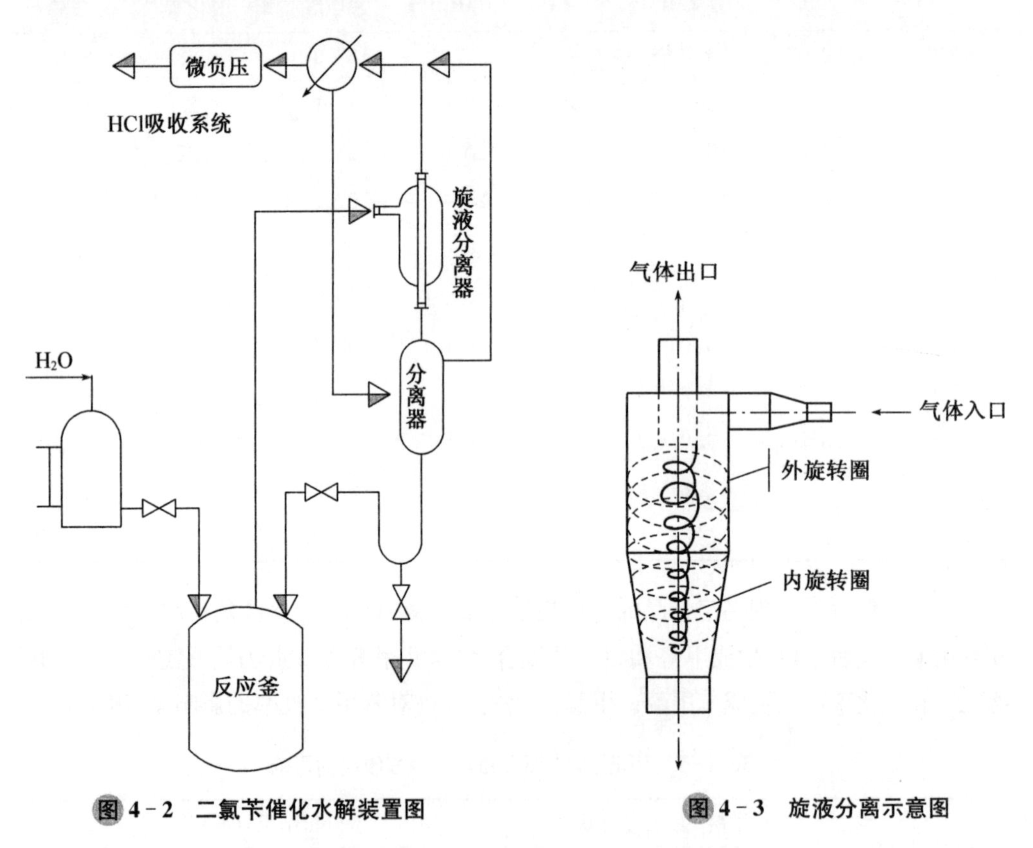

图 4-2　二氯苄催化水解装置图

图 4-3　旋液分离示意图

由于催化水解的反应速度快，生成的 HCl 应尽快逸出反应釜，并快速用水吸收，所以设计了 HCl 吸收装置，如图 4-4 所示。在微负压条件下，HCl 气体和喷淋水顺流通过 HCl 吸收塔，进入酸罐，未吸收的 HCl 通过文丘里管与水混合，保证了快速水解反应的进行。电石渣法、纯碱水解法、酸解＋纯碱法、酸解＋乌洛托品等四种生产苯甲醛方法的工艺指标比较如表 4-6 所示。

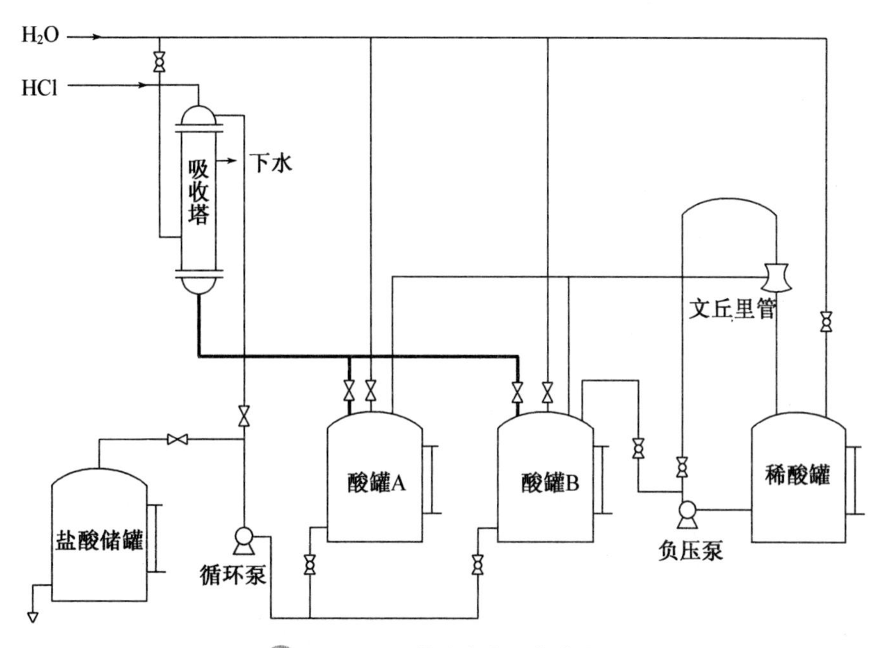

图 4 - 4　HCl 快速逸出吸收装置图

表 4 - 6　几种苯甲醛生产工艺指标的比较

项目		电石渣法	纯碱水解法	酸解＋纯碱法	酸解＋乌洛托品
酸解催化剂用量/g		无	无	0.1%～0.5%	0.1%～0.5%
酸解时间/h		无	无	3.0～6.0	3.0～6.0
碱解时间/h		8.0～10.0	8.0～10.0	8.0～10.0	2.0～5.0
碱消耗量 g/200 mL 原料		849	120	20	30
粗醛质量	苯甲醛/%	80～88	80～88	80～88	90～95
	氯化苄/%	0.1～2.0	0.1～2.0	0.1～2.0	≤0.05
	苄醇/%	8.0～30	8.0～30	7.0～24	≤2.0
苯甲醛收率/%		20～45.0	20～45.0	20～45.0	40～50
消耗量	下脚料/吨	2.5～5.0	2.5～5.0	2.5～5.0	2.5～2.5
	催化剂/kg	无	无	2.5～6.0	2.5～3.0
	碱/吨	1.0～1.1	1.0～1.5	0.2～0.5	0.3～0.4
成本估算(苯甲醛/吨)		3 200	5 100	3 770	3 330
设备利用率 $kg/m^3 \cdot h$		8.0	8.4	15.8	23.8
副产物(30%盐酸)/吨		无	无	2.6	2.2

（续表）

项目		电石渣法	纯碱水解法	酸解+纯碱法	酸解+乌洛托品
三废情况	废水量/吨	7.8	6.5	3.1	3.5
	废水中内容	$CaCl_2$	NaCl	NaCl	有机物
	废气	无	CO_2	CO_2	无
	废渣	电石渣	无	无	无

思考 既然氯化苄和苯甲醛不好分离，转化增加成本，能否在氯化苄工艺中，把二氯苄蒸馏出来，得到比较纯的二氯苄，这些都涉及新材料、新设备的开发。

由于氯化苄的腐蚀性很大，一般的材质都不能使用。早期的氯化苄生产采用玻璃或搪瓷设备，而搪瓷设备的传热效果比较差，不能产生足够回流，对于蒸馏分离沸点比较高的氯化苄和二氯苄显得力不从心。随着技术进步，新的材料如纯镍、钛材和复合材料等防腐蚀好，传热快的材料应用到氯化苄的生产过程中，大大提高了蒸馏效率，能够把二氯苄蒸馏出来，含量可达98%以上。这样不仅提高了二氯苄的质量，继而提高了苯甲醛的质量，而且利用高质量的二氯苄能够衍生出更多的产品。

二氯苄分子中的氯原子在水解后，会生成HCl气体，用水吸收则成为盐酸或转化为NaCl、$CaCl_2$。能否把氯原子全部或部分转化到产品中以提高原子经济性？这需要考虑联产技术的应用。

4.2.4 苯甲醛和酰氯联产工艺

苯甲醛是精细化工的重要中间体，主要用于合成食品添加剂L-苯丙氨酸、药物苯妥英钠和香料。其生产方法有三种：① 甲苯氧化法；② 苯甲酸氢化还原法。这两种方法技术要求高，设备投资大，在我国尚未被普遍采用。③ 甲苯氯化水解法，即甲苯侧链氯化生成二氯苄，然后催化水解生成苯甲醛和HCl[11]。酰氯主要用于合成除草剂、杀虫剂、表面活性剂和染料，制造方法主要是有机酸与$SOCl_2$、PCl_3、PCl_5和三氯苄等反应而得。苯甲醛和酰氯（包括氯乙酰氯）皆为重要的精细化工中间体，需求量大，但目前生产方法成本偏高，污染严重，迫切需要新的生产工艺。本工艺研究了二氯苄与有机酸在催化剂存在下反应，可同时获得高收率、高含量的苯甲醛和酰氯。本工艺不仅充分利用二氯苄分子上的氯原子，而且成本降低，污染减少，符合绿色化工和清洁生产的开发要求（即设备可调性、品种多样性、原料节约性和无污染性）。

1. 实验部分

(1) 药品

二氯苄（工业品，质量分数>90%），用前减压蒸馏得无色透明液体；乙酸、丙酸、丁酸、己酸、苯甲酸、氯乙酸和油酸皆为化学纯；$ZnCl_2$、ZnO、$SnCl_2$、$Zn_3(PO_4)_2$为分析纯。

(2) 实验操作

在装有搅拌器、温度计、滴液漏斗和球形冷凝管的 250 mL 四口烧瓶中，加入二氯苄 1 mol，催化剂 0.5 g，1 滴三乙醇胺，冷凝管与 HCl 吸收装置相连。搅拌加热至 120 ℃，慢慢滴加有机酸 1 mol，有大量 HCl 气体逸出表明反应开始。控制滴加速度保持温度在 120～140 ℃，直到有机酸滴加完毕，约需 3～4 h，继续保温反应 0.5 h 后，用蒸馏的方法分离苯甲醛和酰氯。分别测得苯甲醛和酰氯的含量均大于 98%(*ω*)，苯甲醛和酰氯的收率均大于 90%。

2. 结果与讨论

(1) 催化剂的选择

二氯苄与有机酸联产苯甲醛和酰氯的反应式如式 4－4。

$$C_6H_5CHCl_2 + RCOOH \xrightarrow[\triangle]{\text{催化剂}} C_6H_5CHO + RCOCl + HCl$$

R 为—CH_3，—C_2H_5，—C_3H_7，—C_5H_{11}，—C_6H_5，—CH_2Cl，$CH_3(CH_2)_7CH{=}CH(CH_2)$—

式 4－4　二氯苄与有机酸联产苯甲醛和酰氯的反应式

基于二氯苄与水在 Lewis 酸催化下水解生成苯甲醛的机理，而有机酸与水的结构有类似之处(都含有—OH)，因此，二氯苄与有机酸可能按相似的机理发生反应。通过实验发现，结果与设想相吻合，即二氯苄转化为苯甲醛，有机酸则转化为相应酰氯。二氯苄与有机酸在氯化亚锡催化下联产生成苯甲醛和酰氯可能的反应机理如式4－5。

$$C_6H_5CHCl(Cl\cdots SnCl_2) + RCOOH \longrightarrow [C_6H_5CHCl{-}O^{\oplus}(H)COR]\;Cl^{\ominus}\;SnCl_2 \xrightarrow{-H^+} C_6H_5CH(Cl\cdots SnCl_2){-}OCOR + Cl^{\ominus}$$

$$\longrightarrow RCOCl + C_6H_5CHO + HCl$$

R 为—CH_3，—C_2H_5，—C_3H_7，—C_5H_{11}，—C_6H_5，—CH_2Cl，$CH_3(CH_2)_7CH{=}CH(CH_2)_7$—

式 4－5　二氯苄与有机酸在 $SnCl_2$ 催化下生成苯甲醛和酰氯可能的机理

铁、锌、锡等金属盐及氧化物对这个制备反应都有催化作用。其中，因 Fe^{3+} 对苯甲醛的空气氧化作用有较大的催化活性，不能使用；在有机酸滴加不过量时，$ZnCl_2$ 催化反应速度较快，但当有机酸不能立即反应而有积累后，催化活性就会下降，这是因为 $ZnCl_2$ 优先和有机酸络合的原因；磷酸锌不溶于反应体系，表面易结焦；$ZnCO_3$、$Zn(OH)_2$、$ZnSO_4$ 开始时催化活性较大，但反应一段时间后和 $ZnCl_2$ 的效果相似；ZnO

催化反应速度最快，但有机酸过量时催化活性也下降；$SnCl_2$ 催化活性适中，在低温、有机酸过量的情况下仍起催化作用。把 ZnO 和 $SnCl_2$ 配合使用，催化效果显著。实验结果表明：ZnO∶$SnCl_2$＝3∶1(w/w)，反应可在 80～140 ℃进行，一般在 3 h 内反应完毕，且放大效应不明显。

(2) 催化剂用量的影响

以二氯苄和氯乙酸为底物，投料比为 1∶1(mol)，投料量为 1 mol，反应温度为 125 ℃，研究催化剂用量对反应完成时间及收率的影响，结果如表 4－7 所示。适宜的催化剂用量是每 mol 二氯苄加入 0.3～0.4 g ZnO/$SnCl_2$。

表 4－7 催化剂用量的影响

催化剂用量/g	反应完成时间/h	苯甲醛收率/%	氯乙酰氯收率/%
0.05	12.0	95.0	92.7
0.1	9.0	96.1	90.4
0.15	3.5	92.6	93.5
0.2	3.0	95.7	94.9
0.25	2.0	88.0	84.7
0.5	1.5	85.4	81.2
1.0	1.5	83.0	82.5

(3) 反应温度的影响

二氯苄和氯乙酸在 ZnO/$SnCl_2$ 存在下，10 ℃就能反应，但反应速度很慢，反应完成时间较长；当反应温度超过 150 ℃时，反应剧烈，不易控制，还会发生聚合、炭化等副反应，蒸馏残渣也增加。以联产氯乙酰氯为例，投料比为 1∶1，投料量为 0.5 mol，催化剂 0.3 g，反应 3 h，反应温度的影响如表 4－8 所示。较佳的温度是 120～140 ℃，但对于联产乙酰氯，则要及时把生成的乙酰氯(沸点为 52 ℃)蒸出来，否则反应温度升不到 100 ℃。

表 4－8 反应温度对收率的影响

反应温度/℃	苯甲醛收率/%	氯乙酰氯收率/%
70	46.3	68.5
90	70.0	79.1
110	81.5	84.9
120	90.0	93.4
140	94.5	90.6
150	88.4	81.5
169	80.6	82.3

(4) 不同有机酸反应的结果

在0.5 mol投料量，催化剂为0.2 g，反应温度120～130 ℃的条件下，不同有机酸与二氯苄反应3 h的结果见表4-9。从表4-9中可发现不同的有机酸为底物时，苯甲醛和酰氯的收率不同，这是因为不同的有机酸的反应活性有差别。如用油酸为原料时[12]，油酸分子基团大，位阻也大，反应困难，所以收率低。理论上对于同一类有机酸，合成的苯甲醛和酰氯收率应该相同，但实验结果并不相同，主要是由于挥发损失、蒸馏损失以及苯甲醛与酰氯沸点相差不太大时，在简单的分离装置上难于完全分离造成的。

表4-9 不同有机酸反应的结果

有机酸种类	对应酰氯	酰氯沸点/℃	酰氯收率/%	苯甲醛收率/%
乙酸	乙酰氯	52	82.4	96.0
丙酸	丙酰氯	80	94.0	95.1
丁酸	丁酰氯	102	91.8	93.0
氯乙酸	氯乙酰氯	107.4	95.0	96.5
正己酸	正己酰氯	151～153	83.6	80.4
苯甲酸	苯甲酰氯	197.2	86.3	89.2
油酸	油酰氯	175～180(399 Pa)	75.0	78.3

3. 结论

二氯苄和有机酸在$ZnO/SnCl_2$催化下，温度为120～140 ℃下反应3～4 h左右，可联产苯甲醛和酰氯。只要两者的沸点有一定差别，就可以获得高收率、高含量的苯甲醛和酰氯[13]。该工艺联产苯甲醛和对HCl、Lewis酸和醛基不敏感的酰氯是切实可行的。此工艺操作方便，设备投资少，产品成本低，具有一定的工业化意义。

4.3 实战案例丨苯甲醛和乙酰氯的联产工艺

乙酰氯是一种重要的有机合成中间体和乙酰化试剂，酰化能力比乙酐强，广泛用于农药、医药、染料等精细化工产品的制造。乙酰氯主要的合成方法是乙烯酮与氯化氢反应、冰乙酸和三氯化磷反应或由乙酸钠、二氧化硫与氯气反应制得。前者乙烯酮的原料较贵，后者会产生有危害的副产物。

本案例是在开发二氯苄与氯乙酸催化反应得到苯甲醛和氯乙酰氯的基础上，继续开发二氯苄与乙酸酐反应，以联产苯甲醛和乙酰氯。反应式如式4-6。因二氯苄与氯乙酸反应，除了生成苯甲醛和氯乙酰氯，仍有一分子HCl生成，需要安装一套HCl吸收系统，这样不仅设备多，而且工艺操作比较烦琐。用乙酸酐替代氯乙酸，反应仅生成苯甲醛和乙酰氯。二氯苄分子上的两个氯全部转化为产品，符合绿色化学的原则。苯甲醛、乙酸酐和乙酰氯的沸点分别为179 ℃、139.8 ℃和52 ℃，三者沸点相差比较大，很容易通过蒸馏的方法分离纯化。实验流程简图如图 4－5 所示，以二氯苄为原料，联产乙酰氯和苯甲醛的工艺是可行的，其设备投资少，操作方便，易于工业化。

$$C_6H_5CHCl_2 + (CH_3CO)_2O \xrightarrow[\triangle]{催化剂} C_6H_5CHO + 2CH_3COCl$$

式 4－6　二氯苄与乙酸酐反应生成苯甲醛和乙酰氯的反应式

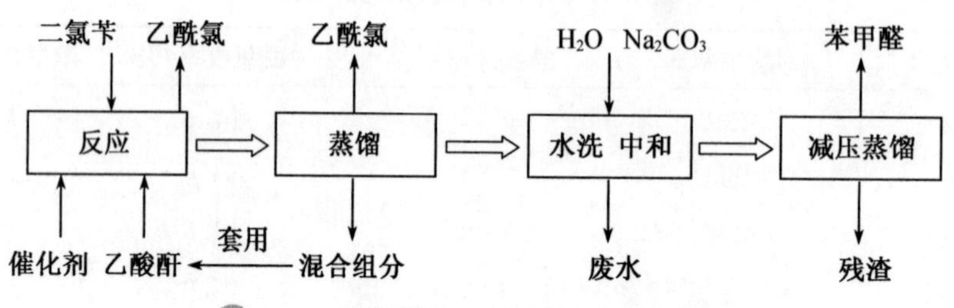

图 4－5　苯甲醛和乙酰氯联产工艺流程图

4.3.1　实验操作

在 500 mL 四口烧瓶中，安装搅拌器、温度计、滴液漏斗和冷凝管，冷凝管连接接收瓶，以搭建成边滴加边反应和边蒸馏的装置。加入 162.0 g 二氯苄(1.0 mol)，0.5 g 催化剂[$ZnO : SnCl_2 = 3 : 1(w/w)$]。加热至 120～130 ℃，然后慢慢滴加 123.0 g 乙酸酐(1.2 mol)。反应开始时有乙酰氯生成，一旦有乙酰氯生成，立即从反应瓶中将其蒸馏出。温度保持 120 ℃继续滴加乙酸酐，约 3～4 h 加完，保温反应 2 h。然后加热到 140～150 ℃，收集馏出的乙酰氯 144.0 g，收率为 92.4%。常压蒸馏出剩余的乙酸酐 23.0 g，套用到下一批反应中，蒸残液冷却到室温，加入 50 mL 水搅拌，分去水层。再用 12% Na_2CO_3 水溶液洗涤中和至中性，有机层减压蒸馏得到苯甲醛 102.4 g，收率为 96.6%。

4.3.2　结果与讨论

(1) 催化剂的影响

铁盐和锌盐对反应都有催化作用，$ZnCl_2$ 和 $ZnCO_3$ 的活性大，反应不易控制。$FeCl_3$ 和 $FeCl_3$/沸石，易引起化合物如二氯苄的聚合反应，使蒸馏残量增加，选择复合 $ZnO/SnCl_2$ 为催化剂，催化活性适中，且能有效抑制二氯苄聚合反应的发生，提高乙酰氯和苯甲醛的收率，其结果见表 4－10。

表 4-10　不同催化剂的催化效果

催化剂	$ZnCl_2$	ZnO	$ZnCO_3$	$FeCl_3$	$FeCl_3$/沸石	ZnO/$SnCl_2$
催化剂用量/g	2.7	1.7	2.5	3.3	5.5	2.0
乙酰氯收率/%	83.6	88.7	90.6	84.9	86.2	92.4
苯甲醛收率/%	90.4	93.2	95.3	89.3	83.9	96.6

(2) 反应温度的影响

温度在 30 ℃时就能发生反应,但反应速度慢,反应完成时间长。温度超过 140 ℃,反应剧烈,二氯苄发生聚合反应,蒸馏残渣量增多。实验结果表明,反应温度在 120～130 ℃左右是合适的,如表 4-11 所示。

表 4-11　不同反应温度对收率的影响

温度/℃	80	90	110	120	130
乙酰氯收率/%	45.6	70.5	85.2	90.5	93.3
苯甲醛收率/%	66.7	79.3	86.5	92.4	95.4

(3) 产物的分离

由于乙酰氯和苯甲醛沸点相差较大,用简单的蒸馏方法就可分离,先常压蒸馏出乙酰氯和剩余的乙酸酐,再减压蒸出苯甲醛,乙酸酐套用到下一批反应中。

4.3.3　结论

由二氯苄与乙酸酐在 ZnO/$SnCl_2$ 催化和 120 ℃下反应,可联产乙酰氯和苯甲醛,其含量分别为 99%(ω)和 98%(ω),收率大于 90%。乙酰氯和苯甲醛的联产,充分利用了二氯苄分子中的氯原子,没有 HCl 产生,减少了设备,简化了工艺,使产品附加值升高,具有一定的工业化应用前景。

4.4　拓展案例 | 氯乙酰氯和苯甲酰氯联产工艺

氯乙酰氯和苯甲酰氯是重要的有机合成中间体,广泛用于农药、医药、染料等精细化工产品的制造。氯乙酰氯主要的合成方法是氯乙酸氯化法,由于副反应生成二氯乙酰氯与氯乙酰氯沸点仅相差 1 ℃,因而普通分离相当困难,采用萃取精馏可获得高含量的氯乙酰氯[14],但势必增加成本及设备投资费用。另一方法是乙烯酮氯化法[15],可以得到高含量和高收率的氯乙酰氯,但乙烯酮运输不方便,其工艺较复杂,设备投资也大。苯甲酰氯通常的生产方法是三氯苄催化水解,以及三氯苄与苯甲酸反应。三氯苄和氯乙酸反应(实验流程简图如图 4-6 所示)所生成的氯乙酰氯沸点为 107 ℃,苯甲酰氯的沸点为 198 ℃,二者沸点相差 90 ℃,很容易分离。该方法使用高含量的氯乙酸

(>99%,ω),就可以获得高含量的氯乙酰氯,而高含量的氯乙酸生产已工业化。因此,以三氯苄为原料,联产氯乙酰氯和苯甲酰氯的工艺是可行的,其设备投资少,操作方便,易于工业化。反应式如式 4-7。

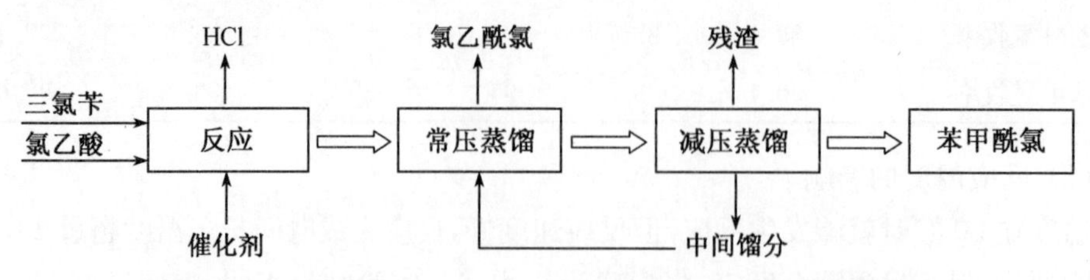

图 4-6　三氯苄与氯乙酸合成氯乙酰氯和苯甲酰氯实验流程图

$$C_6H_5CCl_3 + ClCH_2COOH \xrightarrow[\triangle]{催化剂} C_6H_5COCl + ClCH_2COCl + HCl$$

式 4-7　三氯苄与氯乙酸合成氯乙酰氯和苯甲酰氯的反应式

4.4.1　实验部分

1. 试剂

液氯(含量>99.5%);甲苯(石油级,含量>99%);以上均为工业品。催化剂由氧化锌和氯化亚锡复配而成,氯乙酸、碳酸锌、氧化锌、氯化锌、氯化铁和氯化亚锡等均为化学纯。

2. 分析方法

氯乙酰氯的含量参照文献[16]方法进行测定,苯甲酰氯的含量用常规分析方法测定。

3. 实验操作

(1) 三氯苄的制备

在 3 000 mL 四口烧瓶中,装上搅拌器、冷凝管、温度计、环形荧光灯管。加入 2 000 g 甲苯,加热至回流。打开光源,慢慢导入经浓硫酸干燥的氯气,调节通入速度,在冷凝管内不出现淡绿色气体为准。HCl 气体用水吸收,反应过程间断提高反应温度,直至 160 ℃为止,反应时间约 8～10 h。取样分析,密度达 1.39～1.40 g/mL (30 ℃),即可停止通氯,然后减压蒸馏,收集沸点为 129～130 ℃(8 kPa)的馏分 3 831 g,收率为 90%。

(2) 氯乙酰氯和苯甲酰氯的制备

在 500 mL 三口烧瓶中加入 71.0 g 氯乙酸、0.6 g 催化剂,加热至 120 ℃,然后慢慢滴加三氯苄 160 g,反应开始时有 HCl 气体产生,用水吸收。保持 120 ℃继续滴加约

2～3 h，保温反应 2 h，得到氯乙酰氯和苯甲酰氯的混合物。

（3）分离

用长 1 m，内径为 4 cm 的精馏柱，把上述混合物加到 500 mL 的圆底烧瓶中，加入 2 滴阻聚剂，在常压下蒸出氯乙酰氯 81.0 g，含量为 99%(ω)，收率为 96%。然后，减压蒸馏先收集中间产物馏分 5.0 g，再收集 90～92 ℃（1.23 kPa）的馏分 100.0 g，含量为 98%(ω)，收率为 95%。剩余的残液主要为三氯苄和少量的高聚物及催化剂。

4.4.2　结果与讨论

1. 催化剂的影响

铁盐和锌盐对反应都有催化作用，$ZnCl_2$ 和 $ZnCO_3$ 的活性大，反应不易控制。$FeCl_3$ 和 $FeCl_3$/沸石，易引起化合物如三氯苄的聚合反应，使蒸馏残量增加，选择复合 $ZnO/SnCl_2$ 为催化剂，催化活性适中，又能有效抑制三氯苄聚合反应的发生，提高酰氯的收率，其结果见表 4-12。

表 4-12　不同催化剂的催化效果

催化剂	$ZnCl_2$	ZnO	$ZnCO_3$	$FeCl_3$	$FeCl_3$/沸石	$ZnO/SnCl_2$
催化剂用量/g	2.7	1.7	2.5	3.3	5.5	2.0
氯乙酰氯收率/%	89.4	91.3	92.7	87.2	89.5	95.4
苯甲酰氯收率/%	86.1	90.8	90.1	84.5	86.7	94.0

2. 反应温度的影响

温度在 30 ℃时就能发生反应，但反应速度慢，完成反应时间长。温度超过 140 ℃，反应剧烈，生成的氯乙酰氯被蒸发出来，还易发生聚合反应，蒸馏残渣量增多。实验结果表明合适的反应温度为 120 ℃左右，如表 4-13 所示。

表 4-13　不同反应温度对收率的影响

温度/ ℃	80	90	110	120	140
氯乙酰氯收率/%	50.7	69.4	82.6	96.0	83.3
苯甲酰氯收率/%	61.2	68.1	79.4	93.0	80.9

3. 产物的分离

由于氯乙酰氯和苯甲酰氯沸点相差较大，用简单的蒸馏方法就可分离，但二者性质相似，有夹带现象，故蒸馏时回流比应该大些。先常压蒸馏出氯乙酰氯，后减压下蒸出中间馏分和苯甲酰氯。中间馏分与下一批反应混合物再一起蒸馏可以提高收率。

4.4.3 结论

由三氯苄与氯乙酸在 $ZnO/SnCl_2$ 催化和反应温度为 120 ℃下反应，可联产氯乙酰氯和苯甲酰氯[17,18]，其含量分别为 99%(ω)和 98%(ω)，收率大于 90%。氯乙酰氯的含量受氯乙酸含量影响很大，应选择高含量的氯乙酸为原料，氯乙酸的含量至少大于 99%(ω)。另外，利用该工艺条件用苯甲酸或水替代氯乙酸可只生产苯甲酰氯一种产品，用其他有机酸和三氯苄反应可联产苯甲酰氯和其他有机酰氯。氯乙酰氯和苯甲酰氯的联产，充分利用了三氯苄中的氯原子，使产品附加值升高，具有一定的工业化意义。

4.5 拓展案例|乙酰氯和对氯苯甲酰氯联产工艺

在开发三氯苄与氯乙酸催化反应得到苯甲酰氯和氯乙酰氯的基础上，继续开发对氯三氯苄与乙酸酐反应，联产对氯苯甲酰氯和乙酰氯，反应式如式 4-8。三氯苄与氯乙酸反应，除了生成苯甲酰氯和氯乙酰氯外，仍有一分子 HCl 生成，需要安装一套 HCl 吸收系统，这样不仅设备多，而且工艺操作比较烦琐。用乙酸酐替代氯乙酸，反应仅生成苯甲酰氯和乙酰氯，三氯苄分子上的三个氯全部转化为产品，符合绿色化学的原则。因为对氯苯甲酰氯、乙酸酐和乙酰氯的沸点分别为 222 ℃、139.8 ℃和 51 ℃，三者沸点相差比较大，很容易通过蒸馏的方法分离纯化。试验流程简图如图 4-7 所示。以对氯三氯苄与乙酸酐为原料，联产乙酰氯和对氯苯甲酰氯的工艺是可行的，其设备投资少，操作方便，易于工业化。可能的反应机理如式 4-9。

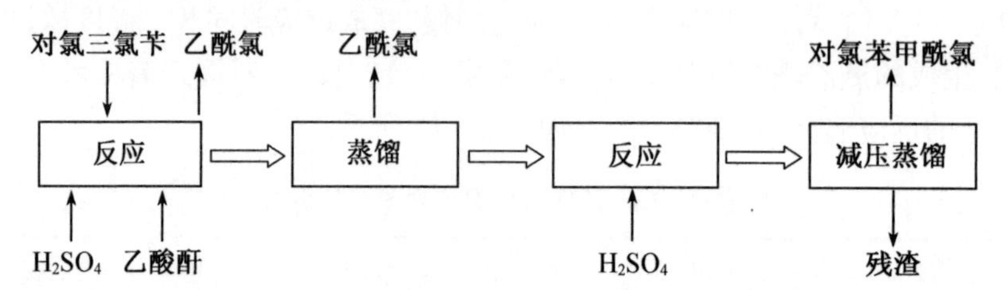

图 4-7 对氯三氯苄与乙酸酐反应联产乙酰氯和对氯苯甲酰氯的实验流程

$$\text{对氯三氯苄}(p\text{-}ClC_6H_4CCl_3) + (CH_3CO)_2O \xrightarrow[\text{加热}]{\text{催化剂}} p\text{-}ClC_6H_4COCl + 2CH_3COCl$$

式 4-8 对氯三氯苄与乙酸酐反应联产对氯苯甲酰氯和乙酰氯的反应式

式 4-9　对氯三氯苄与乙酸酐反应联产乙酰氯和对氯苯甲酰氯的可能机理

实验操作：在 1 000 mL 四口烧瓶中，安装搅拌器、温度计、滴液漏斗和冷凝管，冷凝管连着接收瓶，以搭建成边滴加边反应和边蒸馏的装置。加入 350.5 g 对氯三氯苄(1.5 mol)，1.5 g 98%(ω)的 H_2SO_4 作催化剂，加热至 120～130 ℃。然后，慢慢滴加 156.0 g 乙酸酐(1.5 mol)，反应开始时有乙酰氯生成，乙酰氯生成后立即从反应瓶中蒸馏出来。保持 120 ℃继续滴加，约 3～4 h 滴毕，收集 50～54 ℃乙酰氯 203.0 g，收率为 94.7%。当所有的乙酰氯被蒸馏出来后，再加入 1.5 g 98%的 H_2SO_4，反应混合物进一步加热到 140～150 ℃，反应 2 h 后停止加热，冷却得到对氯苯甲酰氯 260 g，收率为 98.3%。

习题 4

1. 什么是联产技术(工艺)?
2. 写出丙烯或异丙醇与苯为初始原料联产苯酚和丙酮的合成路线。
3. 画出以二氯苄为原料，联产乙酰氯和苯甲醛的工艺流程图。

参考文献

[1] Nicholas K T . Combinatorial Chemistry[M]. Oxford: Oxford University Press, 1998.
[2] DeVierno K A, House-Knight T, Whitford J, et al. A Method for Assessing Greener Alternatives between Chemical Products Following the 12 Principles of Green Chemistry[J]. ACS Sustainable Chemistry & Engineering, 2017, 5(4): 2927-2935.
[3] Notari B. Titanium silicalites[J]. Catalysis Today, 1993, 18(2): 16-172.
[4] 赵贤广，郭卫军，唐玉良，等. 联合法生产氯化亚砜和三氯氧磷[J]. 化工时刊，1999，13(6)：36-38.
[5] 齐家娟，李树安，张珍明，等. 8-羟基喹啉-5-甲醛和 8-羟基喹啉-5-酸联产工艺研究[J]. 化工时刊，2013，27(10)：1-5.
[6] 李树安. 化工联产技术的开发与应用[J]. 现代化工，2000，20(10)：29-30，32.
[7] Tournier A, Deglise X. Industrial photochemistry IV: Influence of additives on the selectivity of successive photochemical reaction[J]. Journal of Photochemistry, 1983, 22(1): 137-155.

[8] Deinet A J. Process for Production of Benzaldehydes：US 3524885A[P]. 1970 - 08 - 18.

[9] Glendon D K. Stabilizing Compositions：US 3535391[P]. 1970 - 10 - 02.

[10] 李树安，汪长秋，陈德娟. 稳定化氯化苄的技术进展[J]. 现代化工，1995(10)：21 - 23.

[11] 王军，沈志斌，王伯康. 苯甲醛的制备研究[J]. 化学世界，1995，36(4)：201 - 203.

[12] MCcan T J, Brooklyn N Y. Process for preparation of acylchloride and benzaldehyde：US 369217[P]. 1972 - 09 - 12.

[13] 李树安. 苯甲醛和酰氯联产最佳反应条件研究[J]，淮海工学院学报(自然科学版). 2001，10(3)：32 - 34.

[14] 田恒水，李峰. 氯乙酰氯的生产与应用[J]. 上海化工，1997，21(1)：22 - 25.

[15] Gash V W, DE Bissing. The Production of Monohaloacyl Halides：GB 1374324[P]. 1972 - 09 - 29.

[16] 魏天俊，张建伟. 工业氯乙酰氯含量的测定[J]. 中国医药工业杂志，1990，21(1)：25 - 26.

[17] Pivawer P M. Process for the simultaneous preparation of aromatic acid chloride and aliphatic acid chloride：US 4163753[P]. 1979 - 08 - 07.

[18] 李树安. 氯乙酰氯和苯甲酰氯联产工艺的研究[J]. 精细化工，2000，17(1)：60 - 61.

第 5 章

管道化技术——二苯甲酮生产技术开发

管式反应器具有单位反应空间的传热面积大,流体与器壁之间的传热系数高、便于分段控制,创造出最适宜的压力梯度、温度梯度和浓度梯度,从而使管式反应器具有较高的转化率和选择性。苯酚羟基化制苯二酚、吡啶氯化制备 2-氯吡啶等都实现了管道化反应工艺。管道化工艺设备投资少,安全性大,控制简便,生产效率高,适用于大型化和连续化的化工生产,是化工生产追求的一个目标。

5.1 管道化反应器与应用

5.1.1 管式反应器的特点

管式反应器是 20 世纪 40 年代开始开发的反应器,长径比很大,与一般的反应器相比,管式反应器的特点是单位反应空间的传热面积大,流体与器壁之间的传热系数高,便于分段控制,便于创造出最适宜的压力梯度、温度梯度和浓度梯度,从而使管式反应器具有较高的转化率和选择性。管式反应器有以下特点:

(1) 由于反应物的分子在反应器内停留时间相等,所以,在反应器内任何一点上的反应物浓度和化学反应速度都不随时间而变化,只随管长变化。

(2) 管式反应器容积小、比表面积大、单位容积的传热面积大,特别适用于热效应较大的反应。

(3) 反应物在管式反应器中反应速度快、流速快、生产能力高。

(4) 管式反应器适用于大型化和连续化的化工生产。

(5) 和釜式反应器相比较,管式反应器返混较小,在流速较低的情况下,其管内流体流型接近于理想流体。

(6) 管式反应器能从源头上实现精细化工行业的本质安全。

(7) 管式反应器既适用于液相反应,又适用于气相反应,尤为适用于加压反应。此外,管式反应器可实现分段温度控制。

管式反应器的主要缺点是反应速率很低时所需管道过长,工业上不易实现。

5.1.2 管式反应器的分类

管式反应器是应用较多的一种连续操作反应器,常用的管式反应器有以下几种类型。

(1) 水平管式反应器。水平管式反应器是进行气相或均液相反应常用的一种管式反应器,由无缝钢管与U形管连接而成,这种结构易于加工制造和检修。高压反应管道的连接采用标准槽对焊钢制法兰,可承受1 600 kPa～10 000 kPa压力;采用透镜面钢法兰,可承受10 000 kPa～20 000 kPa压力。

(2) 立管式反应器。立管式反应器可分为单程式立管式反应器和带中心插入管的立管式反应器。有时也将一束立管安装在一个加热套筒内,以节省安装面积。立管式反应器可用于液相氨化反应、液相加氢反应、液相氧化反应等工艺。

(3) U型管式反应器。U形管式反应器的管内设有多孔挡板或搅拌装置,以强化传热与传质过程。U形管的直径大,物料停留时间长,可用于反应速率较慢的反应,如带多孔挡板的U形管式反应器,被用于已内酰胺的聚合反应。带搅拌装置的U形管式反应器适用于非均液相物料或液-固相悬浮物料,如甲苯的连续硝化、蒽醌的连续磺化等反应。

(4) 盘管反应器。将管式反应器做成盘管的形式,可使设备紧凑,节省空间,但检修和清洗管道比较困难。一般情况下,盘管反应器是由许多水平盘管上下重叠串联而成,每一个盘管是由许多半径不同的半圆形管子以螺旋形式连接而成,螺旋中央留出一定的空间,便于安装和维修。

(5) 多管并联反应器。多管并联结构的管式反应器,多用于气-固相反应。例如,氯化氢气体和乙炔气体在多管并联装有固体催化剂的反应器中反应制备氯乙烯;氢气和氮气在装有固体铁组合催化剂的多管并联反应器中合成氨气。

5.1.3 管式反应器的应用

1. 1-硝基蒽醌氨解法中的应用

管式反应器可用于气相、均液相、非均液相、气-液相、气-固相、固相等反应。例如,乙酸裂解制乙烯酮、乙烯高压聚合、对苯二甲酸酯化、邻硝基氯苯氨化制邻硝基苯胺、氯乙醇氨化制乙醇胺、椰子油加氢制脂肪醇、石蜡氧化制脂肪酸、单体聚合以及某些固相缩合反应均已采用管式反应器进行工业化生产。

蒽醌系染料是仅次于偶氮系染料的第二大类染料,而1-氨基蒽醌是合成蒽醌染料

的重要中间体，其用途最广，耗量也最大。磺化氨化法[1]和硫化碱法[2,3]是生产 1-氨基蒽醌的传统工艺，但是这两种方法对环境污染很大。氨解法是比较受人关注的 1-氨基蒽醌绿色生产工艺，其中，釜式氨解工艺较成熟，但存在反应时间长、反应条件苛刻、设备腐蚀严重、产物色泽较差等缺陷。本案例采用管道化的装置将 1-硝基蒽醌氨解生产 1-氨基蒽醌，用合适直径的空管替代反应釜，承压能力强，安全性好，反应条件容易控制，还可以适当降低反应温度，使得产物的色泽好[4]，反应式如式 5－1。

式 5－1　1-硝基蒽醌氨解制备 1-氨基蒽醌的反应式

管道化氨解装置如图 5－1，盘管的外径为 6 mm，内径为 3 mm，总长为 50 m。在三个计量罐内分别加入 1-硝基蒽醌及甲苯（1-硝基蒽醌的质量浓度为 40%）、正丁醇（正丁醇中含有质量分数为 1%的氯化铵）和液氨。同时开启高压计量泵，控制三个计量罐内的物料以流量比 9.25∶1.00∶1.85 均匀地通过各自的管路注入预混合器，在预混合器中进行搅拌，预混合器的压力保持在 15 MPa。然后，从预混合器出来的混合物通过管道进入盘管，在盘管内保持约 0.15 mL/s 的物料流量，混合物从进盘管到出盘管的时间，即氨解反应停留时间约为 40 min。盘管内的反应温度为 200 ℃，压力为 15 MPa。通过开启减压阀，使得反应物减压后通过管道进入保温槽，收集多余的氨气，并冷却反应物料形成固-液混合物。减压精馏，收集（1.33 kPa 下）顶温 273～275 ℃ 的馏分，冷却后得红色固体产物，熔点为 235～236 ℃，HPLC 检测含量为 98.5%(ω)，收率为 95.0%。

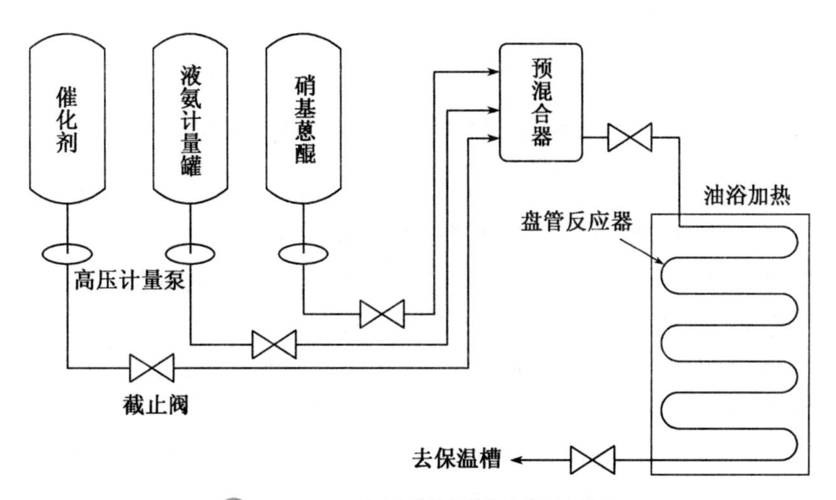

图 5－1　1-硝基蒽醌管道化氨解装置图

2. 苯酚羟基化法中的应用

苯二酚(包括邻苯二酚和对苯二酚)是重要的化工原料,具有广泛的应用。传统的苯二酚生产工艺,如邻氯苯酚水解法、磺酸酚碱融法、苯胺氧化法、苯醌还原法等已被淘汰。以过氧化氢为氧化剂的苯酚羟基化法制苯二酚,由于工艺流程简单,反应条件温和,过氧化氢价廉,氧化副产物是水而无污染,成为国际公认的绿色生产工艺。目前国外成功将该工艺工业化的公司有法国罗地亚公司、意大利埃尼公司、日本宇部兴产株式会社三家。罗地亚公司以高氯酸为催化剂、磷酸为助催化剂、70%过氧化氢为氧化剂,形成3个反应釜串联的反应工艺。埃尼公司以铁盐和钴盐为混合催化剂、60%过氧化氢为氧化剂,形成Fenton试剂的反应工艺。该工艺虽然可以连续生产,但存在均相反应本身难以克服的缺点,如原料单耗高和苯二酚选择性低等问题。宇部兴产株式会社以硫酸等为催化剂,采用60%过氧化氢与酮生成酮过氧化物作为氧化剂的反应工艺,但流程复杂。

江保卫等[5]报道了一种用于苯酚羟基化制苯二酚的管式反应器,长管式反应器由内反应管和设在内反应管外的夹套管构成,在内反应管的前端部连接有物料混合器,物料混合器上分别设有苯酚、催化剂及溶剂进料口、过氧化氢进料口,在内反应管的前端部还设有测温仪表,在内反应管的后端部设有测压仪表和反应物料出口,在夹套管的前后端部分别设有夹套水进口和夹套水出口。

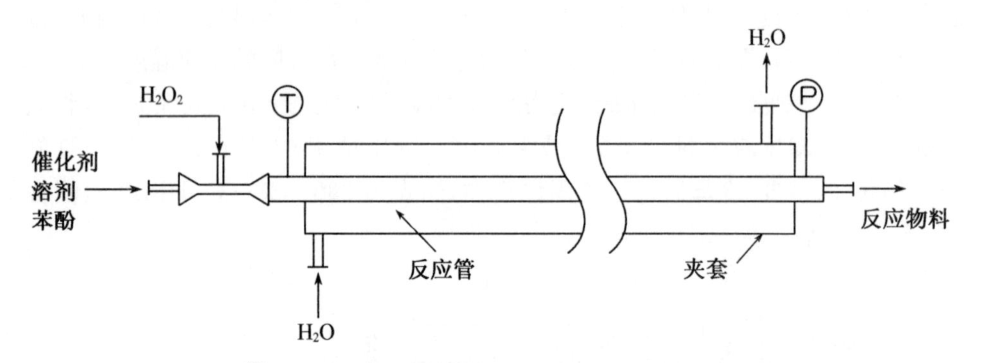

图 5-2 苯酚羟基化制备苯二酚管道化反应装置

管式反应器长2 000~3 000 m,内径100~300 mm,将苯酚、水、固态催化剂分别以600 kg/h、400 kg/h和5 kg/h流量通入静态混合器进行混合,并保证物料温度控制在75 ℃±5 ℃,浓度27.5%的H_2O_2以12.5 kg/h流量分散进入内反应管,调节夹套管内水温维持反应温度在80 ℃±5 ℃,保持反应时间在30 min,连续平稳运行24 h,取反应液用高效液相色谱分析苯二酚、苯酚含量。计算出双氧水有效转化率为65.0%,苯酚有效转化率为95.0%。

在精细化学品生产中,采用管式反应工艺还有很多成功的案例。例如,吡啶氯化制备2-氯吡啶,规模达万吨级;500吨/年邻硝基氯苯管道化生产邻硝基苯胺、石蜡氯化的管道化工艺等相继开发成功。管道化工艺具有强化过程,提高设备生产能力和提高生产效率等优点。

5.1.4　连续流反应器的应用

连续流化学(Continuous-flow chemistry)或称为流动化学(Flow chemistry),是指通过泵输送物料并以连续流动模式进行化学反应的技术[6-8]。物料从管道的一端用输送泵连续通入,产物从管道的另一端被连续分离出,主要有以下优势:(1) 反应器尺寸小,传质传热迅速,易实现过程强化;(2) 参数控制精确,反应选择性好,尤其适合抑制串联副反应;(3) 在线物料量少,微小通道固有阻燃性能,小结构也增强装置防爆性能,连续流工艺本质上也安全;(4) 连续化操作,时空效率高;(5) 容易实现自动化控制,增强操作的安全性,节约劳动力资源。利用连续流反应技术的优势解决传统釜式工艺存在的问题,能使"高危化工工艺",如光气化、氯化、硝化、氟化、加氢、重氮化、氧化、过氧化、氨基化、磺化、烷基化、偶氮化等工艺在安全高效的模式下进行。连续流反应器一般需要管道静态混合器,这个安装在管内的元件主要从径向方向对混合物中的组分进行混合,能够改变流体在管内的流动状态,以达到不同流体之间良好的分散和充分的混合,可以有效地传导热量,适用于需要很好的局部搅拌以减少因局部反应物浓度过高而产生副产物的反应。连续流反应技术广泛应用于精细化工和药物的合成,成功地应用到布洛芬、青蒿素、卢非酰胺和抗癌药物格列卫的合成。

环丙胺是一种重要的医药和农药的中间体,由于霍夫曼降解脱羧反应是一个高放热过程,反应中间体环丙基异氰酸比产物环丙基甲胺易于形成副产物双环丙基酰胺,反应机理如式 5-2。专利报道运用一个连续管式反应器[9],能够解决放热、返混生成副产物的问题。1 当量的环丙基甲酰胺和 2 当量的氢氧化钠混合,在水中形成悬浮液,用 1 当量的 NaOCl 水溶液在不超过 15 ℃的条件下反应,大约 20 min 之后得到的反应液通过 80 ℃的管式反应器,物料在管里停留大约 1.5 min,从管式反应器出来的产物进入装有沸水的蒸馏柱,如图 5-3 所示。通过蒸馏回收产物环丙胺,总收率为 93%。

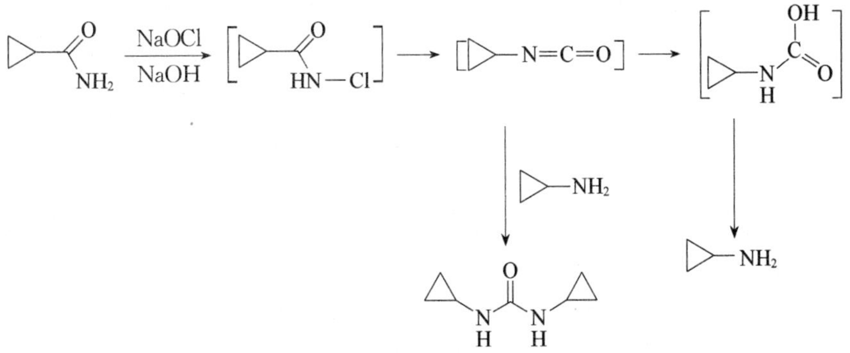

式 5-2　环丙基甲酰胺霍夫曼降解生成环丙基甲胺的反应机理

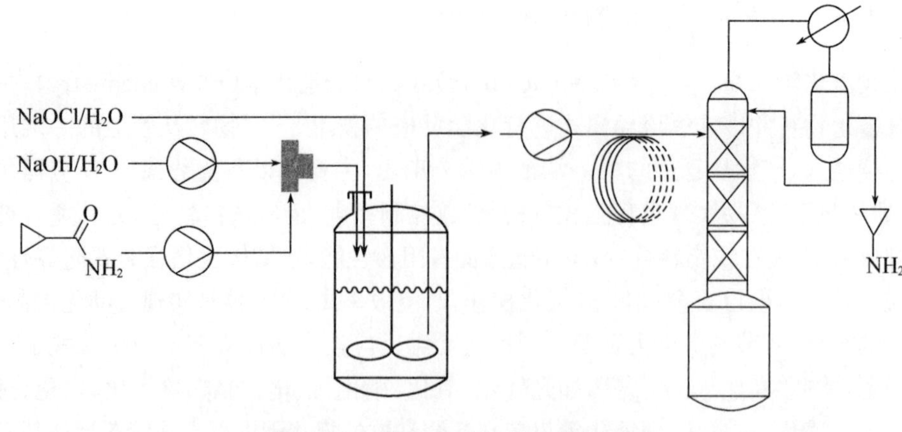

图 5-3 连续流反应制备环丙基甲胺

5.2 实战案例|二苯甲酮管道化生产技术开发

5.2.1 二苯甲酮类光敏材料简介

二苯甲酮主要作为光引发剂和紫外线吸收剂使用,可以制作光敏涂料及感光树脂版。光固化技术作为一种环境友好的绿色技术,近年来得到了蓬勃发展[10,11]。二苯甲酮类属于氢转移型光引发剂,其特点是(1)引发的量子效率高,固化速度快;(2) 吸收光谱的范围匹配于照射光源,热稳定性好,无暗反应,与单体和预聚物有较好的相容性;(3) 光固化成膜无黄变或变色,价格低廉,使用安全。二苯甲酮是生产量最大的光引发剂,国内生产总量为 10 000 多吨,其中出口约占三分之一。

我国在 20 世纪 60 年代开始研制、开发和生产二苯甲酮类紫外线吸收剂,由于起步较晚,发展缓慢,品种不多,因此,年消耗量也不大。近几年来,由于受市场上原材料短缺和价格上涨等因素的影响,紫外线吸收剂供不应求。随着我国高分子材料工业的日益发展,聚烯烃在塑料原料中的比例迅速增大。只有光引发剂的生产有较大发展,才能满足高分子材料工业的日益发展,特别是塑料工业迅速发展的需要。目前二苯甲酮类紫外线吸收剂在我国仍处于发展阶段,立足本地的原料,开发该产品,具有较好的经济效益和社会效益。

二苯甲酮是白色晶体,有特殊的玫瑰香味,能升华,不溶于水,易溶于乙醇、乙醚和氯仿等有机溶剂。二苯甲酮是有机合成的重要中间体,广泛应用于有机涂料、医药、香料和杀虫剂的制造,如在医药工业中常用二苯甲酮生产双环己哌啶、苯甲托品氢溴酸盐和苯海拉明盐酸盐;在香料工业中常用其作定香剂,以及许多香水和皂用香精的原料。另外,二苯甲酮可以方便地转化为二苯甲胺、二苯甲酮腙和二苯甲醇,进而转化为卤代二苯甲烷,它们都是制造药品和农药的原料。二苯甲酮的下游产品和应用如式 5-3。

OH

→苯海拉明、茶苯海明

二苯甲醇

O

NH$_2$

→平滑肌痉挛抑制剂

二苯甲酮

二苯甲胺

NNH$_2$

→有机合成中间体

二苯酮腙

式 5-3 二苯甲酮的下游产品和应用

5.2.2 二苯甲酮的合成方法

二苯甲酮的传统合成方法主要有：① 由苯甲酰氯和苯发生 Friedel-Crafts 酰化反应制备。这个方法简单易行，收率高达 90%以上，但缺点是 1 mol 苯甲酰氯要用 2 mol 以上的无水 $AlCl_3$ 为催化剂，反应完毕后必须用酸性水溶液水解才能得到二苯甲酮，这样就产生了大量的含铝盐的废酸，从经济成本和环境保护角度考虑是不利的。② 苯与光气催化反应，能得到高质量的二苯甲酮产品。但光气有剧毒，需要一套投资较大的尾气处理装置，运输和使用受限制[12]。③ 在钴盐催化下，用稀硝酸氧化二苯甲烷得到二苯甲酮，收率大于 90%。但该反应过程会产生氮氧化物，对环境会造成危害。④ 据报道 Friedel-Crafts 酰化反应在加压及催化剂 Lewis 酸的存在下进行，可获得较高的收率和含量高的酮类化合物[13]。因此，如以 $FeCl_3$ 为催化剂，在一定压力下，苯甲酰氯和苯发生 Friedel-Crafts 反应，经后处理可得到二苯甲酮。但该方法需在高温高压下长时间反应，苯甲酰氯会分解，反应物还会发生聚合等副反应，产生焦油，降低了收率，最大收率仅有 80%[14]。二苯甲酮主要的工业制备方法如式 5-4 所示。

O Cl CH$_2$ O Cl Cl Cl Cl C

O

式 5-4 二苯甲酮的常用合成方法

1. 光气法

光气法是合成二苯甲酮系列产品的重要方法之一，以苯和光气为原料，在路易斯酸的存在下，发生 Friedel-Crafts 酰基化反应，经过水解，分层处理，减压蒸馏等精制得到二苯甲酮，反应式如式 5-5。此法的特点是成本低、收率高、产品质量高。但光气有剧毒，生产设备要求高、尾气会破坏装置导致投资大[15]。

$$C_6H_6 + COCl_2 \xrightarrow{\text{无水 } AlCl_3} C_6H_5COC_6H_5 + 2HCl$$

式 5-5　光气法合成二苯甲酮反应式

光气路线制备二苯甲酮的工艺收率达 90%以上，产品的含量为 99.5%(ω)，用该方法生产的二苯甲酮产品的质量较高。

2. 二苯甲烷氧化法

二苯甲烷氧化法[16]是用硝酸氧化二苯甲烷得到二苯甲酮。具体步骤为先以氯化苄为原料通过 Friedel-Crafts 烷基化反应制备二苯甲烷，再经过硝酸氧化得目标产物，反应式如式 5-6。该工艺原料丰富价廉、设备要求不高、收率较高。温度在 110 ℃以上，反应 10 h，二苯甲烷的单程转化率为 80%左右，总收率约 90%以上。

$$C_6H_5CH_2Cl + C_6H_6 \xrightarrow{\text{无水 } AlCl_3} C_6H_5CH_2C_6H_5 \xrightarrow[-NO_2]{HNO_3} C_6H_5COC_6H_5$$

式 5-6　二苯甲烷氧化法制备二苯甲酮合成路线

陈忠秀等[17]对该法做了改进研究，通过加入乙醚为反应溶剂，钒酸铵为催化剂，在 80 ℃反应 3 h，二苯甲烷几乎定量转化为二苯甲酮。但氯化苄的价格比较贵，综合成本相对高，且反应过程产生氮氧化物，对环境会造成危害。

3. 苯甲酰氯法

苯甲酰氯法以苯和苯甲酰氯为原料，无水三氯化铝为催化剂通过 Friedel-Crafts 酰基化反应生成二苯甲酮，反应收率为 90%以上，含量达 99%(ω)，反应式如式 5-7。此方法简单易行，但缺点是 1 mol 苯甲酰氯要用 1mol 以上的无水 $AlCl_3$ 为催化剂，而且必须用酸性水溶液水解才能得到二苯甲酮，这样就产生了大量的含铝盐的废酸，从经济成本和环境保护来说都是不利的。

$$C_6H_6 \xrightarrow[-HCl]{C_6H_5COCl,\text{无水 } AlCl_3} C_6H_5COC_6H_5$$

式 5-7　苯甲酰氯法合成二苯甲酮反应式

4. 四氯化碳法

四氯化碳在低层大气中化学性质稳定，需经过 42 年左右才可能分解，在此期间，由于大气运动，它将从低空的对流层上升至离地球表面 10～50 km 的大气平流层。上升至平流层的四氯化碳在紫外线的照射下会释放出氯原子，与主要存在于平流层中的臭氧作用，臭氧分子被还原成氧原子，从而减少臭氧量。一个 Cl 自由基经连锁反应后可以破坏约 10 万个臭氧分子。为了保护臭氧层，国际社会于 1989 年制定了《关于消耗臭氧层物质的蒙特利尔协议书》，我国于 1991 年 6 月加入该协议，随后在多边资金支持下，开展了一系列淘汰消耗臭氧层物质的履约活动，取得了被国际社会公认的成就，中国淘汰的消耗臭氧层物质占发展中国家的 50%。

在生产二氯甲烷和氯仿的过程中，不可避免地有 5%(ω)左右的副产物 CCl_4 生成，CCl_4 是制备氟利昂的重要原料，也是一种重要的有机溶剂，可用作化学助剂、化工助剂和清洗剂。但因为 CCl_4 破坏臭氧层，所以，全球逐年减少四氯化碳作为氟利昂的原料、化工助剂和清洗剂的消费，当氟利昂的生产和使用被淘汰后，CCl_4 的用量将大大过剩，成为迫切需要处理的大气污染物之一。解决 CCl_4 的出路问题以及下游产品的开发显得十分迫切，采用 CCl_4 法合成二苯甲酮是利用 CCl_4 开发下游产品的有效方法之一，采用该法可以大大降低生产成本。

四氯化碳法是以苯和四氯化碳为原料、无水三氯化铝为催化剂经 Friedel-Crafts 酰基化反应、水解等步骤，获得二苯甲酮的方法，合成路线如式 5－8。

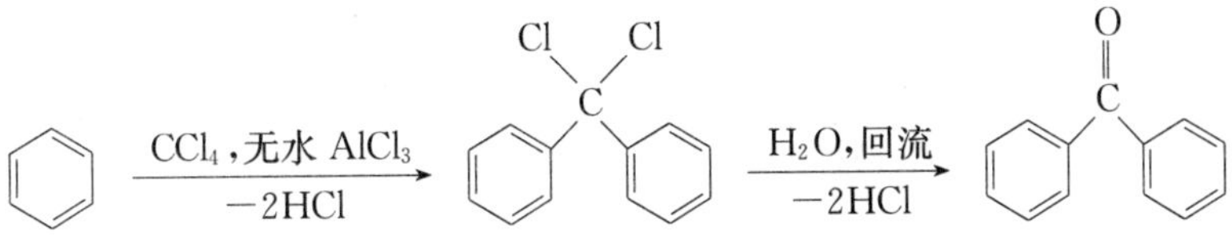

CCl_4，无水 $AlCl_3$ / $-2HCl$ ；H_2O，回流 / $-2HCl$

式 5－8　四氯化碳法制备二苯甲酮的合成路线

光气法、二苯甲烷氧化法和苯甲酰氯法的反应条件都比较苛刻，而且所得产品质量不是很好，都略带颜色。但以四氯化碳法生产的二苯甲酮质量好，市售价格也相对较高，比前三种方法生产出来的产品价格高出 1 万元/吨左右。

5.2.3　二苯甲酮的制造技术

近年来，二苯甲酮应用于 UV 涂料制备的数量愈来愈大，因此，开发污染小、效益高的二苯甲酮生产工艺具有重要的现实意义和经济价值。以苯甲酰氯和苯为原料，催化量的 $FeCl_3$ 为催化剂，在一定压力下使反应物发生 Friedel-Crafts 反应，经后处理可得到二苯甲酮。但在高温、高压下长时间反应，苯甲酰氯会分解，还会产生焦油，降低收率(最大收率仅有 80%)。为了克服这个缺点，开展了连续化加压酰化反应，并选用复合 $FeCl_3/ZnCl_2$ 为催化剂，使收率达到了 95%，同时副产物盐酸、过量的苯和未反应的苯甲酰氯可以蒸馏出来直接套用。由于不使用大量的无水 $AlCl_3$ 为催化剂，后处理时，产物和水易于分层且不产生大量的含铝盐的废酸，因此，该方法是一种比较清洁的生产工艺。它具有技术工艺先进、生产成本较低、三废量较少的优点。

在温度为 190～200 ℃和压力为 1.6×10^6～1.8×10^6 Pa 的条件下，大部分的苯仍保持液体状态，这就确保了苯与苯甲酰氯在一定温度和压力下发生的 Friedel-Crafts 酰基化反应能够在液相中进行[14]。苯甲酰氯先和 $FeCl_3/ZnCl_2$ 形成一个带有亲电活性质点的配合物（$ArC^+{=}O\cdots MCl_{n+1}^-$），进攻苯环后形成 σ 配合物，σ 配合物芳香化则释放出 HCl，在较高温度和一定压力下，二苯甲酮和 $FeCl_3/ZnCl_2$ 的配合物离解为二苯甲酮和 $FeCl_3/ZnCl_2$，$FeCl_3/ZnCl_2$ 再起到循环催化作用。反应式及反应机理如式 5-9 所示。

O
Cl
$FeCl_3/ZnCl_2$
T,P
O
+ HCl
O
Cl
MCl_n
MCl_n
O
Cl
$MCl_{n+1}^{\ominus}$
O
C
$MCl_{n+1}^{\ominus}$
O
C
H
循环套用
MCl_n
O
C
−HCl
−MCl_n
高温，高压
O
C

$M=Fe^{3+}, Zn^{2+}$

式 5-9　加压和高温下苯和苯甲酰氯酰基化制备二苯甲酮反应式及机理

1. 二苯甲酮的性能指标

二苯甲酮的质量符合标准 Q/320221NA18—1992，外观为白色片状结晶，微有玫瑰香味，熔点为 47～49 ℃；含量为＞99.5%(ω)。

2. 工艺流程

二苯甲酮制造工艺流程如图 5-4 所示。

3. 工艺过程

二苯甲酮合成工艺：苯在催化量 $FeCl_3/ZnCl_2$ 复合催化剂存在下，在一定温度和压力下，与苯甲酰氯反应到一定时间转化为二苯甲酮和 HCl 气体。反应中压力大于 1.01×10^5 Pa 时，苯基本上是液态，反应容器要有排气口，能够让 HCl 气体释放出来而维持反应的一定压力，但不能使反应压力大于 1.01×10^6 Pa。该工艺也提供了制备芳香酮的方法，主要由下列步骤组成：

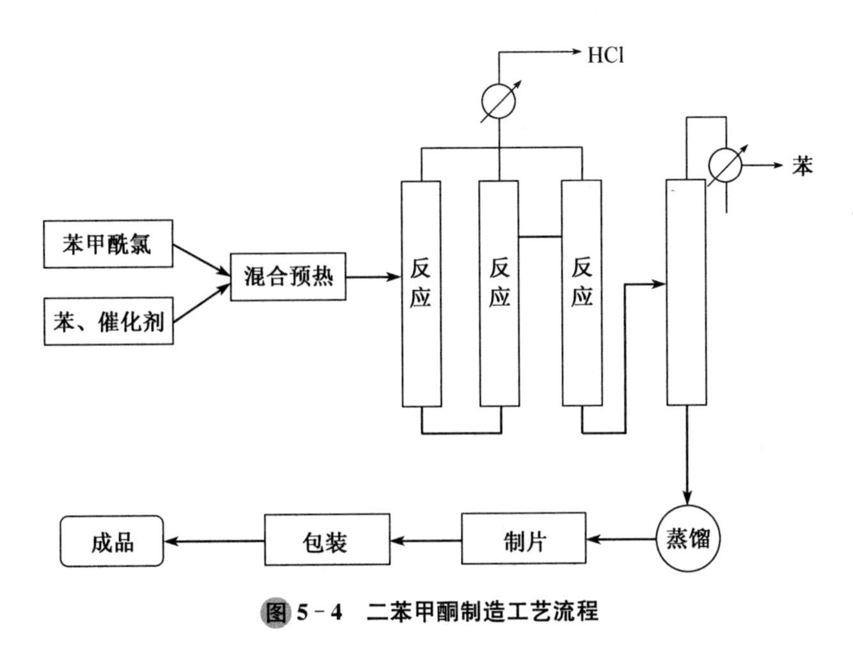

图 5－4　二苯甲酮制造工艺流程

(1) 由苯、苯甲酰氯和催化量的 $FeCl_3/ZnCl_2$ 复合催化剂所构成的反应混合物，加热到一定的温度和时间，苯甲酰氯转化为芳香酮，通过释放氯化氢气体维持反应容器中的压力。

(2) 蒸馏反应混合物可回收过量的苯。

(3) 用水、氢氧化钠水溶液洗涤粗产物，洗涤后的粗品再蒸馏得到二苯甲酮。

实验结果表明，苯处于液态有利于酰基化反应，可利用苯的相图(图 5－5)，结合现有设备的耐腐蚀和承压条件来优化反应工艺。

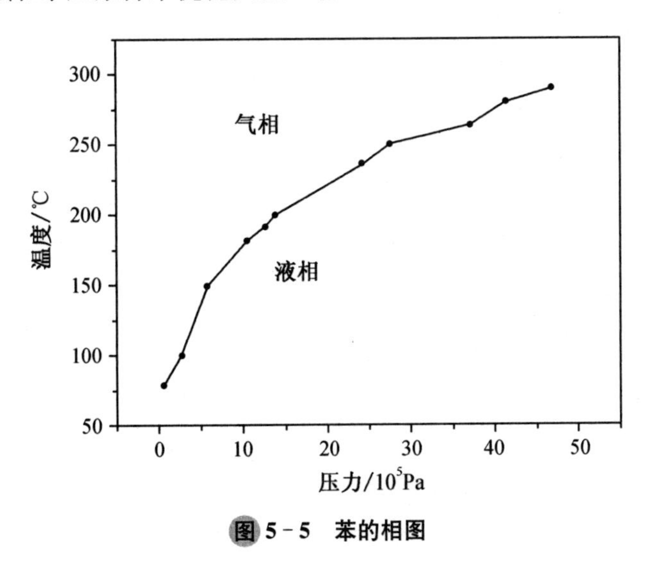

图 5－5　苯的相图

二苯甲酮的合成反应中，苯一般比苯甲酰氯过量，苯与苯甲酰氯的摩尔比为4.0∶1.0。例如，6.0 mol的苯、1.5 mol的苯甲酰氯和0.013 mol催化量的$FeCl_3/ZnCl_2$复合催化剂（相当于苯甲酰氯质量的1%）混合于压力反应釜中，反应釜盖拧紧并放在热浴中，搅拌转速从每分钟50转到每分钟150转。反应开始时所有的阀都关闭，HCl气体从气体逸出阀中释放并用水吸收，如图5-4所示。加热至160℃，随着温度的增加反应器的压力增加到1.206 MPa～1.387 MPa，打开反应器顶部的气体逸出阀使HCl气体逸出，压力维持在1.172 MPa～1.448 MPa，然后，反应温度进一步增加到190℃，反应继续。反应的压力可通过调节气体逸出阀中HCl气体的流速来维持在1.241 MPa～1.310 MPa。

反应结束后，反应物质冷却到室温，打开反应釜盖，对反应物料取样分析。若合格，转移到蒸馏装置中进行后处理。首先，常压蒸馏出苯，塔顶温度约90℃，塔底温度175℃；然后，在13.158 kPa真空下减压蒸出苯甲酰氯，塔顶温度约140℃，塔底温度约180℃，由于苯甲酰氯在反应混合物中是限制量试剂，所以反应混合物中残余的苯甲酰氯量很低，与回收的苯合并循环套用；最后，在0.657 8 kPa～1.315 8 kPa下从催化残留物蒸出二苯甲酮馏分，塔顶温度160℃，塔底温度225℃，得到的二苯甲酮产品是透明液体。粗产品的收率是由二苯甲酮馏分的重量和反应后取样量决定的，二苯甲酮产品中苯甲酰氯的量约为0.3%，蒸馏残渣中含有催化剂、聚合物、焦油和其他痕量组分，通常可以弃去。每千克二苯甲酮产生残余物的量是0.1～0.2 kg；每千克二苯甲酮馏分含有少量的苯甲酸（0.05～0.1 kg），它与产品共同蒸馏出，可使用氢氧化钠洗涤，再用水洗涤2～3次，从最终产品中除去苯甲酸。具体操作如下：将粗二苯甲酮馏分转移到反应釜中，加入13%的氢氧化钠，在充分搅拌下加热到70℃，保温约30 min，混合物转移到分液装置中使有机相和水相分离，将底层氢氧化钠水溶液弃去，上层油层重新加入反应釜，加入水在充分搅拌下加热到70℃，保持约10 min，分离水相，下层油层再次放入反应釜中，水洗重复1～2次，洗涤后的二苯甲酮在3.289 kPa真空下加热到120℃，在10个塔板的塔中蒸馏以改善产品的颜色和含量；二苯甲酮在13.158 kPa下蒸馏，塔顶温度为230℃，如果需要较低的蒸馏温度，在6.578 kPa下蒸馏塔顶温度能够降到205℃，在3∶1或5∶1的回流比下除去少量的前馏分（约1%～3%），主馏分在1∶1的回流比下得到。接近蒸馏终点时，回流比增加到5∶1，少量的塔底残余物约为1.5%～2.5%，弃去。经蒸馏二苯甲酮产品的含量可从99.5%(ω)增加到99.9%(ω)。

4. 一种适合于有气体产生的加压连续Friedel-Crafts酰化反应装置

适合于加压下有HCl气体产生的连续酰基化反应装置[18]包括用来将芳香酰氯、芳香烃和催化剂混合的混合釜、预加热釜和管道化反应装置，可用来催化加压下芳香酰氯和芳香烃发生连续Friedel-Crafts酰基化反应，生成芳香酮。

具体反应装置如图5-6所示。苯甲酰氯、催化剂和苯按1.0∶0.01∶4.0（摩尔比）加入预混合釜中，混合均匀后进入预加热釜中加热到140～200℃，通过控制V1，V2，V5和V6阀门实现连续向管道反应器进料，管道反应器上设置一个或多个氯化氢

气体逸出口，安装温度表、压力表和安全阀；物料进入管道反应器中反应，生产氯化氢和芳香酮，压力升高，氯化氢气体从逸出管进入冷凝器，气体冷却后从 V3 逸出，通过控制阀门 V3 来维持反应的压力为 1.172 MPa～1.447 MPa，反应物通过 V4 进入储罐，实现反应的连续化。此工艺的特征在于：(1) Friedel-Crafts 酰基化是在加压下连续化进行，管道反应器中间有一个或多个氯化氢气体逸出管口，产生的 HCl 气体经过冷凝器冷却后能及时逸出，确保反应的安全性。(2) 管道的内径根据产量需要来确定，一般为 25～108 mm，最好是 25～50 mm。管道反应器中间有一个或多个管径变化节，确保反应物能充分混合，管道变换节的内径可以比管道反应器内径大，也可以小。该工艺收率高，操作简便，安全性高，降低了生产成本，提高了经济效益。二苯甲酮管道化工艺实景如图5-7。

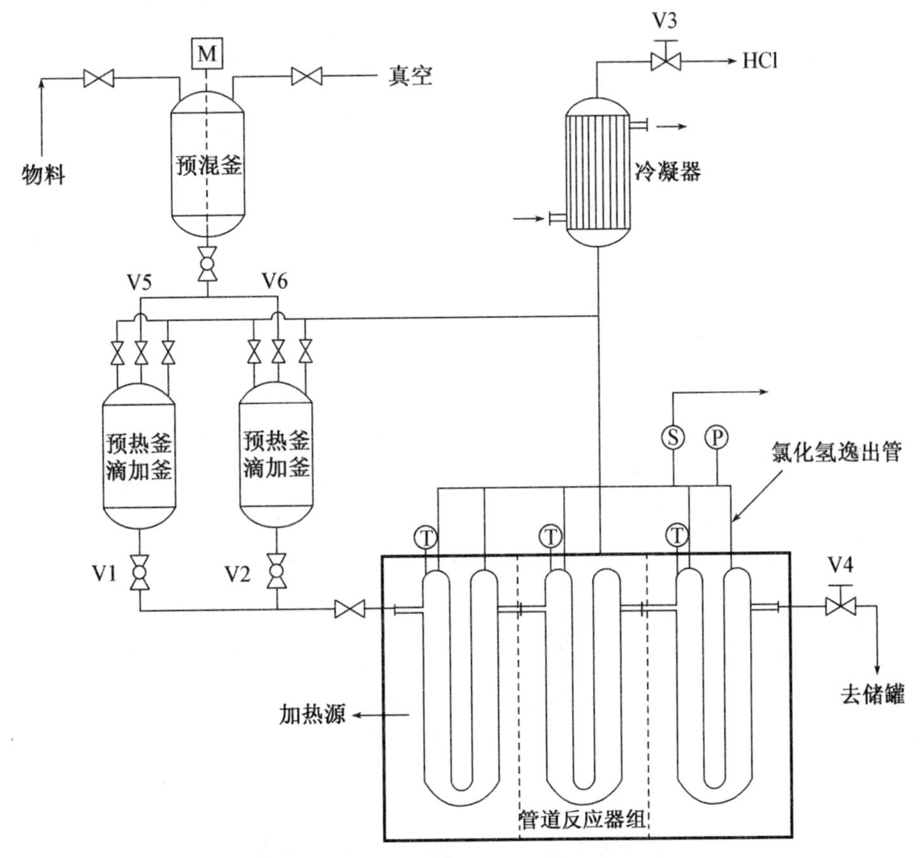

图 5-6　二苯甲酮管道化反应工艺流程图

图 5-7 二苯甲酮管道化工艺实景图

5. 技术的创造性、先进性

二苯甲酮管道化工艺技术在特殊的反应器中使甲苯发生自由基卤化反应，生成三氯苄，三氯苄在自制的复合催化剂 $FeCl_3/ZnCl_2$ 催化下，与苯甲酸生产苯甲酰氯，再与苯反应生成二苯甲酮。催化剂用量只是苯甲酰氯质量的 0.5%，与常规的用等摩尔三氯化铝催化剂催化方法相比，HCl 气体减少了 75%。此工艺的特色是连续化工艺技术，充分利用我国丰富的卤素资源，在加压和催化量复合 $FeCl_3/ZnCl_2$ 的存在下，在连续反应器中苯和苯甲酰氯发生 Friedel-Crafts 反应生成二苯甲酮，收率大于 90%。同时得到副产物盐酸。过量的苯和未反应的苯甲酰氯可以蒸馏出来直接套用。后处理时，由于不使用大量的无水 $AlCl_3$ 为催化剂，产物和水易于分层且不产生大量的含铝盐的废酸。所以，该方法具有技术工艺先进、生产成本较低、三废量较少的优点，是一种比较清洁的生产工艺。此外，二苯甲酮连续化工艺还能配套氯碱，推动氯碱企业顺利发展，对推动技术进步有比较大的促进作用，具有较大的社会经济效益。

5.3 相关案例 | 4-氯二苯甲酮的绿色制造技术

5.3.1 4-氯二苯甲酮工艺概述

4-氯二苯甲酮是有机合成的重要中间体，主要用作光引发剂和紫外线吸收剂，可用于制造 UV 固化型涂料和油墨[19]。此外，由于 4-氯二苯甲酮分子上的氯原子受到羰基影响，易于和亲核试剂反应，是制造药物和农药的原料[20]。医药工业中常用其制备 4-

氯二苯甲胺(4-氯二苯甲胺是合成治疗过敏性疾病左西替利嗪的重要中间体[21])。

4-氯二苯甲酮主要的制备方法有:① 4-氯苯甲酰氯和苯发生 Friedel-Crafts 酰化反应制备 4-氯二苯甲酮,这个方法简单易行,收率高达 90%以上,缺点是 1 mol 4-氯苯甲酰氯要用 2 mol 以上的无水 $AlCl_3$ 为催化剂,反应完毕后必须用酸性水溶液水解才能得到 4-氯二苯甲酮,这样就产生了大量的含铝盐的废酸,从经济成本和环境保护角度来说都是不利的;② 苯甲酰氯与氯苯在无水 $AlCl_3$ 催化下,缩合而得 4-氯二苯甲酮[22],反应收率很高,缺点是催化剂量大,三废多,而且产品中含有一定的邻位异构体,要用有机溶剂多次重结晶才能纯化;③ 吴春[23]报道了负载型钯催化剂催化三丁基苯基锡与对氯苯甲酰氯的交叉偶联制备 4-氯二苯甲酮,最高收率达 92%,工业化制备的应用有待于进一步探索;④ 据报道,Friedel-Crafts 酰基化反应能在加压及其他催化量的 Lewis 酸存在下完成,可获得较高收率和含量的酮类化合物[24]。

本案例选用了催化量的 $FeCl_3/ZnCl_2$ 为催化剂,研究了苯和 4-氯苯甲酰氯在一定压力下发生 Friedel-Crafts 酰基化反应,经后处理得到 4-氯二苯甲酮的工艺,并在生产型的装置上验证了该工艺。反应式如式 5-10。

$$C_6H_6 + 4\text{-}ClC_6H_4COCl \xrightarrow[T,\ p]{FeCl_3/ZnCl_2} C_6H_5COC_6H_4\text{-}4\text{-}Cl + HCl$$

式 5-10　加压和高温下苯与 4-氯苯甲酰氯酰基化制备 4-氯二苯甲酮的反应式

5.3.2　实验部分

1. 试剂与仪器

苯,石油级,ω(苯)=99%,南通华洋化工公司;4-氯苯甲酰氯,工业级,ω(4-氯苯甲酰氯)=98%,连云港德洋化工有限公司;$FeCl_3$,$ZnCl_2$,$SnCl_2$,Na_2CO_3 均为分析纯,上海国药集团化学试剂有限公司;GS-1 型高压釜,威海化工机械有限公司;X4 显微熔点测定仪,上海华岩仪器设备有限公司;P3000 型高效液相色谱仪,北京创新通恒科技有限公司[色谱条件:柱为 Baseline 250 mm×4.6 mm C18 反相柱,填料粒径 5 μm;流动相采用 $V(CH_3CN):V(H_2O)=9:1$,流量为 1 mL/min;检测波长为 258 nm,色谱柱温度为 20～25 ℃]。

2. 实验操作

在 1 L 高压反应釜中,加入 157.6 g(2.0 mol)苯、88.2 g(0.5 mol)4-氯苯甲酰氯和 1.3 g $FeCl_3/ZnCl_2$(相当于 4-氯苯甲酰氯质量的 1.5%),HCl 气体的逸出阀与 HCl 吸收系统相连,密封后开动搅拌,打开加热电源,在 40～50 min 内加热到 175～185 ℃,压力保持在 0.85 MPa～1.1 MPa,反应开始生成的 HCl 气体通过气体逸出阀释放出来。通过调节气体逸出的速度维持反应的压力为 0.85 MPa～1.1 MPa,温度为 175～185 ℃,直到没有 HCl 气体逸出为止,约需 8 h。反应完毕后,冷却至室温,依次用

500 mL 水、ω(碳酸钠)=10%的碳酸钠水溶液 200 mL 各洗涤 1 次。蒸馏出过量的苯直接循环套用;蒸馏残余物减压蒸馏,收集 175~180 ℃,1.6 kPa 的馏分,得到 4-氯二苯甲酮 93.1 g,收率为 86.2%,熔点 77~77.5 ℃(文献值[5] 77~78 ℃),产品的含量为 99.8%(ω)(HPLC 分析)。

5.3.3 结果与讨论

1. 加压酰化反应机理

苯与 4-氯苯甲酰氯在催化量的无水 $AlCl_3$ 催化下,发生 Friedel-Crafts 酰基化反应生成 4-氯二苯甲酮的收率很小,因为无水 $AlCl_3$ 与生成的 4-氯二苯甲酮能形成配合物而不再起催化作用。因而在实际生产中,1 mol 的苯甲酰氯至少需要 1 mol 以上的无水 $AlCl_3$。此外,4-氯二苯甲酮和 $AlCl_3$ 形成的配合物很稳定,需要水解才能得到 4-氯二苯甲酮,这样大量的 $AlCl_3$ 被水解就不再具备催化活性。而 $FeCl_3$ 和 4-氯苯甲酰氯形成一个带有亲电活性质点的配合物,进攻苯环后形成 σ-配合物,σ-配合物芳香化释放出 HCl,在较高温度下,4-氯二苯甲酮和 $FeCl_3$ 的配合物离解为 4-氯二苯甲酮和 $FeCl_3$,$FeCl_3$ 继续用于循环催化,因此,在高温下使用催化量的 $FeCl_3$ 就可以催化 Friedel-Crafts 酰基化反应,如式 5-11 所示。

式 5-11 催化酰化反应机理

Lewis 酸对加压下的 Friedel-Crafts 反应都有催化作用,如表 5-1 所示。$FeCl_3$,$ZnCl_2$,$SnCl_2$ 等催化剂在相同的实验条件下,$FeCl_3$ 的催化效果最好,但在反应后期催化效果不好。而 $ZnCl_2$ 在反应后期仍有催化作用,因而在实验中使用复合的催化剂 $FeCl_3/ZnCl_2$,$FeCl_3$ 和 $ZnCl_2$ 质量之比为 3∶1。

表 5-1　催化剂对收率的影响

催化剂	$FeCl_3$	$ZnCl_2$	$SnCl_2$	$FeCl_3/ZnCl_2$	$FeCl_3/SnCl_2$
收率/%	80.0	79.2	74.6	86.2	82.5

2. 温度对收率的影响

温度对反应收率的影响如表 5-2 所示。在实验过程中发现压力对收率的影响大于温度的影响，因而实验中优先控制的是压力参数。选择压力依据苯的相图，苯的相图是根据文献[24,17]的数据和苯的饱和蒸汽压数据绘制，如图 5-5 所示；选择压力和温度的标准是苯要保持液态，这样有利于 Friedel-Crafts 反应的进行，有利于生成的 HCl 气体与苯分离。从苯的相图可知，在温度为 175～185 ℃和压力为 0.85 Mpa～1.1 MPa 的条件下苯保持液体状态，这就确保了苯与 4-氯苯甲酰氯发生 Friedel-Crafts 酰基化反应能够在液相中进行。

表 5-2　反应温度对 4-氯二苯甲酮收率的影响

反应温度/ ℃	150	160	170	180	200	220
收率/%	60.2	72.3	75.8	85.4	86.2	80.0

3. 投料比对收率的影响

苯与 4-氯苯甲酰氯的投料比对反应收率的影响如表 5-3 所示，选择苯过量主要是为了尽可能把 4-氯苯甲酰氯反应完全，因为 4-氯苯甲酰氯与 4-氯二苯甲酮蒸馏分离困难。实验发现，物料比越大，收率越高；但考虑到投料比越大，苯的回收量越大，设备利用率越低，生产成本越高，因而，选择苯与 4-氯苯甲酰氯的摩尔比为 4∶1 比较合适。

$FeCl_3/ZnCl_2$ 的用量对反应的控制和后处理的影响很大。当 $FeCl_3/ZnCl_2$ 的用量超过 4-氯苯甲酰氯质量的 3%时，反应的压力和温度达到 1.1 MPa 和 185 ℃时反应比较剧烈，逸出 HCl 气体的速度太快，苯会被大量夹带出来；另外，反应完毕，蒸馏回收苯和未反应的苯甲酰氯时，蒸馏残余物的黏度较大，易于碳化。当 $FeCl_3/ZnCl_2$ 的用量小于 4-氯苯甲酰氯质量的 0.5%时，反应速度比较慢，收率也降低。而当 $FeCl_3/ZnCl_2$ 的用量为 4-氯苯甲酰氯质量的 1.5%时，反应速度适中，易于控制，蒸馏残余物的流动性较好，易于排放。

表 5-3　反应物料比对 4-氯二苯甲酮收率的影响

n(苯)∶n(4-氯苯甲酰氯)	1∶1	2∶1	3∶1	4∶1	5∶1	6∶1
收率/%	65.2	76.3	80.4	86.2	87.2	87.6

4. 4-氯二苯甲酮产业化技术研究

4-氯二苯甲酮和蒸馏残渣沸点高，连续蒸馏分离有一定的困难；可与副蒸釜联合应用，采用半连续蒸馏，设备和操作简单。

（1）设备材质选择

由于反应产生腐蚀性 HCl 气体，选择设备材质至关重要：搪瓷反应釜耐腐蚀，但耐压有限；不锈钢能耐腐蚀耐压，但价格高；腐蚀试验表明铸铁在反应体系中不被腐蚀，因此，选择铸铁质压力反应釜。这就要求反应体系不能有水存在，所以，应将苯放置在锥形沉降槽中静置除水，并把苯、催化剂和 4-氯苯甲酰氯在搪瓷反应釜中预混合加热，进一步分解水，防止铁质的压力反应釜被盐酸腐蚀。

（2）反应工艺

0.85 kg 催化剂预先和 315.0 kg 苯、100.0 kg 4-氯苯甲酰氯在反应釜中混合预热至 80 ℃，然后，在温度为 175～185 ℃和压力为 0.85 Mpa～1.1 MPa 的条件下，加到含有 75.0 kg 4-氯苯甲酰氯的 500 L 高压反应釜中，在 2 h 内加完，通过调节气体逸出的速度和量维持上述反应的压力和温度，直到没有 HCl 气体逸出为止，约需 8～10 h。

（3）后处理工艺

后处理工艺包括闪蒸、洗涤、脱溶、减压蒸馏和制片等步骤。反应完成后，利用反应余热和压力，通过闪蒸的方法，蒸馏出部分过量的苯 150.0 kg 直接套用，若苯全部蒸出，则洗涤时物料在下层，稠度大，后序处理工艺不方便。蒸余物的反应物转移到洗涤釜，分别用 400.0 L 水和质量分数为 10%的碳酸钠水溶液 400.0 L 各洗涤 1 次，转移到脱溶釜中蒸馏除去苯。高真空减压蒸馏采用蒸馏釜和副蒸馏釜联合的半连续化蒸馏方法，以保证产品质量的稳定，提高蒸馏收率和效率，如图 5－8 所示。蒸馏出的产品直接在滚筒制片机上制片，得到 4-氯二苯甲酮产品为 144.8 kg，釜残液为 10.3 kg，摩尔收率为 82.7%。

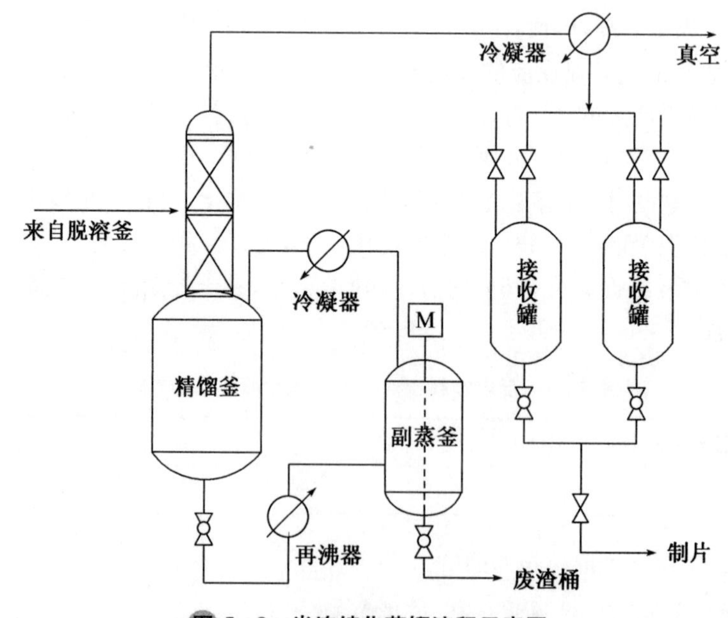

图 5－8　半连续化蒸馏流程示意图

5.3.4　结论

在 0.85 Mpa～1.1 MPa 压力和催化量 $FeCl_3/ZnCl_2$ 的存在下，4 mol 苯和 1 mol 4-氯苯甲酰氯发生 Friedel-Crafts 反应生成 4-氯二苯甲酮，摩尔收率达到 86.2%，同时得到副产物盐酸。过量的苯能蒸馏出来套用，后处理时，由于不使用大量的无水 $AlCl_3$ 为催化剂，产物和水易于分层且不产生大量的含铝盐的废酸，因此，废酸减少 75.0%。该实验结果经过一次性投 4-氯苯甲酰氯 175.0 kg 的生产型工艺验证，4-氯二苯甲酮摩尔收率为 82.7%。该方法是一种比较清洁的生产工艺，它具有技术工艺先进，生产成本较低，三废量较少的优点[25]。

5.4　衍生物工艺｜改进 Zagoumenny 还原法制二苯甲醇

二苯甲醇是合成苯甲托品、苯海拉明、阿屈非尼和治疗自发性嗜睡症、发作性睡眠症及可卡因依赖性嗜睡症药——莫达非尼的重要中间体[26-28]。二苯甲酮还原制备二苯甲醇是最常用的合成路线，例如，可用不同试剂如锌粉与氢氧化钠水溶液[29]、硼氢化物[30]、氢化锂铝[31]还原二苯甲酮为二苯甲醇，也可用催化加氢[32,33]或光诱导[34]将二苯甲酮还原为二苯甲醇。另外，Zagoumenny[35]在封闭管中加热二苯甲酮和乙醇得到二苯甲醇。本案例以乙二醇代替 Zagoumenny 还原法中作为还原剂和溶剂的乙醇，在常压下即可制备二苯甲醇，收率为 92.8%。

5.4.1　实验部分

1. 主要试剂及仪器

主要试剂：二苯甲酮（连云港德洋化工有限公司，质量分数≥99.7%）；氢氧化钾、乙二醇、盐酸、无水乙醇等均为市售分析纯试剂。

仪器：SGWX－4 熔点测定仪；GCMS－QP2010 气质联用仪（日本岛津），色谱柱为 Rtx－5MS 毛细管柱（30 m×0.25 μm，0.25 μm），初始柱温为 60 ℃，保持 2 min；以 15 ℃/min 升至 300 ℃，保持 2 min，进样量为 1.0 μL，进样口温度为 300 ℃，接口温度为 250 ℃，载气为 He（>99.999%），恒流速为 1.25 mL/min，分流比 10，二苯甲醇保留时间为 12.57，二苯甲酮保留时间为 14.23；EI 离子源，电子能量 70 eV，质量扫描范围 m/z 30～550；PE2400－1 元素分析仪（美国 PE）；Bruker-VECTOR22 傅立叶红外光谱仪（KBr 压片）；Bruker AVANCE AV 400 核磁共振波谱仪（TMS 为内标，$CDCl_3$ 为溶剂）。

2. 反应式

以乙二醇为溶剂，在乙二醇和氢氧化钾催化下，由二苯甲酮制备二苯甲醇的反应式如式 5－12。

$$\mathrm{Ph_2C{=}O} \xrightarrow[\triangle]{\text{KOH,乙二醇}} \mathrm{Ph_2CH(OH)}$$

式 5-12 改进 Zagoumenny 还原法二苯甲酮制备二苯甲醇

3. 实验操作

在装有电动搅拌器和温度计的 250 mL 三口烧瓶中，加入 120. 0 mL(2. 16 mol)乙二醇，开动电动搅拌器搅拌，依次加入研碎后的 15. 0 g(0. 081 mol)二苯甲酮、12. 0 g(0. 21 mol)KOH 粉末和 30. 0 mL(0. 54 mol)乙二醇，加热至 178 ℃，反应 3. 5 h，停止加热。趁热将反应液倒入冰水中，立即有沉淀产生，测得 pH 为 13，加入盐酸，调节 pH 为 7，减压抽滤，滤液减压蒸馏回收未反应的乙二醇、二苯甲酮等循环套用，滤饼用乙醇重结晶得产物，称重，干燥，测熔点。

5.4.2 结果与讨论

1. 可能的反应机理

Zagoumenny 还原法是经典的二苯甲醇制备反应，该反应是 Zagoumenny 在 1876 年发现的，即在氢氧化钾存在下，二苯甲酮和乙醇在高压釜中 160 ℃加热 5 h，可以得到二苯甲醇。由于乙醇的沸点比较低，在反应需要的较高温度下已经成为气体，因此，反应须在耐高压的设备中进行，且反应条件苛刻。使用乙二醇代替乙醇，改进了 Zagoumenny 还原法，使该反应能在常压下进行。二苯甲酮与乙二醇、氢氧化钾加热生成二苯甲醇的可能反应机理：乙二醇与氢氧化钾生成的乙二醇钾电离出羟乙氧基负离子，然后羟乙氧基负离子生成的氢负离子与二苯甲酮发生亲核加成反应生成二苯甲氧基负离子，最后，二苯甲氧基负离子与乙二醇生成二苯甲醇和羟乙氧基负离子，可能的反应机理如式 5-13 所示。

$$\mathrm{HOCH_2CH_2OH} + \mathrm{KOH} \xrightarrow[-H_2O]{\triangle} \mathrm{HOCH_2CH_2OK} \longrightarrow \mathrm{HOCH_2CH_2O^-} + \mathrm{K^+}$$

$$\mathrm{Ph_2C{=}O} + \mathrm{HOCH_2CH_2O^-} \xrightarrow{\mathrm{KOH}} \mathrm{Ph_2CH{-}O^-} + \mathrm{HOCH_2CHO}$$

$$\mathrm{Ph_2CH{-}O^-} + \mathrm{HOCH_2CH_2OH} \longrightarrow \mathrm{Ph_2CH{-}OH} + \mathrm{HOCH_2CH_2O^-}$$

式 5-13 改进 Zagoumenny 还原法制二苯甲醇可能的反应机理

2. 性质和结构表征

产物为白色针状晶体，熔点为 68～69 ℃（文献值[36]：69～70 ℃）；含量为 99.25%（ω）。MS(m/z)：184(M^+，50%)，105($M^+-1-C_6H_6$，100%)。元素分析结果[实测值，%（理论值，%）]：C 84.67(84.64)，H 6.51(6.53)。IR，σ/cm^{-1}：3436（羟基的 O—H 键伸缩振动）；3085（苯环的 C—H 键伸缩振动）；1 450、1 487、1 576（苯环 C＝C 伸缩振动）；1038（醇的 C—O 伸缩振动），736（苯环单取代 C—H 面外弯曲振动）。^1H NMR，δ：7.37（m，10H，Ar—H）；5.79（s，1H，Ar—CH）；2.38（s，1H，O—H）。

5.4.3　反应条件对产物收率的影响

1. 反应温度对产物收率的影响

在 250 mL 三口烧瓶中，加入 150 g 乙二醇、15 g 二苯甲酮、12 g KOH，搅拌加热至一定温度，反应 3.5 h，考察反应温度对产物二苯甲醇收率的影响，结果如表 5-4 所示。

表 5-4　反应温度对产物收率的影响

序号	反应温度/℃	产物质量/g	产物收率/%
1	150	0	0
2	164	1.2	7.9
3	170	7.3	48.0
4	178	14.1	92.8
5	184	8.5	55.9

由表 5-4 可见，反应温度低于 150 ℃无反应发生，164 ℃至 184 ℃时，产物收率随温度升高而增加，178 ℃时收率为最大值 92.8%，然后随着温度升高，产物收率骤低，可能是碱性条件下温度升高副反应增加，所以最佳反应温度是 178 ℃。

2. KOH 用量对产物收率的影响

在 250 mL 三口烧瓶中，加入 150 mL 乙二醇、15 g 二苯甲酮和一定量的 KOH，搅拌加热至 178 ℃，反应 3.5 h，考察 KOH 用量对二苯甲醇收率的影响，结果如表 5-5 所示。

表 5-5　KOH 用量对产物收率的影响

序号	KOH/g	产物质量/g	产物收率/%
1	6.0	9.6	63.2
2	9.0	12.1	79.6
3	12.0	14.1	92.8
4	15.0	12.9	84.8
5	18.0	11.7	77.0

从表 5－5 可见，二苯甲醇收率先随 KOH 用量的增大而增加，当 KOH 为 12.0 g 时产物收率为最大值，然后产物收率随 KOH 用量的增大而减少，可能是碱浓度增加副反应增多导致，因此该反应 KOH 的最佳用量为 12.0 g。

3. 乙二醇用量对产物收率的影响

在 250 mL 三口烧瓶中加入一定量乙二醇、15.0 g 二苯甲酮和 12.0 g KOH，搅拌加热至 178 ℃，反应 3.5 h，考察乙二醇用量对产物二苯甲醇收率的影响，结果如表 5－6 所示。

表 5－6　乙二醇用量对产物收率的影响

序号	乙二醇/mL	产物质量/g	产物收率/%
1	90.0	9.3	61.2
2	120.0	12.6	82.9
3	150.0	14.1	92.8
4	180.0	14.2	93.4

从表 5－6 可见，其他条件不变，二苯甲醇收率先随乙二醇用量的增大而增加，当乙二醇用量增加至 150.0 mL 后，继续增大乙二醇用量产物收率增加不明显，因此，从经济角度，该反应二苯甲醇最佳用量为 150 mL。

4. 反应时间对产物收率的影响

在 250 mL 三口烧瓶中，加入 150.0 mL 乙二醇、15.0 g 二苯甲酮和 12.0 g KOH，搅拌加热至 178 ℃，反应一定时间，考察反应时间对产物二苯甲醇收率的影响，结果如表 5－7 所示。

表 5－7　反应时间对产物收率的影响

序号	反应时间/h	产物质量/g	产物收率/%
1	2.0	4.2	27.6
2	2.5	6.1	40.1
3	3.0	9.9	65.1
4	3.5	14.1	92.8
5	4.0	12.7	83.6

从表 5－7 可见，其他条件不变，产物的收率先随反应时间增长而增加，当反应时间为 3.5 h 时产物收率达最大值，然后，随反应时间增长，产物收率反而下降，可能高温下碱性溶液中反应时间增长，副产物增多，该反应的最佳反应时间为 3.5 h。

5. 母液回收套用对产物收率的影响

其他条件不变，反应结束后，将母液减压蒸出水等低沸点馏分后套用，考察反应母液回用对产物收率的影响，结果如表 5－8 所示。

表 5-8 母液回收套用对产物收率的影响

套用次数/次	产物收率/%	套用次数/次	产物收率/%
1	92.8	3	93.1
2	93.9	4	94.3

如表 5-8 所示，反应后母液经减压蒸馏后回收套用得到产物的收率均比二苯甲酮与乙二醇初次使用得到的产物收率高。

5.4.4 结论

(1) 由二苯甲酮、乙二醇及氢氧化钾制备二苯甲醇的最佳反应条件为 $n_{二苯甲酮}:n_{乙二醇}:n_{氢氧化钾}=1.0:33.3:2.6$，反应温度为 178 ℃，反应时间为 3.5 h。

(2) 与 Zagoumenny 还原法比较，新工艺不须在高压釜中进行，且具反应操作简单、原料低廉及产物收率高的特点。此外，溶剂及未反应完的原料均可回收套用，为清洁生产工艺[37]。

5.5 拓展案例丨二苯甲胺生产工艺

二苯甲胺是有机合成的中间体。二苯甲胺可由二苯甲酮和盐酸羟胺先制得二苯甲酮肟，然后，在乙醇中用金属钠或在氨的乙醇溶剂中用 Zn 粉还原得到[38]；也可用苯腈和苯基溴化镁在含氨的溶剂中反应得到[39]。前法简便易行，但还原反应后残余钠的去除和氨的乙醇溶液的制备较烦琐。若改为在 NaOH 水溶液中用 Zn 粉还原二苯甲酮肟得到二苯甲胺，总收率为 83.5%。实验表明，二苯甲酮肟的含量和碱浓度对二苯甲胺的含量和收率有较大影响。若二苯甲酮肟中含有未反应的二苯甲酮，或所用的碱浓度较低，则会生成难与二苯甲胺分离的二苯甲醇。二苯甲酮肟含量至少要大于 99.0%（ω，GC 法）、碱浓度不低于 20.0%时，二苯甲胺收率可达 84.7%，含量为 99.1%（ω，HPLC 法）。

5.5.1 反应合成路线

二苯甲酮先生成二苯甲酮肟，再在 NaOH 水溶液中用 Zn 粉还原为二苯甲胺的合成路线如式 5-14。

$$\mathrm{Ph_2C{=}O} \xrightarrow[\mathrm{NaOH}]{\mathrm{NH_2OH,\,HCl}} \mathrm{Ph_2C{=}NOH} \xrightarrow[\mathrm{NaOH/H_2O}]{\mathrm{Zn}} \mathrm{Ph_2CH{-}NH_2}$$

式 5-14 二苯甲酮为原料制备二苯甲胺的合成路线

5.5.2 实验部分

1. 二苯甲酮肟制备

按文献[40]制备，粗品用乙醇重结晶，收率为98.6%，熔点为140～142 ℃(文献[40]：收率为98%～99%，熔点为141～142 ℃)，含量为99.4%(GC法)。

2. 二苯甲胺制备

二苯甲酮肟(28.4 g，0.25 mol)和20% NaOH水溶液(246.0 mL)搅拌加热至100 ℃保温，6 h内分批加入Zn粉(18.0 g)，加毕继续反应1 h。冷却后静置分层，水相用乙醚(100 mL×2)萃取，合并有机相，用无水硫酸镁干燥，过滤后蒸除乙醚，减压蒸馏，收集168～169 ℃(1.62 kPa)馏分，得无色透明油状液体(23.3g，4.7%)[文献[39]：沸点为166 ℃(1.60 kPa)]。IR图谱与对照品一致，元素分析结果误差小于±0.3%[41]。

思政案例

未来工程师的职业操守

管道反应器因其换热效率高，出现超温、超压等情况可以迅速得到控制；即使发生异常，因为物料量少，也较安全等优点，更符合化工安全生产要求。强化化工安全工作，有助于从源头上保障员工生命财产安全，确保员工可以在安全且稳定的工作环境中操作。同时，控制现场安全事故发生概率，有助于减少企业经济损失。

1. 一起特别重大爆炸事故

2019年3月21日14时48分左右，位于某生态化工园区的一化工有限公司发生特别重大爆炸事故，造成78人死亡、76人重伤，640人住院治疗，直接经济损失19.86亿元。事故直接原因是该化工公司旧固废库内贮存的硝化废料，最长贮存时间超过七年。在堆垛紧密、通风不良的情况下，长期堆积的硝化废料内部因热量累积，温度不断升高，当上升至自燃温度时发生自燃，火势迅速蔓延至整个堆垛，堆垛表面快速燃烧，内部温度快速升高，硝化废料剧烈分解发生爆炸，同时引爆库房内的所有硝化废料(约600吨袋)。该化工有限公司特别重大爆炸事故现场如图5-9，爆炸后形成的积水坑如图5-10，周边企业严重受损情况如图5-11。

• 图5-9
• 图5-10
• 图5-11

事故调查组认定：

(1) 该公司无视国家环境保护和安全生产法律法规，刻意瞒报、违法贮存、违法处置硝化废料，安全环保管理混乱，日常检查弄虚作假，固废仓库等工程未批先建。

(2) 相关环评、安评等中介服务机构严重违法违规，出具虚假失实评价报告。

2. 工程伦理

工程伦理(Engineering ethics)是应用于工程学的道德原则系统，是工程技艺的应用伦理。工程伦理是工程师对于专业、同事、雇主、客户、社会、政府、环境所应负担的责任，是工程师面对伦理问题时应遵循的行为规范，是工程师共同体价值观和道德观的具体体现，是工程师解决伦理问题的重要依据。

了解工程伦理，一方面可以提升工程师伦理素养，加强工程从业者的社会责任，使其能够意识到工程对环境和社会造成的影响，将公众的利益而非经济利益或长官意志放在突出位置；另一方面可以推动可持续发展，促进人与自然的协同进化，建立保护自然生态的意识和责任，践行绿色发展的理念，在经济发展与环境保护之间做出平衡，牢记金山银山就是绿水青山的理念，实现人与自然的协同进化。

化学工程及其他工程专业大学生作为未来的工程师，要具备安全意识、承担社会责任、遵守工程伦理和职业操守。具体应该做到以下几点：

(1) 在履行职业职责时，把人的生命安全与健康及生态环境保护放在首位，秉持对当下以及未来人类健康、生态环境和社会高度负责的精神，积极推进绿色化工，推进生态环境和社会可持续发展。

(2) 如发现工作单位、客户等任何组织或个人要求其从事的工作可能对公众等任何人群的安全健康或对生态环境造成不利影响，应向上述组织或个人提出合理化改进建议。

(3) 如发现重大安全或生态环境隐患，应及时向应急管理部门或其他有关部门报告，拒绝违章指挥和强令冒险作业。

习题 5

1. 管式反应器的特点有哪些？
2. 简述管式反应器的分类？
3. 写出常用的四种合成二苯甲酮的反应式。
4. 什么是工程伦理？学习工程伦理有哪些现实意义？

参考文献

[1] 刘东志，张伟，李永刚，等. 1-氨基蒽醌合成工艺进展[J]. 染料工业，1999，36(3)：19－22.

[2] Kozorez L A . Bondarenko N A, Rubezhansk F. Izvestiya Vysshikh Uchebnykh Zavedenii, Khimiyai Khimicheskaya Tekhnologiya[J], 1987, 30(1): 38－41.

[3] 朱圣东，吴迎. 氨化反应管道化工程研究[J]. 化工设计通讯，2001，27(4)：54－56.

[4] 潘万贵，钱超，陈新志. 管道化氨解合成 1-氨基蒽醌新工艺[J]. 化学世界，2011，52(6)：362－364.

[5] 江保卫，杨永胜，孙金仓，等. 用于苯酚羟基化制苯二酚的管式反应器：CN201358216Y[P]. 2009－12－09.

[6] 赵东波. 流动化学在药物合成中的最新进展[J]. 有机化学，2013，33(2)：389－405.

[7] Porta R, Benaglia M, Puglisi A. Flow chemistry: recent developments in the synthesis of pharmaceutical products [J]. Organic Process Research and Development, 2016, 20(1): 2 - 25.

[8] 苏为科,余志群.连续流反应技术开发及其在制药危险工艺中的应用[J].中国医药工业杂志,2017,48(4):469 - 482.

[9] Kleemiss W, Kalz T. Process for the preparation of cyclopropanamine: US 5728873[P]. 1998 - 03 - 17.

[10] 郭振宇,丁著明.二苯酮类紫外线吸收剂的研究进展[J].塑料助剂,2018 (2): 1 - 5.

[11] 周彦芳,焦晨婕,谢刚,等.二苯甲酮类光引发剂的研究进展[J].高分子通报,2019(5):15 - 22.

[12] 钟立,黄幼援.光气路线制备二苯甲酮的研究[J]. 现代化工,1998(7):32 - 33.

[13] Pearson D E, Buehler C A. Friedel-Crafts acylation with little or no catalyst[J]. Synthesis,1972 (10): 533 - 542.

[14] Rains A E, Lea T E, Templer D L. Method for preparing aryl ketone: US 5476970[P]. 1995 - 12 - 19.

[15] 金超.二苯甲酮合成工艺的绿色化[D].上海:华东师范大学,2005.

[16] 陈锚. 二苯甲酮的合成研究[J]. 精细化工,1993,10(6):34 - 37.

[17] 陈忠秀.合成二苯甲酮的新方法[J].精细化工,2003,20(3): 179 - 181.

[18] 李树安,张珍明,赵宏,等. 适用于有气体产生的加压连续 Friedel-Crafts 酰基化反应装置:CN 204429240U[P],2015 - 07 - 01.

[19] 聂俊,肖鸣,等. 光聚合技术与应用[M]. 北京:化学工业出版社,2009.

[20] Reiter J F, Trinka P, Bartha F L, et al. New Manufacturing Procedure of Cetirizine[J]. Organic Process Research & Development, 2012, 16(7): 1279 - 1282.

[21] 王立升,朱红元,唐满平,等. 4-氯二苯甲胺的单一对映体的合成[J].广西大学学报(自然科学版),2005,30(1):51 - 53.

[22] 李剑峰,雷飞,夏炽中,等. 4-氯代二苯甲酮的合成及分离研究[J].山西大学学报(自然科学版),1999,22(3):247 - 250.

[23] 吴春. 高分子催化剂在对氯二苯甲酮合成中的作用[J] . 哈尔滨商业大学学报(自然科学版),2003,19(3):329 - 331.

[24] Sarari M H, Sharghi H. Reactions on a solid surface. A simple, economical and efficient Friedel-Crafts acylation reaction over zinc oxide as a new catalyst[J]. Journal of Organic Chemistry, 2004, 69(20): 6953 - 6956.

[25] 李树安,李润莱,张珍明,等. $FeCl_3/ZnCl_2$ 加压催化酰化制备 4-氯二苯甲酮工业化技术[J]. 精细化工,2013,30(6):708 - 711.

[26] Lafon L. New benzhydrysulphinyl derivatives: US 4066686[P]. 1978 - 01 - 03.

[27] 黄旭江,王霆.莫达非尼的合成研究进展[J].今日药学,2011,21(1):6 - 9.

[28] 孙孟展,陈电容,凌庆枝. 水相中二苯甲醇的简便绿色合成方法的研究[J]. 山东化工,2008,37 (5):15 - 16,25.

[29] Huyser E S, Bredeweg C J. Induced decompositions of ditbutyl peroxide in primary and secondary alcohols[J]. Journal of the American Chemical Society, 1964, 86(12): 2401 - 2405.

[30] 王树清,孙冬兵,陈智萍,等. 二苯甲醇的相转移催化合成研究[J]. 南通大学学报:自然科学版. 2009,8(3):58 - 61.

[31] Yamataka H, Miyano N, Hanafusa T. Comparative mechanistic study of the reactions of benzophenone with n-butylmagnesium bromide and n-butyllithium [J]. Journal of Organic Chemistry, 1991, 56(7): 2573 - 2575.

[32] Gosser L W. Hydrogenation of a diarylketone to arylmethanol: US 4302435[P]. 1981 - 11 - 24.

[33] Bawane S P, Sawant S B. Kinetics of liquid-phase catalytic hydrogenation of benzophenone to benzhydrol[J]. Organic Process Research & Devedopment, 2003, 7(5): 769 - 773.

[34] Cohen S G, Sherman W V. Inhibition and quenching of the light-induced reductions of benzophenone to hempinacol and to benzhydrol [J]. The Journal of the American Chemical Society, 1963, 85(11): 1642 - 1647.

[35] 包锡康，包泉兴，吴达俊. 有机人名反应集[M]. 北京：化学工业出版社，1983.

[36] Moore W M, Hammond G S, Foss R P. Mechanisms of photoreactions in solutions. I. reduction of benzophenone by benzhydrol[J]. Journal of the American Chemical Society, 1961, 83(13): 2789 - 2794.

[37] 张珍明，王丽萍，李树安，等. 改进 Zagoumenny 还原法制备二苯甲醇[J]. 兰州理工大学学报，2013，39(1)：54 - 57.

[38] Ingold C K, Wilson C L. Optical activity in relation to tautomeric change. Part I. Conditions underlying the transport of the centre of asymmetry in tautomeric systems[J]. Journal of the Chemical Society, 1933: 1493 - 1505.

[39] Weiberth F J, Hall S S. Tandem alkylation-reduction of nitriles. Synthesis of branched primary amines[J]. Journal of Organic Chemistry, 1986, 51(26): 5338 - 5341.

[40] Blatt A H. Organic Synthesis Vol Ⅱ[M]. New York: John Wiley, 1955.

[41] 张珍明. 二苯甲胺的制备[J]. 中国医药工业杂志，2004，35(8)：461.

第6章

人名反应方法——8-羟基喹啉制备技术

> 当一个化学反应(尤其是有机化学反应)被某人发现或加以推广,为了纪念便以他的名字来命名,这样命名的化学反应称为**人名反应**(Name reaction)。人名反应通常与该反应的创新性、重要性、应用性和推广性密切相关,一些人名反应的发现人因反应具有重大的创新性和重要性获得了诺贝尔奖。

6.1 人名反应的应用

精细化工产品的特点之一就是品种多、更新快,技术密集度高,生产过程涉及的反应多,所以反应在精细化工中起关键作用,其中有机人名反应对精细化工至关重要。国外有关人名反应的书籍很多[1,2]。早期国内有关人名反应的书籍有俞凌翀的《有机化学中的人名反应》(科学出版社,1984),其中介绍了661条人名反应;乌锡康等人编写的《有机人名反应集》(化学工业出版社,1984),描述了1 368条人名反应。

人名反应通常与该反应的创新性、重要性、应用性和推广性密切相关,一些人名反应的发现人因此获得了诺贝尔奖,如Wittig反应、Diels-Alder反应、Grignard反应、Heck反应、Negishi反应、Suzuki反应等。人名反应的应用性和推广性表现在许多精细化工产品是通过人名反应制造出来的。例如,上万吨的水杨酸是苯酚和CO_2通过Kolbe-Schmitt羧基化反应得到的;Fridel-Crafts是芳香化合物烷基化、酰基化的标准方法之一;Diels-Alder环加成反应是构筑六元环化合物的利器;各类取代的喹啉衍生物是通过Skraup法、Combes法、Friedlander法等十多个人名反应合成的,为新药研发提供了众多的候选化合物和可替代的基团。

Dean G Brown 和 Jonas Boström 等[3,4]对药物化学研究中使用的合成方法进行了比较，发现应用最频繁的前 5 个化学反应中就有一个人名反应，即 Suzuki-Miyaura 反应(Suzuki 反应发表在 1981 年，直到 1984 年才引起人们的关注)；应用最频繁的前 20 个反应中有 5 个人名反应，分别为 Suzuki-Miyaura 偶联反应、杂环合成(包含部分为人名反应)、Sonogoshira 偶联反应、Wittig 反应和 Buchwaid-Hartwig 反应。1984 年最频繁应用的 20 个反应中还有 Friedel-Crafts 反应，但现在已经被排除在前 20 个反应之外了，可能是因为 Friedel-Crafts 反应已经被交叉偶联反应或其他金属有机试剂所替代。而 Grinard 反应由于要求用非质子溶剂以及严格的无水、无氧、无 CO_2 条件操作，因此，不被频繁应用。

人名反应之所以被频繁应用，是因为这些经典的反应不断地被新的技术、新的材料和新的观点更新、改进，赋予了人名反应与时俱进的特点。

6.1.1　Wolff-Kishner-Huang Minlon 反应

1911 年，俄罗斯化学家 Kishner 发现醛或酮的衍生物腙和苛性钾及金属铂一起加热，腙分解放出氮气，生成烷烃。1912 年，美国化学家 Wolff 也发表了关于缩氨基脲或腙置于封管中，加入无水乙醇和金属钠后，密封加热即可生成烷烃。但用 Wolff 法还原醛、酮，除生成烷烃外，还生成副产物醇和嗪，并且反应需要金属钠，大量实验时存在安全问题，同时，反应还需要制备无水肼，且在封管中进行，操作困难。自从发现 Wolff-Kishner 反应以来，有很多改进的报道，但效果不显著。只有 1946 年，我国有机化学家黄鸣龙改良的还原法最为成功[5]。

1. Wolff-Kishner 反应的改进过程

黄鸣龙先生改进 Wolff-Kishner 反应的过程，美国哈佛大学化学系教授 Fieser 在 *Topics in Organic Chemistry* 一书有记载[6]。1946 年，Fieser 教授的课题组任务之一是研究抗疟药物中间体 γ-(*p*-苯氧基苯基)丁酸的大量制备以用于临床试验，课题组成员以 γ-(*p*-苯氧基苯基)丁酮酸为原料，尝试着用 Clemmensen 还原法实验好几次，收率仅有 54%。恰好黄鸣龙先生来到 Fieser 的实验室，Fieser 让黄先生尝试一年前 Soffer 改进的 Wolff-Kishner 还原法，即以三甘醇为溶剂，用金属钠、无水肼和醛或酮回流 100 h，具体反应如式 6-1 所示。适逢周末，黄先生要去纽约，而实验仍在进行，黄先生就请隔壁的黎巴嫩籍化学家 George Fawaz 偶尔照看一下。反应中烧瓶与冷凝管间连接的软木塞干缩了，有点漏气，但由于并没有要求 George Fawaz 调整装置，所以，反应就这样一直进行下去；当黄先生回来时，发现大部分溶剂已经蒸发掉，他继续后处理，实验结果出乎预料的好，黄鸣龙先生向 Fieser 报告说："收率很好，但实验过程很糟"。黄先生改用磨口玻璃仪器重复实验，收率只有 48%。

$$\text{C}_6\text{H}_5\text{-O-C}_6\text{H}_4\text{-}\overset{\text{O}}{\overset{\|}{\text{C}}}\text{CH}_2\text{CH}_2\text{COOH} \xrightarrow[\text{H(OCH}_2\text{CH}_2)_3\text{OH},\triangle]{\text{NH}_2\text{NH}_2,\text{Na}} \text{C}_6\text{H}_5\text{-O-C}_6\text{H}_4\text{-CH}_2\text{CH}_2\text{CH}_2\text{COOH} \quad 48\%$$

式 6-1　Wolff-Kishner 法将 γ-(p-苯氧基苯基)丁酮酸还原为相应丁酸的反应式

2. Wolff-Kishner-Huang Minlon 反应

受到第一次实验中大部分溶剂蒸发后收率反而高的启发，黄鸣龙先生认为溶剂蒸发的温度就是腙分解的温度，因此他设计了新的反应工艺：先将醛、酮等羰基化合物与易得的 85%水合肼、氢氧化钠及一个高沸点的水溶性溶剂(如二甘醇、三甘醇)一起加热，使醛、酮变成腙，再蒸出过量的水和未反应的肼，并使反应温度上升至 180～200 ℃，回流 2～3 h 使腙分解，完成还原反应。该改进法可以不使用 Wolff-Kishner 法中的无水肼，反应可在常压下进行，而且缩短了反应时间。黄鸣龙先生用改进还原法制备了 500 g 中间体，提高了产物收率(可达 90%)。反应式如式 6-2。

$$\text{C}_6\text{H}_5\text{-O-C}_6\text{H}_4\text{-}\overset{\text{O}}{\overset{\|}{\text{C}}}\text{CH}_2\text{CH}_2\text{COOH} \xrightarrow[\text{H(OCH}_2\text{CH}_2)_3\text{OH},\triangle]{\text{NH}_2\text{NH}_2\cdot\text{H}_2\text{O},\text{NaOH}} \text{C}_6\text{H}_5\text{-O-C}_6\text{H}_4\text{-CH}_2\text{CH}_2\text{CH}_2\text{COOH} \quad 90\%$$

式 6-2　黄鸣龙还原法将 γ-(p-苯氧基苯基)丁酮酸还原为相应丁酸的反应式

这一简单的改进，使 Wolff-Kishner 反应发生了彻底变革，使醛基、酮基还原为亚甲基实验可以放大，获得了普遍的应用，成为实验室和工业生产中实际和广泛运用的方法，如式 6-3。

$$\text{环壬酮(C=O)} + \text{NH}_2\text{NH}_2\cdot\text{H}_2\text{O} \xrightarrow[\triangle]{\text{NaOH},(\text{HOCH}_2\text{CH}_2)_2\text{O}} \text{环壬烷}$$

$$\text{C}_6\text{H}_5\text{COCH}_2\text{CH}_3 + \text{NH}_2\text{NH}_2\cdot\text{H}_2\text{O} \xrightarrow[\triangle]{\text{NaOH},(\text{HOCH}_2\text{CH}_2)_2\text{O}} \text{C}_6\text{H}_5\text{CH}_2\text{CH}_2\text{CH}_3$$

式 6-3　黄鸣龙还原法将酮基还原为亚甲基的反应式

黄鸣龙改良的 Wolff-Kishner 还原法称为黄鸣龙改良还原法，又称黄鸣龙还原法或黄鸣龙反应，是首例以中国科学家命名的重要有机化学反应，已写入多国有机化学教科书中，1963 年第 58 卷化学文摘中首次出现了 Huang Minlon Reaction。2002 年在《美国化学会志》出版 125 周年之际，列出了 125 年引用率最高的 125 篇文献，其中，黄鸣龙先生 1946 年的论文《Wolff-Kishner 还原反应的一个简单改良法》[7]位于第 120 位，被引用 752 次。黄鸣龙还原法反应机理如式 6-4 所示。

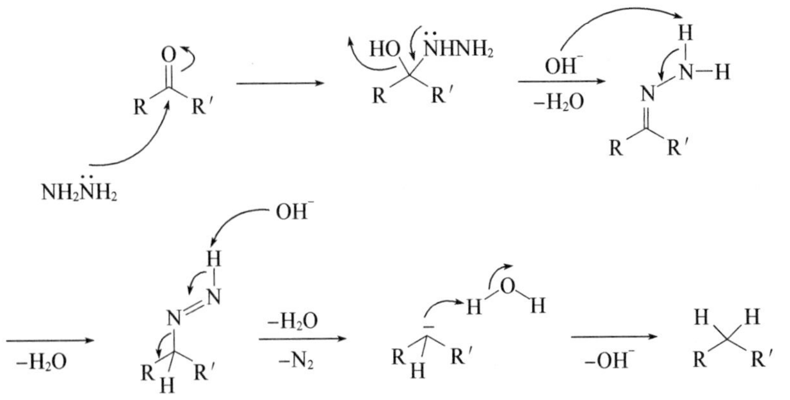

式6-4　黄鸣龙还原法还原醛、酮的反应机理

改进不断进行，何磊等人[8]使用六甲基磷酰三胺为溶剂，将反应温度从180～200 ℃降至80 ℃，使设备要求降低，能耗减少，更易于大规模生产，不仅能够还原羰基，而且能够还原硝基以及带有硝基的羰基化合物，进一步优化了反应工艺，拓展了应用范围。

思政案例

黄鸣龙先生简介

黄鸣龙先生1898年7月3日出生于江苏扬州，是我国著名的有机化学家，为中国有机化学及甾体药物的发展做出巨大贡献。黄鸣龙1915年考入浙江医学专门学校（现浙江医科大学），一边在诊所担任门诊挂号员，一边攻读药科，立志为人类造福；1918年毕业后任上海同德医学专门学校化学教员。1919年起，黄鸣龙先后赴瑞士苏黎世大学、德国柏林大学求学；1924年获博士学位后回国，任浙江医学专门学校教授、主任，南京卫生署化学部主任；1934年再次赴德国、英国从事研究工作；1940年回国后任中央研究院化学研究所（昆明）研究员；1945年应美国哈佛大学甾体化学家费希尔的邀请赴美从事研究工作；1952年回国后任中国人民解放军军事医学科学院化学系主任；1955年被选聘为中国科学院学部委员（院士）；1956年调任中国科学院有机化学研究所（现中国科学院上海有机化学研究所），历任研究员、研究室主任、研究所学术委员会主任和名誉主任。

1964年，黄鸣龙先生领导研制的口服甾体激素药物——甲地孕酮获得成功，受到全世界关注。不到一年时间，几种主要的甾体避孕药物很快投入生产，并在全国推广使用，受到了广大群众的欢迎。1978年全国科学大会上，由于他为祖国甾体药物做出的突出贡献，被选为中国科学院先进代表。1982年黄鸣龙等人的“甾体激素的合成与甾体反应的研究”获国家自然科学奖二等奖。

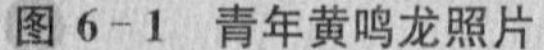

图 6-1 青年黄鸣龙照片　　图 6-2 黄鸣龙指导青年科研人员实验工作照

1979 年 7 月 1 日，黄鸣龙先生因病去世。噩耗在报上发表后，海内外的同事、同行、学生纷纷发来唁电，同声悼念这位世界科学界著名的化学家、药学家。美国纽约《美洲华侨日报》还报道了他战斗的一生，对他为人类做出的卓越贡献表示崇高的敬意。在半个世纪的科学生涯中，他始终忘我地战斗在科研第一线，值得人们永远敬仰和怀念。

6.1.2 Darzens 反应的应用拓展

范如霖先生通过合理的合成设计、高超的实验技巧，利用 Darzens 反应成功合成了噻唑羟基丙酸 *S*-α-hydroxy-β-(thiazolyl)propionic acid，拓展了 Darzens 反应的应用，值得借鉴和参考。

范如霖先生在抗癌新药四肽类似物研发过程中，需要一种中间体 *S*-α-hydroxy-β-(thiazolyl)propionic acid(噻唑羟基丙酸)，市场没有销售，查阅文献也没有合成方法报道。为了找到羟基酸类似物的合成方法，他一边翻书一边思考，当翻到 Darzens 反应时有了主意。Darzens 反应是在惰性溶剂中，在碱催化下，脂肪族或芳香族的 α,β-不饱和醛酮与卤代酸酯缩合形成的环氧中间体经过水解产生环氧酸，加热脱羧生成一个新的醛酮，产物比原料醛酮多一个碳原子，如式 6-5 所示。然而，他并不需要任何延长一个碳原子的醛和酮，他的目光被环氧环中间体吸引，如果不是加热脱羧，而是还原开环，就可以产生一个比卤代乙酸酯多两个碳原子的 α-羟基酸酯[9]。

如果设计的合成路线是可行的，以噻唑甲醛和氯乙酸乙酯为原料，通过发生 Darzens 反应就能生成 α-羟基-β-噻唑基丙酸乙酯，那么问题就简化为如何制备 Darzens 反应所需的原料 2-噻唑甲醛。实验发现，通过式 6-6 的合成路线即可得到足够实验用量的 2-噻唑甲醛。

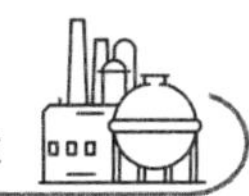

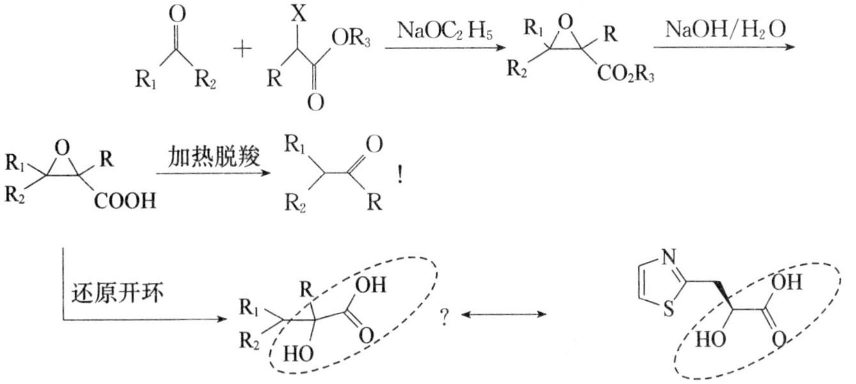

S-α-hydroxy-β-(thiazolyl)propionic acid

式 6-5 借助 Darzens 反应设计 *S*-α-hydroxy-β-(thiazolyl)propionic acid 的合成路线

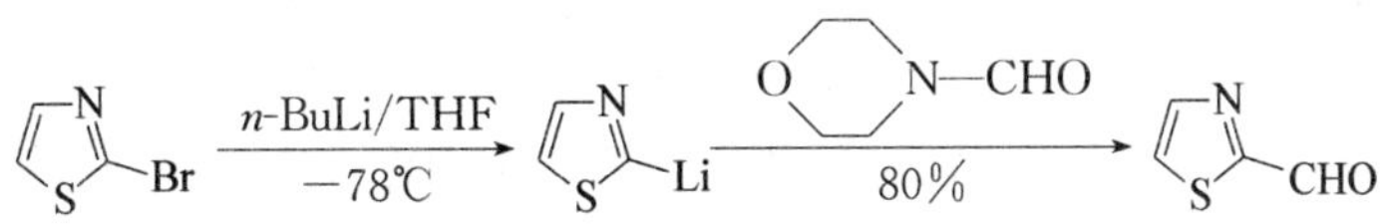

式 6-6 2-溴噻唑为原料的 2-噻唑甲醛合成路线

接下来是 Darzens 反应，反应很成功，环氧乙烷中间体的收率初次是 50%，放大实验收率达到了 90%。催化氢化开环也很成功，收率为 80%，另外两个副产物生成量很小，分别为 3%和 1.8%，合成路线如式 6-7 所示。本工艺通过合理的合成设计、高超的实验技巧，利用 Darzens 反应成功合成了 *S*-α-hydroxy-β-(thiazolyl)propionic acid，拓展了 Darzens 反应的应用，值得借鉴和参考。

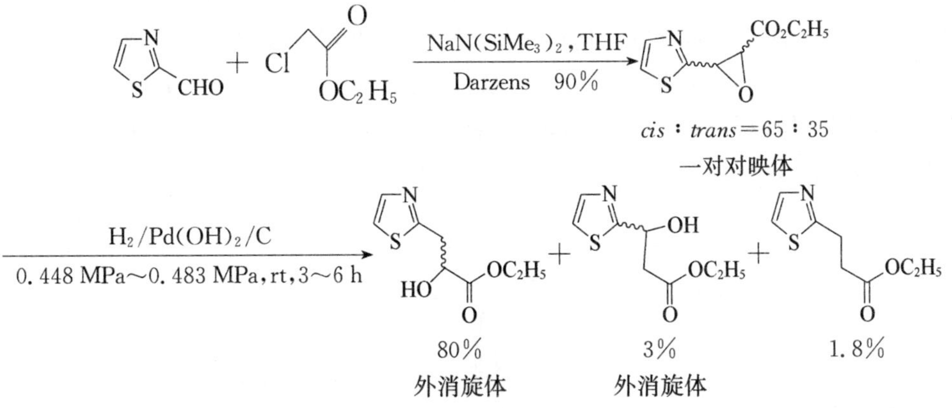

式 6-7 Darzens 反应制备 *S*-α-hydroxy-β-(thiazolyl)propionic acid 外消旋体的合成路线

在精细化工产品工艺开发中，常常应用人名反应。如混合二氯苄（含氯化苄）制备苯甲醛时，从人名反应书中了解到 Sommelet 反应能够把氯化苄转化为苯甲醛，所以，在设计二氯苄催化水解时，设法保留氯化苄，然后与少量的乌洛托品反应转化为苯甲醛，使产品的收率和含量都有较大提高。另外，有一个古老的人名反应——

Zagoumenny 反应，即用二苯甲酮、乙醇及碱在封管中于 160 ℃加热 5 h，能够得到二苯甲醇。受黄鸣龙还原反应中用高沸点溶剂的启发，改用乙二醇为溶剂，获得二苯甲酮还原制备二苯甲醇的高收率方法，改进后的方法更具有实际应用价值。

6.2 实战案例｜8-羟基喹啉的生产工艺

6.2.1 8-羟基喹啉的制备方法综述

8-羟基喹啉是一个重要的有机合成中间体，其合成工艺及衍生物的制备、生物活性的研究是目前化学、药学和医学界的热点内容之一[10]。8-羟基喹啉作为性能优异的金属离子螯合剂，被广泛用于冶金工业和分析化学中的金属元素化学分析、金属离子的萃取、光度分析和金属防腐[11]。由于 8-羟基喹啉及其衍生物大多具有生物活性，因此，在医药工业领域应用也十分广泛，如 8-羟基喹啉可直接用作消毒剂，它的卤化衍生物、硝化产物以及 *N*-氧化物是合成药物的原料。8-羟基喹啉还可作为合成农药、染料和其他功能材料的中间体，如把 8-羟基喹啉键合在高分子树脂上[12,13]，在分析、环境和材料，尤其是电致发光、导电聚合物等方面有广阔的应用前景。

1. 8-羟基喹啉的制造技术

生产规模约在几百吨/年的 8-羟基喹啉的制造方法主要有三种：一是以喹啉为原料，经过磺化、碱融、中和、蒸馏和水蒸气蒸馏等过程得到。由于喹啉的资源有限，采用喹啉为原料的生产厂家的生产规模都在数百吨/年以内。二是以邻氨基苯酚、甘油或丙烯醛为主要原料的 Skraup 合成法，该方法经过环合、中和、蒸馏和重结晶等工序可得到 8-羟基喹啉。该法使用的原料工业上可大量供应，因此，是生产 8-羟基喹啉有前景的合成方法。三是以 8-氨基或 8-卤代喹啉为原料，经水解反应得到 8-羟基喹啉，该种方法原料难以获得，所以只有在一些特殊的 8-羟基喹啉衍生物制备中才有价值[14,15]。三种方法总结如式 6－8 所示。

式 6－8　合成 8-羟基喹啉的主要合成方法

（1）喹啉磺化碱融法

喹啉的磺化是指温度低于 40 ℃时，把喹啉慢慢滴加到 65%发烟硫酸中，加热到 120 ℃反应一段时间，冷却，加水稀释过滤出 8-喹啉磺酸；磺化的温度对 8-喹啉磺酸的质量和收率影响很大。由于喹啉磺化时有 5-喹啉磺酸生成，它在水中的溶解性比 8-喹啉磺酸大，所以加水析出 8-喹啉磺酸时，5-喹啉磺酸会留在母液中，但母液长时间放置，也能析出 5-喹啉磺酸[16]。

8-喹啉磺酸的碱融方法有常压高温碱融法和中温碱融法。碱融的温度为 230～360 ℃，反应速度快，时间短，但有一些 8-喹啉磺酸分解，碱融过程中喹啉的气味比较大。常压碱融时，由于生成的 8-羟基喹啉易被空气氧化，所以要用水蒸气加以保护。在碱融初期由磺酸带入的水和反应生成的水足够起到保护作用，但在反应后期，则需要在碱融物的表面通入适量的水蒸气。

碱融完成后，降温并放入水中溶解，之后将溶液 pH 调节到 7 析出 8-羟基喹啉，过滤，再用水蒸气蒸馏精制得到纯品。该法反应简单，技术比较成熟，所以工业上一直在使用。生产 1 吨 8-羟基喹啉约消耗 1.8 吨或者更少的喹啉，该法生产的 8-羟基喹啉为白色晶体粉末，质量高，含量可大于 99.5%(ω)。目前主要有以下方面的探索。

① 只用 NaOH，降低生产成本。最初的碱融是用大量的氢氧化钾与少量的氢氧化钠混合物以降低碱融的温度和增加反应物的流动性，但氢氧化钾的价格比氢氧化钠高。若单独使用氢氧化钠可降低生产成本，但反应温度在 360 ℃左右，且如果反应温度低，反应慢，收率也不高，物料流动性差。

② 使碱融在高沸点有机溶剂中进行，可增加反应物的流动性，有利于传热。该方法目前仍在研究阶段。

③ 8-羟基喹啉和烟酸联产工艺的开发。利用磺化碱融法，理论上 0.9 吨喹啉可以生产 1 吨 8-羟基喹啉，但实际上 8-羟基喹啉的收率仅在 50%，有一半的喹啉以及衍生物留在磺化和碱融母液中。有研究报道该工艺中调节母液 pH，再用硝酸氧化可得到烟酸，可以充分利用喹啉的资源。

④ 三废的处理。大多现有的处理方法是中和、蒸发处理、蒸馏水套用，以减少废水的排放。

（2）氯代喹啉的水解

在 0.5%(ω)铜盐的催化下，8-氯喹啉与 1%(ω)$KMnO_4$ 氧化剂加热至 320 ℃，反应 2 min，可生成收率 93%的 8-羟基喹啉；8-氯喹啉与 NaOH 在一定压力下加热，可得到收率 87%的 8-羟基喹啉。8-氯喹啉可用邻氯苯胺和丙烯醛缩合得到，但该反应收率中等，且邻氯苯胺毒性较大，含氯有机物碱解的腐蚀性也大，所以，本方法仅对一些价格昂贵中间体的合成有意义[17,18]。

（3）氨基喹啉的水解

8-氨基喹啉在高压釜中加热可得到几乎定量得率的 8-羟基喹啉。8-氨基喹啉通过 8-硝基喹啉还原制得；8-硝基喹啉的制备方法是喹啉的混酸硝化，反应得到 5-硝基喹啉和 8-硝基喹啉两种产物，由于分离这两个异构体的费用比较高，所以从经济和合成步骤上评价,通过氨基喹啉水解制备8-羟基喹啉不是优化的合成路线[19]。

(4) Skraup合成法

最初的Skraup合成法是用邻氨基苯酚、浓硫酸、甘油和邻硝基苯酚共热得到8-羟基喹啉。在这个反应中,甘油在高温(120～180 ℃)下受浓硫酸的作用脱水形成丙烯醛,再与邻氨基苯酚缩合为二氢喹啉,二氢喹啉被邻硝基苯酚氧化为8-羟基喹啉,而邻硝基苯酚被还原为邻氨基苯酚。

该方法经过不断的改进,包括用乙酸代替大部分的硫酸,加入硫酸亚铁和硼酸来缓和剧烈的反应,以减少焦油的生成量,可以达到90%以上的收率。除了用硝基物作氧化剂外,砷酸、钒酸、三氧化二铁、四氯化锡、硝基苯磺酸、碘等也可作为该反应的氧化剂。

一般来说,邻硝基苯酚是比较好的氧化剂,因为其被还原后生成邻氨基苯酚,可以参与形成8-羟基喹啉的反应,从实验中8-羟基喹啉的收率超过100%的事实可得到证实。但以甘油为原料的8-羟基喹啉的合成路线存在以下缺点:反应中每摩尔的邻氨基苯酚需要3摩尔的甘油和2～3摩尔的浓硫酸,反应后要用碱中和,废液中含有大量的有机物和无机盐,后处理操作复杂[20,21]。另外,用该法生产的8-羟基喹啉质量、外观和气味有待进一步改进。目前本法主要有以下几方面的进展。

① 用丙烯醛替代甘油,可降低反应的温度,提高收率,减少焦油的生成。同时,由于甘油的价格高,且在Skraup反应中是过量的,用甘油为原料的路线成本较高,而丙烯醛可以用丙烯氧化或乙醛和甲醛缩合后脱水的低成本制备,市场可大量供应。

② 根据苏联的专利技术,丙烯醛可以气态形式进料,收率可达到98%以上。

2. 8-羟基喹啉的重要衍生物

8-羟基喹啉的重要衍生物结构式如式6-9所示。

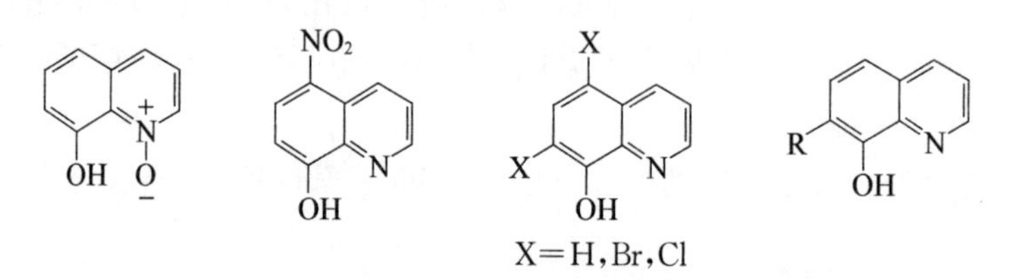

式6-9 重要的8-羟基喹啉衍生物的结构式

(1) *N*-氧化物

8-羟基喹啉-*N*-氧化物是合成喹诺酮类药物的重要中间体。8-羟基喹啉在乙酸或乙酸水溶液中,以钨酸作催化剂,用过氧化氢氧化,冷却过滤即可得到8-羟基喹啉-*N*-氧化物,收率大于85%[22,23]。

(2) 硝基化合物

5-硝基-8-羟基喹啉具有抗菌生理活性,可用于治疗尿路感染,还可用于合成聚氨纤维和螯合抗菌剂,它还是有机合成的中间体。5-硝基-8-羟基喹啉合成方法主要有以下两种。

① 8-羟基喹啉直接硝化法，即用浓硝酸和硫酸组成的混酸直接硝化 8-羟基喹啉。由于该方法会生成 7-硝基-8-羟基喹啉和 5,7-二硝基-8-羟基喹啉等副产物，与主产物难以分离，且要求 N_2 保护，因此，工业生产一般不采用[24-26]。

② 8-羟基喹啉间接硝化法，如用亚硝酸硝化 8-羟基喹啉得亚硝化产物，再氧化为硝基化合物，收率可到 80%以上。用类似的方法能制备 5,7-二硝基-8-羟基喹哪啶[27]。

(3) 卤化物

5,7-二氯-8-羟基喹啉和 5,7-二溴-8-羟基喹啉是高效的杀菌剂、消毒剂，也是合成抗阿米巴药物的原料，可用于在中性介质中分离钴、镍等金属。通常的合成方法是以 8-羟基喹啉为原料，在甲酸或卤代烷等溶剂中直接氯化制得[28]，但有三卤代副产物杂质存在。5-氯-8-羟基喹啉是合成农药的重要中间体[29]，其合成方法一般是把 8-羟基喹啉溶解在盐酸介质中，用过氧化氢氧氯化得到。氧氯化方法也可用于 5,7-二氯-8-羟基喹啉、5,7-二溴-8-羟基喹啉和 5-氯-8-羟基喹哪啶[30]的制备。

(4) 7-烷基-8-羟基喹啉

7-烷基-8-羟基喹啉是湿法冶金的重要萃取剂，可以分离和提纯稀土金属离子，但其售价很高。7-烷基-8-羟基喹啉的合成方法是 8-羟基喹啉和脂肪醛或酮在催化剂存在下缩合得到 7-烯基-8-羟基喹啉后，氢化还原得到[31,32]。

6.2.2　8-羟基喹啉的制备工艺

8-羟基喹啉是重要的精细有机合成中间体，主要用于冶金工业中的金属的化学分析、金属离子的萃取剂、过氧化氢稳定剂，也用作合成医药、农药的原料。8-羟基喹啉的制备工艺主要有喹啉的磺化碱融[33]、Skraup 合成法[34,35]、8-氯喹啉的水解[36]和 8-氨基喹啉的水解[37]，其中喹啉的磺化碱融法酸碱消耗量大，废水多，而且喹啉的资源有限，限制了该法的应用；8-氯喹啉可以由邻氯苯酚和邻氨基氯苯通过 Skraup 合成得到，但在较高的温度下氯离子有腐蚀性；8-氨基喹啉水解制备 8-羟基喹啉，收率很高，但原料不易得到；Skraup 法合成 8-羟基喹啉的反应有时过于剧烈，加入硼酸和硫酸亚铁可以使反应缓和，但后处理困难，另外，甘油用量较大，焦油量多。本案例参考专利文献[35]的报道，以丙烯醛代替甘油，把丙烯醛慢慢滴加到加热的含有邻氨基苯酚和邻硝基苯酚的盐酸溶液中反应，经中和、分层和蒸馏等后处理得到 8-羟基喹啉。

1. 仪器和药品

邻硝基苯酚(纯度≥98.5%(ω)，上海启迪化工公司)；丙烯醛(纯度≥98%(ω)，武汉有机化工公司)；30%(ω)盐酸(江苏连云港双菱化工公司)。邻氨基苯酚，碘化钾，碘，氧化铁；硝基苯为化学纯试剂，上海化学试剂公司。

Bruker Vector 22 红外光谱仪(德国)，KBr 压片；Perkin-Elmer-2400 元素分析仪(美国)；Bruker-500AM 核磁共振仪(德国)，在室温下，TMS 为内标，$CDCl_3$ 为溶剂。

2. 反应机理

8-羟基喹啉的合成反应式如式 6-10 所示，反应过程如式 6-11 所示。

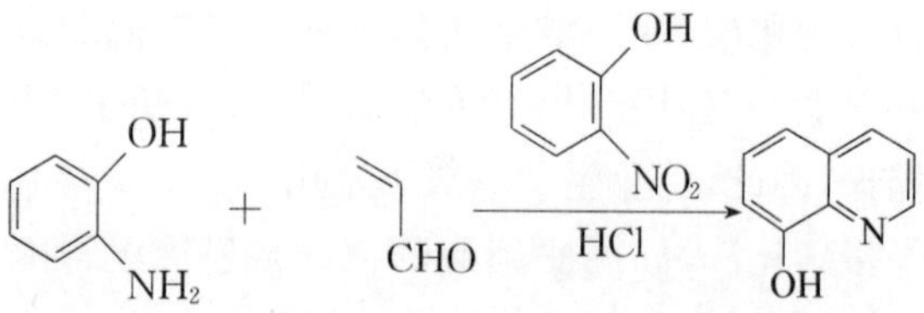

式 6-10 Skraup 法合成 8-羟基喹啉的反应式

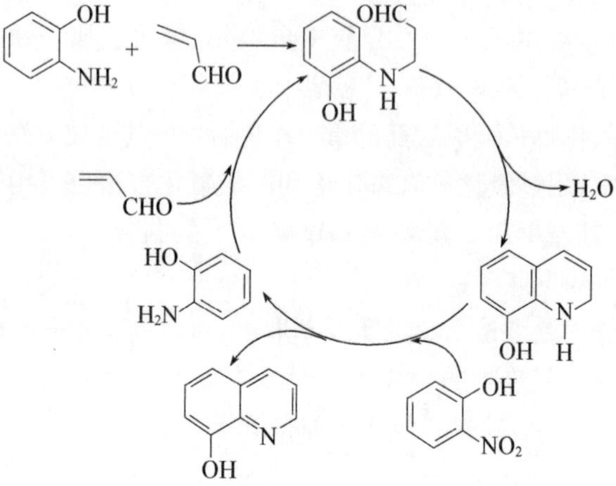

式 6-11 Skraup 法合成 8-羟基喹啉的反应过程

3. 实验方法

在装有机械搅拌、温度计、回流冷凝管和滴液漏斗的 1 000 mL 四口烧瓶内，加入 500 mL 盐酸、40 mL 乙酸、37.5 g 邻氨基苯酚和 25 g 邻硝基苯酚，搅拌加热到 95～100 ℃，在 3 h 内均匀滴加丙烯醛 34.0 g，滴加完毕后，继续反应 2 h。反应结束后冷却到室温，用 40%的氢氧化钠水溶液在温度不高于 40 ℃时调节 pH 值为 7，过滤出的固体为 8-羟基喹啉粗品，减压蒸馏，收集 27 kPa 下 186～198 ℃的馏分。产物约 57.0 g，熔点为 72～73 ℃(文献值[35]为 72～74 ℃)，含量为 99.4%(ω,GC)，收率(基于所加的邻氨基苯酚计)为 114%。

4. 结果与讨论

(1) 8-羟基喹啉的表征

元素分析[分析值/%(计算值/%)]：C，74.48(74.50)；H，4.82(4.79)；N，9.64(9.62)。元素分析结果与理论值的误差较小，表明样品含量高。红外光谱在 3 407 cm^{-1}，可归属为—OH 特征吸收峰，3 024 cm^{-1} 为═C—H 伸缩振动，1 603 cm^{-1}、1 540 cm^{-1} 是芳香环骨架振动，表明有芳香环存在。^{1}H NMR，δ：4.61(s，羟基上^{1}H)，7.36～8.13(m，喹啉环 6H)，可以推测合成的化合物为 8-羟基喹啉。

(2) 氧化剂的选择

以邻氨基苯酚和丙烯醛为原料用 Skraup 法制备 8-羟基喹啉的反应过程如式6-11

所示。可供选用的氧化剂有邻硝基苯酚、砷酸、钒酸、三氧化铁、四氯化锡、硝基苯磺酸、碘等[38]。最常用的是五价砷，但砷有毒且价格昂贵。案例考察了邻硝基苯酚等氧化剂对8-羟基喹啉收率的影响，结果如表6－1所示。

表6－1　氧化剂对收率的影响

氧化剂	氧化剂用量/g	收率/%
邻硝基苯酚	25	114
三氧化铁	23	87
碘/碘化钾	0.4/1.0	95
硝基苯	25	57

邻硝基苯酚为氧化剂时，8-羟基喹啉收率最高，因为它不仅能作为二氢喹啉的脱氢剂，而且被还原成邻氨基苯酚后可以作为原料继续反应生成8-羟基喹啉。这从8-羟基喹啉的收率（基于加入的邻氨基苯酚计）超过100%，可以说明有部分的邻硝基苯酚参与如式6－11的反应。邻氨基苯酚与邻硝基苯酚是以1∶0.5～0.6比例加入的，增加邻硝基苯酚的用量，对8-羟基喹啉的收率无益，而且延长了水蒸气蒸馏除去邻硝基苯酚的时间。

（3）添加剂乙酸的用量对收率的影响

文献报道添加乙酸可以提高8-羟基喹啉的收率[35]。还发现乙酸能使反应有较高的稳定收率。若不加乙酸，用质量高的丙烯醛也可以得到很好的反应收率，否则收率就明显地下降，而且焦油量大。这可能是由于乙酸和丙烯醛分子中的醛基起反应，使丙烯醛不易聚合，有利于发生与邻氨基苯酚的加成反应，从而使反应收率提高。乙酸的用量对8-羟基喹啉的收率影响如表6－2所示。用量小于10 g，不起作用；用量过大，8-羟基喹啉的收率反而下降。

表6－2　乙酸用量对8-羟基喹啉收率的影响

序号	乙酸的用量/g	收率/%
1	10	61
2	20	88
3	30	108
4	40	114
5	50	105
6	60	95

（4）搅拌速度和丙烯醛的滴加速度对收率的影响

干扰8-羟基喹啉质量及收率的主要因素是在整个合成反应中生成的一些活泼的中间产物，如β-芳胺基丙烯醛、二氢羟基喹啉等[35]。它们极易与丙烯醛继续发生加成反应，生成一系列副产物，在加热的条件下形成焦油。从表6－3可以看出：提高搅拌速度和延长丙烯醛的滴加时间，能够提高8-羟基喹啉的生成速度，减少副反应的发生，从而增加 8-羟基喹啉的收率。

表 6-3 搅拌速度与丙烯醛的滴加时间对收率的影响

搅拌速度/r·min^{-1}	丙烯醛滴加时间/h	收率/%
100	1	50
100	2	76
200	1	80
200	2	91
300	1	88
300	2	106
400	3	114

5. 结论

8-羟基喹啉是医药和农药制造的重要中间体。本案例研究了在乙酸和盐酸水溶液中，以邻氨基苯酚、邻硝基苯酚和丙烯醛为原料，合成了 8-羟基喹啉。得到的优化反应条件：n(邻氨基苯酚)∶n(邻硝基苯酚)∶n(丙烯醛)∶n(乙酸)＝1.0∶0.5∶1.8∶2.0，在 90～100 ℃下反应 5 h，经中和、蒸馏等后处理得到 8-羟基喹啉，收率为 114%(以邻氨基苯酚计)。该法简便、快速且成本较低，易于工业化[39,40]。

6. 工业化工艺

工业化的方法是改用甘油替代丙烯醛。将 150 kg 邻氨基苯酚、55 kg 邻硝基苯酚、180 kg 浓硫酸依次加到 1 000 L 的搪瓷反应釜中。搅拌 1 h，保温在 60 ℃以上，慢慢滴入 200 kg 的无水甘油，并升温到 140 ℃以上，在 10 h 内滴完，滴完后继续保温反应 4 h，即达到反应终点。然后，在冷却的条件下，向反应釜内慢慢加入 400 kg 水，使物料降低到 80 ℃左右，再将反应釜内的物料用泵打入 2 000 L 的中和釜内，用 30%的液碱 550 kg 中和，温度在 80 ℃左右，中和至料液的 pH 为 6.8～7.2 为止。静置分层，水层送至污水处理站，油层减压蒸馏，釜底温度在 200～220 ℃，得到 180 kg 的 8-羟基喹啉，收率约为 90%，反应式如式 6-12。产物放置后会变色，存在含量约 0.5%的一个不明杂质，用 GC-MS 分析，在 8-羟基喹啉主峰之前出现了两个小峰，分子量都是 148，推测是两分子甘油的二聚物。因为两分子甘油在浓硫酸作用下会脱去两分子水聚合成六元环化合物，其有两个异构体，正好和 GC-MS 分析的结果中出现的两个小峰，分子量都是 148 相吻合，反应式如式 6-13。

式 6-12 邻氨基苯酚和甘油为主要原料合成 8-羟基喹啉的反应式

2HO OH OH $\xrightarrow[-2H_2O]{H_2SO_4}$ (O, O, OH, OH) + (O, O, OH, OH)

式 6 - 13 甘油生成两种甘油二聚物的反应式

6.3 相关案例 | 8-羟基喹哪啶的合成工艺

8-羟基喹哪啶(2-甲基-8-羟基喹啉)是重要的精细有机合成中间体。主要用于金属离子的测定[41],也可用作金属离子的萃取剂。把 8-羟基喹哪啶用化学方法键合在树脂上,能有效地吸附铜和铅等金属离子[42]。8-羟基喹哪啶的硝化物和氯化物是治疗消化系统疾病的重要药物[43-46],它的衍生物具有多种生理作用,成为药物研究的热点领域之一[47]。8-羟基喹哪啶的制备工艺主要有 Doebner-Miller 的喹啉合成法,即邻氨基苯酚、邻硝基苯酚和巴豆醛在无机酸如盐酸存在下,于 135～145 ℃反应 6～8 h,收率为 37%[48]。在 K 型杂多酸磷钨酸存在下,微波辅助和常规加热,用一锅煮的方法制备 8-羟基喹哪啶,收率分别为 85%和 81%[49]。该法收率虽然高,但 K 型杂多酸磷钨酸价格高,不适宜大量制备。本案例参考 8-羟基喹啉的制备方法[35,39],选择价廉易得的氧化剂邻硝基苯酚,在反应混合物中添加乙酸和三氯化铝,把巴豆醛慢慢滴加到加热的反应混合物中进行环合,后经中和、分层和蒸馏等后处理得到 8-羟基喹哪啶。实验结果表明在反应混合物中添加乙酸和三氯化铝,产物收率会比传统的方法显著提高[50]。

6.3.1 实验部分

1. 药品和仪器

药品:巴豆醛(含量≥98%,ω),36%(ω)盐酸,邻硝基苯酚,邻氨基苯酚,碘化钾,碘,氧化铁,硝基苯,邻硝基甲苯和对硝基甲苯均为化学纯试剂,上海化学试剂公司生产。

仪器:Bruker 红外光谱仪(德国),KBr 压片;Perkin-Elmer-2400 元素分析仪(美国);Bruker-400AM 核磁共振仪(德国),在室温下 TMS 为内标,$CDCl_3$ 为溶剂;P3000 型高效液相色谱仪(HPLC),北京科瑞海科学仪器有限公司,色谱柱为 Baseline 250 mm×4.6 mm C18 反相柱,色谱柱填料粒径 5 μm,流动相采用 $V(CH_3CN)$: $V(H_2O)$ =8 : 2,流量为 1 mL/min,检测波长为 250 nm,色谱柱温度为 20～25 ℃;1260/6230 TOF LC-MS 液质联用仪,美国安捷伦公司。

2. 反应机理

合成 8-羟基喹哪啶的反应机理如式 6 - 14 所示。采用 Doebner-Miller 法,在浓盐酸存在下,邻氨基苯酚和巴豆醛发生 Micheal 加成反应生成 β-芳胺基巴豆醛,继而醛基和苯环缩合，脱水得到二氢喹啉环，在邻硝基苯酚的作用下，氧化脱氢得到8-羟基喹哪啶。在这种反应条件下，氨基和醛基不发生缩合反应形成Schiff碱，因为最终产物中没有8-羟基-4-甲基喹啉。在合成8-羟基喹啉的工艺[35]中，为了避免丙烯醛的聚合等副反应，可加入醋酐，与丙烯醛生成缩合物。本案例加入乙酸和三氯化铝，目的是降低巴豆醛的自聚反应，提高反应酸度，以获得比较高的反应收率。

式6-14　合成8-羟基喹哪啶的反应机理

3. 实验方法

在装有机械搅拌器、温度计、回流冷凝管和滴液漏斗的1000 mL四口烧瓶内，加入500 mL浓盐酸(36%，ω)、30.0 g乙酸(0.50 mol)、10.0 g三氯化铝(0.075mol)、53.0 g邻氨基苯酚(0.50 mol)和25.0 g邻硝基苯酚(0.18 mol)。搅拌加热到95～100 ℃，在3 h内均匀滴加巴豆醛38.5 g(0.55 mol)，滴加完毕，再继续反应2 h。冷却到室温，用40%的氢氧化钠水溶液在温度不高于40 ℃下中和至pH为6.8，过滤出的固体为8-羟基喹哪啶粗品。减压蒸馏，收集186～198 ℃(27 kPa)的馏分，约60.5 g，熔点为73～74 ℃，含量为99.2%(ω，HPLC)，收率(基于所加的邻氨基苯酚计)为76%，含量为99.3%。

6.3.2　结果与讨论

1. 8-羟基喹哪啶的鉴定

元素分析[分析值/%(计算值/%)]：C，75.45(74.48)；H，5.70(5.71)；N，8.80(8.82)。元素分析结果与理论值的误差较很小，在误差范围之内。红外光谱在3 407 cm^{-1}，可归属为—OH特征吸收峰，3 024 cm^{-1}为═C—H伸缩振动，1 603 cm^{-1}、1 540 cm^{-1}是芳香环骨架振动，表明有芳香环存在；^{1}H NMR：δ为4.61(s，羟基上的1H)，7.36～8.13(m，喹啉环5H)，2.43(s，喹啉环上甲基3H)；MS，m/z=159(丰度为100%)，可以判断合成的化合物为8-羟基喹哪啶。

2. 反应条件对8-羟基喹哪啶收率的影响

(1) 氧化剂的选择

以邻氨基苯酚和巴豆醛为原料用Doebner-Miller法制备8-羟基喹哪啶的反应过程

如式 6-14 所示。可供选用的氧化剂有邻硝基苯酚、砷酸、钒酸、三氧化铁、四氯化锡、硝基苯磺酸、碘化钾/碘等[38]。最常用的是五价砷，但砷有毒，且价格昂贵。本案例考察了邻硝基苯酚等氧化剂对 8-羟基喹哪啶收率的影响，结果如表 6-4 所示。邻硝基苯酚为氧化剂时，8-羟基喹哪啶收率最高，因为它不仅能作为二氢喹啉的脱氢剂，而且有可能被还原成邻氨基苯酚并作为原料继续反应生成 8-羟基喹哪啶。邻氨基苯酚与邻硝基苯酚是以 1.0∶0.36 摩尔比例加入的。增加邻硝基苯酚的用量，8-羟基喹哪啶的收率并没有提高，而且延长了水蒸气蒸馏除去邻硝基苯酚的时间。

表 6-4　氧化剂对收率的影响

氧化剂	氧化剂用量/ mol	收率/%
邻硝基苯酚	0.18	76
邻硝基甲苯	0.18	65
对硝基甲苯	0.18	69
硝基苯	0.20	57
三氧化铁	0.20	47
碘/碘化钾	0.002/0.006	45

(2) 添加剂乙酸和三氯化铝的用量对收率的影响

文献报道添加乙酸可以提高喹啉环的收率[35,39]，考察发现乙酸能使反应有较高的稳定收率。若不加乙酸，用质量高的巴豆醛也可以获得高的反应收率；否则，收率就明显地下降，而且焦油量大。这可能是由于乙酸和巴豆醛分子中的醛基起反应，使巴豆醛不易聚合，有利于发生与邻氨基苯酚的加成反应，从而使反应收率提高。乙酸和三氯化铝的用量对 8-羟基喹哪啶的收率影响如表 6-5 所示，乙酸用量小于 0.17 mol(基于 0.50 mol 的邻氨基苯酚用量)，不起作用；用量过大，8-羟基喹哪啶的收率反而下降。三氯化铝的作用主要是催化缩合反应、增加溶液的盐酸浓度，三氯化铝用量过大，收率反而下降。

表 6-5　乙酸和三氯化铝用量对 8-羟基喹哪啶收率的影响

序号	HAc 用量/mol	$AlCl_3$ 用量/mol	收率/%
1	0.17	0	52
2	0.33	0	58
3	0.50	0	64
4	0.50	0.038	68
5	0.50	0.075	76
6	0.50	0.112	73
7	0.67	0	70
8	0.67	0.075	72

(3) 搅拌速度和巴豆醛的滴加速度对收率的影响

影响8-羟基喹哪啶质量及收率的主要因素是在整个合成反应中会生成一些活泼的中间产物,如β-芳氨基巴豆醛、二氢羟基喹啉等,它们极易与巴豆醛继续发生加成反应,生成一系列副产物,在加热的条件下形成焦油。从表6-6可以看出:提高搅拌速度和延长巴豆醛的滴加时间,能够提高8-羟基喹哪啶的生成速度,减少副反应的发生,从而增加8-羟基喹哪啶的收率。

表6-6 搅拌速度与巴豆醛的滴加时间对收率的影响

搅拌速度/r·min^{-1}	巴豆醛滴加时间/h	收率/%
100	1	42
100	2	56
200	1	48
200	2	65
300	1	69
300	2	70
400	3	76

6.3.3 结论

研究了在含有乙酸和三氯化铝的盐酸水溶液中,以邻氨基苯酚、邻硝基苯酚和巴豆醛为原料,用Doebner-Miller法合成了8-羟基喹哪啶的工艺,产物的收率比传统的方法显著提高。该法操作简便,成本较低,易于工业化。但选择邻硝基苯酚作为氧化剂,并没有被还原转化为邻氨基苯酚,作为原料进一步参与反应,邻硝基苯酚被还原为何种产物有待于进一步研究。

6.4 衍生物工艺|7-烷基-8-羟基喹啉的制备工艺

6.4.1 研究现状

Kelex 100是高效金属离子萃取剂7-(4-乙基-1-甲基辛基)-8-羟基喹啉的商品名(又称7-烷基-8-羟基喹啉),英文名7-(4-Ethyl-1-Methylocty)-8-hydroxy-quinoline,CAS号:73545-11-6,是商品Kelex®100,Kelex®100S和Kelex®108的主要成分[51]。

7-(4-乙基-1-甲基辛基)-8-羟基喹啉通常由7-(4-乙基-1-甲基-1-辛烯基)-8-羟基喹啉(即7-烯基-8-羟基喹啉类)催化加氢而得。7-烷基-8-羟基喹啉与7-烯基-8-羟基喹啉同为有机萃取剂,最初均称为Kelex 100,但7-烯基-8-羟基喹啉作为金属萃取剂循环套用的效果不佳,目前Kelex 100通常是指7-(4-乙基-1-甲基辛基)-8-羟基喹啉。国内外

对 7-烯基或 7-烷基-8-羟基喹啉的合成方法文献鲜有报道，无完整的 7-(4-乙基-1-甲基辛基)-8-羟基喹啉合成方法可借鉴。

1. 7-烷基-8-羟基喹啉的合成方法

Shiratori 等[52]以乙醇为溶剂，在碱金属或碱土金属氢氧化物碱性条件下，用 Pd/C 为催化剂，通入 H_2 至 0.6 MPa，加热至 60 ℃将 7-(4-乙基-1-甲基辛烯基)-8-羟基喹啉催化加氢还原得到 7-(4-乙基-1-甲基辛基)-8-羟基喹啉，此法有一定量副产物 7-烷基-8-羟基四氢喹啉生成而降低目标产物的收率。刘长巘等[53]以 2-氯辛烷与 8-羟基喹啉为原料，二甲苯为溶剂，在高压釜中于 210 ℃下发生 Friedel-Crafts 烷基化反应，20 h 后，得到 7-(1-甲基庚基)-8-羟基喹啉，收率较低(45.8%)。

2. 7-烯基-8-羟基喹啉的合成

合成 7-烯基-8-羟基喹啉的方法分为三类，类似 Aldol 缩合法、Claisen 重排法和 Friedel-Crafts 烃基化反应法。

(1) 类似 Aldol 缩合法

Richards 等[54]在 220～240 ℃下，在碱金属氢氧化物催化下，以甲基烷基酮与 8-羟基喹啉发生类似 Aldol 缩合反应生成 7-(1-甲基-1-羟基烷基)-8-羟基喹啉中间体，随后原位脱去 1 分子 H_2O 得到 7-烯基-8-羟基喹啉，此法反应条件下因有少量甲基烷基酮自身缩合而降低原料转化率。Hartlage 等[55]以碱催化，长链脂肪醛与 8-羟基喹啉为原料回流 21 h，发生类似 Aldol 缩合反应，得到 7-(1-羟基烷基)-8-羟基喹啉中间体，脱水得到 7-烯基-8-羟基喹啉，醛分子间因自身 Aldol 缩合平衡常数较大，在强碱存在及此反应温度条件下，极易自身缩合产生大量焦油的副产物而降低产物收率。

(2) Claisen 重排法

Mattison[56]以 DMSO 为溶剂，氢氧化钠为催化剂，在 70 ℃下用 1-氯-5,5,7,7-四甲基-2-辛烯(十二烯基氯，活泼的烯丙基氯衍生物)与 5-氯-8-羟基喹啉反应 18 h，生成中间体烯丙基芳基醚。此中间体发生 Claisen 重排，得到 5-氯-7-(5,5,7,7-四甲基-2-辛烯基)-8-羟基喹啉。Budde[57]等在 35 ℃下，以 DMF 为溶剂，溶解于甲醇的氢氧化钾碱性环境，向底物 8-羟基喹啉中滴加十二烯基氯，反应 16 h，生成的中间体烯丙基芳基醚在蒸馏温度下发生 Claisen 重排，得到 7-(1-乙烯基-3,3,5,5-四甲基己基)-8-羟基喹啉。

(3) Friedel-Crafts 烃基化反应法

刘长巘等[58]在 115 ℃下，用 8-羟基喹啉与十二烯基氯发生 Friedel-Crafts 反应，生成 7-(5,5,7,7-四甲基-2-辛烯基)-8-羟基喹啉。

无论 Claisen 重排法还是 Friedel-Crafts 反应法合成 7-烯基-8-羟基喹啉，均是以高碳烯丙基氯为原料，此化合物来源困难。例如，Niederhauser 等[59,60]在高压釜中用 2,4,4-三甲基-1-戊烯与氯化氢反应生成 1-氯-1,1,3,3-四甲基丁烷，再以氯化锌为催化剂与通入的丁二烯在 30 ℃下反应 72 h 生成 1-氯-5,5,7,7-四甲基-2-辛烯。此反应时间太长，生产成本高，难于实现工业化。

本案例中合成的目标产物 7-(4-乙基-1-甲基-1-辛烯基)-8-羟基喹啉(Kelex 100)共

分为五步完成。前三步是合成 Kelex 100 的重要中间体：5-乙基-2-壬酮（5-ethylnonanone），CAS：5440－89－1，为定香剂和表面活性剂的中间体，但国内鲜有厂家生产；后两步是5-乙基-2-壬酮与8-羟基喹啉缩合生成的7-(4-乙基-1-甲基-1-辛烯基)-8-羟基喹啉，经直接催化加氢或转移氢化法即得到最终产物7-(4-乙基-1-甲基辛基)-8-羟基喹啉。

6.4.2 实验部分

1. 试剂和仪器

主要仪器和试剂如表6－7，主要分析测试仪器如表6－8所示。

表6－7 主要设备和试剂

试剂或仪器	含量或型号	生产厂家	备注
正丁醛	98.5%，CP	国药化学试剂有限公司	
丙酮	$\omega \geq 99.0\%$，CP	国药化学试剂有限公司	ω为质量分数
8-羟基喹啉	98.5%	南京奥德赛化工公司	工业级
吡啶	99.0%，AR	国药化学试剂有限公司	
NaOH	99.0%，AR	国药集团化学试剂公司	
$Ba(OH)_2 \cdot 8H_2O$	97.0%，CP	天津大茂化学试剂厂	
Pd/C	5.0%	宇瑞(上海)化学有限公司	
N_2	99.9%	南京上元工业气体厂	
H_2	≥99.9%	南京上元工业气体厂	
微电机	WK－322	山东祥和集团博山微电机厂	
磁力驱动高压釜	GSH－2	威海化工机械有限公司	

表6－8 主要分析测试仪器

仪器	型号	生产厂家	备注
熔点测定仪	SGWX－4	上海精密仪器厂	
高精密分析	FA－1104N	深圳将驰电子	
红外光谱仪	VECTOR22	瑞士 Bruker	KBr压片
气相色谱仪	N2000	浙大智达	检测器：FID，进样器：分流，柱温：程序升温，积分方法：面积归一法
液相色谱仪	1260	美国 Agilent	色谱柱 C18 柱（4.6 mm×100 mm×2.5 μm），积分方法：面积归一法
气质联用仪	GCMS－QP2010	日本岛津	色谱柱为 Rtx－5MS 毛细管柱（30 m×0.25 μm，0.25 μm）

（续表）

仪器	型号	生产厂家	备注
液质联用仪	1260/6230 TOF LC/MS	美国 Agilent	ODS - C_{18}（4. 6mm × 250 mm，5μm）
质谱仪	Optima 5300DV	美国 Perkin Elmeruker	波长：170～800 nm，精密度 RSD ≤2%，检测下限：0. 00X～0. Xmg/L
核磁共振仪	Avance 400 MHz	瑞士 Bruker	TMS 为内标

2. 合成路线和流程图

首先正丁醛自身 Aldol 缩合反应会失去 1 分子 H_2O 得到 2-乙基-2-己烯醛(**5**)，2-乙基-2-己烯醛(**5**)与丙酮在催化剂 $Ba(OH)_2 \cdot 8H_2O$ 碱性条件下发生交叉 Aldol 缩合反应失去 1 分子 H_2O 得到 5-乙基-3，5-壬二烯-2-酮(**4**)，5-乙基-3，5-壬二烯-2-酮(**4**)催化加氢为重要中间体 5-乙基-2-壬酮(**3**)，再以 5-乙基-2-壬酮(**3**)与 8-羟基喹啉为原料发生缩合反应失去 1 分子 H_2O 生成 7-(4-乙基-1-甲基-1-辛烯基)-8-羟基喹啉(**2**)，即 7-烯基-8-羟基喹啉，再用 Pd/C 催化加氢 7-(4-乙基-1-甲基-1-辛烯基)-8-羟基喹啉(**2**)得 7-烷基-8-羟基喹啉，即 7-(4-乙基-1-甲基辛基)-8-羟基喹啉(**1**，Kelex 100)。Kelex 100 的合成路线如式 6－15，合成 Kelex 100 的工艺流程如图 6－3 所示。

式 6－15　Kelex 100 的合成路线

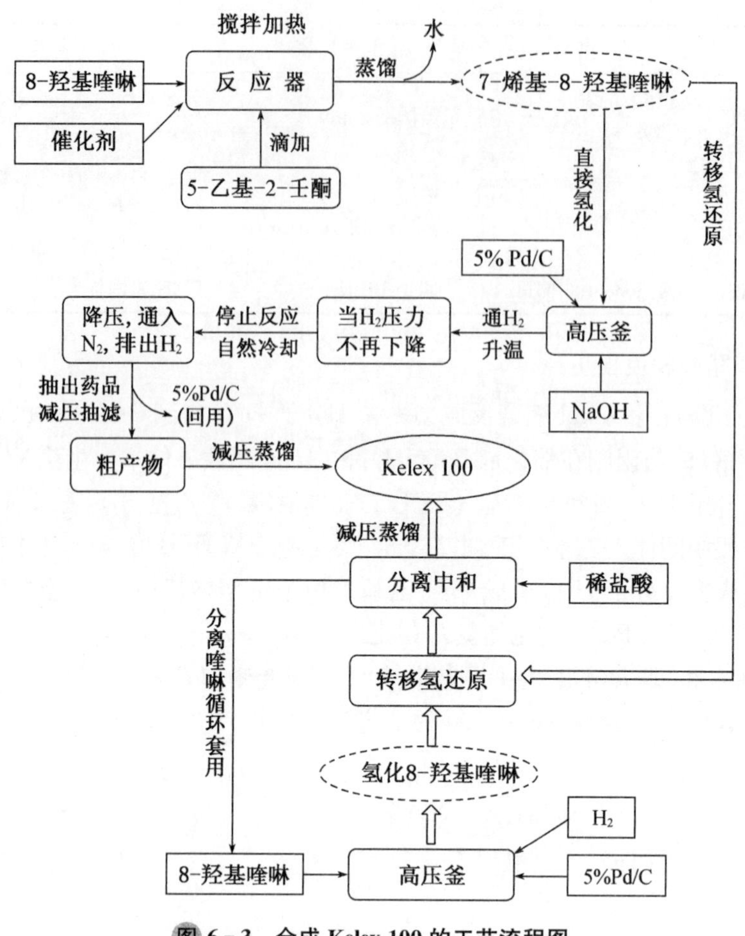

图 6-3 合成 Kelex 100 的工艺流程图

3. 中间体 5-乙基-2-壬酮的合成

(1) 合成 2-乙基-2-己烯醛

在装有回流冷凝管、恒压滴液漏斗、电动搅拌器的三口烧瓶中加入 50.0 mL 2.0%(ω)(25.0 mmol)氢氧化钠溶液，室温搅拌下从恒压漏斗中滴入一定量的正丁醛，30.0 min 滴毕，反应液呈乳白色；将恒压漏斗取下换成温度计，加热到一定温度继续搅拌一定时间，反应液变为浅黄色；将烧瓶中的反应物转入分液漏斗中，分去碱液(下层)，油层(上层)每次用 40.0 mL 去离子水洗涤两次至中性；粗产物转入一干燥的分液漏斗中，放置片刻后上层变为清亮的溶液，少量的水及絮状物沉入下层，从分液漏斗活塞放出少量水及絮状物，上层物用适量的无水硫酸钠干燥，滤去干燥剂，减压蒸出产物，称取质量，计算收率。

(2) 合成 5-乙基-3,5-壬二烯-2-酮

向安装电动搅拌器、回流冷凝管和滴液漏斗的三口烧瓶中加入一定量的丙酮、12.6 mL(156.0 mmol)吡啶、一定量的 $Ba(OH)_2 \cdot 8H_2O$，电热套加热至回流；搅拌下从恒压滴液漏斗缓慢滴加 33.2 g(200.0 mmol)的 2-乙基-2-己烯醛(**5**)，20.0 min 滴毕，

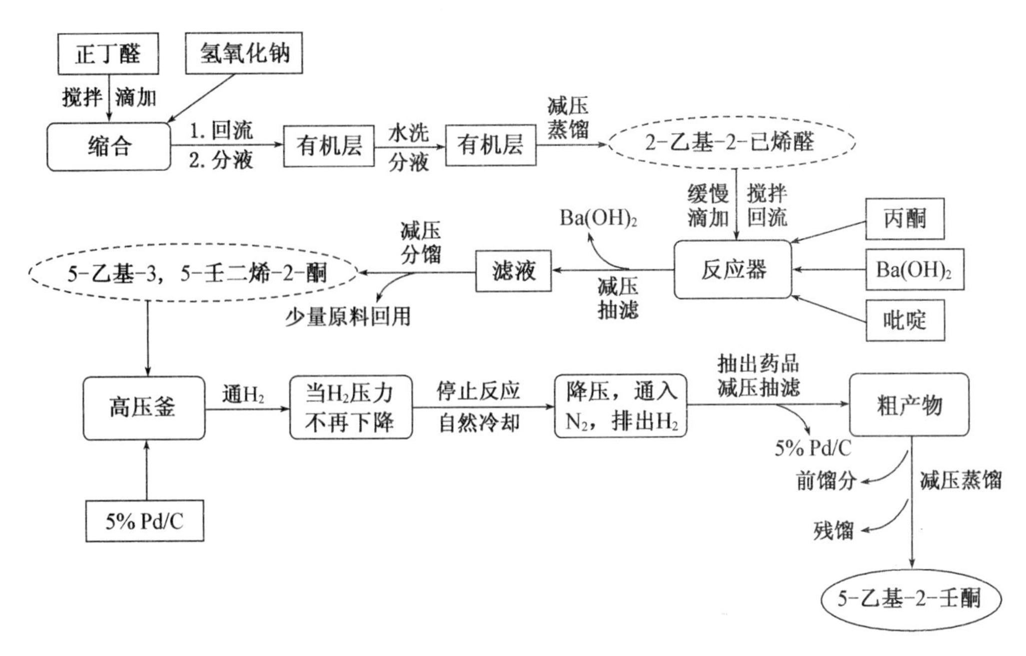

图 6-4　合成 5-乙基-2-壬酮的工艺流程图

反应混合物中液体由乳白色向淡黄色转变；在一定温度下反应一定时间，停止加热，减压抽滤除去 $Ba(OH)_2$，滤液为黄色液体；减压蒸馏依次蒸出过量的丙酮、助催化剂吡啶、残余的 **5**，即可得到产物 5-乙基-3,5-壬二烯-2-酮(**4**)，气相色谱测定产物含量，称重，计算产物收率。

(3) 合成 5-乙基-2-壬酮

在 2.0 L 高压反应釜内，加入 100.0 g 5-乙基-3,5-壬二烯-2-酮(**4**)，一定量的 5.0% Pd/C，抽真空，用氢气置换高压釜内的空气，反复 7～8 次；把高压釜内充入氢气到一定压力，加热升温到一定温度，待反应釜内氢气压力开始下降时，打开氢气阀，维持反应釜内一定压力，反应一定时间，关闭氢气阀门，反应釜氢气压力不下降则停止反应；降温，取样用气相色谱仪测定产物，通过测定产物含量控制反应进程。

4. 7-(4-乙基-1-甲基辛基)-8-羟基喹啉的合成

首先，5-乙基-2-壬酮和 8-羟基喹啉在无溶剂下用碱性催化剂加热生成 7-(4-乙基-1-甲基-1-辛醇)-8-羟基喹啉，反应温度下失去 1 分子 H_2O 生成 7-(4-乙基-1-甲基-1-辛烯基)-8-羟基喹啉(**2**)，此步反应通过边反应边蒸馏移除反应中生成的水使化学平衡向右移动。粗产物采用减压蒸馏法依次蒸馏出未反应完的 5-乙基-2-壬酮、8-羟基喹啉及 7-烯基-8-羟基喹啉(**2**)，未反应完的原料循环回用，加入碱催化剂目的是与 8-羟基喹啉生成酚盐，酚氧负离子互变异构为 7-位碳负离子而与 5-乙基-2-壬酮的羰基发生亲核加成反应生成 7-(4-乙基-1-甲基-1-辛醇)-8-羟基喹啉。然后，**2** 为底物、5.0%(ω)Pd/C 为催化剂，在碱性助剂参与下加热通入氢气，**2** 基本上定量转化为 7-烷基-8-羟基喹啉，即终产物 7-(4-乙基-1-甲基辛基)-8-羟基喹啉(**1**)，用 GC 分析产物的含量及过度还原产物的含量。在还原反应体系中加入少量的无机碱性助剂，可以抑制副产物过度氢化产物的生成，如果副产物含量过高，可以在加热的条件下通入空气氧化。为了避免过度氢化，采用催化转移氢还原法，即是在 Pd/C 催化下，8-羟基喹啉催化氢化为氢化 8-羟基喹啉，再与 7-烯基-8-羟基喹啉反应，得到产物 Kelex 100。

(1) 7-烯基-8-羟基喹啉的合成

在装有搅拌器、回流冷凝管、蒸馏头和温度计的 250.0 mL 四口烧瓶中，加入 43.1 g (250.0 mmol)的 5-乙基-2-壬酮，一定量的 8-羟基喹啉和一定量的 NaOH。反应混合物加热到一定温度，反应温度下蒸馏除水。保持此温度反应一定时间，减压蒸馏，先蒸出前馏分(未反应的 8-羟基喹啉和 5-乙基-2-壬酮)，称重。然后，减压蒸馏出产物 7-烯基-8-羟基喹啉，即 7-(4-乙基-1-甲基-1-辛烯基)-8-羟基喹啉，称重，通过滴定馏分中未反应的 8-羟基喹啉，确定转化率，计算产物的收率。

(2) 7-烷基-8-羟基喹啉的合成

① 直接催化氢化法：在 2.0 L 高压釜中，加入 50.0 g 7-烯基-8-羟基喹啉，400.0 g 乙醇，650.0 mg 氢氧化钾，2.5 g(5.0%，ω)Pd/C 催化剂。用氮气吹扫 3 次，慢慢合上上盖，螺丝上紧后，先用机械泵抽真空，反复通氮气 3 次，将釜内空气排尽。再抽真空，通入氢气，搅拌升温到一定温度并保持此温，氢气为一定压力，压力降低时再通入氢气，氢气压力不再减少时，停止反应，此时 7-烯基-8-羟基喹啉基本上转化为 7-烷基-8-羟基喹啉，即 7-(4-乙基-1-甲基辛基)-8-羟基喹啉，最后，用 GC 分析产物的含量及过度还原产物的含量。

② 转移氢还原法：在 2.0 L 高压釜中，加入 100.0 g 底物 8-羟基喹啉，300.0 g 乙醇，1.0 g 氢氧化钾和 2.5 g 的 5.0% Pd/C 催化剂。慢慢合上上盖，螺丝上紧后，先用机械泵抽真空，反复通氮气 3 次吹扫，将釜内空气排尽。再抽真空，通入氢气，搅拌升温到(60.0±1.0) ℃并保持此温，氢气压力为 0.7 MPa～0.8 MPa，压力降低时再通入氢气，氢气压力不再减少时，反应 5.0 h 后停止反应，此时 8-羟基喹啉基本上转化为氢化 8-羟基喹啉，主要为四氢-8-羟基喹啉和少量的二氢-8-羟基喹啉。蒸馏除去乙醇溶剂，残余物直接用于下一步还原。

在 500.0 mL 反应烧瓶上，安装机械搅拌、回流冷凝管和温度计。加入 50.0 g 7-烯基-8-羟基喹啉，30.0 g 上述制备的氢化 8-羟基喹啉，温度缓慢升高到(150.0±1.0) ℃反应 8.0 h，冷却。加入 350.0 mL15.0%(ω)的盐酸水溶液，氧化产物 8-羟基喹啉溶于水相而与 7-烷基-8-羟基喹啉分离，用碱中和水相，8-羟基喹啉从水相中以固体析出后直接回用。用 GC 分析产物含量及过度还原产物的含量。

6.4.3 表征分析

1. 合成 5-乙基-2-壬酮相关表征

(1) 2-乙基-2-己烯醛表征：2-乙基-2-己烯醛为无色且带有鱼腥味的液体，沸点 174.0～175.0 ℃(0.1 MPa，文献值 175 ℃)；用气相色谱测定产物含量，2-乙基-2-己烯

醛，保留时间为 2.895 min，采用面积归一法得到产物含量为 99.0%。IR，σ/cm^{-1}：2 966.0 cm^{-1}（烃基的 C—H 伸缩振动），2 875.0 cm^{-1}（—CHO 的 C—H 伸缩振动），1 667.0 cm^{-1}（α，β-不饱和 C═O 的伸缩振动），1 595.0 cm^{-1}（双键的 C═C 伸缩振动），1 383.0 cm^{-1}（甲基 C—H 的对称振动），618.3 cm^{-1}（烃基的面外摇摆振动），产物的 IR 谱如图 6－5 所示；^{1}H NMR（$CDCl_3$），δ（ppm）：0.931（t，6H），1.520（m，2H），1.3（m，2H），2.237（m，2H），2.339（m，2H），6.400（t，1H），9.338（s，1H）。

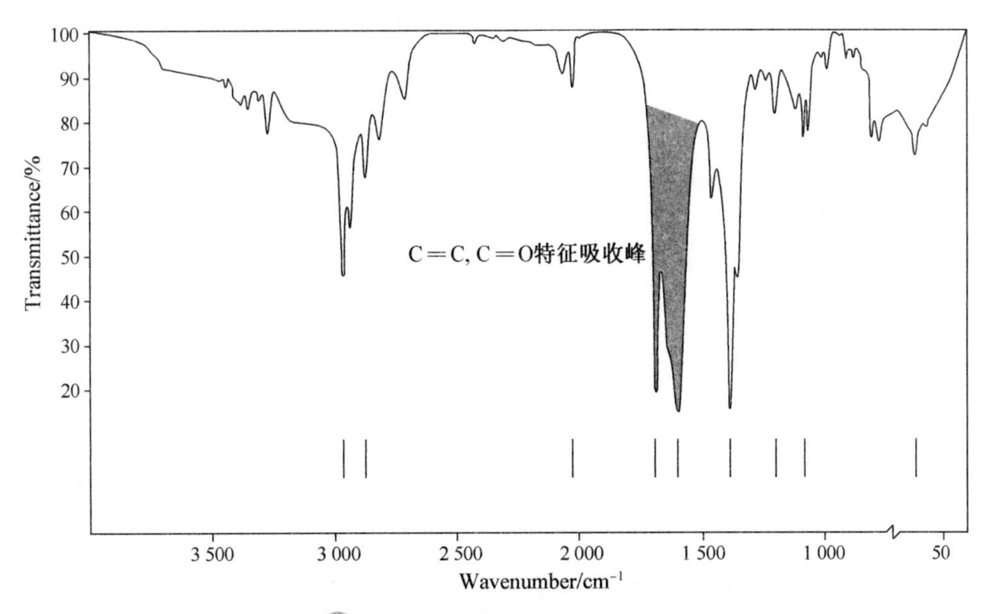

图 6－5　2-乙基-2-己烯醛的 IR 谱

（2）5-乙基-3，5-壬二烯-2-酮表征：5-乙基-3，5-壬二烯-2-酮（4）为淡黄色液体，沸点为 240 ℃（0.1 MPa）；液相色谱测定产物含量：流动相为 70.0%甲醇＋30.0%水，5-乙基-3，5-壬二烯-2-酮保留时间为 1.317 min，采用面积归一法得到产物含量为 96.5%，产物的液相色谱如图 6－6 所示，结果分析如表 6－9 所示；IR，σ/cm^{-1}：2 964.5 cm^{-1}、2 874.7 cm^{-1}（—CH_3、—CH_2 的 C—H 伸缩振动），1 667.0 cm^{-1}（α，β-γ，δ-不饱和 C═O 伸缩振动），1 595.0 cm^{-1}（C═C 伸缩振动），1 383.0 cm^{-1}（C═C—CH 的 C—H 的弯曲振动），1 257.0 cm^{-1}（烷基酮 C═O 伸缩振动以外的吸收），979.0 cm^{-1}（与羰基相连的═CH 的 C—H 面外弯曲振动），产物的 IR 谱如图 6－7 所示；5-乙基-3，5-壬二烯-2-酮的^{1}H-NMR（$CDCl_3$），δ（ppm）：0.931（t，3H），0.972（t，3H），1.454（m，2H），2.202（m，2H），2.333（m，5H），5.858（t，1H），6.077（d，J＝16 Hz，1H），7.035（d，J＝16 Hz，1H）。

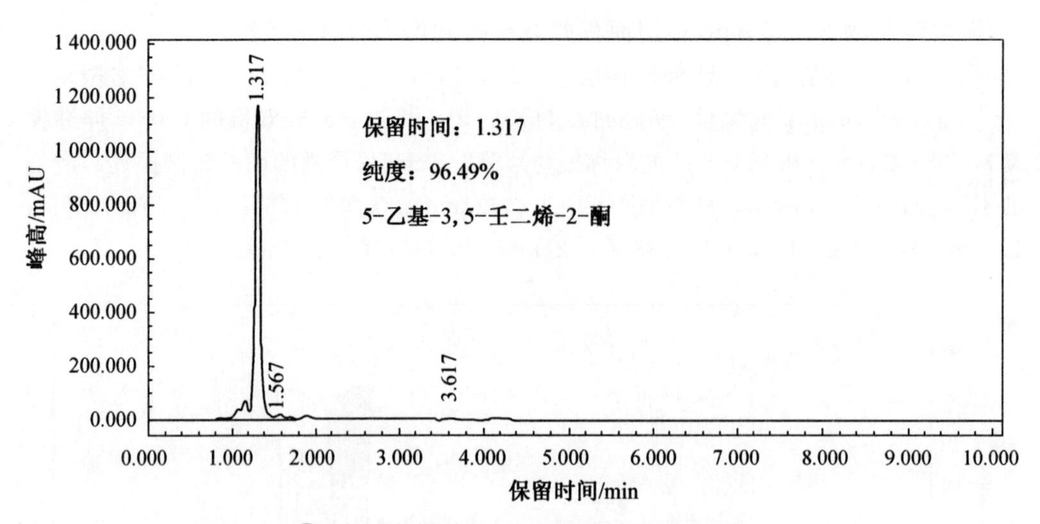

图 6－6　5-乙基-3,5-壬二烯-2-酮的液相图谱

表 6－9　结果分析

序号	保留时间/min	峰面积 uAU×s	峰面积百分比/%	峰高/mAU
1	1.317	4 904 708.100	96.49	1 181.348
2	1.567	173 598.800	3.42	13.586
3	3.617	4 576.400	0.09	0.390

注：结果分析中"不对称性、半峰宽、理论塔板数、有效塔板数、容量因子"均略去。

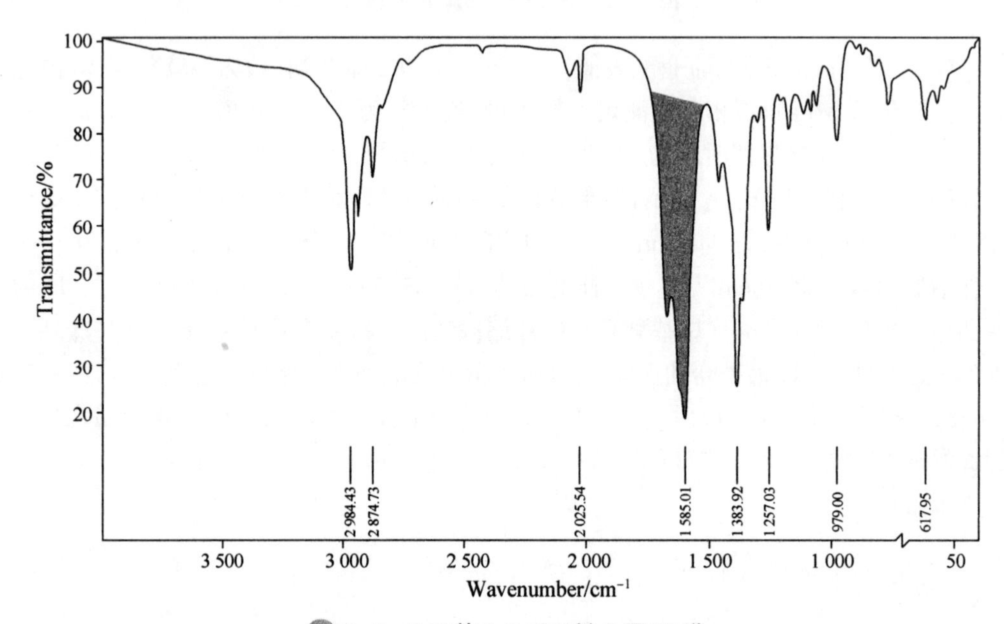

图 6－7　5-乙基-3,5-壬二烯-2-酮 IR 谱

（3）5-乙基-2-壬酮表征：5-乙基-2-壬酮为淡黄色液体，沸点为 217.7 ℃（0.1 MPa）；液相色谱测定产物含量：流动相为 70.0%甲醇＋30.0%水，5-乙基-2-壬酮保留时间为 6.353 min，采用面积归一法得到产物含量为 97.4%（ω）；IR，σ/cm^{-1}：2 928.0 cm^{-1}、2 859.8 cm^{-1}（—CH_3、—CH_2 的 C—H 伸缩振动）1 719.3 cm^{-1}（羰基 C ═O 伸缩振动），1 459.3 cm^{-1}、1 356.9 cm^{-1}（—CH_3、—CH_2—的 C—H 弯曲振动），727.7 cm^{-1}（—CH_2—的平面摇摆振动），产物的 IR 谱如图 6－8 所示；GC－MS，m/z：170.0（M^+），71.0（$M^+-C_7H_{15}$，100.0%），141.0（$M^+-C_2H_5$），112.0（$M^+-C_3H_6O$），产物的气质联用谱图如图 6－9 所示。

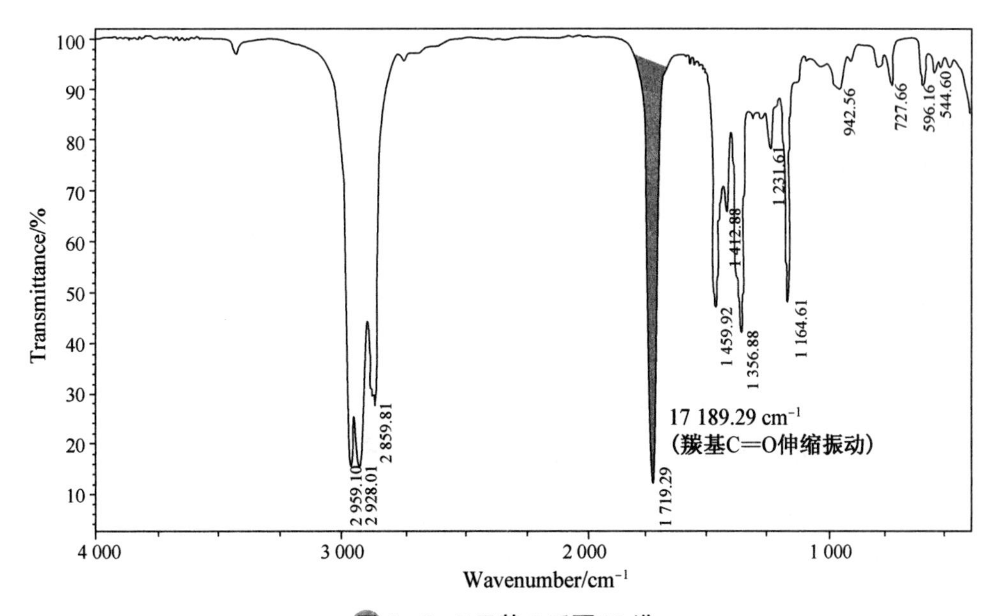

图 6－8　5-乙基-2-壬酮 IR 谱

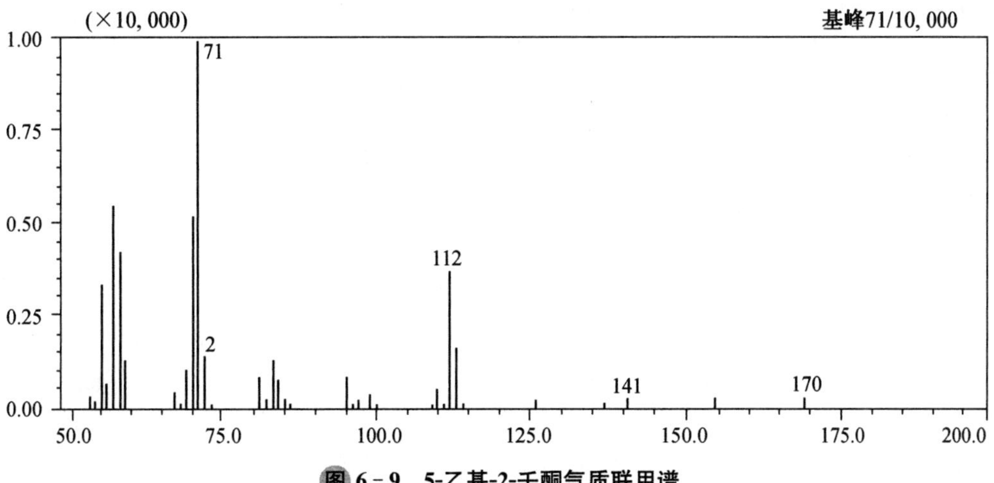

图 6－9　5-乙基-2-壬酮气质联用谱

2. 合成 7-烷基-8-羟基喹啉相关表征

(1) 表观性质与含量:终产物 7-(4-乙基-1-甲基辛基)-8-羟基喹啉(Kelex 100)为浅黄绿色油状液体,bp:249.0 ℃(2.6×10^{-3} MPa);GC 测定产物的含量为 97.3%(保留时间:7.990 min)、过度氢化产物为 0.4%(保留时间:8.172 min),Kelex 100 气相色谱如图 6-10 所示,结果分析如表 6-10 所示。

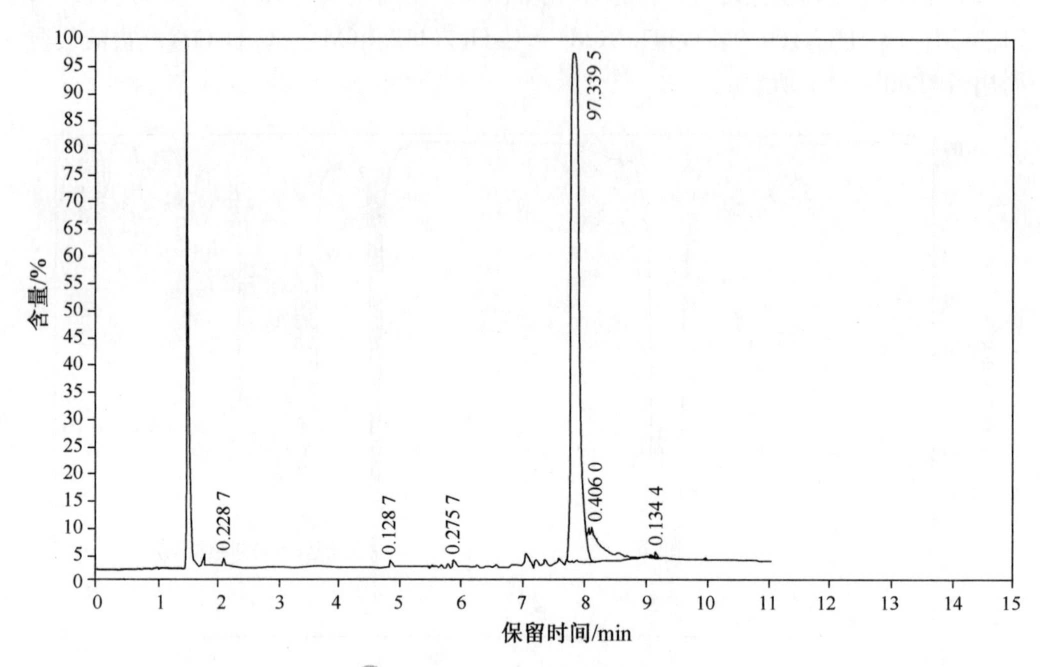

图 6-10 Kelex 100 的气相色谱

表 6-10 结果分析

序号	保留时间/min	峰高/mAU	峰面积 mAU×s	含量/%
1	1.618	2 601.376	2 877.500	0.158 8
2	1.770	1 875.670	2 275.899	0.125 6
3	2.093	1 123.163	4 143.499	0.228 7
4	4.827	666.994	2 296.399	0.126 7
5	5.892	617.333	4 996.249	0.275 7
6	7.085	2 107.164	8 697.624	0.480 0
7	7.258	542.255	2 823.881	0.155 8
8	7.365	829.110	3 719.284	0.205 2
9	7.575	435.212	3 434.832	0.189 5
10	7.990	231 713.484	1 737 046.750	97.339 5
11	8.172	2 135.449	7 358.516	0.406 0
12	9.212	828.550	2 435.912	0.134 4
总计		259 396.947	1 812 105.344	100.000 0

(2) 红外光谱：IR，σ/cm^{-1}：3 382.7 cm^{-1}（羟基 O—H 伸缩振动），2 925.4 cm^{-1}、2 857.9 cm^{-1}（$—CH_3$，$—CH_2$ 的 C—H 伸缩振动），1 575.0 cm^{-1}，1 503.5 cm^{-1}（喹啉环上 C═C、C═N 伸缩振动），1 374.6 cm^{-1}（喹啉环上 C—N 伸缩振动），1 278.5 cm^{-1}（喹啉环上 C—O 伸缩振动），826.2 cm^{-1}（苯环邻位取代面外弯曲振动），产物 Kelex100 的 IR 谱如图 6 - 11 所示。

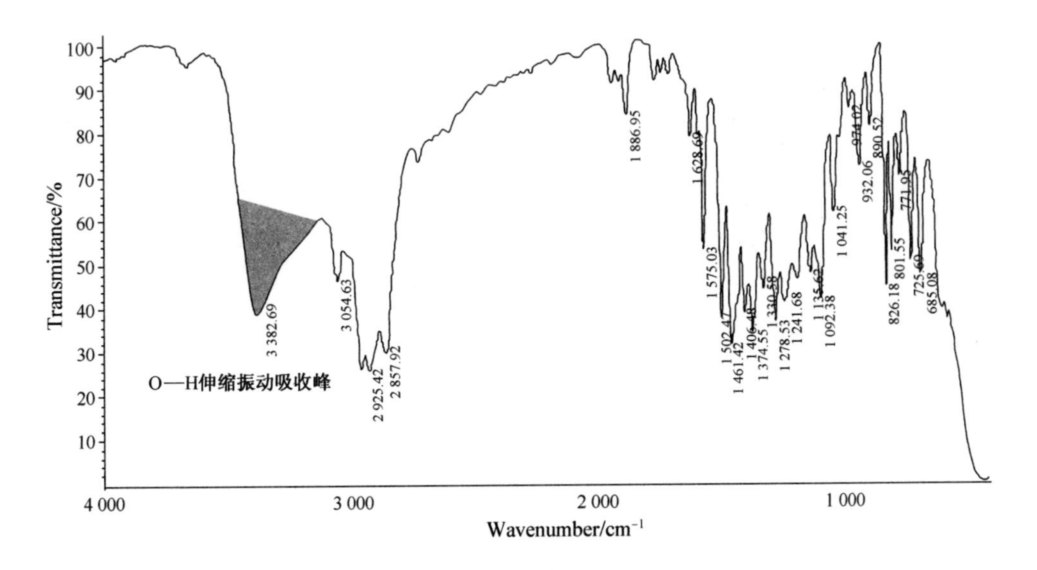

图 6 - 11　Kelex 100 的 IR 图谱

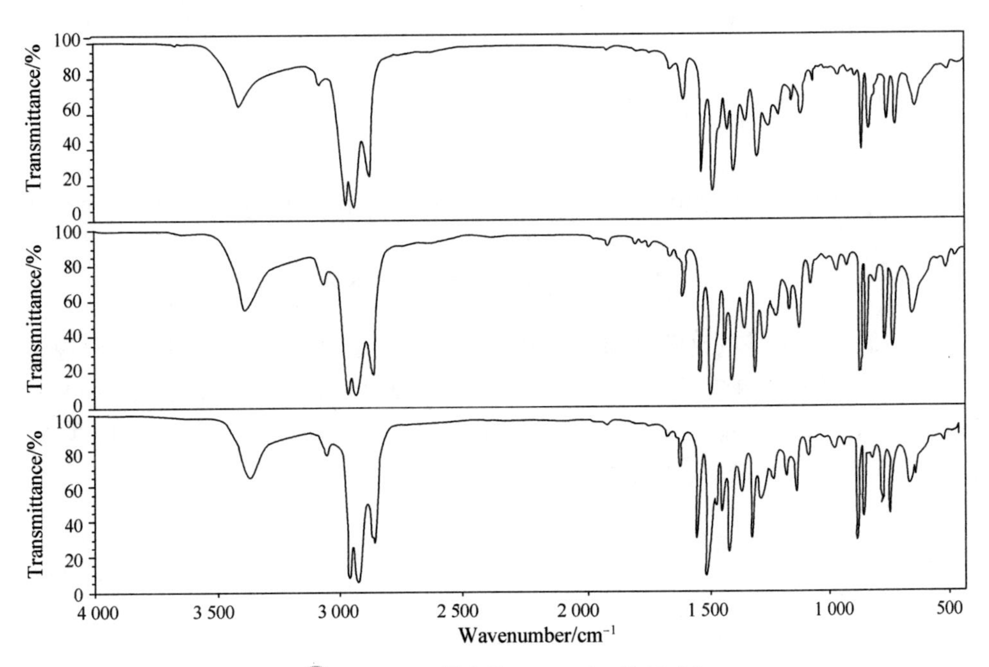

图 6 - 12　三批产物 Kelex 100 的 IR 图

三批产物的IR谱基本相同,说明产物可再现性强,三批产物7-(4-乙基-1-甲基辛基)-8-羟基喹啉的IR对照图谱如图6-12所示。

(3) 核磁共振谱(^{1}H NMR):δ ($CDCl_3$,ppm),0.820 0(3H,t,Hn),0.881 4(3H,t,Hp),1.273 3~1.354 9(15H,m,Hm,Hl,Hk,Hi,Hq,Ho,Hh),1.655 7(1H,m,Hj),1.887 0(1H,m,Hg),3.4372(1H,s,Hf),7.282 5~7.284 7(1H,d,J=8.8,Hd),7.335 0~7.357 1(1H,d,J=8.8,He),7.392 3~7.494 0(1H,m,Hb),8.126 0~8.146 1(1H,d,J=8.0,Hc),8.775 1~8.782 2(1H,d,J=8.0,Ha),Kelex 100的^{1}H NMR谱如图6-13所示。

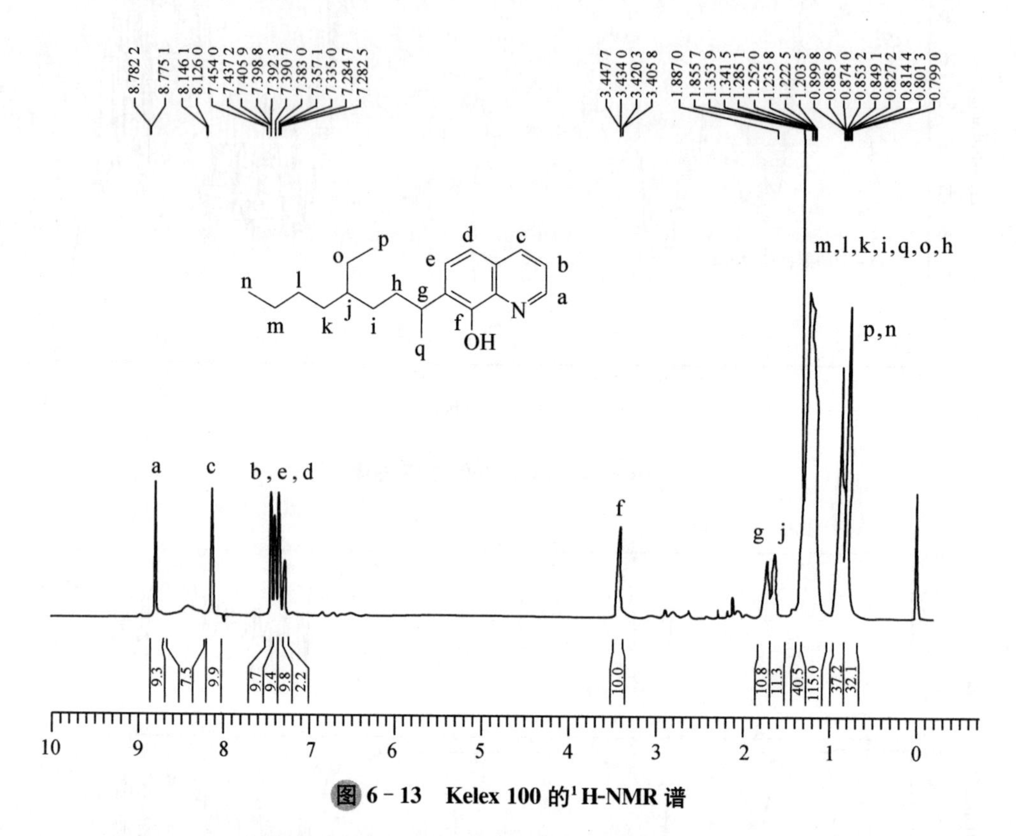

图6-13 Kelex 100的^{1}H-NMR谱

(4) 质谱:电喷雾电离源(ESI),正离子检测,扫描范围:100~800 Da;ESI源温度为120 ℃,N_2为脱溶剂气,温度380.0 ℃,流速为10.0 L/min,毛细管电压3.0 kV,锥孔电压20 V。MS(m/z):300.1(M^++1),301.5(M^++2,15.0%),299.0(M^+,5.0%),Kelex 100的质谱如图6-14所示。

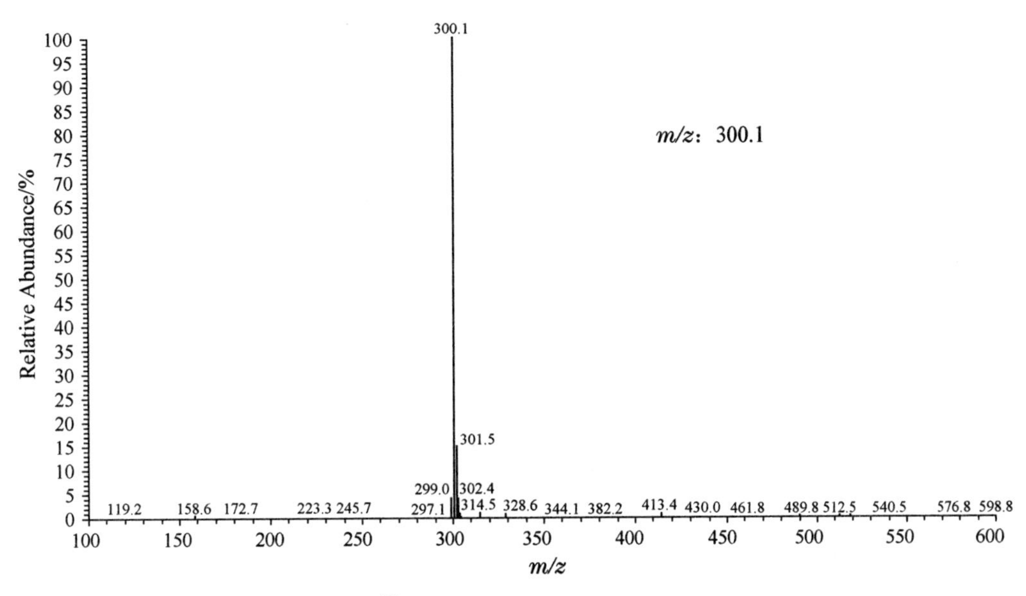

图 6 - 14　Kelex 100 的质谱

6.4.4　结果与讨论

五步合成 7-烷基-8-羟基喹啉(Kelex 100)。三步合成 5-乙基-2-壬酮,然后 5-乙基-2-壬酮与喹啉先合成 7-烯基-8-羟基喹啉,再采用转移氢化法使 8-羟基喹啉加氢还原后的氢化-8-羟基喹啉将氢转移到 7-烯基-8-羟基喹啉分子中,生成 Kelex 100。

1. 5-乙基-2-壬酮的合成

(1) 最优合成路线研究

5-乙基-2-壬酮是合成 Kelex 100 的重要中间体,但此化合物完整合成路线国内外文献中均无报道。本案例参照文献,拟定出五种合成 5-乙基-2-壬酮的技术方案,分别是 Aldol 缩合法、乙酰乙酸乙酯法、格式试剂法、Knoevenagel(诺文盖尔)缩合法和仿山梨酸合成法,如式 6 - 16 所示。在保证清洁生产的前提下,力求以最简便的方法获得最大的生产效益的原则,对各种可行的技术方案进行实验室研究,以寻求最佳合成路线。

乙酰乙酸乙酯法

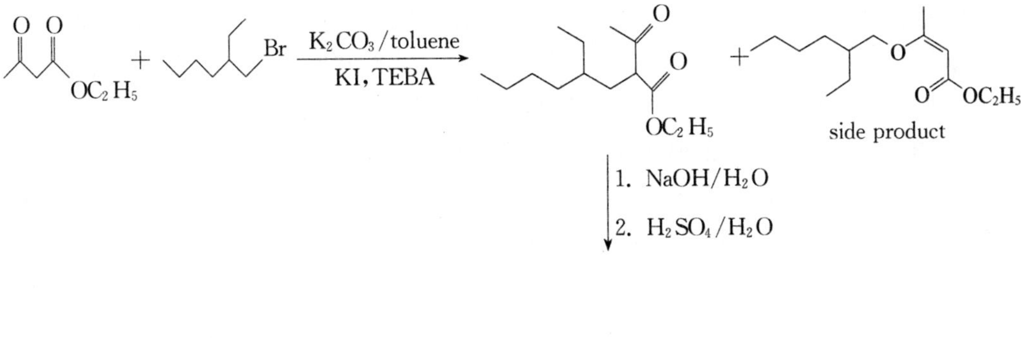

O　O　OC_2H_5　+　Br　$\xrightarrow[\text{KI, TEBA}]{K_2CO_3/\text{toluene}}$　O　O　OC_2H_5　+　O　O　OC_2H_5　side product

1. $NaOH/H_2O$

2. H_2SO_4/H_2O

5-ethyl-2-nonanone

格式试剂法

1. Mg/THF
2.
3. H_3O^+

Al / acetone

5-ethyl-2-nonanone

Knoevenagel 缩合法

Pyridine

1. $NaOH/H_2O$
2. H_3O^+

Pd/C H_2

仿山梨酸合成法

$Ba(OH)_2$

Pd/C H_2

5-ethyl-2-nonanone

Aldol 缩合法

$NaOH/H_2O$　Pd/C H_2　$NaOH/H_2O$ acetone　Pd/C H_2

式 6-16　五种合成 5-乙基-2-壬酮的路线

Aldol 缩合法[61]是以正丁醛为初始原料，经碱催化自身 Aldol 缩合，加热脱水得 2-乙基-2-己烯醛[62,63]，再经催化加氢制得 2-乙基己醛[64]。生成的 2-乙基己醛与丙酮发生交叉 Alold 缩合，再加热脱水生成 5-乙基-3-壬烯-2-酮(烯酮)，产物烯酮再经催化加氢即获得 5-乙基-2-壬酮。此法第三步为丙酮和 2-乙基己醛交叉缩合反应，因 2-乙基己醛的 $\alpha-H$ 活性较强易自身缩合，丙酮 $\alpha-H$ 活性较弱，不易进攻 2-乙基己醛而生成此步目的产物烯酮。为提高烯酮收率，宜采用碱性较强的催化剂，使丙酮分子活化，反应丙酮需过量很多。2-乙基己醛缓慢滴加至丙酮的氢氧化钠溶液中，可提高产物收率，但强碱催化下的 2-乙基己醛更易发生自身缩合。因此，尽管原料正丁醛、丙酮来源充足，但反应条件下饱和醛自身缩合较严重，且两次催化加氢，增加了设备成本。

乙酰乙酸乙酯法[65]：乙酰乙酸乙酯与溴代异辛烷发生取代反应，生成烷基取代的乙酰乙酸乙酯，经酮式分解而得产物 5-乙基-2-壬酮。溴代异辛烷合成步骤繁多，用料较为昂贵，产生氧烷基化副产物，皂化后酸化还产生烷基醚、异辛醇等副产物，且难以与 5-乙基-2-壬酮分离，工业化程度不高。

格式试剂法[66]：溴代异辛烷与镁粉生成的格式试剂与环氧丙烷反应得 5-乙基-2-壬

醇，以异丙醇铝为碱试剂、过量的丙酮为还原剂将5-乙基-2-壬醇还原为5-乙基-2-壬酮。此条合成路线步骤较长，且反应条件要求无水，工艺条件比较苛刻，产物提纯等后处理困难，总收率低，故也不是最佳的工业化生产方案。

Knoevenagel缩合法[67]是以正丁醛为初始原料，经碱（如NaOH溶液）催化，进行正丁醛自身缩合，加热脱水得2-乙基-2-己烯醛。2-乙基-2-己烯醛与乙酰乙酸乙酯在吡啶催化下反应发生Knoevenagel缩合反应得α,β-不饱和化合物，经稀的氢氧化钠溶液皂化，盐酸酸化得5-乙基-3,5-壬二烯-2-酮，用负载型催化剂（如Pd/C）催化加氢使C═C双键饱和，得到产物5-乙基-2-壬酮。反应需五步完成，收率较低，且所用原料乙酰乙酸乙酯价格较高，生产成本较高。

仿山梨酸合成法是参照山梨酸技术方案[68]中的不饱和醛与酮的交叉Aldol缩合反应一步，拟定为本案例合成5-乙基-2-壬酮工艺路线。此法合成5-乙基-2-壬酮：① 只有三步反应，比前四种方法中步骤最少的Aldol缩合反应法少一步催化加氢反应，节省了生产成本；② 此法所用原料为不饱和醛与饱和酮，丙酮（饱和酮）很容易失去质子而成为活泼的碳负离子，此碳负离子与2-乙基-2-己烯醛的羰基发生亲核加成，再受热脱水生成5-乙基-3,5-壬二烯-2-酮，没有其他副产物生成；③ 5-乙基-2-壬酮市售价约为25万元/吨[69]，而原料正丁醛市售价仅约为8 300元/吨[70]，2006年中国年产量大于300万吨[71]，另一原料丙酮最高价仅约为8 695元/吨（2012年度），2004—2012年间，全球丙酮的总生产能力逐年增加，2012年中国年产量就达到65万吨[72,73]，且此法对原料要求不高，可用含水的原料，如工业级的酮或醛，反应条件容易实现，得到的产品收率高、质量好，适合工业化生产。

（2）合成2-乙基-2-己烯醛的实验条件优化

本案例由正丁醛自身缩合生成的2-甲基-3-羟基己醛，在反应温度下随即失去1分子H_2O得到2-乙基-2-己烯醛(**5**)。为了探索合成2-乙基-2-己烯醛最佳的反应条件，通过初步实验，确定影响2-乙基-2-己烯醛收率的主要因素为正丁醛用量（A）、反应时间（B）和反应温度（C）。在2.0%（ω）无机碱（50.0 mL，0.25 mol）及正丁醛滴加时间（30.0 min）不变的情况下，推测正丁醛用量（A）范围为0.2～0.4 mol，反应时间范围（B）为2.0～3.0 h、反应温度（C）范围为70.0～100.0 ℃。然后确定以0.5 mol、0.6 mol和0.7 mol为正丁醛用量（A）的三个水平，以2.0 h、2.5 h、3.0 h为反应时间（B）的三个水平，以（70.0±1.0）℃、（85.0±1.0）℃、（100.0±1.0）℃为反应温度（C）的三个水平，合成2-乙基-2-己烯醛正交实验$L_9(3^4)$的因素水平表如表6-11，直观分析如表6-12，方差分析如表6-13所示。

表 6-11　合成 2-乙基-2-己烯醛的 $L_9(3^4)$ 因素水平表

水平	因素					
	A 正丁醛/mol		B 反应时间/h		C 反应温度/℃	
1	A_1	0.5	B_1	2.0	C_1	70.0±1.0
2	A_2	0.6	B_2	2.5	C_2	85.0±1.0
3	A_3	0.7	B_3	3.0	C_3	100.0±1.0

表 6-12　合成 2-乙基-2-己烯醛的 $L_9(3^4)$ 的直观分析表

试验号	水平组合	A 正丁醛/mol	B 反应时间/h	C 反应温度/℃	D	收率/%
1	$A_1B_1C_1D_1$	1(0.5)	1(2.0)	1(70.0±1.0)	1	81.1
2	$A_1B_2C_2D_2$	1(0.5)	2(2.5)	2(85.0±1.0)	2	88.2
3	$A_1B_3C_3D_3$	1(0.5)	3(3.0)	3(100.0±1.0)	3	80.6
4	$A_2B_1C_2D_3$	2(0.6)	1(2.0)	2(85.0±1.0)	3	97.6
5	$A_2B_2C_3D_1$	2(0.6)	2(2.5)	3(100.0±1.0)	1	94.6
6	$A_2B_3C_1D_2$	2(0.6)	3(3.0)	1(70.0±1.0)	2	93.3
7	$A_3B_1C_3D_2$	3(0.7)	1(2.0)	3(100.0±1.0)	2	79.4
8	$A_3B_2C_1D_3$	3(0.7)	2(2.5)	1(70.0±1.0)	3	84.9
9	$A_3B_3C_2D_1$	3(0.7)	3(3.0)	2(85.0±1.0)	1	83.7
K_{1j}		249.9	258.1	259.3	259.6	(1) 影响因素主次顺序：A→C→B；(2) 最优反应条件：$A_2B_2C_2$
K_{2j}		285.5	267.7	269.5	260.9	
K_{3j}		248	257.6	254.6	263.1	
$K_{1j}/3$		83.3	86.0	86.4	86.5	
$K_{2j}/3$		93.2	89.2	89.8	87.0	
$K_{3j}/3$		82.7	85.9	84.9	87.7	
极差 R_j		12.5	3.3	4.9	1.2	

表 6-13　合成 2-乙基-2-己烯醛的 $L_9(3^4)$ 的方差分析表

方差来源	平方和	自由度(f)	均方	F	临界值
A 正丁醛用量	$S_A=297.5$	2	148.7	128.8	$F_{0.01}(2,2)=99.0$
B 反应时间	$S_B=21.6$	2	10.8	9.4	$F_{0.05}(2,2)=19.0$
C 反应温度	$S_C=38.7$	2	19.3	16.8	$F_{0.1}(2,2)=9.0$
误差 e	$S_e=2.3$	2	1.2		
总和 T	$S_T=360.1$	8			

注：三种因素对 2-乙基-2-己烯醛收率影响强度：① 正丁醛用量对 2-乙基-2-己烯醛收率有非常显著影响；② 反应温度对收率有显著影响；③ 反应时间对收率有比较显著影响。

通过显著性检验可知反应时间对收率有比较显著的影响（次要因素），选取直观分析各因素最大 K 值所对应的水平为最优水平，对次要因素，从节约成本出发选取水平，本实验 B 可选 B_2 或者 B_1。然后，用 $A_2B_2C_2$ 和 $A_2B_1C_2$ 各做三次重复实验，一是对 $A_2B_2C_2$ 和 $A_2B_1C_2$ 得到的收率进行比较，二是考察收率的再现性和可靠性。合成 2-乙基-2-己烯醛最优反应条件验证实验方案如表 6－14 所示。

表 6－14　合成 2-乙基-2-己烯醛的 $L_9(3^4)$ 的最优方案验证实验表

水平组合	试验号	A 正丁醛/mol	B 反应时间/h	C 反应温度/℃	实验收率/%	平均收率/%
$A_2B_2C_2$	1	0.6	2.5	85.0±1.0	99.3	99.3
	2	0.6	2.5	85.0±1.0	99.1	
	3	0.6	2.5	85.0±1.0	99.4	
$A_2B_1C_2$	1	0.6	2.0	85.0±1.0	97.6	97.6
	2	0.6	2.0	85.0±1.0	97.9	
	3	0.6	2.0	85.0±1.0	97.4	

从表 6－14 可验证最佳条件下，生成 2-乙基-2-己烯醛的收率（99.3%）高于其他情况下的收率。因此，合成 2-乙基-2-己烯醛（**5**）最佳反应条件：在（85±1.0）℃温度下，将正丁醛（54.0 mL，0.6 mol）用 30.0 min 从恒压漏斗中滴加入 2.0%（ω）氢氧化钠（50.0 mL，25.0 mmol）中，滴毕，升温至（85.0±1.0）℃搅拌反应 2.5 h，2-乙基-2-己烯醛收率为 99.3%。

（3）合成 5-乙基-3，5-壬二烯-2-酮的实验条件优化

实验探索发现在原料配比、反应条件不变的情况下，使用不同的无机碱作为催化剂时，催化剂的选择是此步缩合反应最直接的影响因素。氢氧化钠作催化剂，无产物5-乙基-3，5-壬二烯-2-酮（**4**）生成；使用弱碱氢氧化镁作催化剂，产物 **4** 收率很低；使用氧化钙参加缩合反应，**4** 的收率为 50.0%；采用固体 $Ba(OH)_2 \cdot 8H_2O$ 作催化剂，**4** 收率增加，且分离简便，产物 **4** 含量高。

在保证实验安全性和环保性的前提下，确定合成 **4** 的可行性参数范围。通过初步实验确定反应温度、反应时间、原料配比和催化剂的选择为影响因素，设计合成 **4** 的 $L_{16}(4^5)$ 的五因素四水平正交试验水平如表 6－15，直观分析如表 6－16，方差分析如表 6－17 所示。

表 6－15　影响 5-乙基-3，5-壬二烯-2-酮收率的因素水平表

水平	因素							
	A		B		C		D	
	n(丙酮)∶n(**5**)		n(**5**)∶$n[Ba(OH)_2 \cdot H_2O]$		反应温度/℃		反应时间/h	
1	A_1	4.0∶1.0	B_1	6.0∶1.0	C_1	35.0±1.0	D_1	2.0
2	A_2	6.0∶1.0	B_2	8.0∶1.0	C_2	45.0±1.0	D_2	2.5
3	A_3	8.0∶1.0	B_3	10.0∶1.0	C_3	55.0±1.0	D_3	3.0
4	A_4	10.0∶1.0	B_4	1.02∶1.0	C_4	65.0±1.0	D_4	3.5

表 6-16　影响 5-乙基-3,5-壬二烯-2-酮收率的 $L_{16}(4^5)$ 的直观分析表

试验号	水平组合	A n(丙酮)：n(5)	B n(5)：n[$Ba(OH)_2 \cdot H_2O$]	C 反应温度/℃	D 反应时间/h	E	萃取率/%
1	$A_1B_1C_4D_3E_2$	1(4.0：1.0)	1(6.0：1.0)	4(65.0±1.0)	3(3.0)	2	85.8
2	$A_2B_1C_1D_1E_3$	2(6.0：1.0)	1(6.0：1.0)	1(35.0±1.0)	1(2.0)	3	89.6
3	$A_3B_1C_3D_4E_1$	3(8.0：1.0)	1(6.0：1.0)	3(55.0±1.0)	4(3.5)	1	78.9
4	$A_4B_1C_2D_2E_4$	4(10.0：1.0)	1(6.0：1.0)	2(45.0±1.0)	2(2.5)	4	87.4
5	$A_1B_2C_3D_2E_3$	1(4.0：1.0)	2(8.0：1.0)	3(55.0±1.0)	2(2.5)	3	90.4
6	$A_2B_2C_2D_4E_2$	2(6.0：1.0)	2(8.0：1.0)	2(45.0±1.0)	4(3.5)	2	90.3
7	$A_3B_2C_4D_1E_4$	3(8.0：1.0)	2(8.0：1.0)	4(65.0±1.0)	1(2.0)	4	81.2
8	$A_4B_2C_1D_3E_1$	4(10.0：1.0)	2(8.0：1.0)	1(35.0±1.0)	3(3.0)	1	84.5
9	$A_1B_3C_1D_4E_4$	1(4.0：1.0)	3(10.0：1.0)	1(35.0±1.0)	4(3.5)	4	88.6
10	$A_2B_3C_4D_2E_1$	2(6.0：1.0)	3(10.0：1.0)	4(65.0±1.0)	2(2.5)	1	92.4
11	$A_3B_3C_2D_3E_3$	3(8.0：1.0)	3(10.0：1.0)	2(45.0±1.0)	3(3.0)	3	89.4
12	$A_4B_3C_3D_1E_2$	4(10.0：1.0)	3(10.0：1.0)	3(55.0±1.0)	1(2.0)	2	83.6
13	$A_1B_4C_2D_1E_1$	1(4.0：1.0)	4(12.0：1.0)	2(45.0±1.0)	1(2.0)	1	88.9
14	$A_2B_4C_3D_3E_4$	2(6.0：1.0)	4(12.0：1.0)	3(55.0±1.0)	3(3.0)	4	87.8
15	$A_3B_4C_1D_2E_2$	3(8.0：1.0)	4(12.0：1.0)	1(35.0±1.0)	2(2.5)	2	81.9
16	$A_4B_4C_4D_4E_3$	4(10.0：1.0)	4(12.0：1.0)	4(65.0±1.0)	4(3.5)	3	78.1
K_{1j}		353.7	341.7	344.6	343.3	344.7	
K_{2j}		360.1	346.4	356.0	352.1	341.6	
K_{3j}		331.4	354.0	340.7	347.5	347.5	(1) 影响因素主次顺序：A → C → B →D；(2) 最优反应条件：$A_2B_3C_2D_2$
K_{4j}		333.6	336.7	337.5	335.9	345.0	
$K_{1j}/4$		88.4	85.4	86.2	85.8	86.2	
$K_{2j}/4$		90.0	86.6	89.0	88.0	85.4	
$K_{3j}/4$		82.9	88.5	85.2	86.9	86.9	
$K_{4j}/4$		83.4	84.2	84.4	84.0	86.3	
极差 R_j		7.2	4.3	4.6	4.1	1.5	

表 6-17　合成 5-乙基-3,5-壬二烯-2-酮的 $L_{16}(4^5)$ 的方差分析表

方差来源	平方和	自由度	均方	F	临界值
A　n(丙酮)∶n(**5**)	$S_A=154.6$	3	51.5	35.2	
B　n(**5**)∶$n[Ba(OH)_2 \cdot H_2O]$	$S_B=40.6$	3	13.5	9.3	
C　反应温度	$S_C=48.9$	3	16.3	11.1	$F_{0.01}(3,3)=29.5$ $F_{0.05}(3,3)=9.3$ $F_{0.1}(3,3)=5.4$
D　反应时间	$S_D=35.5$	3	11.8	8.1	
误差 e	$S_e=4.4$	3	1.5		
总和 T	$S_T=283.9$	15			

注：四种因素对合成 5-乙基-3,5-壬二烯-2-酮收率影响强度：① 丙酮与 **5** 物质的量之比对合成 **4** 的收率影响特别显著；② 反应温度、**5** 与氢氧化钡物质的量之比影响显著；③ 反应时间影响比较显著。

从表 6-18 可见，组合条件为 $A_2B_3C_2D_2$ 和 $A_2B_3C_2D_1$ 的收率相差不大，从降低成本的角度，选取 $A_2B_3C_2D_1$ 对应的水平为最佳反应条件，即由 2-乙基-2-己烯醛(**5**)与丙酮合成 5-乙基-3,5-壬二烯-2-酮(**4**)最佳反应条件：丙酮与 **5** 的物质的量之比为 6∶1，**5** 与 $Ba(OH)_2 \cdot 8H_2O$ 的物质的量之比为 10∶1，**5** 与吡啶的物质的量之比为 1.3∶1.0，(45.0±1.0) ℃下反应 2.0 h，产物 **4** 的收率为 93.8%。

表 6-18　合成 5-乙基-3,5-壬二烯-2-酮的最优方案验证实验表

水平组合	试验号	A n(丙酮)∶n(**5**)	B n(**5**)∶$n[Ba(OH)_2 \cdot 8H_2O]$	C 反应温度/℃	D 反应时间/h	平行收率/%	平均收率/%
$A_2B_3C_2D_2$	1	6.0∶1.0	10.0∶1.0	45.0±1.0	2.5	94.6	94.2
	2	6.0∶1.0	10.0∶1.0	45.0±1.0	2.5	94.1	
	3	6.0∶1.0	10.0∶1.0	45.0±1.0	2.5	93.9	
$A_2B_3C_2D_1$	1	6.0∶1.0	10.0∶1.0	45.0±1.0	2.0	93.7	93.8
	2	6.0∶1.0	10.0∶1.0	45.0±1.0	2.0	93.8	
	3	6.0∶1.0	10.0∶1.0	45.0±1.0	2.0	93.9	

(4) 合成 5-乙基-2-壬酮的实验条件优化

此实验操作难点在于催化加氢时必须控制好反应条件，以免轻度还原成中间体单烯酮即 5-乙基-3-壬烯-2-酮，或过度还原成 5-乙基-2-壬醇，此类副产物分离比较困难，会给后续生产带来很大的不便。因此，5-乙基-3,5-壬二烯-2-酮(**4**)催化加氢还原为 5-乙基-2-壬酮(**3**)的原料配比和反应条件决定产物的含量和收率，实验发现反应温度在 80.0～90.0 ℃，压力在 0.5 MPa 左右时，可获得较高含量的 5-乙基-2-壬酮，约 92.0%(ω)。使用高压釜时，一定要用氮气反复吹净釜中的空气后才能通氢气进行反应，否则易发生爆炸。设计合成 5-乙基-2-壬酮的正交实验因素水平如表 6-19，直观分析如表 6-20，方差分析如表 6-21 所示。

表 6-19 影响 5-乙基-2-壬酮收率的 $L_{16}(4^5)$ 因素水平表

水平	因素							
	A m(**4**)∶m(Pd/C)		B H_2 压力/MPa		C 反应温度/℃		D 反应时间/h	
1	A_1	8.0∶1.0	B_1	0.3	C_1	70.0±1.0	D_1	3
2	A_2	10.0∶1.0	B_2	0.4	C_2	80.0±1.0	D_2	4
3	A_3	12.0∶1.0	B_3	0.5	C_3	90.0±1.0	D_3	5
4	A_4	14.0∶1.0	B_4	0.6	C_4	100.0±1.0	D_4	6

表 6-20 影响 5-乙基-2-壬酮收率的 $L_{16}(4^5)$ 的直观分析表

试验号	水平组合	A m(**4**)∶ m(Pd/C)	B H_2 压力 /MPa	C 反应温度 /℃	D 反应 时间/h	E	收率/%
1	$A_1B_1C_4D_3E_2$	1(8.0∶1.0)	1(0.3)	4(100.0±1.0)	3(5.0)	2	63.9
2	$A_2B_1C_1D_1E_3$	2(10.0∶1.0)	1(0.3)	1(70.0±1.0)	1(3.0)	3	73.9
3	$A_3B_1C_3D_4E_1$	3(12.0∶1.0)	1(0.3)	3(90.0±1.0)	4(6.0)	1	89.8
4	$A_4B_1C_2D_2E_4$	4(14.0∶1.0)	1(0.3)	2(80.0±1.0)	2(4.0)	4	72.8
5	$A_1B_2C_3D_2E_3$	1(8.0∶1.0)	2(0.4)	3(90.0±1.0)	2(4.0)	3	80.4
6	$A_2B_2C_2D_4E_2$	2(10.0∶1.0)	2(0.4)	2(80.0±1.0)	4(6.0)	2	87.9
7	$A_3B_2C_4D_1E_4$	3(12.0∶1.0)	2(0.4)	4(100.0±1.0)	1(3.0)	4	93.4
8	$A_4B_2C_1D_3E_1$	4(14.0∶1.0)	2(0.4)	1(70.0±1.0)	3(5.0)	1	79.7
9	$A_1B_3C_1D_4E_4$	1(8.0∶1.0)	3(0.5)	1(70.0±1.0)	4(6.0)	4	77.2
10	$A_2B_3C_4D_2E_1$	2(10.0∶1.0)	3(0.5)	4(100.0±1.0)	2(4.0)	1	78.7
11	$A_3B_3C_2D_3E_3$	3(12.0∶1.0)	3(0.5)	2(80.0±1.0)	3(5.0)	3	89.9
12	$A_4B_3C_3D_1E_2$	4(14.0∶1.0)	3(0.5)	3(90.0±1.0)	1(3.0)	2	78.3
13	$A_1B_4C_2D_1E_1$	1(8.0∶1.0)	4(0.6)	2(80.0±1.0)	1(3.0)	1	73.8
14	$A_2B_4C_3D_3E_4$	2(10.0∶1.0)	4(0.6)	3(90.0±1.0)	3(5.0)	4	80.4
15	$A_3B_4C_1D_2E_2$	3(12.0∶1.0)	4(0.6)	1(70.0±1.0)	2(4.0)	2	88.2
16	$A_4B_4C_4D_4E_3$	4(14.0∶1.0)	4(0.6)	4(100.0±1.0)	4(6.0)	3	75.1
K_{1j}		295.3	300.4	319.0	319.4	322.0	
K_{2j}		320.9	341.4	324.4	320.1	318.3	
K_{3j}		361.3	324.1	328.9	313.9	319.3	(1) 影响因素主次顺序：A→B→C→D；
K_{4j}		305.9	317.5	311.1	330.0	323.8	
$K_{1j}/4$		73.8	75.1	79.8	79.9	80.5	
$K_{2j}/4$		80.2	85.4	81.1	80.0	79.6	(2) 最优反应条件：$A_3B_2C_3D_4$
$K_{3j}/4$		90.3	81.0	82.2	78.5	79.8	
$K_{4j}/4$		76.5	79.4	77.8	82.5	81.0	
极差(R_j)		16.5	10.3	4.4	4.0	1.4	

表 6-21 合成 5-乙基-2-壬酮的 $L_{16}(4^5)$ 的方差分析表

方差来源	平方和	自由度	均方	F	临界值
A m(**4**)∶m(Pd/C)	S_A=628.1	3	209.4	132.7	$F_{0.01}(3,3)$=29.5 $F_{0.05}(3,3)$=9.3 $F_{0.1}(3,3)$=5.4
B H_2 压力	S_B=215.6	3	71.9	45.6	
C 反应温度	S_C=44.0	3	14.7	9.3	
D 反应时间	S_D=33.7	3	11.2	7.1	
误差 e	S_e=4.7	3	1.6		
总和 T	S_T=926.1	15			

注：四种因素对合成 5-乙基-2-壬酮收率影响强度：① **4** 与 Pd/C 的质量之比和 H_2 压对合成 **3** 的收率影响特别显著；② 反应温度影响显著；③反应时间影响比较显著。

用 $A_3B_2C_3D_3$ 和 $A_3B_2C_3D_4$ 各做两次重复实验。另外，保持 $A_3B_2C_3$ 的水平组合不变，D 因素以反应时间为 5.0 h(D_3)、6.0 h(D_4)及 7.0 h(D_5)进行两次实验，一方面考察收率的再现性和可靠性；另一方面从降低成本的目的出发，比较三种水平组合的收率，以确定合成 **3** 的最佳实验条件。合成 5-乙基-2-壬酮最优反应条件的验证实验方案如表 6-22 所示。

表 6-22 合成 5-乙基-2-壬酮的最优方案验证实验表

水平组合	试验号	A m(**4**)∶m(Pd/C)	B H_2 压力/MPa	C 反应温度/℃	D 反应时间/h	平行收率/%	平均收率/%
$A_3B_2C_3D_3$	1	12.0∶1.0	0.4	90.0±1.0	5.0	94.2	94.4
	2	12.0∶1.0	0.4	90.0±1.0	5.0	94.5	
$A_3B_2C_3D_4$	1	12.0∶1.0	0.4	90.0±1.0	6.0	94.8	94.6
	2	12.0∶1.0	0.4	90.0±1.0	6.0	94.4	
$A_3B_2C_3D_5$	1	12.0∶1.0	0.4	90.0±1.0	7.0	94.9	95.0
	2	12.0∶1.0	0.4	90.0±1.0	7.0	95.0	

从表 6-22 可见，组合条件为 $A_3B_2C_3D_3$、$A_3B_2C_3D_4$ 及 $A_3B_2C_3D_5$ 的收率相差不大，为了节省反应时间，选取 $A_3B_2C_3D_3$ 对应的水平为最佳反应条件，即由 5-乙基-3,5-壬二烯-2-酮(**4**)催化加氢合成 5-乙基-2-壬酮(**3**)的最佳反应条件：**4** 与 Pd/C 的质量之比为 12.0∶1.0，H_2 压力为 0.4 MPa，反应温度为(90.0±1.0) ℃，反应时间为 5.0 h 时，生成 Kelex 100 的重要中间体 5-乙基-2-壬酮的收率为 94.4%。

合成 5-乙基-2-壬酮最佳反应条件：在 85.0 ℃ 温度下，将正丁醛(54.0 mL，0.6 mol)用 30.0 min 从恒压漏斗中滴加入 2.0%(ω)氢氧化钠(50.0 mL，0.025 mol)中，滴毕，升温至(85.0±1.0) ℃搅拌反应 2.5 h，生成 2-乙基-2-己烯醛(**5**)收率为 99.3%。然后，丙酮与 **5** 的物质的量之比为 6∶1，**5** 与 $Ba(OH)_2 \cdot 8H_2O$ 物质的量之比

为 10∶1.0，**5** 与吡啶物质的量之比为 1.3∶1.0，反应温度为(45.0±1.0) ℃，反应时间为2.0 h时，生成产物 5-乙基-3，5-壬二烯-2-酮(**4**)收率为 93.8%。最后，**4** 与 Pd/C 的质量之比为 12.0∶1.0，H_2 压为 0.4 MPa，反应温度为(90.0±1.0) ℃，反应时间为 5.0 h时，生成 5-乙基-2-壬酮(**3**)收率为 94.4%。

2. 7-(4-乙基-1-甲基辛基)-8-羟基喹啉的合成

转移氢化法是利用氢化 8-羟基喹啉与 7-烯基-8-羟基喹啉反应，7-烯基-8-羟基喹啉被还原为产物 7-烷基-8-羟基喹啉，而氢化 8-羟基喹啉脱氢被氧化为 8-羟基喹啉；用稀 HCl 洗涤反应混合物，8-羟基喹啉易溶于稀酸而巧妙地与油溶性 7-烷基-8-羟基喹啉分离。

先以 5-乙基-2-壬酮(**3**)与 8-羟基喹啉为原料，在碱性条件下缩合脱水得到 7-(4-乙基-1-甲基-1-辛烯基)-8-羟基喹啉(**2**，7-烯基-8-羟基喹啉)，再将 **2** 用 Pd/C 催化加氢得终产物 7-(4-乙基-1-甲基辛基)-8-羟基喹啉(**1**，7-烷基-8-羟基喹啉，Kelex 100)。**1** 纯化采用主蒸馏釜和副蒸馏釜联合使用的半连续蒸馏方法，蒸馏收率比现有工艺提高 10.0%。

(1) 合成 7-烯基-8-羟基喹啉的实验条件优化

通过初步实验，推测影响由 5-乙基-2-壬酮和 8-羟基喹啉为原料合成 **2** 收率的因素为无机碱用量(A 因素)、8-羟基喹啉用量(B 因素)、反应温度(C 因素)和反应时间(D 因素)。固定 5-乙基-2-壬酮投料量为 43.1 g(0.25 mol)，设计合成 **2** 的正交实验 $L_{16}(4^5)$ 的因素水平如表 6－23，直观分析表 6－24，方差分析如表 6－25 所示。

表 6－23　合成 7-烯基-8-羟基喹啉正交实验 $L_{16}(4^5)$ 的因素水平表

水平	因素			
	A NaOH/mmol	B 8-羟基喹啉/mmol	C 反应温度/℃	D 反应时间/h
1	16.0	250.0	160.0±1.0	8.0
2	18.0	300.0	180.0±1.0	10.0
3	20.0	350.0	200.0±1.0	12.0
4	22.0	400.0	220.0±1.0	14.0

表 6－24　合成 7-烯基-8-羟基喹啉的 $L_{16}(4^5)$ 的直观分析结果表

试验号	水平组合	A 无机碱 /mmol	B 8-羟基喹啉 /mmol	C 反应温度 /℃	A 反应时间 /h	E	收率/%
1	$A_1B_1C_4D_3E_2$	1(16.0)	1(250.0)	4(220.0±1.0)	3(12.0)	2	86.7
2	$A_2B_1C_1D_1E_3$	2(18.0)	1(250.0)	1(160.0±1.0)	1(8.0)	3	77.6
3	$A_3B_1C_3D_4E_1$	3(20.0)	1(250.0)	3(200.0±1.0)	4(14.0)	1	72.6
4	$A_4B_1C_2D_2E_4$	4(22.0)	1(250.0)	2(180.0±1.0)	2(10.0)	4	80.6

（续表）

试验号	水平组合	A 无机碱 /mmol	B 8-羟基喹啉 /mmol	C 反应温度 /℃	A 反应时间 /h	E	收率/%
5	$A_1B_2C_3D_2E_3$	1(16.0)	2(300.0)	3(200.0±1.0)	2(10.0)	3	90.5
6	$A_2B_2C_2D_4E_2$	2(18.0)	2(300.0)	2(180.0±1.0)	4(14.0)	2	82.1
7	$A_3B_2C_4D_1E_4$	3(20.0)	2(300.0)	4(220.0±1.0)	1(8.0)	4	75.4
8	$A_4B_2C_1D_3E_1$	4(22.0)	2(300.0)	1(160.0±1.0)	3(12.0)	1	77.5
9	$A_1B_3C_1D_4E_4$	1(16.0)	3(350.0)	1(160.0±1.0)	4(14.0)	4	87.1
10	$A_2B_3C_4D_2E_1$	2(18.0)	3(350.0)	4(220.0±1.0)	2(10.0)	1	78.9
11	$A_3B_3C_2D_3E_3$	3(20.0)	3(350.0)	2(180.0±1.0)	3(12.0)	3	80.9
12	$A_4B_3C_3D_1E_2$	4(22.0)	3(350.0)	3(200.0±1.0)	1(8.0)	2	73.8
13	$A_1B_4C_2D_1E_1$	1(16.0)	4(400.0)	2(180.0±1.0)	1(8.0)	1	86.5
14	$A_2B_4C_3D_3E_4$	2(18.0)	4(400.0)	3(200.0±1.0)	3(12.0)	4	75.4
15	$A_3B_4C_1D_2E_2$	3(20.0)	4(400.0)	1(160.0±1.0)	2(10.0)	2	70
16	$A_4B_4C_4D_4E_3$	4(22.0)	4(400.0)	4(220.0±1.0)	4(14.0)	3	66.9
K_{1j}		350.8	317.5	312.2	313.3	315.5	
K_{2j}		314	325.5	330.1	320	312.6	
K_{3j}		298.9	320.7	312.3	320.5	315.9	(1) 影响因素主次顺序：A→B→C→D； (2) 最优反应条件：$A_1B_2C_2D_3$
K_{4j}		298.8	298.8	307.9	308.7	318.5	
$K_{1j}/4$		87.7	79.4	78.1	78.3	78.9	
$K_{2j}/4$		78.5	81.4	82.5	80.0	78.2	
$K_{3j}/4$		74.7	80.2	78.1	80.1	79.0	
$K_{4j}/4$		74.7	74.7	77.0	77.2	79.6	
极差(R_j)		13.0	6.7	5.6	3.0	1.5	

表 6－25　合成 7-烯基-8-羟基喹啉的 $L_{16}(4^5)$ 的方差分析表

方差来源	平方和	自由度	均方	F	临界值
A 无机碱	S_A=450.7	3	150.2	103.0	$F_{0.01}(3,3)=29.5$
B 8-羟基喹啉	S_B=102.5	3	34.2	23.4	$F_{0.05}(3,3)=9.3$
C 反应温度	S_C=73.0	3	24.3	16.7	$F_{0.1}(3,3)=5.4$
D 反应时间	S_D=24.1	3	8.0	5.5	
误差 e	S_e=4.4	3	1.5		
总和 T	S_T=664.6	15			

注：四种因素对合成 7-烯基-8-羟基喹啉收率影响强度：① 无机碱用量对合成 7-烯基-8-羟基喹啉的收率影响特别显著；② 8-羟基喹啉量和反应温度影响显著；③ 反应时间影响比较显著。

以最佳反应条件和原料用量进行三次重复实验，以检验最优反应条件下产物的收率是否最高。另外，最佳反应条件中无机碱用量为 A_1，保持其他实验条件不变，采用无机碱用量低于 A_1 用量，以此条件与原料配比下产物的收率与正交实验最佳反应条件下的收率进行比较，以确定实验的最优反应条件，验证方案如表 6－26 所示。

表 6－26　最佳反应条件验证方案表

试验号	水平组合	A 无机碱 /mmol	B 8-羟基喹啉 /mol	C 反应温度 /℃	A 反应时间 /h	平行收率 /%	平均收率 /%
1	$B_2C_3D_2$	14.0	0.3	180.0±1.0	12.0	89.9	
2	$B_2C_3D_2$	14.0	0.3	180.0±1.0	12.0	89.7	89.9
3	$B_2C_3D_2$	14.0	0.3	180.0±1.0	12.0	90.2	
4	$A_1B_2C_3D_2$	16.0	0.3	180.0±1.0	12.0	93.3	
5	$A_1B_2C_3D_2$	16.0	0.3	180.0±1.0	12.0	92.8	93.0
6	$A_1B_2C_3D_2$	16.0	0.3	180.0±1.0	12.0	92.9	

从表 6－26 可见，用最佳反应条件与原料配比进行实验，三次重复实验产物的平均收率为 93.0%，而减少无机碱用量，产物收率降低。此方案证实了合成 7-烯基-8-羟基喹啉的 $L_{16}(4^5)$ 正交试验得到的最佳反应条件 $A_1B_2C_2D_3$ 下产物的收率最高，即 5-乙基-2-壬酮投料量为 43.1 g(0.25 mol)，其他原料按 n(5-乙基-2-壬酮)∶n(8-羟基喹啉)∶n(无机碱)＝1.0∶1.2∶0.064，在(180.0±1.0) ℃下反应 12.0 h，收率为 93.0%。

(2) 合成 Kelex 100 的实验条件优化

在反应釜中加入 50.0 g(0.17 mol) 7-(4-乙基-1-甲基-1-辛烯基)-8-羟基喹啉(**2**，7-烯基-8-羟基喹啉)，400.0 g 乙醇，进行几组探索性实验后，推测可能影响 **2** 催化加氢还原为 7-(4-乙基-1-甲基辛基)-8-羟基喹啉(**1**，7-烷基-8-羟基喹啉，Kelex 100)收率的因素为碱助剂用量(A 因素)、Pd/C 用量(B 因素)、氢气压力(C 因素)和反应温度(D 因素)，保持 **2** 和乙醇用量不变，设计合成 **1** 的 $L_{16}(4^5)$ 的五因素四水平正交试验的因素水平如表 6－27，直观分析如表 6－28，方差分析如表 6－29 所示。

表 6－27　合成 7-烷基-8-羟基喹啉的 $L_{16}(4^5)$ 因素水平表

水平	因素			
	A 碱助剂/mol	B Pd/C 量/g	C 氢气压力/MPa	D 反应温度/℃
1	0.01	2.0	0.4	50.0±1.0
2	0.02	2.5	0.6	60.0±1.0
3	0.03	3.0	0.8	70.0±1.0
4	0.04	3.5	1.0	80.0±1.0

表 6-28　合成 7-烷基-8-羟基喹啉的 $L_{16}(4^5)$ 的直观分析结果表

序号	水平组合	A 碱助剂/mol	B Pd/C 量/g	C H_2 压力/MPa	D 反应温度/℃	E	收率/%
1	$A_1B_1C_4D_3E_2$	1(0.01)	1(2.0)	4(1.0)	3(70.0±1.0)	2	83.9
2	$A_2B_1C_1D_1E_3$	2(0.02)	1(2.0)	1(0.4)	1(50.0±1.0)	3	87.2
3	$A_3B_1C_3D_4E_1$	3(0.03)	1(2.0)	3(0.8)	4(80.0±1.0)	1	86.4
4	$A_4B_1C_2D_2E_4$	4(0.04)	1(2.0)	2(0.6)	2(60.0±1.0)	4	86.7
5	$A_1B_2C_3D_2E_3$	1(0.01)	2(2.5)	3(0.8)	2(60.0±1.0)	3	84.7
6	$A_2B_2C_2D_4E_2$	2(0.02)	2(2.5)	2(0.6)	4(80.0±1.0)	2	90.0
7	$A_3B_2C_4D_1E_4$	3(0.03)	2(2.5)	4(1.0)	1(50.0±1.0)	4	89.3
8	$A_4B_2C_1D_3E_1$	4(0.04)	2(2.5)	1(0.4)	3(70.0±1.0)	1	84.9
9	$A_1B_3C_1D_4E_4$	1(0.01)	3(3)	1(0.4)	4(80.0±1.0)	4	81.8
10	$A_2B_3C_4D_2E_1$	2(0.02)	3(3)	4(1.0)	2(60.0±1.0)	1	83.8
11	$A_3B_3C_2D_3E_3$	3(0.03)	3(3)	2(0.6)	3(70.0±1.0)	3	97.1
12	$A_4B_3C_3D_1E_2$	4(0.04)	3(3)	3(0.8)	1(50.0±1.0)	2	79.8
13	$A_1B_4C_2D_1E_1$	1(0.01)	4(3.5)	2(0.6)	1(50.0±1.0)	1	84.2
14	$A_2B_4C_3D_3E_4$	2(0.02)	4(3.5)	3(0.8)	3(70.0±1.0)	4	77
15	$A_3B_4C_1D_2E_2$	3(0.03)	4(3.5)	1(0.4)	2(60.0±1.0)	2	88.1
16	$A_4B_4C_4D_4E_3$	4(0.04)	4(3.5)	4(1.0)	4(80.0±1.0)	3	70.5
K_{1j}		334.6	344.2	342	340.5	339.3	
K_{2j}		338	348.9	358	343.3	341.8	(1) 影响因素主次顺序 A→C→B→D；(2) 最优反应条件：$A_3B_2C_2D_2$
K_{3j}		360.9	342.5	327.9	342.9	339.5	
K_{4j}		321.9	319.8	327.5	328.7	334.8	
$K_{1j}/4$		83.7	86.1	85.5	85.1	84.8	
$K_{2j}/4$		84.5	87.2	89.5	85.8	85.5	
$K_{3j}/4$		90.2	85.6	82.0	85.7	84.9	
$K_{4j}/4$		80.5	80.0	81.9	82.2	83.7	
极差(R_j)		9.7	7.3	7.6	3.6	1.7	

表 6-29　合成 7-烷基-8-羟基喹啉的 $L_{16}(4^5)$ 的方差分析表

方差来源	平方和	自由度	均方	F	临界值
A 碱助剂	$S_A=198.1$	3	66.0	30.8	$F_{0.01}(3,3)=29.5$
B Pd/C 量	$S_B=126.5$	3	42.2	19.7	$F_{0.05}(3,3)=9.3$
C 氢气压力	$S_C=156.3$	3	52.1	24.3	$F_{0.1}(3,3)=5.4$
D 反应温度	$S_D=35.5$	3	11.8	5.5	
误差 e	$S_e=6.4$	3	2.1		
总和 T	$S_T=522.8$	15			

注：四种因素对合成 Kelex 100 收率的影响强度：① 无机碱用量对合成 Kelex 100 的收率影响特别显著；② Pd/C 量和氢气压力影响显著；③ 反应温度影响比较显著。

(4) 最佳反应条件验证实验

从正交实验直观分析和方差分析确定合成7-(4-乙基-1-甲基辛基)-8-羟基喹啉(**1**,Kelex 100)最佳反应条件为$A_3B_2C_2D_2$,影响因素主次顺序为A→C→B→D。因此,D为次要因素,从节约成本出发选取水平,D可选D_2或者D_1。然后,用$A_3B_2C_2D_1$和$A_3B_2C_2D_2$各做三次重复实验,一方面对$A_3B_2C_2D_1$和$A_3B_2C_2D_2$得到的收率进行比较,另一方面考察最佳条件下最高收率的再现性和可靠性,合成Kelex 100的最优条件验证实验方案如表6-30所示。

表6-30 合成Kelex 100的最优方案验证表

水平	试验号	A 碱助剂 /mol	B Pd/C量 /g	C 氢气压力 /MPa	D 反应温度 /℃	收率 /%	平均 收率 /%
$A_3B_2C_2D_1$	1	0.03	2.5	0.6	50.0±1.0	97.5	97.8
	2	0.03	2.5	0.6	50.0±1.0	98.3	
	3	0.03	2.5	0.6	50.0±1.0	97.6	
$A_3B_2C_2D_2$	1	0.03	2.5	0.6	60.0±1.0	99.7	99.5
	2	0.03	2.5	0.6	60.0±1.0	99.6	
	3	0.03	2.5	0.6	60.0±1.0	99.3	

从表6-30可验证最佳条件下加氢反应2 h,生成7-(4-乙基-1-甲基辛基)-8-羟基喹啉的收率(99.5%)高于其他情况下的收率。因此,合成Kelex 100最佳反应条件:7-烯基-8-羟基喹啉、乙醇和5.0% Pd/C质量投料比为1∶8∶0.05,在反应温度60.0℃和0.6 MPa氢压下反应2.0 h,产物的收率为99.5%。

用43.1 g(0.25 mol)的5-乙基-2-壬酮,碱助剂用量0.016 mol,8-羟基喹啉用量0.30 mol,在反应温度(180±1.0)℃下反应12.0 h,缩合生成7-烯基-8-羟基喹啉收率为93.0%;然后,用50.0 g(0.17 mol)7-烯基-8-羟基喹啉,400.0 g乙醇,碱助剂用量0.03 mol,Pd/C量2.5 g,(60.0±1.0)℃及0.6 MPa下反应,催化加氢2.0 h,制备7-(4-乙基-1-甲基辛基)-8-羟基喹啉(7-烷基-8-羟基喹啉,Kelex 100)收率为99.5%,含量为97.3%(ω)。

采用转移氢还原法,主要克服了两个工艺难点。一是由于7-烯基-8-羟基喹啉在Pd/C催化下氢化烯基的同时,喹啉环也能被氢化而生成氢化喹啉,即为过度氢化产物。过度氢化产物不稳定,易与酸、氧化剂等反应,影响7-烷基-8-羟基喹啉的使用寿命和效率。二是由于7-烯基-8-羟基喹啉和7-烷基-8-羟基喹啉黏性较大,尽管还原时用乙醇等有机溶剂溶解,反应液黏性减小,但催化剂Pd/C回收仍不完全,且Pd/C价格高,使制备成本增加。使用转移氢化法,还原剂氢化8-羟基喹啉的量可以控制,不会产生过度氢化产物,氢化8-羟基喹啉与7-烯基-8-羟基喹啉反应时,7-烯基-8-羟基喹啉被还原成7-烷基-8-羟基喹啉,而氢化8-羟基喹啉脱氢被氧化为8-羟基喹啉,用稀盐酸洗涤反应混合物,8-羟基喹啉易溶解在稀酸水溶液中,用分层法很方便地与7-烷基-8-羟基

喹啉分离。中和水相，8-羟基喹啉以固体形式析出，过滤后可直接催化氢化，实现循环套用，如式 6－17 所示。

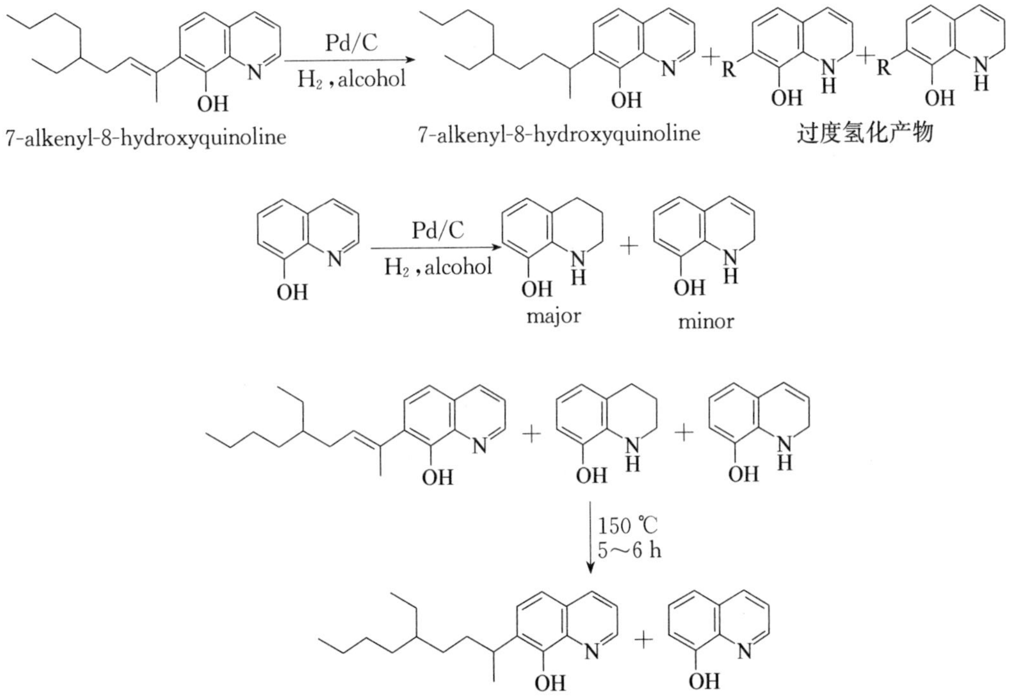

Pd/C
H_2，alcohol
OH　N　R　H
7-alkenyl-8-hydroxyquinoline　　7-alkenyl-8-hydroxyquinoline　　过度氢化产物

Pd/C
H_2，alcohol
OH　N　H
major　minor

150 ℃
5～6 h

式 6－17　7-烷基-8-羟基喹啉过氢化反应和转移氢化反应

6.4.5　小结

本案例通过五步单元反应合成目标产物 7-(4-乙基-1-甲基辛基)-8-羟基喹啉(Kelex 100)。第一步是原料正丁醛自身 Aldol 缩合反应失去 1 分子 H_2O 得到 2-乙基-2-己烯醛(**5**)；第二步是 2-乙基-2-己烯醛(**5**)与丙酮在催化剂 $Ba(OH)_2 \cdot 8H_2O$ 的碱性条件下，发生交叉 Aldol 缩合反应失去 1 分子 H_2O 得 5-乙基-3,5-壬二烯-2-酮(**4**)；第三步是 5-乙基-3,5-壬二烯-2-酮(**4**)催化加氢为重要中间体 5-乙基-2-壬酮(**3**)；第四步是以 5-乙基-2-壬酮(**3**)与 8-羟基喹啉为原料发生缩合反应失去 1 分子 H_2O 生成 7-(4-乙基-1-甲基-1-辛烯基)-8-羟基喹啉(**2**)，即 7-烯基-8-羟基喹啉；第五步是用 Pd/C 直接催化加氢或转移氢化法将 7-(4-乙基-1-甲基-1-辛烯基)-8-羟基喹啉(**2**)还原为 7-烷基-8-羟基喹啉，即 7-(4-乙基-1-甲基辛基)-8-羟基喹啉(**1**，Kelex 100)。

创新在于：合成 Kelex 100 是三步合成 5-乙基-2-壬酮，然后，5-乙基-2-壬酮与 8-羟基喹啉为原料两步合成目标产物。此法只用三步反应合成 5-乙基-2-壬酮，比常规设计的合成方法中步骤最少的 Aldol 缩合反应法少一步催化加氢反应，节省了生产成本；另外，此法第二步所用原料为不饱和醛(2-乙基-2-己烯醛)与饱和酮(丙酮)，丙酮很容易失去质子而成为活泼的碳负离子，此碳负离子与 2-乙基-2-己烯醛的羰基发生亲核加成，受热脱水生成5-乙基-3,5-壬二烯-2-酮,没有其他副产物生成;由7-烯基-8-羟基喹啉合成目标产物Kelex 100采用了转移氢化法,是8-羟基喹啉加氢还原后的氢化-8-羟基喹啉将氢转移到7-烯基-8-羟基喹啉分子中,烯基饱和为烷基,即生成7-烷基-8-羟基喹啉(Kelex 100)。转移氢化法克服了7-烯基-8-羟基喹啉在Pd/C催化下过度氢化反应和因烷基及烯基喹啉黏性较大而导致Pd/C回收不完全这两个工艺难点。反应中氢化8-羟基喹啉脱氢被氧化为8-羟基喹啉,依据8-羟基喹啉易溶于稀酸而易与油溶性产物Kelex 100分离,以及根据8-羟基喹啉难溶于水又以固体析出,实现8-羟基喹啉的循环套用,还原剂氢化8-羟基喹啉的加入量可以控制,抑制过度氢化产物的生成[74]。合成Kelex 100的最佳反应条件:

(1) 物质的量投料比n(正丁醛)∶n(无机碱)=1.0∶0.04,在(85.0±1.0)℃下反应3.0 h,生成2-乙基-2-己烯醛(**5**)收率为99.3%,含量为99.0%(ω)。

(2) 物质的量投料比n(丙酮)∶n(2-乙基-2-己烯醛)∶n(氢氧化钡)=6.0∶1.0∶0.1,n(2-乙基-2-己烯醛)∶n(吡啶)=1.3∶1.0,在(45.0±1.0)℃下反应2.0 h,生成5-乙基-3,5-壬二烯-2-酮(**4**)的收率为93.8%,含量为96.5%(ω)。

(3) 质量投料比m(5-乙基-3,5-壬二烯-2-酮)∶m(5.0% Pd/C)=12.0∶1.0,H_2压为0.4 MPa,在(90.0±1.0)℃下反应5.0 h,生成Kelex 100的重要中间体5-乙基-2-壬酮(**3**)的收率为94.4%,含量97.4%(ω)。

(4) 用43.1 g(0.25 mol)的5-乙基-2-壬酮(**3**),物质的量投料比n(5-乙基-2-壬酮)∶n(8-羟基喹啉)∶n(无机碱)=1.0∶1.2∶0.064,在(180.0±1.0)℃下反应12.0 h,合成7-(4-乙基-1-甲基-1-辛烯基)-8-羟基喹啉(**2**)的收率为93.0%。

(5) 用50.0 g(0.17 mol)的**2**,质量投料比m(7-烯基-8-羟基喹啉)∶m(乙醇)∶m(5.0% Pd/C)=1.0∶8.0∶0.05,在反应温度(60.0±1.0)℃和0.6 MPa氢压下催化加氢2.0 h,合成终产物7-(4-乙基-1-甲基辛基)-8-羟基喹啉(**1**,Kelex 100)的收率为99.5%,含量为97.3%(ω)。

6.5 衍生物工艺Ⅰ抗哮喘药物中间体的合成

β_2肾上腺素受体激动剂是用于治疗哮喘和慢性阻塞性肺疾病(Chronic Obstructive Pulmonary Disease, COPD)的首选药物之一,能通过舒张气道平滑肌,扩张支气管,进而缓解和改善肺功能[75],目前,临床应用的β_2-受体激动剂有茚达特罗、卡莫特罗、LAS100977等,这些药物可由关键中间体8-(苄氧基)-5-(2-溴-1-羟乙基)喹诺酮(**1**)与相应的胺进行缩合,经脱保护基团得到[76]。

文献报道化合物**1**的合成路线[77-81]:① 用8-羟基喹啉(**2**)与乙酰氯进行酰基化反应,再经苄基化、氧化、与醋酐反应得到5-乙酰基-8-苄氧基喹诺酮(**6**),**6**经溴代、还原得到**1**,总收率仅4.2%[77]。日本专利报道8-苄氧基喹诺酮与溴乙酰溴发生酰基化反应得到8-苄氧基-5-(2-溴乙酰基)喹诺酮(**7**),酰化收率77.7%[78],还原**7**可得**1**。该路线

涉及的酰化反应选择性较差，副产物较多且不易纯化。② 以 8-羟基喹啉(**2**)为原料，经氧化、转位、Fries 重排、苄基化、溴代、还原得到 **1**，总收率为 31.2%[79]，涉及反应都属常规反应，条件温和。

本案例参考文献[79]进行改进，合成路线见式 6-18。用过氧化氢替代后处理不易除去的间氯过氧苯甲酸作氧化剂氧化 **2** 生成 **3**，收率为 84.4%。**3** 和醋酐反应制备8-乙酰氧基喹诺酮(**4**)，这一步既生成了喹诺酮，同时又在羟基上引入了乙酰基，为 Fries 反应提供了重排基团。**4** 在无水 $AlCl_3$ 催化下，在 1,2-二氯乙烷中发生 Fries 重排生成 5-乙酰基-8-羟基喹诺酮(**5**)，将文献[79]中提及的在稀溶液中反应改为在 slurry 状态下反应，不仅解决了转化率极低的问题，而且溶剂用量减少 5 倍，反应时间缩短 1 倍。Fries 重排对位选择性好，未反应的原料和 7-位异构体易在 CH_2Cl_2 中用研磨的方法除去。**5** 与溴化苄发生醚化反应得到 **6**，以降低苯环亲电取代反应活性。使 **6** 在 BF_3/Et_2O 催化下，与稍过量的 Br_2 溴化，单溴代产物可达 99%，二取代物很少，可直接用于下步反应。改进后的工艺操作简单，无须柱层析，易于放大，六步反应总收率为 35.8%。

H_2O_2, Na_2WO_4；Ac_2O；$AlCl_3$；BnBr；Br_2, BF_3/Et_2O；$NaBH_4$

式 6-18　化合物 1 的合成路线

6.5.1　实验部分

1. 试剂与仪器

试剂：药品均为市售分析纯，使用之前均未做处理。

仪器：SGWX-4 熔点仪，上海精密仪器有限公司；1260/6230 TOF LC-MS 液质联用仪，美国安捷伦公司，ODS-C18(4.6 mm×250 mm，5 μm)，进样量为 10 μL，流动相为甲醇—1%冰乙酸，流速为 1 mL/min，柱温 30 ℃，5-乙酰基-8-羟基喹诺酮、5-乙酰基-8-苄氧基喹诺酮、8-苄氧基-5-(2-溴乙酰基)喹诺酮、(*R*/*S*)-8-(苄氧基)-5-(2-溴-1-羟乙基)喹诺酮浓度均为 0.1 mg/mL，甲醇溶解，5-乙酰基-8-羟基喹诺酮保留时间：2.856 min，5-乙酰基-8-苄氧基喹诺酮保留时间：3.169 min，8-苄氧基-5-(2-溴乙酰基)喹诺酮保留时间：3.122 min，(*R*/*S*)-8-(苄氧基)-5-(2-溴-1-羟乙基)喹诺酮保留时间：2.988 min；Bruker AVANCEIII 500 MHz 核磁共振仪，瑞士 Bruker 公司，TMS 为内标；TENSOR 37 型傅里叶红外光谱仪（KBr 压片），德国 Bruker 公司。

2. 8-羟基喹啉-N-氧化物(**3**)的合成

250 mL 的三颈烧瓶中加入 **2**(48.0 g，0.33 mol)、冰乙酸(48.0 g，0.80 mol)和水(25.2 g)，升温搅拌，52 ℃时全部溶解。缓慢滴加 Na_2WO_4(1.6 g，0.0049 mol)的水(20.4 g)溶液，在 30～36 ℃下，缓慢滴加质量分数为 30%H_2O_2(57 g，0.50 mol)，30 min 滴毕。42 ℃反应 5 h，TLC(展开剂：石油醚：乙酸乙酯＝1：2，下同)显示反应完全。冷却至 4 ℃，有黄色固体析出，抽滤，冰水(2×50 mL)洗涤，干燥得黄色针状固体 **3**(44.9 g，收率 84.4%)，mp 136.5～137.8 ℃。(文献值[82]：137 ℃)。MS(*m/z*)：162.1[M+H]$^+$；^{1}H NMR(500 MHz，$CDCl_3$)，δ：8.24(d，*J*=6.0 Hz，1H)，7.79(d，*J*=8.5 Hz，1H)，7.49(t，*J*=8.0 Hz，1H)，7.25(d，*J*=12.9，6.7 Hz，2H)，7.06(d，*J*=7.9 Hz，1H)；IR(cm^{-1})：3439，3065，1600，1531，1336。

3. 8-乙酰氧基喹诺酮(**4**)的合成

250 mL 的三颈烧瓶中加入如上所得的 3(32.0 g，0.20 mol)和乙酸酐(160 mL，1.7 mol)，升温至 100 ℃反应 3 h，TLC 显示反应完毕，冷却至 0 ℃，抽滤，滤饼用乙酸酐(2×20 mL)洗涤，干燥后得白色固体 **4**(31.5 g，收率 78.0%)，mp：243.2～245.0 ℃(文献值[83]：240～241 ℃)。MS(*m/z*)：204.1[M+H]$^+$；^{1}H NMR(500 MHz，DMSO)，δ：11.55(s，1H)，7.89(d，*J*=9.6 Hz，1H)，7.51(d，*J*=7.2 Hz，1H)，7.23(d，*J*=7.8 Hz，1H)，7.12(t，*J*=7.8 Hz，1H)，6.48(d，*J*=9.5 Hz，1H)，2.31(s，3H)；IR(cm^{-1})：3 001，1 769，1 667，1 604，1 474，1 427，1 275，1 246，1 043，790。

4. 5-乙酰基-8-羟基喹诺酮(**5**)的合成

250 mL 的三颈烧瓶中加入无水 $AlCl_3$(30.5 g，0.23 mol)和 1，2-二氯乙烷 38 mL，0 ℃下分批加入 **4**(20.3 g，0.10 mol)、乙酰氯(0.5 mL，0.0071 mol)，升温至 83～85 ℃。slurry 状态下反应 1.5 h，冷却至室温，减压蒸除溶剂，得到黑色油状物。冰浴下向油状物中加入冰的 1 mol/L HCl(300 mL)并搅拌，得到亮黄色沉淀。抽滤，干燥，粗料 **5**(22.4 g)在二氯甲烷(500 mL)中室温研磨 12 h，抽滤、干燥得黄绿色固体 **5**(19.9 g，收率 97.9%)，含量 98.62%，mp＞260 ℃。MS(*m/z*)：204.3[M+H]$^+$；^{1}H NMR(500 MHz，DMSO)，δ：11.40(s，1H)，10.68(s，1H)，8.75(d，*J*=10.0 Hz，1H)，7.76(d，*J*=8.3 Hz，1H)，7.00(d，*J*=8.3 Hz，1H)，6.61(d，*J*=10.0 Hz，1H)，2.58(s，3H)；IR(cm^{-1})：3 379，1 663，1 615，1 600，1 560，1 477，1 420，1 256，1 230，837。

5. 5-乙酰基-8-苄氧基喹诺酮(**6**)的合成

250 mL 的三颈烧瓶加入 **5**(15.0 g，0.074 mol)和 DMF 100 mL，在 0 ℃加入 K_2CO_3(12.4 g，0.090 mol)、溴化苄(8.8 mL，0.074 mol)，室温反应 3 h。TLC 跟踪反应，反应液滴入冰浴中的饱和氯化钠溶液(500 mL)，0～1 ℃强烈搅拌，滴毕，撤去冰浴，搅拌 12 h。抽滤，水(4×100 mL)洗涤，滤饼溶于二氯甲烷(250 mL)，无水硫酸镁干燥，硅藻土过滤，二氯甲烷(4×50 mL)洗涤，滤液减压浓缩至干得淡黄褐色粉末 **6**(18.7 g，收率

86.4%)，含量 98.63%(ω)，mp：169.8～171.5 ℃。MS(m/z)：294.0[M+H]$^+$；^{1}H NMR(500 Mz,$CDCl_3$)，δ：9.28(s,1H)，8.93(d,J=10.1 Hz,1H)，7.70(d,J=8.4 Hz,1H)，7.29(s,5H)，7.04(d,J=8.4 Hz,1H)，6.77(d,J=10.1 Hz,1H)，5.27(s,2H)，2.65(s,3H)；IR(cm^{-1})：3 006，1 656，1 595，1 557，1 500，1 454，1 265，1 234，1 081，806。

6. 8-苄氧基-5-(2-溴乙酰基)喹诺酮(**7**)的合成

250 mL 的三颈烧瓶加入 **6**(10.0 g，0.034 mol)和二氯甲烷 100 mL，搅拌溶解，0 ℃下用注射器加入三氟化硼乙醚(5.2 mL，0.041 mol)。加热回流，45 min 内缓慢滴加溴(5.75 g，0.036 mol)的二氯甲烷(50 mL)溶液，回流反应 30 min，溶液颜色褪去，停止反应。冷却至室温，减压蒸除溶剂，所得固体(17.1 g)在 10%的 Na_2CO_3 溶液(100 mL)中搅拌 2 h，抽滤，用水(4×50 mL)洗涤，干燥得 **7** 粗品(14.9g)，用甲醇与氯仿混合溶液(v/v=1/1，125 mL)研磨 1 h，抽滤，依次用甲醇与氯仿混合溶液(v/v=1/1，25 mL)、甲醇(25 mL)洗涤，干燥得灰白色粉末 7(10.4 g，收率 81.8%)，含量(ω)99.60%，mp：195.7～196.2 ℃(文献值[84]：203～205 ℃)。MS(m/z)：372.0[M+H]$^+$；^{1}H NMR(500 MHz,DMSO)，δ：11.05(s,1H)，8.51(d,J=10.0 Hz,1H)，7.88(d,J=8.5 Hz,1H)，7.61(d,J=7.8 Hz,2H)，7.36(ddd,J=20.1，13.4，7.9 Hz,4H)，6.69(m,1H)，5.45(s,,2H)，4.93(s,2H)；IR(cm^{-1})：3 035，1 677，1 655，1 595，1 559，1 499，1 454，1 275，1 228，1 076，850，632。

7. (R/S)-8-(苄氧基)-5-(2-溴-1-羟乙基)喹诺酮(**1**)的合成

250 mL 的三颈烧瓶加入 **7**(5.6 g，0.015 mol)和甲醇 100 mL。冰浴条件下，30 min 内分批加入 $NaBH_4$(0.7 g，0.0185 mol)，维持−1～0 ℃反应 45 min，TLC 显示反应完全。−5～−3 ℃(比反应温度低)下，缓慢向反应物中滴加 2 mol/L HCl 至 pH 为 4.0。减压蒸除甲醇，用二氯甲烷与氯仿混合溶液(V/V=1/1，250 mL)萃取，有机层依次用饱和碳酸氢钠溶液(2×100 mL)、饱和氯化钠溶液(2×100 mL)洗涤，无水硫酸镁干燥，抽滤，滤液减压浓缩至干，得淡黄色固体 **1**(4.4 g，收率 78.7%)，含量 99.41%(ω)，mp：163.8～164.9 ℃。MS(m/z)：374.0[M+H]$^+$；^{1}H NMR(500 MHz,DMSO)，δ：10.71(s,1H)，8.19(d,J=9.9 Hz,1H)，7.58(d,J=7.4 Hz,2H)，7.38(t,J=7.5 Hz,2H)，7.31(t,J=7.3 Hz,1H)，7.22～7.17(m,2H)，6.56(d,J=9.9 Hz,1H)，5.76(d,J=4.7 Hz,1H)，5.31(s,2H)，5.22(dd,J=7.1，4.9 Hz,1H)，3.65(ddd,J=17.7，10.4，6.1 Hz,2H)；IR(cm^{-1})：3 403，3 002，1 640，1 601，1 560，1 472，1 420，1 275，1 256，1 073，825，628。

6.5.2　结果与讨论

中间体 **3** 的合成中，优化物料投料比 n(8-羟基喹啉)：n(双氧水)：n(冰乙酸)为 1.0：1.5：2.4，可以使得未反应完的原料溶解在溶剂中，而产物刚好能沉淀析出，所得产品较纯，可直接用于下步反应。

中间体 **5** 的合成过程中，溶剂用量对产物收率影响较大。若溶剂用量过多，体系过于分散，物质碰撞的概率减少，反应速度缓慢，不易进行；若溶剂量太少或者在无溶剂状态下反应，由于 $AlCl_3$ 以及原料均为固体，整个反应体系的传热不佳，气体出不来，热量出不去，加热后体系温度会迅速升高。根据 Fries 重排的反应机理，高温更有利于生成7-位的副产物。选用溶剂 1,2-二氯乙烷用量为每克原料低于 2 mL 溶剂，此时反应会在 slurry 状态下进行，该状态既利于传热，又有利于体系分散，并且反应速率很快，反应时间缩短了 1 倍。

用硼氢化钠还原制备目标产物 **1** 时，后处理需注意合适的温度和酸度，调节 pH 为 4 左右，且控制调节 pH 时的温度为 $-5\sim-2$ ℃（比反应温度更低），得到的是开环的产物，否则会出现环氧的副产物，降低反应收率。

6.5.3 结论

本案例以廉价易得的 8-羟基喹啉为起始原料，经氧化、转位、Fries 重排、苄基化、溴化、还原，合成抗哮喘药物茚达特罗的关键中间体（*R*/*S*）-8-（苄氧基）-5-（2-溴-1-羟乙基）喹诺酮。六步反应的总收率为 35.8%（以 8-羟基喹啉计），*w*（*R*/*S*）-8-（苄氧基）-5-（2-溴-1-羟乙基）喹诺酮含量为 99.41%。优化后的工艺成本降低，易于放大，有工业应用价值[85]。

6.6 拓展案例 | 7-氯喹哪啶的制备与分离工艺

6.6.1 工艺技术概述

7-氯喹哪啶是合成止喘药孟鲁司特（Montelukast）和选择性白细胞三烯 D_4 受体拮抗剂 MK－0679 的重要中间体[86]。通常是以间氯苯胺、巴豆醛为主要原料，通过经典的 Skraup 反应或 Deobner-Miller 反应来制备[87]。由于有 5 位异构体的生成，需要用 $ZnCl_2$、酒石酸[87]或 4-硝基邻苯二甲酸[88]与异构体混合络合反应来分离提纯，才能获得高含量的 7-氯喹哪啶，因此收率比较低。Song 等人[89]用四氯对苯醌为氧化剂，在氯化氢的异丙醇溶液中回流反应，7-氯喹哪啶的收率为 67%～81%，但 5 位异构体的分离需要使用大量易燃的四氢呋喃，氧化剂四氯对苯醌的价格也高，工艺条件控制比较苛刻，滴加巴豆醛的时间太长，工业化的意义有待于进一步的评价。吉田康夫等[90]报道了以 4-氯-2-硝基苯甲醛和丙酮为原料，通过缩合、还原环合得到 7-氯喹哪啶，收率为 86.7%，而且没有 5 位异构体存在，但 4-氯-2-硝基苯甲醛价格高且不易得，工艺放大会受到原料的限制。随着止喘药物的开发和研究深入，需要制造成吨的、高质量的 7-氯喹哪啶。因此，探讨适合于工业化制造 7-氯喹哪啶的工艺具有现实意义。

本案例主要研究以间氯苯胺和巴豆醛为原料，选择了价廉易得的邻硝基甲苯为氧化剂，通过 Skraup 反应合成 7-氯喹哪啶。由于改变了氧化剂的类型和结构，从而改变

了 7-氯喹哪啶合成反应中杂质的组成和理化性质[91]，而且有效抑制了 5-氯喹哪啶的产生，同时生成了与 7-氯喹哪啶沸点有较大差异的二氯喹哪啶，可用蒸馏的方法分离开来，7-氯喹哪啶的收率为 46.7%，质量分数为 99.2%(ω)。本方法中的氧化剂原料易得，收率适中，产物易于分离纯化，适合于工业化生产。在 1 000 L 反应釜上放大试验，生产出 7 吨的 7-氯喹哪啶，质量和收率皆达到小试的结果。

6.6.2　实验部分

1. 药品

间氯苯胺，质量分数为 99%；巴豆醛，质量分数大于 99%；邻硝基甲苯，质量分数为 99.5%；对硝基甲苯，质量分数为 99.5%；邻硝基苯酚，质量分数为 98.5%，以上均为工业品，产地江苏。盐酸，$w(HCl)=36\%$；石油醚(bp 90～120 ℃)和活性炭均为分析纯试剂。

2. 合成原理

间氯苯胺和巴豆醛为原料，邻硝基甲苯为氧化剂，通过 Skraup 反应合成 7-氯喹哪啶的反应式如式 6－19。

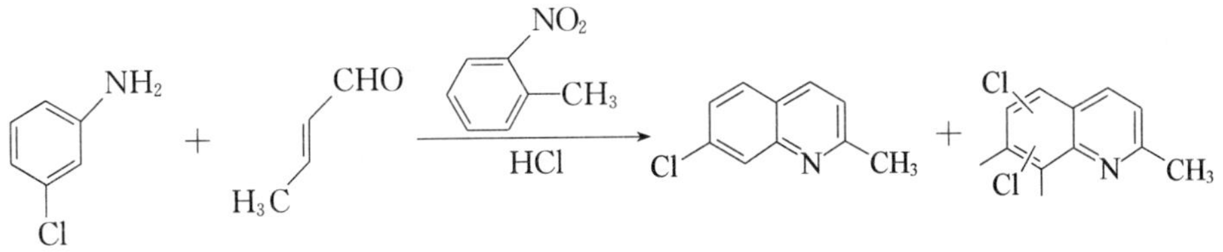

式 6－19　Skraup 反应合成 7-氯喹哪啶的反应

3. 分析方法

液相色谱仪 LC－10ADvp(日本岛津)，HPLC 分析条件：柱型是 C18，流动相为 w(三氟乙酸)＝0.1%的乙腈溶液，流速为 0.8 mL/min，柱温 35 ℃，检测波长为 285 nm，7-氯喹哪啶的保留时间约为 10.8 min。

4. 合成

向配有机械搅拌器、滴液漏斗及温度计的 500 mL 四口烧瓶中，加入 17 g 邻硝基甲苯和 120 mL $\omega(HCl)=30\%$盐酸的混合物。在搅拌下把 52 g 间氯苯胺缓慢滴入盐酸混合物中，放热，产生大量的白色烟雾，滴加完毕后，反应混合物加热到 100 ℃。用恒压滴液漏斗把 34 g 巴豆醛慢慢滴加到上述混合物中，随着巴豆醛的滴加，反应混合物也由淡黄色逐渐变为棕色，滴加时间为 3 h，滴加完毕后在回流温度下保温 4 h。然后，水蒸气蒸馏回收邻硝基甲苯和稀盐酸，残余的液体用 $\omega(NH_3)=28\%$的氨水中和到 pH 为 7，加入活性炭等试剂除去焦油等杂质。得到的油状液体减压蒸馏，收集 175～185 ℃(5.5 kPa)条件下的馏分，为浅棕色油状物，冷却后为固体，用石油醚重结晶，得到白色结晶 33.5g，熔点为 76.5～78 ℃(文献值[90] 75～78 ℃)，质量分数为 99.2%(HPLC)，收率为 46.7%。蒸馏的残余物用甲苯-石油醚重结晶，得到类白色固体副产物 11.6 g，收率为13.4%。

6.6.3 结果与讨论

1. 氧化剂的选择

Skraup反应的氧化剂一般为KI/I_2、砷酸、$FeCl_3$、硝基化合物或硝基苯磺酸等，但无机的氧化剂砷酸有毒，KI/I_2价格高，$FeCl_3$脱氢氧化效率低。选择硝基苯衍生物为氧化剂通常会加入芳香胺相应的硝基物，目的是在反应中不生成其他的喹啉杂质，但活性往往不高。在合成7-氯喹哪啶中，试验了几种硝基苯作为氧化剂，如用间氯硝基苯为氧化剂，反应比较困难，反应温度和无机酸的浓度高，反应时间长，副产物是5-氯喹哪啶；邻硝基甲苯为氧化剂，收率适中，且未反应的邻硝基甲苯易于水蒸气蒸馏分离；对硝基甲苯的反应活性和邻硝基甲苯相似；邻硝基苯酚反应活性更大，但生成焦油量多。几种氧化剂对收率的影响如表6-31所示。

表6-31 氧化剂对收率的影响

氧化剂	氧化剂用量/g	收率/%
间氯硝基苯	20	45.2
邻硝基甲苯	17	46.7
对硝基甲苯	17	44.9
邻硝基苯酚	16	21.5
三氧化铁	24	16.8
碘化钾/碘	1.5/0.6	43.4

注：实验条件同6.6.2小节的"4. 合成"。

以邻硝基甲苯为氧化剂时，预测的反应副产物为5-氯喹哪啶和8-甲基喹哪啶，分析结果：质谱(m/z)：211(M－1)；^{1}H NMR，δ：2.78(s，—CH_3，3H)，7.28(d，1H)、7.49(s，1H)、7.60(s，1H)和7.94(s，1H)，皆归属为喹啉环上的H。推测的结构为二氯喹哪啶，它与7-氯喹哪啶的沸点有较大的差异，可用蒸馏的方法分离。

2. 氧化剂用量对7-氯喹哪啶收率的影响

氧化剂邻硝基甲苯的用量对7-氯喹哪啶收率的影响如表6-32所示。当间氯苯胺投料量为52 g，邻硝基甲苯的用量为17 g，即n(间氯苯胺)∶n(邻硝基甲苯)≈1.0∶0.3时，7-氯喹哪啶的收率达到46.7%。继续增大邻硝基甲苯的用量，7-氯喹哪啶的收率没有显著的增加，而未反应的邻硝基甲苯回收时间会很长，生成的焦油量也大。

表6-32 氧化剂用量对7-氯喹哪啶收率的影响

氧化剂用量/g	7	10	13	17	23
收率/%	33.4	37.7	43.5	46.7	46.5

注：实验条件同6.6.2小节的"4. 合成"。

3. 盐酸浓度对7-氯喹哪啶收率的影响

Skraup反应是在无机酸溶液中回流完成的，酸的浓度越高越有利于反应。酸的浓度对7-氯喹哪啶的收率影响如表6-33所示。当ω(HCl)为30%时，7-氯喹哪啶收率达到46.3%。盐酸的质量分数再升高，收率稍有下降，可能的原因是反应在回流的温度(100～105 ℃)下进行，盐酸的质量分数高，开始反应时，从冷凝管逸出大量的HCl，夹带部分反应物，使收率下降。所以，确定盐酸的质量分数为30%。

表6-33 ω(HCl)对7-氯喹哪啶收率的影响

ω(HCl)/%	10	20	25	30	36
收率/%	34.2	35.6	40.5	46.3	45.0

注：实验条件同6.6.2小节的“4. 合成”。

6.6.4 中试放大

按照工艺流程图6-15所示，把400 kg质量分数为30%的盐酸和45 kg的邻硝基

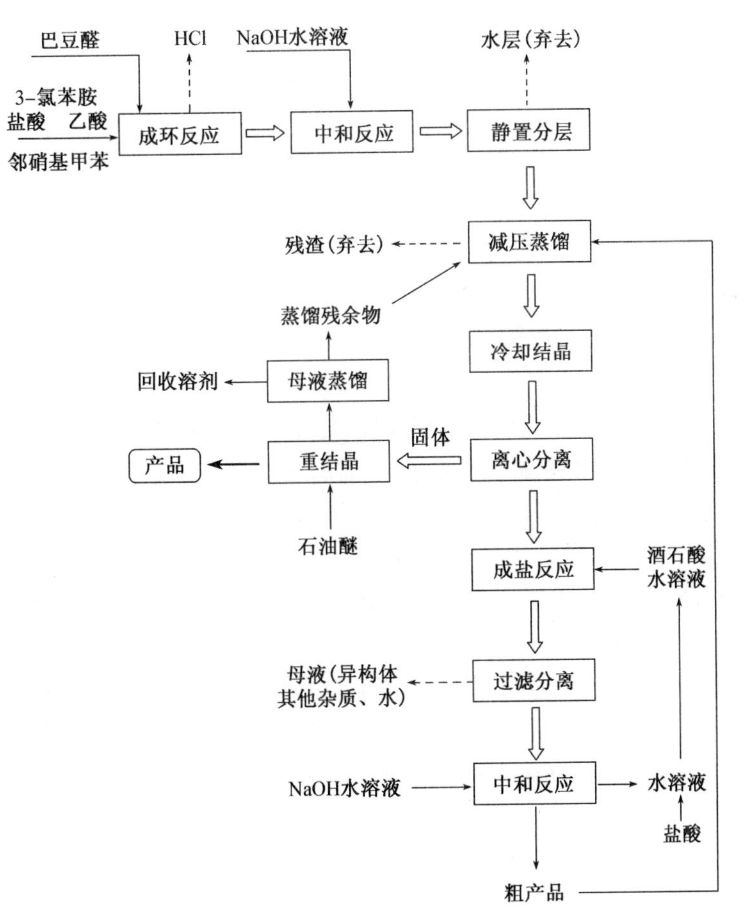

图6-15 7-氯喹哪啶的合成与分离流程图

甲苯投入到 1 000 L 搪瓷反应釜中，开动搅拌，转速 80 r/min，在 1 h 内滴加 130 kg 的间氯苯胺，有大量的热产生，温度不超过 90 ℃。然后，在搅拌下加热至 95～105 ℃，在 7 h 内滴加完 90 kg 的巴豆醛，滴加完毕后，继续保温反应 3 h，水蒸气蒸馏除去未反应的邻硝基甲苯，约有 5～8 kg(湿重)。冷却至 25～30 ℃，加入活性炭 10 kg，用 $\omega(NH_3)$ 为 28%的氨水中和到 pH 为 7，过滤，分离出油层，减压蒸馏，收集 180～190 ℃(6.3 kPa)条件下的馏分，为浅棕色油状物，冷却后为固体，用石油醚重结晶，得到白色结晶 85 kg，熔点为 76.5～78 ℃(文献值[90] 75～78 ℃)，质量分数为 99.2%(HPLC)，收率为 46.7%。蒸馏残余物为二氯喹哪啶，收率约 10%～15%。用了四个 1 000 L 的搪瓷反应釜，生产了 20 多批，共得到 7 吨左右的 7-氯喹哪啶[92]。

6.6.5 结论

本案例研究了以邻硝基甲苯为氧化剂，用间氯苯胺和巴豆醛通过经典的 Skraup 反应制备 7-氯喹哪啶的改进方法。由于选用邻硝基甲苯为氧化剂，异构体 5-氯喹哪啶的生成量被抑制，并改变了副产物的结构，副产物为二氯喹哪啶。它与 7-氯喹哪啶的沸点有较大的差异，易用蒸馏的方法分离，该工艺 7-氯喹哪啶的收率为 46.7%，质量分数为 99.2%。此法制备 7-氯喹哪啶操作简便，产物易于分离，是制备 7-氯喹哪啶较为合理的路线。此工艺在 1 000 L 反应釜上放大试验，共生产出 7 t 左右的 7-氯喹哪啶，质量和收率皆达到小试的结果。

(1) 氧化剂的选择，原工艺中使用 3-氯硝基苯为氧化剂，只生成 7-氯喹哪啶和 5-氯喹哪啶，或许有少量的 3-氯喹哪啶生成，总的收率为 60%，但实际上实验与报道有差距。使用邻硝基苯酚作为氧化剂，焦油量大，收率也不高。使用 I_2/KI 作为氧化剂，用乙醇盐酸为反应体系，收率为 57%，而且容易分离，焦油量少但碘的价格高。改用邻硝基甲苯为氧化剂，生成 7-氯喹哪啶、5-氯喹哪啶和 2,8-二甲基-6-氯喹啉，其中 7-氯喹哪啶生成量较大。

(2) 从反应混合物中分离出 7-氯喹哪啶，原来工艺是混合物与酒石酸反应，而改进的工艺是首先把反应混合物减压蒸馏，蒸馏馏出物冷却结晶，然后离心分离，分离出的固体用石油醚洗涤或重结晶就可以获得高含量的 7-氯喹哪啶，这样可以节约酒石酸的用量。

(3) 原来的工艺是用丙酮作为 7-氯喹哪啶与酒石酸成盐的溶剂，现改用水作溶剂，工艺更简便，费用更少。

(4) 由于没有使用 $ZnCl_2$ 分离，产品中有氨基物存在，导致产品短时间放置会变棕色。处理方法：在反应结束后，降温到 80 ℃，加入亚硝酸钠，反应破坏掉氨基物。每 300 kg 间氯苯胺应加入 23 kg 亚硝酸钠，实际是按照含有的氨基物计算出来的。

6.7　实现“双碳”战略的方法

6.7.1　温室效应

随着化石燃料的大量使用，空气中二氧化碳含量不断升高，这给环境和人类生活均带来了很多不利影响，空气中二氧化碳的含量是引起全球温室效应的主要因素之一。**温室效应**是指透射阳光的密闭空间由于与外界缺乏热对流而形成的保温效应，即太阳短波辐射可以透过大气射入地面，而地面增暖后放出的长波辐射却被大气中的CO_2、CH_4等物质所吸收，从而产生大气变暖的效应。因为大气中的CO_2、CH_4等气体含量过高，本应溢出大气层的长波辐射被它们所吸收，大气层与地表之间的密闭空间长时间缺乏与外界的热量对流，从而导致大气温度长时间处于较高水平，进而产生一系列具有严重破坏性的自然灾害，如海平面上升、全球变暖、病害增加、土地沙漠化等现象。

伴随各国CO_2释放，温室气体猛增，二氧化碳就像一层厚厚的玻璃，使地球变成一个大暖房。极端天气对人类日常生产生活带来诸多不便，天气模式改变导致粮食生产面临威胁，海平面上升造成发生洪灾风险不断增加，临海城市和国家面临巨大的生存危机，全球生态平衡时刻遭到破坏，气候变化在全球范围内造成规模空前的影响，且导致石油与煤资源的极度浪费。格陵兰雅各布港冰川崩解前全景如图6－16，热带水域加速格陵兰岛冰层融化如图6－17。

图6－16　格陵兰雅各布港冰川崩解前全景

图6－17　热带水域加速格陵兰岛冰层融化

6.7.2　“双碳”战略

习近平总书记在第十五届联合国大会一般性辩论及2020年中央经济工作会议上多次提出：中国CO_2排放力争于2030年前达到峰值，努力争取2060年前实现碳中和。

1. “双碳”战略的内涵

“双碳”战略通常是“碳达峰”和“碳中和”的简称。**“碳达峰”**是指我国承诺2030年前，CO_2 的排放不再增长，达到峰值之后逐步降低；“**碳中和**”是指企业、团体或个人测算在一定时间内直接或间接产生的温室气体排放总量，再通过植物造树造林、节能减排等形式，抵消自身产生的 CO_2 排放量，实现 CO_2“零排放”。

2. 实现“双碳”战略的途径

实现“双碳”战略的有效途径是控制 CO_2 排放总量，增加碳捕集能力，实现碳循环平衡。面对百年未有之大变局，我国率先提出“碳达峰、碳中和”的目标与愿景，体现了我国高质量发展的战略雄心与大国担当。

如何实现“双碳”战略？一方面是控制 CO_2 排放总量。首先，要在经济增长和能源需求增加的同时，持续削减煤炭发电，大力发展和运用风电、太阳能发电、水电、核电等非化石能源，实现清洁能源代替火力发电；其次，加快产业低碳转型，促进服务业发展，强化节能管理，加强重点领域节能减排，优化能源消费结构，开展各领域低碳试点和行动。另一方面是增加 CO_2 的中和能力，可以从植物的 CO_2 捕集和化工的 CO_2 利用着手。

3. CO_2 的植物捕集

碳捕集、利用与封存(CCUS,Carbon Capture,Utilization and Storage)是应对全球气候变化的关键技术之一，是最有效的碳中和方法。所谓二氧化碳捕集、利用与封存(CCUS)是指将 CO_2 从能源利用、工业过程等排放源或空气中捕集分离，通过罐车、管道、船舶等输送到适宜的场地加以利用或封存。

地下封存包括不可采煤层埋存、采空的油气层埋存、强化采油回注埋存、深部盐水层埋存等多种方式。总体而言，这些利用天然储层的埋存方式比较安全可靠，不仅应用上较灵活，而且也有较充裕的埋存能力。目前，这个方法在欧洲受到青睐，不仅有研究机构，而且已经在整体煤气化联合循环发电系统(IGCC 电站)中进行示范运用。2009 年，澳大利亚也已经列入计划。2021 年，我国 CCUS 全产业链已进入新阶段，截至 2021 年 9 月，中石油吉林石化已建成 5 个 CO_2 驱油与埋存示范区。2022 年，我国首个百万吨级 CCUS 项目全面建成并正式注气运行。针对我国的具体情况，这个办法尽管不错，但是有一定的难度。主要原因：

(1) 煤化工企业与油田不在同一个地方，输送 CO_2 需要建造很长距离的管道。

(2) 随着油田开采的深入，注入地下的 CO_2 不可能全部永远地留在地下，回到地面的 CO_2 数量将不断增加。

(3) 单纯将 CO_2 封闭在地下的困难比较大。特别是我国的地形特殊，山地很多，地震活跃。一旦封存地发生地震，气源喷发出来，灾区民众可能窒息而更难生存，也加大救灾难度，后果会很严重。因此，我国的地下封存法还要经过严格的科学验证[93]。

除了将 CO_2 捕集封存外，对捕集的 CO_2 加以利用也是目前国内外重点研究的碳中和技术之一。目前，CO_2 利用主要分为地质利用、化工利用和生物利用等领域，地质利用主要用于驱油，增加油田的产量；生物利用主要是研究利用微藻、森林和陆地等生物吸收转化 CO_2，这也是碳中和的主要途径[94]。

例如，绿色植物通过叶绿体，依靠大自然的阳光和水，在光化学的作用下，将捕集的 CO_2 转换成储存能量的有机物（如淀粉），并释放 O_2 的过程，如图 6－18。表 6－33 提供了一组数据，说明森林和绿地有非常好的回收 CO_2 的能力。

$$CO_2 + H_2O \xrightarrow[\text{叶绿体}]{\text{光能}} \text{有机物（储存着能量）} + O_2$$

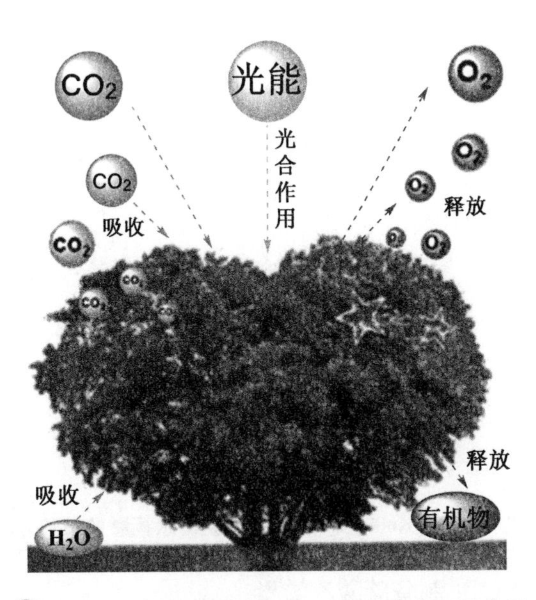

图 6－18　绿色植物吸收 CO_2 进行光合作用示意图

表 6－33　阔叶林、草坪每日生态埋存 CO_2 能力

植被面积/km^2	日吸收 CO_2/吨	日放出 O_2/吨
阔叶林	100	73
草坪	90	65

生物利用的缺点是投资较大。以煤制甲醇和合成油（来自原油中的瓦斯气或天然气所分离出来的乙烯、丙烯，再经聚合、催化等复杂的化学反应炼制成大分子组成的基础油）为例，每生产 1 吨甲醇向大气排放的 CO_2 约是 2.30 吨，年产 180 万吨的甲醇厂，就需要 127 km^2 的阔叶林地相伴；生产 1 吨合成油向大气排放的 CO_2 约是 7.20 吨（按照示范厂能耗考核数据计算），一个年产 1.6×10^6 吨的合成油厂，就需要有 31.56 km^2 的阔叶林地相伴，再加上后续产业链，阔叶林地的面积数字就更加大了。况且，能源燃烧是我国主要的 CO_2 排放源，占我国全部 CO_2 排放量的 88%。

4. CO_2 的化学法捕集

由于燃煤电厂排放的 CO_2 数量巨大，要实现碳达峰和碳中和，碳减排要把研究重点放在捕集和地质封存工作中，碳中和则可以利用 CO_2 合成水杨酸、碳酸乙烯酯、甲醇和三嗪醇[95]等化工产品。

(1) 苯酚吸收 CO_2 制备水杨酸

以苯酚起始原料，利用 Kolbe-Schmidt 反应制备水杨酸。首先苯酚与 NaOH 发生中和反应制成苯酚钠，再在常压下与通入的 CO_2 进行羧基化反应生成水杨酸盐。然后，用硫酸酸化制得水杨酸粗产品。最后，经过升华精制得水杨酸。此法是工业生产水杨酸及同系物的主要合成方法，也是二氧化碳回收再利用的重要途径，反应式如式 6-20。

$$C_6H_5OH + NaOH \xrightarrow[150\sim160\ ℃]{\text{真空}} C_6H_5ONa$$

$$C_6H_5ONa + CO_2 \xrightarrow{608\ kPa} o\text{-}HOC_6H_4COONa$$

$$o\text{-}HOC_6H_4COONa \xrightarrow{H_2SO_4} o\text{-}HOC_6H_4COOH\ (\text{水杨酸})$$

式 6-20　Kolbe-Schmidt 反应制备水杨酸的反应式

(2) 环氧乙烷吸收 CO_2 制备碳酸乙烯酯

以 CO_2 和环氧乙烷为原料在催化剂作用下直接酯化制备碳酸乙烯酯[96]，在紫外光照射下，碳酸乙烯酯和氯气或硫酰氯发生氯代反应生成氯代碳酸乙烯酯，再进行消除反应得到碳酸亚乙烯酯[97]。此法是一种高效、绿色、环保的合成碳酸乙烯酯和碳酸亚乙烯酯的方法，同时还提供了一条化学利用二氧化碳资源的新途径，可收到明显的经济效益和社会效益，受到各国普遍重视，我国在 2013 年已有文献报道进行了碳酸乙烯酯的中试合成研究[98]。此反应过程最主要的因素是催化剂，催化剂的好坏直接影响着反应结果，国际学术界为此开展了众多的研究工作，已发现许多催化剂对此反应有催化效果，如过渡金属配合物、主族元素配合物、季铵盐、鏻盐和碱金属盐、离子液体、超临界 CO_2 等催化体系。反应式如式 6-21。

$$\text{环氧乙烷} \xrightarrow[\text{催化剂}]{CO_2} \text{碳酸乙烯酯} \xrightarrow[CCl_4]{Cl_2,\,h\nu} \text{氯代碳酸乙烯酯} \xrightarrow[AcOEt]{Et_3N} \text{碳酸亚乙烯酯}$$

式 6-21　吸收二氧化碳制备碳酸乙烯酯及碳酸亚乙烯酯

碳酸乙烯酯简称碳乙(Ethylene Carbonate，EC)，是一种杂环酮，也称 1,3-二氧戊环-2-酮、乙二醇碳酸酯等。它是一种性能优良的溶剂和精细化工中间体，是有机化工潜在的基础原料。碳酸乙烯酯可用作纺织、印染、高分子合成及电化学方面的溶剂。特别是近年来，EC 应用于锂电池和碳酸三甲酯的生产，脂肪族的聚碳酸酯及其包含碳酸

酯单体的共聚物也开始被用作生物可降解的材料，使该领域的研究更受重视。20 世纪后半叶，各国研究人员对碳酸乙烯酯的合成开展了众多的研究，许多新的合成方法和新的催化剂被发现。EC 传统的生产方法为光气法，但其存在工艺流程长、收率低、成本高等缺点，而且光气毒性大，污染严重，在发达国家基本上已经停止使用。

碳酸亚乙烯酯(Vinylene Carbonate)又称 1,3-二氧杂环戊烯-2-酮，是呈无色透明的液体，可作为锂离子电池中新型有机成膜添加剂与过充电保护添加剂，还可作为制备聚碳酸乙烯酯的单体。

(3) 现代煤化工技术合成甲醇

对二氧化碳绿色化利用的研究工作主要是二氧化碳加氢合成甲醇，二氧化碳加氢制取低碳烯烃、合成醛类、乙醇、甲酸、二甲醚等的研究[94]。如二氧化碳在铜基催化剂的非均相催化下加氢合成甲醇，它的最早的工业化催化剂是由巴斯夫报道的 ZnO/Cr_2O_3 催化剂。在 20 世纪 60 年代，英国帝国化学工业公司报道了目前应用最广泛的工业合成甲醇的 $Cu/ZnO/Al_2O_3$ 催化剂，使得反应可在较温和的温度和压力下进行[99]，反应式如式 6-22，示意如图 6-19。

$$CO_2(g) + 3H_2(g) \xrightarrow{\text{铜基催化剂}} CH_3OH(g) + H_2O(g)$$

式 6-22　二氧化碳加氢合成甲醇反应式

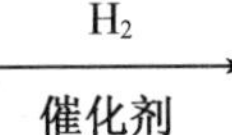

图 6-19　二氧化碳催化加氢合成甲醇示意图

习题 6

1. 什么是人名反应？请列出两个已经学过的人名反应。
2. 举例并描述黄鸣龙反应。
3. Wittig 反应和 Diels-Alder 两个反应中哪一个反应原子利用率高？
4. 如何用 Skraup 法由底物邻氨基苯酚合成 8-羟基喹啉？
5. 在 7-氯喹哪啶后处理时加入酸或碱的目的是什么？
6. 什么是碳达峰和碳中和？实现“双碳”战略有哪些方法？

参考文献

[1] Hassner A, Stumer C. Organic Synthesis Based on Named Reactions[M]. Oxford: Pergamon Press Inc, 2012.

[2] Kurti L, Czako B. Strategic Application of Named Reaction in Organic Synthesis [M]. Amsterdam: Elsevier Inc, 2012.

[3] Brown D G, Boström J. Analysis of Past and Present Synthetic Methodologies on MedicinalChemistry: Where Have All the New Reactions Gone? [J]. Journal of Medicinal Chemistry 2016, 59(10): 4443 - 4458

[4] Roughley S D, Jordan A M . The Medicinal Chemist's Toolbox: An Analysis of Reactions Used in the Pursuit of Drug Candidates[J]. Journal of Medicinal Chemistry. 2011, 54(10): 3451 - 3479.

[5] 韩广甸,马兆扬. 黄鸣龙还原[J]. 有机化学,2009,29(7):1001 - 1017.

[6] Fieser, Frederick L. Topics in Organic Chemistry [M]. New York: Reinhold publishing company, 1963.

[7] Huang M. A Simple Modification of the Wolff-Kishner Reduction [J]. Journal of the American Chemical Society, 1946, 68(12): 2487 - 2488.

[8] 何磊,田东奎. 一种改良的黄鸣龙还原:CN102964189[P]. 2013 - 03 - 13

[9] 范如霖. 新药研发中的化学和工艺——战例九则[M]. 上海:华东理工大学出版社,2008.

[10] 张淑琼,熊俊如,曹优明. 8-羟基喹啉衍生物的合成[J]. 四川大学学报(自然科学版),2001,24(3):280 - 282.

[11] 张珍明,李树安,占垚,等. 一种合成 8-羟基喹啉的方法:CN109053569B[P]. 2021 - 12 - 10.

[12] 郑泽旗,曾繁涤,熊海娟. 8-羟基喹啉的高分子及其应用展望[J]. 高分子通报,1999(1):37 - 39.

[13] 谭正德. 双-8-羟基喹啉高分子配合物的合成与应用[J]. 化学与粘合,2005,27(6):328 - 331.

[14] 张珍明,李树安,葛洪玉. 8-羟基喹啉制备技术进展,广州化学,2007,32(2):62 - 65.

[15] 王润南,张丹丹,王璇,等. 羟基喹啉及其衍生物制备技术进展[J]. 化工时刊. 2015,29(1):40 - 43.

[16] 张敏. 8-羟基喹啉的研制[J]. 四川冶金,2003,25(3):28 - 29.

[17] Onishi I, Agatsuma S. 8-hydroxyquinolin: JP7237436[P]. 1972 - 09 - 20.

[18] Marmor R S, Strong H L. Conversion of substituted 8-chloroquinolines to substituted 8-hydroxyquinolines: US5597924[P]. 1997 - 06 - 28.

[19] Fred M C. Preparation of hydroxyquinolines: US3860599[P]. 1975 - 01 - 14.

[20] 柯保桂. 8-羟基喹啉的制备:CN86102086[P]. 1987 - 10 - 07.

[21] Cognion J M. Process for preparation of 8-hydroxyquinoline: US404011[P]. 1977 - 08 - 23.

[22] 周学良,项斌,高建荣. 药物[M]. 北京:化学工业出版社,2003.

[23] 彭晓含,陈达,夏天,等. 喹啉-N-氧化物的制备方法进展[J]. 化工时刊,2018,32(5):37 - 40.

[24] 朱惠琴,周建峰. 聚乙二醇相转移催化合成 8-羟基-5-硝基喹啉[J]. 化学试剂,2005,27(7):431 - 432.

[25] 郑彩云. 5-硝基-8-羟基喹啉合成的新方法[J]. 芜湖职业技术学院学报,1999,1(3):39 - 42.

[26] 韦长梅,徐斌,王锦堂. Pd/C 催化水合肼还原制备 5-氨基-8-羟基喹啉[J]. 精细化工,2004,21

(6):442－443.
[27] 张丹丹,王润南,王璇,等. 硝基喹啉及其衍生物的合成方法[J]. 化工时刊,2014,28(12):21－24.
[28] 占垚,牟成建,黄文静,等. 卤代喹啉的合成方法研究进展[J]. 化工时刊. 2017,31(3):32－36.
[29] 张珍明,王丽萍,李树安,等. 氧氯化法制备 5-氯-8-羟基喹啉的研究[J]. 化工时刊,2010,24(5):27－29.
[30] 李树安,张珍明,穆志刚,等. 氧氯化法制备 5-氯-8-羟基喹哪啶的研究[J]. 淮海工学院学报(自然科学版),2009,18(1):54－56.
[31] Richter M, Schumacher O. Process for preparing chelating ion exchanger resins and the use thereof for the extraction of metals: US5290453[P]. 1994－03－01.
[32] Richards H J, Trivedi B C. 7-(alpha-methyl alph-alkenyl) substituted 8-hydroxyquinolines and process for the preparation thereof: US4045441[P]. 1977－08－30.
[33] 张敏. 8-羟基喹啉的研制[J]. 四川冶金,2003,25(3):28－29.
[34] 柯保桂. 8-羟基喹啉的制备:CN86102086[P]. 1987－10－07.
[35] Cognion J M. Process for preparation of 8-hydroxyquinoline: US404011[P]. 1977－08－23.
[36] Marmor R S, Strong H L. Conversion of substituted 8-chloroquinolines to substituted 8-hydroxyquinolines: US5597924[P]. 1997－06－28.
[37] Fred M C. Preparation of hydroxyquinolines: US3860599[P]. 1975－01－14.
[38] 郑宏强. 6-硝基喹啉的合成工艺研究[J]. 药学进展,2001,25(1):45－47.
[39] 张珍明,李树安,葛洪玉. Skraup 法合成 8-羟基喹啉[J]. 精细石油化工,2007,24(1):32－34.
[40] 齐家娟,王婷,王璇,等. 2-甲基-8-羟基喹啉-5-甲醛的制备工艺[J]. 精细石油化工,2014,31(3):38－41.
[41] 陈江虹,胡秋芬,杨光宇,等. 8-羟基喹哪啶固相萃取光度法测定水样中的铁[J]. 分析化学,2003,31(7):853－855.
[42] 周小华,董学畅,吴立生,等. 8-羟基喹哪啶新型树脂的合成及其对 Cu^{2+} 的吸附性能研究[J]. 云南化工,2006,33(4):16－19.
[43] 李润莱,李树安,张珍明,等. 5,7-二硝基-8-羟基喹哪啶合成工艺研究[J]. 化工时刊,2011,(9):1－3.
[44] 朱慧琴. 合成 5,7-二硝基-8-羟基喹哪啶的一种新方法[J]. 化学试剂,2007,29(1):51－52.
[45] 韦长梅. 5,7-二氯-8-羟基喹哪啶的合成[J]. 中国医药工业杂志,2002,33(12):576－577.
[46] 李树安,张珍明,穆志刚,等. 氧氯化法制备 5-氯-8-羟基喹哪啶的研究[J]. 淮海工学院学报(自然科学版),2009,18(1):54－56.
[47] Musiol R, Jampilek J, Kralova K, et al. Investigating biological activity spectrum for novelquinoline analogues[J]. Bioorganic & Medicinal Chemistry, 2007, 15: 1280－1288.
[48] 李中林,黄小凤. 有机试剂合成与应用[M]. 长沙:湖南科学技术出版社,1986.
[49] Sivaprasad G, Rajesh R, Perumal P T. Synthes is of quinaldines and lepidines by a Doebner-Miller reaction under thermal and microwave irradiation conditions using phosphotungstic acid [J]. Tetrahedron Letters, 2006, 47: 1783－1785.
[50] 李树安,张珍明,齐家娟,等. Doebner-Miller 法合成 8-羟基喹哪啶的工艺研究[J]. 精细石油化工. 2013,30(4):22－24.
[51] Striegel H G, Wiegrebe W. 5,13-Diethyl-10-methyl-8-heptadecanone: A component of post-1976

Kelex 100[J]. Collection of Czechoslovak Chemical Communications, 1991, 56(10): 2203 -2208.

[52] Shiratori M, Oda T. Method for producing a 7-alkyl-oxyquinoline by hydrogenation of 7-alkenyl-8-hydroxyquinoline: WO03091218[P]. 2003 - 11 - 06.

[53] 刘长巍,舒国恩,袁承业. 7-取代-8-羟基喹啉的合成[J]. 化学学报,1983,41(7):654 - 665.

[54] Richards H J, Trivedi B C. Metal collectors in hydrometallurgical extractions; alkylation: US4045441[P]. 1977 - 08 - 30.

[55] Hartlage J A, Ohio W. Substituted 8-hydroxyquinolines and process for the preparation thereof: US4066652(A)[P]. 1978 - 01 - 03.

[56] Mattison P L. 8-hydroxyquinolines: US1499439[P]. 1974 - 03 - 04.

[57] Budde W M Jr, Hartlage J A. Beta-alkenyl substituted 8-hydroxyquinooines: US3637711[P]. 1972 - 01 - 25.

[58] 刘长巍,舒国恩,袁承业. 7-十二烯基-8-羟基喹啉的合成[J]. 有机化学,1982,3(5):357 - 358.

[59] Niederhauser W D. Alkenyl halides containing a quaternary carbon atom: US2689873(A)[P]. 1954 - 09 - 21.

[60] Farbenindustrie, Aktiengesellschaft I G. Procédé pour préparer des composés organiques substitués par de l'halogène et présentant au moins une double-liaison oléfinique: FR824909(A)[P]. 1938 - 02 - 18.

[61] Wade L G Jr. Organic Chemistry(5th ed.) [M]. Upper Saddle River, NJ: Prentice Education Inc, 2003.

[62] Arena B J, Holmgren J S. 2-ethyl-2-hexenal by aldol condensation of butyraldehyde in a continuous process: US5144089(A)[P]. 1992 - 09 - 01.

[63] Chemie L A. Process for the preparation of mixture of 2-ethyl-4-methylpenten-(2)-al-(1) and 2-ethyl-hexen-(2)-al-(1): GB1213965(A)[P]. 1969 - 03 - 18.

[64] Arena B J, Plaines D, Holmg J S, et al. Manufacture of 2-ethyl-hexanal-(1) and 2-ethyl-hexanol-(1): GB731917A[P]. 1955 - 06 - 15.

[65] Brieger G, Pelletier W M. Oxygen alkylation in the ethyl acetoacetate synthesis[J]. Tetrahedron Lett, 1965, 6(40): 3555 - 3558.

[66] Vollhardt K P C. Organic Chemistry: structure and function[M]. New York: W. H. Freeman, 1999.

[67] Gareil P, Beler S, De, Bauer D. Composition analysis of Kelex 100®, an industrial chelating extractant, by liquid chromatography and mass spectrometry[J]. Hydrometallurgy, 1989, 22(1 - 2):239 - 248.

[68] 陈彦玲,高丽娟,王敬平,等. 山梨酸的应用与制取[J]. 长春师范学院学报(自然科学版),2002,21(2):31 - 34.

[69] 上海科灵化工有限公司. 5-乙基-2-壬酮[EB/OL]. http://www.clean-chem.net/product/5-乙基-2-壬酮,2022 - 04 - 15.

[70] 方都化工网. 正丁醛[EB/OL]. https://b2b.baidu.com/ss? q=方都化工网. 正丁醛,2022 - 04 - 22.

[71] 魏正英. 丁醛生产及消费市场[J]. 扬子石油化工,2006,21(6):43 - 47.

[72] 贺宗昌. 国内外丙酮生产现状及市场分析[J]. 现代化工,2005,25(11):61 - 64.

[73] 迟洪泉，韩雪岩. 丙酮市场供需现状与前瞻[J]. 中国石油和化工经济分析，2013(6)：58－60.

[74] 张珍明. 高效萃取剂 Kelex 100 负载材料制备及从废水中吸附重金属离子研究[D]. 徐州：中国矿业大学，2015.

[75] 邓万定，余琪，金方. 治疗哮喘或慢性阻塞性肺病药物的研究进展[J]. 中国医药工业杂志，2008，39(11)：855－859.

[76] KomiyamaM，Itoh T，Takeyasu T. Scalable ruthenium-catalyzed asymmetric synthesis of a key intermediate for the β_2-adrenergic receptor agonist [J]. Org Process Res Dev，2014，19(1)：315－319.

[77] Kankan R N，Rao D R，Birari D，et al. Process for preparing isomers of carmoterol：WO2008104781[P]. 2008－04－09.

[78] Nakagawa K，Yoshizaki S，Tanimura K，et al. A process for preparing 5-(α-haloalkanoyl) carbostyril derivatives：JP51143677[P]. 1976－12－10.

[79] Mitsuyama E，Hara T，Igarashi J，et al. Quaternary ammonium salt compounds：US2012046467A1[P]. 2012－02－23.

[80] Lohse O，Penn G，Schilling H. A process for the preparation of 5-(haloacetyl)-8-(substituted oxy)-(1H)-quinolin-2-ones：WO2004087668[P]. 2004－10－14.

[81] Axt S，Stergiades I. Crystalline form of aryl aniline β_2 adrenergic receptor agonist：US20040224982[P]. 2004－11－11.

[82] Storz T，Marti R，Meier R，et al. First safe and practical synthesis of 2-amino-8-hydroxyquinoline[J]. Org Process Res Dev，2004，8(4)：663－665.

[83] Liou S S，Zhao Y L，Chang Y L，et al. Synthesis and antiplatelet evaluation of α-met-hylene-γ-butyrolactone bearing 2-methylquinoline and 8-hydroxyquinoline moieties[J]. Chem Pharm Bull，1997，45(11)：1777－1781.

[84] Iwakuma T，Tsunashima A，Ikezawa K，et al. Bronchodilating 8-hydroxy-5-{(1R)-hyr-oxy-2-[N-((1R)-2-(P-methoxyphenyl)-1-methylethyl)-amino] ethyl} carbostyril：US4579854 [P]. 1986－04－01.

[85] 李树安，谭超兰，张丹丹，等. 8-苄氧基-5-(2-溴乙酰基)喹诺酮的合成[J]. 精细石油化工. 2018，35(2)：40－43.

[86] 周学良，项斌，高建荣. 药物[M]. 北京：化学工业出版社，2003.

[87] Pastorek E，Orth W，Weiss W，et al. Novel Separation Process：US5066806[P]. 1991－11－19.

[88] 森光太郎. キナルジソ诱导体の分离方法：JP2000281651[P]. 2000－10－10.

[89] Song Z，Hughes D L. 7-chloroquinaldine Synthesis：US5126456[P]. 1992－06－30.

[90] 吉田康夫，齐藤嘉则. 7-クロロキナルジソの制造法：JP4270267[P]. 1992－09－25.

[91] 郑宏强. 6-硝基喹啉的合成工艺研究[J]. 药学进展，2001，25(1)：45－47.

[92] 李树安，张珍明，张喆，等. 用 Skraup 反应合成 7-氯喹哪啶[J]. 淮海工学院学报(自然科学版)，2007，16(3)：49－51.

[93] 唐宏青. 现代煤化工新技术[M]. 北京：化学工业出版社，2016.

[94] 蔡博峰，李琦，张贤，等. 中国二氧化碳捕集、利用与封存(CCUS)年度报告(2021)[R]. 北京：生态环境部规划院，2021.

[95] 张文辉，李全生，陈为高. "双碳"目标下动力煤生产利用低碳化模式探讨[J]. 能源科技，2022，20

(1):6-11.

[96] 黄焕生,杨波,黄科林,等.碳酸乙烯酯合成的研究进展[J].化工技术与开发,2007,36(11):15-19,37.

[97] 刘超程,洪镛裕,程菲.碳酸亚乙烯酯的合成工艺改进[J].精细化工,2005,22(9):715-716.

[98] 石鸣彦,程光剑,翟国栋.碳酸乙烯酯中试合成工艺研究[J].化工中间体,2013(2):49-54.

[99] 王艳燕,刘会贞,韩布兴.多相催化剂催化二氧化碳加氢合成甲醇的研究进展[J].高等学校化学学报,2020,41(11):2393-2403.

第 7 章

水蒸气蒸馏法——吡啶硫酮工艺

水蒸气蒸馏技术常用于和水长时间共沸不反应、不溶或微溶解于水、具有一定挥发性的有机化合物或无机物的分离和提纯。水蒸气蒸馏不会对设备和操作条件有苛刻的要求,污染小,能耗适中,工业应用价值很大。

7.1 水蒸气蒸馏在化工中的应用

水蒸气蒸馏的主要优点就是能够降低蒸馏温度,因此,在工业上特别是在精细化学品生产上得到了广泛的应用。

7.1.1 水蒸气蒸馏的应用领域

鉴于有机化合物的相对分子质量要比水大得多,即使有机化合物在 100 ℃时,蒸气压只有 0.667 kPa,用水蒸气蒸馏就能获得良好的效果,甚至固体(如粗萘、8-羟基喹啉等)也可用水蒸气蒸馏的方法提纯。水蒸气蒸馏常用于下列各种特殊的情况:① 从植物叶茎中提取香精油以及从中药中提取挥发油和天然药物[1];② 在煤焦油和石油工业中回收苯类化合物;③ 水蒸气蒸馏与溶剂萃取(或固相吸附)相结合测定微量物质[2];④ 脂肪酸、食用油和聚酯类(高沸物)的除臭、降酸度;⑤ 从大量的有机物中分离出少量的易挥发的杂质组分[3];⑥ 回收高沸点的物质;⑦ 蒸馏的物质在它的沸点范围内不稳定或和其他组分会发生反应。

目前,水蒸气蒸馏技术已广泛应用到天然香料的提取和分离,食品工业的除臭,医药中间体和原料药的制备、分离和纯化,工业分析上样品的富集和分离以及农药和化妆品生产等领域。

7.1.2 水蒸气蒸馏的操作方式

水蒸气蒸馏的方式：① 常压水蒸气蒸馏，绝大多数的芳香植物均可用水蒸气蒸馏方法生产精油；② 减压水蒸气蒸馏，许多有机化合物加热到100 ℃左右就不稳定，易分解或爆炸，可以用减压水蒸气蒸馏来分离或提纯，如在去头皮屑的杀菌剂2-巯基吡啶-N-氧化物盐的制备中，用 H_2O_2 氧化2-氯吡啶得到2-氯吡啶-N-氧化物，未反应完的2-氯吡啶若留在产品中气味太大，即使微量也会影响它的使用，而2-氯吡啶-N-氧化物在高温下易分解，且不随水蒸气挥发，所以用减压水蒸气蒸馏，能完全除去2-氯吡啶[4]；③ 加压水蒸气蒸馏，适应于挥发性较小物质的提纯，如磷的回收和纯化[5]；④ 水蒸气精馏可适合多元组分混合物的分离提纯。

7.1.3 水蒸气蒸馏在化学品生产中的应用

1. 天然产物的分离和提取

在植物天然香料(如精油等)的生产中，水蒸气蒸馏法是最常用的方法。该法的特点是设备简单、操作方便、成本低、产量大。主要方法有① 水中蒸馏：原料浸于水中，加热后在沸水中流动；② 水上蒸馏：隔水蒸馏，原料与水不直接接触；③水汽蒸馏：蒸馏器内不加水，把蒸气直接通入蒸馏器内，由喷气管喷出进行水蒸气蒸馏。水蒸气蒸馏也用于中草药的有效成分的提取和分离，中草药中的挥发油，一些小分子的生物碱(如麻黄碱、烟碱、槟榔碱等)和小分子酚类物质(如丹皮酚)等都可以应用水蒸气蒸馏法来提取。

2. 分离异构体

苯酚和三氯甲烷在碱作用下发生 Reimer-Tiemann 反应生成水杨醛和对羟基苯甲醛，苯酚在低温下硝化得到邻硝基苯酚和对硝基苯酚。这个反应形成一对异构体，用一般的蒸馏、萃取分离都比较困难。由于邻位异构体能形成分子内氢键，分子间不缔合，也不与水缔合，因而沸点比对位异构体低，又不溶于水，可通过水蒸气蒸馏实现与对位异构体的分离。

3. 回收反应溶剂

有些制备反应需要在高沸点的溶剂中进行，由于溶剂的沸点高，反应完成后用直接蒸馏法把产物与溶剂分离开比较麻烦，而用水蒸气蒸馏法分离溶剂较为方便[6]。

4. 回收未反应的原料

一些有机化合物具有随水蒸气挥发的性质，而反应后生成的新化合物没有挥发性或挥发性很小，可以采用水蒸气蒸馏来回收未反应的原料或过量加入的原料。如用过量的环己胺和氨基磺酸反应生成甜蜜素(环己氨基磺酸钠)，应用水蒸气蒸馏除去过量的环己胺[7]。

5. 分离和提纯

在松脂加工过程中，把采集的松脂进行水蒸气蒸馏，可得到液态的松节油和固态的

松香。传统的制备二茂铁的纯化过程是加酸、加水、静置、抽滤、洗涤、柱层析或重结晶，步骤多，耗时长，而用水蒸气蒸馏的方法提纯，只需约 40 min，就可以直接得到较纯的产品[8]。

6. 水蒸气蒸馏反应

有些有机合成反应是在水蒸气蒸馏的条件下完成的，如脱磺酸基反应、重氮盐水解反应等，这种方法除了完成官能团的转换外，还可以把反应产物从反应体系中分离出来。许多选择性保护芳香环位置的磺酸基在完成保护后，再用水蒸气蒸馏的方法脱去磺酸基，同时把反应产物分离出来。如 2,6-二氯苯胺[9]、邻溴苯酚的制备。重氮盐水解生成酚的反应也可以采取水蒸气蒸馏的方法来完成，如大红色基 G 用亚硝酸重氮化后形成重氮盐；然后，在水蒸气蒸馏的条件下水解生成 5-硝基邻甲酚。对于某些制备反应，若产物易随水蒸气挥发，原料不挥发，而产物在反应体系中停留时间长会发生副反应，则可用水蒸气蒸馏的方式来完成，能够提高收率。例如，苯甲醇的下脚料用稀硝酸氧化制备苯甲醛，采用水蒸气蒸馏的方法，把苯甲醛尽快地从反应体系中分离出来，防止进一步氧化形成苯甲酸，同时安装分馏柱进行水蒸气蒸馏，它的作用是把未氧化成苯甲醛的苯甲醇分离出来，回到反应体系，继续反应，提高了苯甲醛的收率[10]。

7.1.4　水蒸气蒸馏技术的应用前景和展望

水蒸气蒸馏对设备和操作条件没有苛刻的要求，污染小，能耗适中，工业应用价值很大，但是目前水蒸气蒸馏仅限于简单蒸馏，或者是过热水蒸气作为惰性气的载气蒸馏，水蒸气蒸馏的独特优势还远未得到充分利用。国内已有人在水蒸气精馏、水蒸气蒸馏的应用等方面开展了研究，并取得了可喜的成果。目前还应当开发水蒸气蒸馏在反应操作、作为保护气体等方面的深入研究。可以相信随着人们对水蒸气蒸馏技术应用研究的深入，该技术将会在更多的领域中得到使用，特别是用以生产人们所需的精细化学品[11]。

7.2　实战案例丨2-巯基吡啶-N-氧化物的制备工艺

2-巯基吡啶-N-氧化物钠盐是国内外公认的高效低毒防菌防霉剂，农业上称为“万亩定”，是果树、棉花、麦类、蔬菜的有效杀菌剂，也可用于蚕座消毒及家蚕人工饲料的防腐添加剂；医药上也称为吡硫霉净，是抗真菌药物，用于体癣、手足癣等的治疗；纺织上用于织物的杀菌防霉处理；2-巯基吡啶-N-氧化物的锌盐是高效安全的去屑止痒剂，可以延缓头发衰老，推迟白发和脱发的产生；相关钠盐和锌盐可以和醇胺等复配，广泛用于洗发香波的配方中；此外，它还可以作为切削油、压延油、涂料、冷却循环水的杀菌剂及植物生长调节剂等。2-巯基吡啶-N-氧化物钠盐主要合成路线有 4 条：① 以 2-氨基吡啶为原料[12]，经乙酰化、氧化、水解、重氮化、氯化和巯基化等反应得到，总收率为

54.7%；② 以吡啶为原料[13]，经氧化后用硫粉在氢氧化钠和二甲亚砜存在下巯基化得到产品，合成步骤虽少，但巯基化收率太低，总收率只有 17%；③ 以吡啶-2-羧酸为原料[14]，经过碱融、脱羧酸、巯基化而得，该法反应时间长，还要使用昂贵的碱金属氢化物及在无水、无二氧化碳条件下操作；④ 以 2-卤代吡啶为原料[15]，因 2-溴吡啶价格太贵，一般使用 2-氯吡啶，此工艺在国内已工业化生产，巯基化剂可用尿素和硫氢化钠，但尿素价格高，所以用 2-氯吡啶和 NaHS 为主要原料，先用 H_2O_2 氧化，再用 NaHS 巯基化得到产品。因巯基比吡啶环上的 N 原子更容易氧化，因而一般不采用先巯基化后氧化的路线。2-巯基吡啶-N-氧化物对光不稳定，可制成工业上易于贮存和使用的钠盐水溶液。

7.2.1 实验基本原理与过程

以 2-氯吡啶为原料，先用 H_2O_2 氧化，再用 NaHS 巯基化得到 2-巯基吡啶-N-氧化物，合成路线如式 7-1。

H_2O_2，HAc / 马来酸酐；NaSH；HCl，H_2O

式 7-1 2-氯吡啶为原料的 2-巯基吡啶-N-氧化物合成路线

1. 氧化

在顺丁烯二酸酐(马来酸酐)催化下，冰乙酸为溶剂，用 H_2O_2 氧化 2-氯吡啶，工艺流程如图 7-1 所示。

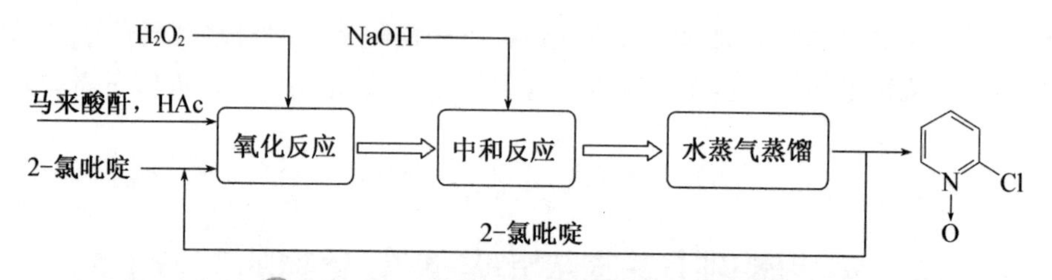

图 7-1 2-巯基吡啶-N-氧化物合成工艺流程

氧化反应液用氢氧化钠中和至 pH 为 7 左右，利用氧化吡啶溶于水，而 2-氯吡啶不溶于水且易随水蒸气挥发的性质，把未反应的 2-氯吡啶用水蒸气蒸馏出来。因温度高于 10 ℃时，反应混合物易发生冲料、炭化等危险现象，故用减压水蒸气蒸馏。

2. 巯基化

以 NaHS 为巯基化剂，严格控制反应溶液的 pH 在 9 左右，2-氯氧化吡啶易和 NaHS 发生亲核取代反应。反应混合物中的乙酸钠、顺丁烯二酸钠等不影响巯基化反应。此过程 pH 一定要大于 8.5，否则会有 H_2S 逸出，而损失 NaHS。

3. 中和与精制

2-巯基氧化吡啶钠盐极易溶于水，而2-巯基氧化吡啶微溶于水。向巯基化反应液加入活性炭脱色一次，过滤后用盐酸中和，过滤得滤饼固体2-巯基氧化吡啶。根据固体2-巯基氧化吡啶的含量，加入相应的氢氧化钠中和，配成钠盐含量大于43%的水溶液，加入活性炭脱色一次，用氢氧化钠水溶液和去离子水调配成ω(2-巯基吡啶-N-氧化物钠盐)=40%～41%，pH为11～12的淡黄色透明水溶液。2-巯基吡啶-N-氧化物钠盐的精制流程如图7-2。

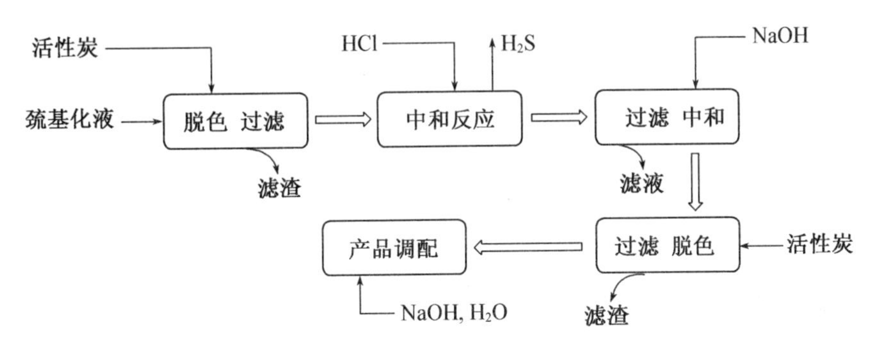

图7-2 2-巯基吡啶-N-氧化物钠盐的精制流程图

7.2.2 成品含量分析法

取本品0.8 g，精确称定；加水50 mL，溶解后加淀粉指示剂1 mL，立即用碘液(0.1 mol/L)滴定至溶液显示蓝色，且在30 min内不褪色为止；每1 mL碘液(0.1 mol/L)相当于29.8 mg的2-巯基氧化吡啶钠盐。

7.2.3 实验操作

在装有电动搅拌器、温度计、滴液漏斗和回流冷凝管的1 000 mL三颈烧瓶中加入50.0 g(0.83 mol)乙酸，15.0 g(0.13 mol)顺丁烯二酸酐和64.8 g(0.66 mol)2-氯吡啶。在70～80 ℃下，滴加ω(H_2O_2)=50%的H_2O_2水溶液60 g(0.66 mol)，反应1～3 h后，冷至室温。用ω(NaOH)=20%的氢氧化钠水溶液中和至pH=7，减压水蒸气蒸馏，直到馏出物中无油珠为止。在原反应装置上接H_2S吸收系统，于70 ℃左右滴加ω(NaHS)=25%的NaHS水溶液100 g(0.45 mol)，加完后继续反应1～2 h。然后，用20%的盐酸中和，析出固体，过滤，用NaOH和蒸馏水调配成2-巯基吡啶-N-氧化物钠盐水溶液。

7.2.4 影响因素的讨论

1. 氧化催化剂的选择

钨酸钠、顺丁烯二酸酐、邻苯二甲酸酐和硫酸等对H_2O_2氧化吡啶上的N原子都有催化作用。研究了投料量为0.5 mol的2-氯吡啶，反应温度为70～80 ℃时，几种不同催化剂的催化效果，其单程转化率和选择性如表 7－1 所示。2-氯吡啶单程转化率是相对而言，是由回收到的 2-氯吡啶的质量计算出的；选择性是由生成的 2-巯基吡啶-N-氧化物的量计算而得。钨酸钠价格高，反应结束后需回收，而且微量的钨盐存在会影响产品的外观质量；在用盐酸中和 2-巯基吡啶-N-氧化物钠盐时，邻苯二甲酸钠盐也会共沉淀，虽可用控制 pH 分步沉淀法分离，但操作复杂；硫酸为催化剂时，单程收率低一些，在滴加 H_2O_2 时放热量大，易冲料。而顺丁烯二酸酐催化反应平稳，对后处理没有影响。

表 7－1　不同催化剂的催化作用

催化剂	催化剂用量/g	单程转化率/%	选择性/%(平均)
钨酸钠	3.0	60～90	95.0
邻苯二甲酸酐	20	80～88	95.8
马来酸酐	14	80～85	96.5
硫酸	12	70～77	95.7

2. 过氧化氢浓度对反应的影响

投料量为 0.5 mol 的 2-氯吡啶，反应温度为 70～80 ℃，不同浓度的过氧化氢对氧化反应的影响如表 7－2 所示。只有使用 $\omega(H_2O_2)>30\%$的过氧化氢才能提高氧化的单程收率。

表 7－2　H_2O_2 浓度对氧化反应收率的影响

H_2O_2 浓度/%	10	20	30	40	50
单程转化率/%	37.4	46.2	64.5	77.0	82.3
选择性/%(平均)	96.1	97.4	95.6	94.6	95.4

3. pH 对巯基化反应的影响

pH 对巯基化反应的影响如表 7－3 所示。因为—SH 与 SH^- 在水溶液中存在平衡，所以 pH 必须控制在 8～9，否则会有大量的硫醚生成。以 2-氯吡啶和 NaHS 为原料，经过 H_2O_2 氧化、NaOH 中和、硫氢化钠巯基化得到 2-巯基吡啶-N-氧化物钠盐，总收率为 80%。该工艺简单，操作方便，收率稳定，适合工业化生产。在 50 t/a 的中试装置上生产大于 1 t 的 2-巯基吡啶-N-氧化物钠盐，基本上达到了小试的水平。质量指标：外观为淡黄色透明液体，含量 41%，相对密度为 1.24 g/cm^3，pH 为 1.2，颜色检验为 4.5 色标。

表 7－3　pH 对巯基化反应的影响

pH	6	7	8	9	10	11
收率/%	64.7	69.0	72.5	85.2	71.8	63.4

7.3　相关案例丨酸酐(Ⅰ)催化过氧化氢氧化2-氯吡啶

2-巯基吡啶-N-氧化物钠盐又称为吡啶硫酮钠，是公认的高效低毒的抗真菌药物，用于体癣、手足癣等治疗，也是制备去屑止痒剂吡啶硫酮锌的原料。由于具有高效的防霉抗菌活性，2-巯基吡啶-N-氧化物钠盐及其衍生物广泛应用于涂料、切削油、冷却循环水等杀菌剂和植物生长调节剂[16]。目前，2-巯基吡啶-N-氧化物钠盐的主要制备方法是在顺丁烯二酸酐、钨酸钠或硫酸的催化下[17]，先用 H_2O_2 氧化 2-氯吡啶，再与 NaHS 反应，后处理后得到含 2-巯基吡啶-N-氧化物钠盐，因为固体 2-巯基吡啶-N-氧化物不稳定，一般配制为 40%(ω)左右的钠盐水溶液[18]，或直接制备成金属盐(如吡啶硫酮锌、吡啶硫酮铜等)。

本案例主要研究由蒽和顺丁烯二酸酐的加成物酸酐(Ⅰ)和乙酸作为复合催化剂，催化 H_2O_2 氧化 2-氯吡啶制备 2-氯吡啶-N-氧化物的工艺。因为酸酐(Ⅰ)与已经报道的催化剂不同，在水中几乎不溶解，与产物分离后可循环套用。但单独使用，催化氧化的单程收率在 30%左右，因此酸酐(Ⅰ)和乙酸混合使用，催化效率较高。另外，40%(ω)左右 2-巯基吡啶-N-氧化物钠盐水溶液的运输费用高，而作为抗真菌药物一般使用晶体的 2-巯基吡啶-N-氧化物钠盐，所以本案例另外一个目的是研究晶体 2-巯基吡啶-N-氧化物钠盐的制备工艺，制备酸酐(Ⅰ)的反应式如式 7－2，2-巯基吡啶-N-氧化物钠盐的合成路线如式 7－3[19]。

二甲苯，△

酸酐(Ⅰ)

式 7－2　合成酸酐(Ⅰ)的反应式

酸酐(Ⅰ)，H_2O_2；NaSH

式 7－3　制备 2-巯基吡啶-N-氧化物钠盐的合成路线

7.3.1　实验部分

1. 药品

2-氯吡啶，含量为 99.0%(ω)，工业品；$\omega(H_2O_2)$为 50%，工业品；NaHS，含量为 70%；蒽、顺丁烯二酸酐、NaOH、$\omega(HCl)$＝36%的盐酸，均为分析纯试剂。

2. 分析方法

2-巯基吡啶-N-氧化物钠盐含量的测定采用滴定分析法：精确称取 0.3 g 样品，加水 50 mL 溶解后，加淀粉指示剂 1 mL，用 0.1 mol/L 碘溶液滴定至溶液显蓝色，并保持 30 min 不褪色。每 1 mL 碘滴定液（0.1 mol/L）相当于 29.8 mg 的 2-巯基吡啶-N-氧化物钠盐。根据消耗碘滴定液的体积，计算出样品中 2-巯基吡啶-N-氧化物钠盐的含量。

3. 实验操作

（1）催化剂的制备

在 250 mL 的三口烧瓶上安装温度计、回流冷凝管、机械搅拌器。称取顺丁烯二酸酐 10.0 g（0.10 mol）和蒽 20.0 g（0.11 mol），置于圆底烧瓶中。加入二甲苯 200 mL、沸石数粒，搅拌加热回流 3 h，反应液颜色由开始的浅黄色逐渐变淡，停止加热。冰浴冷却，待结晶析出完全后抽滤，并用无水乙醇洗涤晶体，所得产物为淡黄色晶体。干燥，称重为 17.6 g，收率为 64.0%，熔点为 262～263 ℃（文献值：263～264 ℃）。

（2）催化氧化制备 2-氯吡啶-N-氧化物

在 500 mL 的四口反应瓶上安装温度计、回流冷凝管、机械搅拌器和滴液漏斗。加入 57.0 g（0.50 mol）2-氯吡啶，13 g（0.047 mol）上述制备的酸酐（Ⅰ）和 20 mL（0.33 mol）乙酸。然后，搅拌加热到 60～70 ℃，在 2.5 h 内滴加 50% H_2O_2（54.0 g，0.79 mol），并在此温度下继续反应 3 h。用 40 mL 的水萃取 3 次，合并水相，用 20% Na_2CO_3 水溶液调节溶液的 pH 为 6.7。然后，减压水蒸气蒸馏，直到馏出物中无油珠为止，静置馏出物，回收 2-氯吡啶。蒸馏残余物不需纯化操作直接用于下一步的 2-巯基吡啶-N-氧化物的制备。蒸出液的有机相含有未反应的 2-氯吡啶、催化剂和少量的 2-氯吡啶-N-氧化物，补加 2-氯吡啶后可用于制备下批的 2-氯吡啶氧化物。

（3）2-巯基吡啶-N-氧化物的制备

把水蒸气蒸馏的残余物投到 500 mL 的四口反应瓶上，安装上机械搅拌器、温度计、恒压滴液漏斗和回流冷凝管，再与 H_2S 气体吸收装置相连接。搅拌加热到 70～75 ℃，在 2 h 内滴加 $\omega(NaHS)=25\%$ 的水溶液 100 g（0.45 mol）。加毕，继续反应 1～2 h，冷却至 50～60 ℃，加入活性炭 3.5 g，搅拌 30 min，过滤。滤液用 20% 的盐酸中和，析出大量的类白色固体，过滤，湿重为 58.0 g。

（4）晶体 2-巯基吡啶-N-氧化物钠盐的制备

取 2-巯基吡啶-N-氧化物 58.0 g，用 45% 的 NaOH 水溶液溶解，调配成 40% 左右的水溶液。然后，减压蒸馏除去水，浓缩到含量为 65%～70%（ω），在 −5～0 ℃ 静置 5 h，有结晶析出。过滤，得到无色片状结晶，真空干燥，得到 35.5 g，收率为 63.7%（以反应的 2-氯吡啶计）。

7.3.2　结果与讨论

1. 酸酐(Ⅰ)催化氧化反应

已经报道的催化氧化2-氯吡啶的催化剂有阳离子交换树脂、钨酸钠、酸酐(顺丁烯二酸酐)和硫酸/硫氰酸钠等。阳离子交换树脂的催化效果比较差；钨酸钠的催化效率高，但价格高且与产物不能完全分离，催化剂回收不方便；顺丁烯二酸酐等需和醋酸并用才有明显的催化效果，反应后用碱中和催化剂转化成羧酸钠，虽然对下一步反应影响不大，但无法循环套用；硫酸为催化剂效果良好，但存在腐蚀性。用Diels-Alder反应由蒽和顺丁烯二酸酐合成的催化剂酸酐(Ⅰ)[19]不溶于水，易溶于有机溶剂。这种催化剂比较适合这种反应体系，因为2-氯吡啶不溶于水，而氧化产物2-氯吡啶-N-氧化物溶于水，催化剂易于回收套用。在2-氯吡啶过量的条件下，用H_2O_2氧化，反应完成后，用水把氧化产物萃取到水相，有机相含有催化剂和未反应的2-氯吡啶，补加2-氯吡啶后，继续套用。催化剂酸酐(Ⅰ)的催化机理可能是酸酐(Ⅰ)首先与过氧化氢反应生成过氧酸，过氧酸和2-氯吡啶反应生成2-氯氧化吡啶和羧酸，这种结构的羧酸在有水存在下能脱去一分子水生成酸酐(Ⅰ)，从而达到循环催化的作用，可能的催化机理如式7-4所示。

式7-4　建议的酸酐(Ⅰ)催化氧化反应机理

2. 温度对2-氯吡啶转化率的影响

由于2-氯吡啶-N-氧化物没有分离纯化，2-氯吡啶的转化率是用回收未反应的2-氯吡啶来计算的。反应温度对2-氯吡啶转化率的影响如表7-4所示。从表中可以看出：2-氯吡啶的转化率随着氧化温度的升高而增加，但反应溶液的色泽也随着温度的升高而加深。由于氧化的色泽太深会对目标产物的后处理带来麻烦，同时温度过高，H_2O_2分解速度会加快，所以反应温度应选择为60～65℃，此温度下反应有比较好的收率和外观。

表 7-4　反应温度对 2-氯吡啶-N-氧化物收率的影响

反应温度/℃	40～45	50～55	60～65	70～75	80～85
氧化物收率/%	53.8	67.2	74.6	75.1	75.5
外　观	微黄色	淡黄色	淡黄色	黄色	深黄色

注：2-氯吡啶的投料量 0.5 mol，过氧化氢 0.80 mol，反应时间为 4 h。

3. 反应时间对氧化物收率的影响

反应时间对 2-氯吡啶的转化率影响如表 7-5 所示，从表中可以看出：反应时间越长，2-氯吡啶的转化率越高，反应时间 4 h 以上，转化率增加不显著，合适的反应时间为 4 h。

表 7-5　反应时间对 2-氯吡啶-N-氧化物收率的影响

反应时间/h	3	4	5	6	7
2-氯吡啶回收率/%	49.6	36.2	28.7	26.2	25.9
氧化产物收率/%	50.4	63.8	72.3	73.8	74.1

注：2-氯吡啶的投料量 0.50 mol，过氧化氢 0.80 mol，反应温度为 60～65 ℃。

4. 催化剂套用次数对氧化收率的影响

催化剂套用次数对 2-氯吡啶的转化率影响如表 7-6 所示。从表中可见：随着催化剂套用次数的增加，2-氯吡啶的收率逐渐降低，可能的原因是在后处理过程中，催化剂有一定量的损失，因此，在相同的反应时间内 2-氯吡啶的转化率稍有下降。当每次套用之前补加 5%的催化剂时，2-氯吡啶的收率保持不变。

表 7-6　催化剂套用次数对 2-氯吡啶-N-氧化物收率的影响

催化剂套用次数，N	1	2	3	4	5
2-氯吡啶回收率/%	25.4	26.9	27.6	29.5	35.3
氧化产物收率/%	74.6	73.1	72.4	70.5	64.7

注：2-氯吡啶的投料量 0.5 mol，过氧化氢 0.80 mol，反应温度为 60～65 ℃，反应时间 4 h。

7.3.3　结论

研究了在由蒽和顺丁烯二酸酐的加成物酸酐(Ⅰ)的催化下，H_2O_2 氧化 2-氯吡啶为 2-氯吡啶-N-氧化物。然后，与 NaHS 反应生成 2-巯基吡啶-N-氧化物，用 NaOH 中和，减压蒸馏除去未反应的 2-氯吡啶和过量的水，冷冻结晶，收率可达 63.8%，产品质量稳定，在日光照射下 4 h 晶体没有发生颜色变化。此法制备 2-巯基吡啶-N-氧化物钠盐的晶体，反应操作简便，中间体不需分离，废水易于处理，是制备 2-巯基吡啶-N-氧化物钠盐较为合理的路线。

7.4　衍生物工艺丨吡啶硫酮铜的制备工艺

吡啶硫酮铜(CPT)又称为 2-巯基吡啶-N-氧化物铜盐，是 2-巯基吡啶-N-氧化物与 Cu^{2+} 发生络合反应形成的配位化合物，为广谱、低毒、环保的真菌和细菌的抑菌剂和防霉剂，广泛用于民用涂料、胶粘剂和地毯等领域，还可用于船舶防污漆，防止甲壳生物、海藻以及水生物附着船壳板。由于 2-巯基吡啶-N-氧化物铜盐的低毒性和稳定性，可注入油漆等涂料中，使油漆呈现出凝胶的稳定性，延长油漆和涂料的储存时间，故在涂料工业上有很大的市场[20]。但由于原料和工艺等因素，吡啶硫酮铜的质量不高，达不到含量为 98%的指标，影响了该产品的应用和出口。因此，研究高含量的吡啶硫酮铜的制备工艺具有一定的应用价值。

本案例以 2-巯基吡啶-N-氧化物钠盐和硫酸铜为主要原料，选择合适的反应条件，制备高含量的 CPT[21,22]，收率≥97.0%，ω≥99.0%，反应式如式 7-5，制备工艺流程示意如图 7-3 所示。

$$2\ \text{(N-O)}\text{SNa} + CuSO_4 \xrightarrow[\triangle]{pH=8\sim9} \text{Cu(S,O)}_2 + Na_2SO_4$$

式 7-5　2-巯基吡啶-N-氧化物钠盐和硫酸铜合成 CPT 的反应式

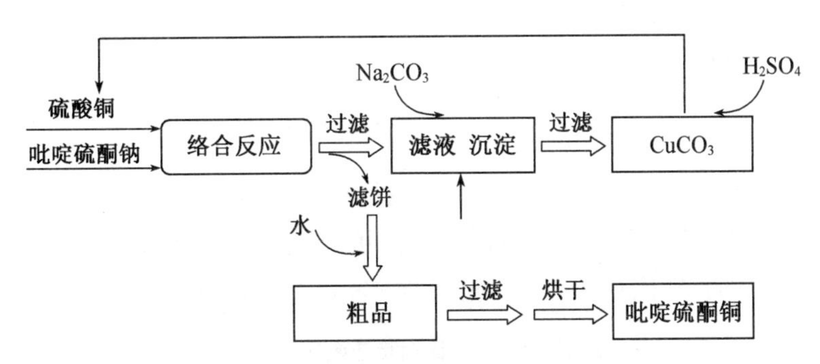

图 7-3　吡啶硫酮铜制备反应和工艺流程图

7.4.1　实验部分

1. 药品

ω(吡啶硫酮钠)=40%；$CuSO_4 \cdot 5H_2O$，含量为 99%(ω)；NaOH，含量为 99.5%(ω)，ω(HCl)=36%，以上均为分析纯试剂。

2. 分析方法

用紫外/可见吸收光谱仪(UV/VIS Spectrophotometer)以 DMSO 为溶剂测定吡啶

硫酮铜的质量分数。精确称取0.01 g、0.025 g和0.04 g吡啶硫酮铜标准品分别放入3个50 mL棕色容量瓶中。往容量瓶里加入25 mL DMSO，用超声波超声15 min，摇动几次，使试样完全溶解，容量瓶冷却后，加入DMSO至标线，混匀。将UV/VIS Spectrophotometer设定到565 nm，打开可见光灯预热15 min后，将注入DMSO的两个石英吸收池插入样品池架，用“Auto Zero”旋钮将仪器调至零。然后，将配制好的标准品分别放入前吸收池中测得吸光度，以标准溶液的浓度为横坐标，相应的吸光度A为纵坐标，绘出标准曲线。同上述配制吡啶硫酮铜标准试剂的方法制作分析样品，即称0.025 g样品于50 mL容量瓶中，然后加入25 mL DMSO，用超声波溶解，加入DMSO至标线，混匀。用UV/VIS Spectrophotometer测定样品的吸光度，然后在已绘制的标准曲线上，找出样品的吸光度所对应的溶液浓度，再计算出吡啶硫酮铜的质量分数。

3. 实验操作

向配有机械搅拌器、滴液漏斗及温度计的250 mL四口烧瓶中，加入40%(ω)吡啶硫酮钠30.0 g(0.080 mol)和50 mL去离子水。调节反应混合物的pH为8.5，搅拌加热到70～75 ℃，在1 h内滴加30%(ω)$CuSO_4$水溶液27 g(0.051 mol)，随着$CuSO_4$的加入，反应混合物的pH逐渐降低，应滴加10%(ω)的NaOH调节pH到8.5。保温反应1 h，冷却，过滤，滤液保留。滤饼用蒸馏水洗涤3次，用25 mL乙醇洗涤3次，在80 ℃下烘干，得到墨绿色的吡啶硫酮铜12.3 g，熔点270 ℃，用紫外分光度法测得其含量为99.3%(ω)，收率为97.7%。向上述的滤液中加入20%(ω)的Na_2CO_3水溶液8 g，静置1 h，过滤得到$CuCO_3$，湿重为2.0 g，用30%(ω)的稀H_2SO_4中和反应得到$CuSO_4$水溶液，这可用作下一批的部分原料。

7.4.2 结果与讨论

1. 投料比对反应收率的影响

按照反应方程式可知：反应中吡啶硫酮钠与$CuSO_4$的理论投料比(物质的量之比)为2.0∶1.0，但在实验中按照2∶1投料比得到的吡啶硫酮铜含量小于96%(ω)。吡啶硫酮钠与硫酸铜的投料比对制备吡啶硫酮铜的影响如表7-7所示。

表7-7 投料比对反应收率的影响

序号	投料比	质量分数/%	收率/%
1	2.0∶1.0	92.6	86.8
2	2.0∶1.1	93.3	88.2
3	2.0∶1.2	96.2	93.2
4	2.0∶1.3	99.3	97.7
5	2.0∶1.4	98.7	96.4
6	2.0∶1.5	98.5	93.8

注：除了投料比，其他实验条件同实验部分。

从表 7－7 中可见，投料比在硫酸铜过量的条件下产品的收率比在理论投料比要高，但 $CuSO_4$ 溶液不能无限的过量，表 7－7 显示投料比在 2.0∶1.3 时，得到的产品无论是质量分数还是收率都是最高的。

2. 温度对反应收率的影响

温度对产品含量和收率的影响如表 7－8 所示。从表中可以发现反应温度高于 70 ℃，吡啶硫酮铜盐的质量分数呈递减的趋势，80 ℃的时候收率降低的较快，而温度低于 70 ℃，反应不完全，收率明显偏低。因此，反应温度在 70 ℃左右时，得到吡啶硫酮铜盐的收率和含量较高。

表 7－8　温度对反应收率的影响

序号	温度/℃	含量/%	收率/%
1	50	87.2	67.3
2	60	94.9	78.5
3	70	99.3	97.7
4	75	95.5	91.7
5	80	89.5	71.8

注：除了反应温度，其他实验条件同实验部分。

3. pH 对反应收率的影响

pH 对产品含量和收率的影响如表 7－9 所示。ω(吡啶硫酮钠)＝40%的水溶液的 pH 大于 11，而 30% $CuSO_4$ 的水溶液显弱酸性，二者混合反应，pH 逐渐下降。反应液的 pH 过高，会有 $Cu(OH)_2$ 生成，导致产物干燥时有黑色物质生成；pH 过低，吡啶硫酮与金属铜离子的络合能力差，而且吡啶硫酮在酸性条件下不稳定，易被氧化，生成吡啶磺酸或二硫氧化吡啶，造成 CPT 质量分数不高。从表 7－9 中可以看出反应溶液的 pH 大于 9 时，收率明显降低，因此，合适的反应溶液的 pH 选择为 8.5。

表 7－9　pH 对反应收率的影响

序号	pH	含量/%	收率/%
1	7.5	87.1	72.7
2	8.0	94.9	84.4
3	8.5	99.3	97.7
4	9.0	88.4	82.8
5	10.0	80.5	58.9

注：除了 pH，其他实验条件同实验部分。

7.4.3 结论

吡啶硫酮钠和 $CuSO_4 \cdot 5H_2O$ 最佳物质的量之比为 2.0∶1.3，最佳工艺条件为 pH=8.5、温度 70 ℃、$CuSO_4$ 溶液滴加和搅拌反应各 1 h。此投料比和工艺条件下得到的 CPT，收率大于 97.0%，含量大于 99.0%(ω)。该工艺在 500 L 反应釜上放大试验，共生产 3 吨吡啶硫酮铜 CPT，质量和收率皆达到小试的指标。

7.5 衍生物工艺丨2,2′-二硫代二(吡啶-N-氧化物)的改进制备方法

2,2′-二硫代二(吡啶-N-氧化物)又称双吡啶硫酮、双硫氧吡啶，具有高效广谱的抗细菌[23,24]和抗真菌作用[25]，在工业、农业和日用品上得到了广泛的应用[26,27]。临床研究发现其具有抗肿瘤作用[28]，其与稀土苦味酸盐形成的配合物具有更优的抗肿瘤活性[29]，还具有潜在的治疗急性肺损伤的抗炎药物的可能性[30]。

目前，国内外有关 2,2′-二硫代二(吡啶-N-氧化物)的合成方法研究报道很少[31]，Bernstein 用 8.4%(ω) H_2O_2 氧化吡啶硫酮制备目标产物，收率仅为 44%[25]。如果 H_2O_2 浓度过高，产品含有硫被氧化的副产物，提纯困难。本案例以吡啶硫酮(2-巯基吡啶-N-氧化物)为原料，用 30%(ω) H_2O_2-尿素加合物(由 30% H_2O_2 和尿素等摩尔混合而成)为氧化剂，调节反应的 pH 为 3，控制温度为 45 ℃，粗品用乙醇重结晶后，得到含量和收率很高的目标产物，产品中不含硫被氧化的副产物，反应式见式 7-6。

$$2\,\text{(2-巯基吡啶-N-氧化物, }N^+\text{–}O^-\text{, SH)} + H_2O_2 \xrightarrow[45\ ℃]{pH=3} \text{(吡啶-N-氧化物)}\text{–S–S–}\text{(吡啶-N-氧化物)} + 2H_2O$$

式 7-6 2,2′-二硫代二(吡啶-N-氧化物)的反应式

7.5.1 实验部分

将 21.7 g(0.17 mol)吡啶硫酮及 150 mL 蒸馏水加入三口烧瓶中，液体呈黄色混浊液，加热搅拌，控制温度不高于 40 ℃，pH 为 3 左右，从恒压漏斗滴加由 17.5 mL 浓度为 30%(ω) H_2O_2(0.17 mol)和 10.2 g(0.17 mol)尿素组成的 H_2O_2-尿素加合物，保持温度在 45 ℃左右，H_2O_2-尿素加合物的滴加速率为 1 滴/s，以确保 pH 约为 3。滴加 15 min 时，反应混合液开始由黄色混浊液先变为黄色澄清液，再变为土黄色，1 h 滴毕。继续保温搅拌，溶液逐渐出现白色沉淀，45 min 后停止反应，冷却、静置，有大量白色固体析出，抽滤烘干后，用乙醇重结晶，得白色结晶状粉末 2,2′-二硫代二(吡啶-N-氧化物)，质量为 19.6 g，收率为 91.6%。

7.5.2　结果与讨论

1. 反应温度对产物收率的影响

反应温度对产物收率的影响结果见表 7－10。由此表可知反应温度为 45 ℃时，收率最高(91.6%)。实验时发现温度过高时，反应物系变得黏稠，可能是发生了副反应，生成了树枝状物，所以在实验中应控制好反应的温度。

表 7－10　反应温度对产物收率的影响

序号	反应温度/ ℃	产物质量/g	收率/%
1	35	12.2	57.0
2	40	18.3	85.5
3	45	19.6	91.6
4	50	15.7	73.4
5	60	9.3	43.5

注：除了反应温度，其他实验条件同实验部分。

2. 反应时间对产物收率的影响

反应时间对产物收率的影响结果如表 7－11 所示。

表 7－11　反应时间对产物收率的影响

序号	反应时间/ h	产物质量/g	收率/%
1	1.25	11.9	55.6
2	1.50	16.7	78.0
3	1.75	19.6	91.2
4	2.00	18.7	87.4
5	2.25	18.8	87.9

注：除了反应时间变化外，其他实验条件同实验部分。

从表 7－11 可见，其他条件不变，产物的收率先随反应时间增长而增加，当反应时间为 1.75 h 时，产物收率达最大值，然后随反应时间增长，产物收率反而下降，可能是因为反应时间增长，副产物增多，因此，该反应的最佳反应时间为 1.75 h。

3. H_2O_2 用量对产物收率的影响

30% H_2O_2 (ω)用量对产物收率的影响结果如表 7－12 所示。

表 7-12 H_2O_2 用量对产物收率的影响

序号	H_2O_2 用量/g	产物质量/g	收率/%
1	12.5	15.9	74.4
2	17.5	19.6	91.2
3	22.5	18.6	86.9
4	27.5	17.9	83.6

注:除了 H_2O_2 用量变化外,其他实验条件同实验部分。

由表 7-12 可知,增加 H_2O_2 用量,收率先明显提高,但超过 22.5 mL 后,收率有所降低,可能是氧化剂用量增加,副反应增加,综合考虑后选择 30% H_2O_2 的最佳用量为 17.5 mL。

4. H_2O_2-尿素混合物滴定速率对产物收率的影响

H_2O_2-尿素混合物滴定速率对产物收率的影响结果如表 7-13 所示。由表 7-13 可知,H_2O_2-尿素混合物滴加速率为 1 滴/s(0.05 mL)时,反应充分,产物收率最高。混合物滴加速率过快,反应不充分,会影响溶液 pH,导致产品收率下降,因此,H_2O_2-尿素混合物最佳滴加速率为 1 滴/s。

表 7-13 H_2O_2-尿素混合物滴定速率对产物收率的影响

序号	滴加速度/(滴/s)	产物质量/g	收率/%
1	0.5	13.7	64.0
2	1.0	19.6	91.2
3	5	17.3	80.8
4	10	16.1	75.2

注:除了滴加速度变化外,其他实验条件同实验部分。

5. 反应液 pH 对产物收率的影响

反应液 pH 对产物收率的影响结果如表 7-14 所示。从表 7-14 可见,产物收率首先随反应液 pH 增加而提高,当反应液 pH 为 3 时,产物收率最高。然而,pH 继续增大时产物的收率反而减少,因此,反应的最佳 pH 为 3。

表 7-14 反应液 pH 对产物收率的影响

序号	pH	产物质量/g	收率/%
1	1	13.7	64.1
2	2	17.8	83.2
3	3	19.6	91.2
4	4	16.9	79.0

注:除了 pH 变化外,其他实验条件同实验部分。

6. 产物的结构表征

2,2′-二硫代二(吡啶-N-氧化物)外观为白色结晶粉末，mp：204～205 ℃（文献值[21]：200～201 ℃）；元素分析（$C_{10}H_8N_2O_2S_2$），实测值（理论值/%）：C 47.55(47.56)，H 3.19(3.17)，N 5.52(5.55)；含量为 99.6%(ω)，HPLC 归一化法：日本岛津 LC－10ADVP 型液相色谱仪，色谱柱 C18 柱（4.6 mm×250 mm，5 μm），流动相：甲醇-水（体积比为 70∶30），流速 1 mL/min，柱温 45 ℃，检测波长 235 nm，2,2′-二硫代二(吡啶-N-氧化物)保留时间为 1.0 min。产品的液相色谱如图 7－4 所示，结果分析如表 7－15 所示。

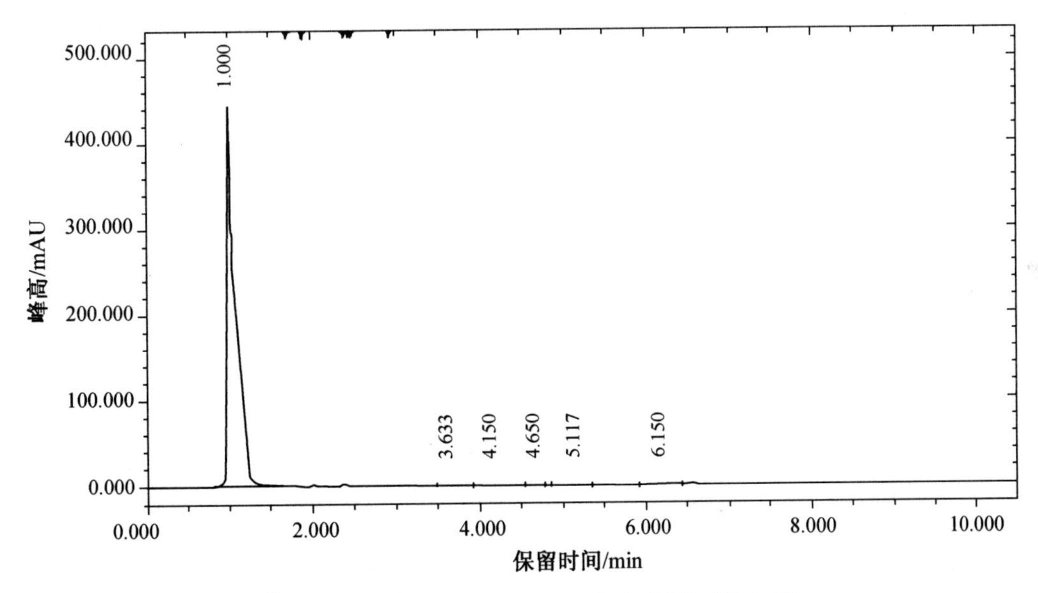

图 7－4　2,2′-二硫代二(吡啶-N-氧化物)的液相色谱

表 7－15　结果分析表

序号	保留时间/min	峰面积/uAU×s	峰面积百分比/%	峰高/mAU
1	1.000	3 276 520.400	99.61	442.853
2	3.633	2 375.000	0.07	0.222
3	4.150	6 864.600	0.21	0.459
4	4.650	1 164.300	0.04	0.146
5	5.117	1 039.600	0.03	0.067
6	6.150	1 286.000	0.04	0.085

注：结果分析表中“不对称性、半峰宽、理论塔板数、有效塔板数、容量因子”均略去。

IR，cm^{-1}：3 436（羟基的 O—H 键伸缩振动），3 055（吡啶环的 C—H 伸缩振动），1 597、1 463、1 417 和 1 384（吡啶环骨架伸缩振动），1 248（N—O 键伸缩振动），1 038（C—S 键伸缩振动），736（吡啶单取代 C—H 面外弯曲振动），530（S—S 面外弯曲振

动)。产物的红外光谱如图 7－5 所示。

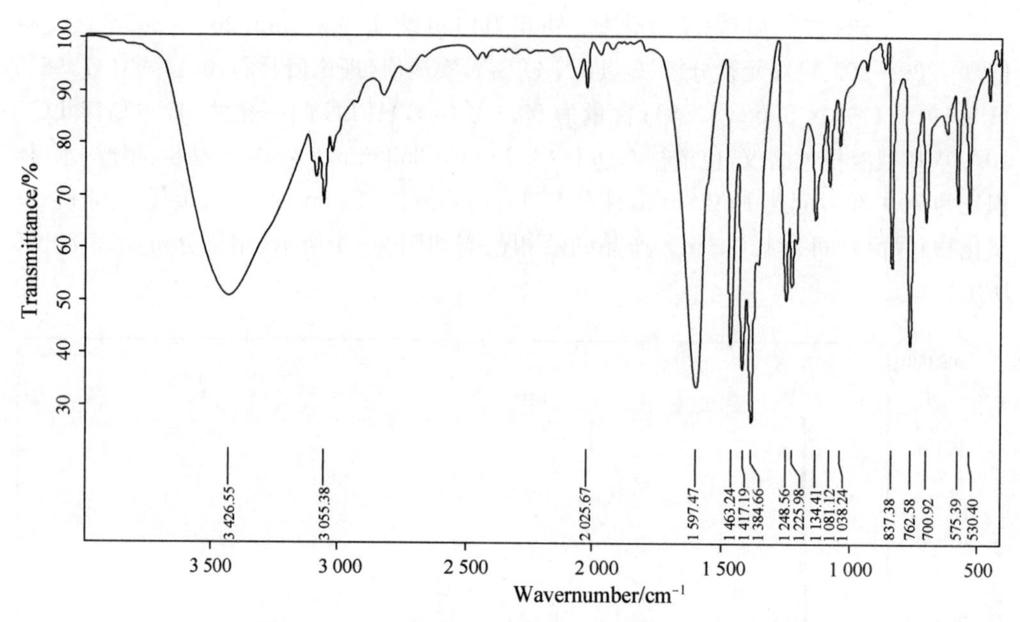

图 7－5 2,2′-二硫代二(吡啶-N-氧化物)的 IR 图

^{1}H NMR,δ/ppm:8.3(d,J=6.4 Hz,1H),7.6(d,J=8.0 Hz,1H),7.3(t,1H),7.2(t,1H)。产物的^{1}H NMR 图如图 7－6 所示。

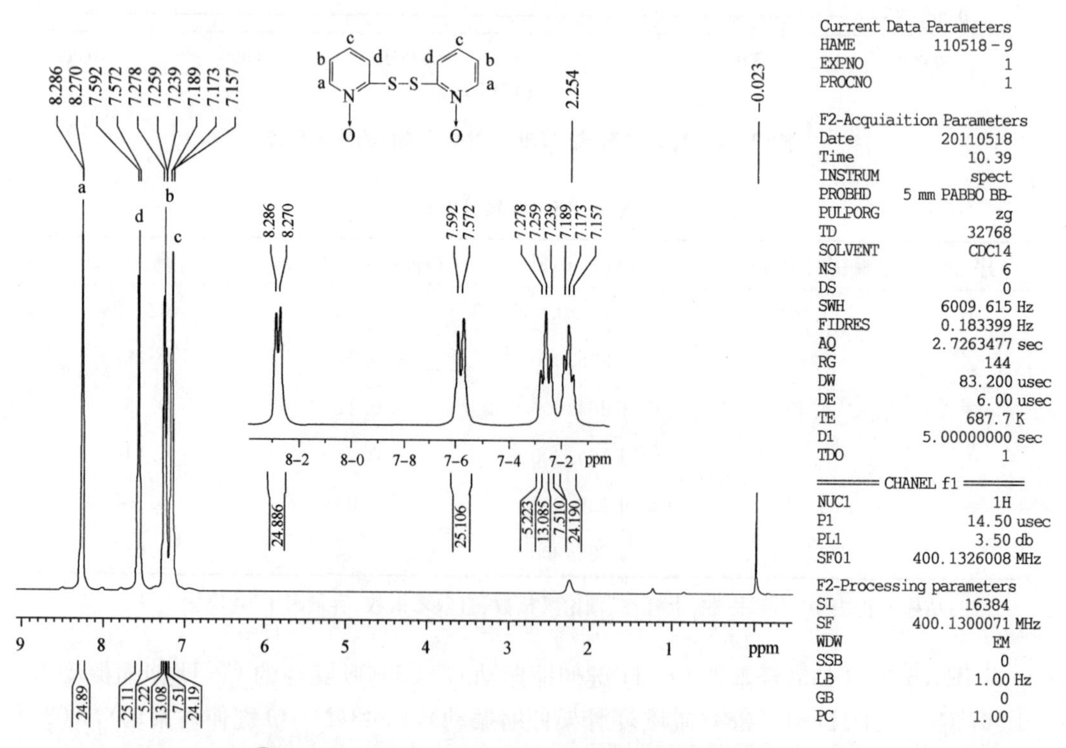

图 7－6 2,2′-二硫代二(吡啶-N-氧化物)的^{1}H NMR 图

7.5.3　结论

用 2-巯基吡啶-N-氧化物为原料，30%(ω) H_2O_2-尿素混合物为氧化剂合成 2,2′-二硫代二(吡啶-N-氧化物)，其最佳反应条件：2-巯基吡啶-N-氧化物与 H_2O_2-尿素混合物的投料比为 1∶1.25，反应温度为 45 ℃，反应时间为 1.75 h。产物粗品以乙醇为溶剂重结晶，得到 2,2′-二硫代二(吡啶-N-氧化物)的含量为 99.6%(ω)，收率为 91.6%。

7.6　拓展案例 | 4-甲基-5-(2-羟乙基)噻唑的合成工艺

4-甲基-5-噻唑乙醇又称 4-甲基-5-(2-羟乙基)噻唑，是肉香型香料，主要用于食品、肉类、调味品和海产品的加香[32]，同时也是合成香料 4-甲基-5-(2-羟乙基)噻唑乙酸酯、维生素 B1 和药物的重要中间体[33]。该香料产品主要的合成路线有两条：一是 3-氯-5-羟基-2-戊酮和硫代甲酰胺直接反应得到[32]，但由于硫代甲酰胺不容易制备且不稳定，所以该法工业化有一定的难度；二是 3-氯-5-羟基-2-戊酮(氯酮)和二硫代氨基甲酸铵(铵盐)反应，生成 2-巯基-4-甲基-5-噻唑乙醇，然后用稀硝酸氧化得到[34]，但因氧化的废气氧化氮处理较困难，环保限制了此法来生产 4-甲基-5-噻唑乙醇。

根据芳香杂环 2-位上的巯基易于用 H_2O_2 氧化去除的报道[35]，本案例先以 2-乙酰-γ-丁内酯为起始原料，通过氯化、水解脱羧再和二硫代氨基甲酸铵环合反应制备 2-巯基-4-甲基-5-噻唑乙醇。然后，用 H_2O_2 替代稀 HNO_3 氧化 2-巯基-4-甲基-5-噻唑乙醇，得到淡黄色透明的液体 4-甲基-5-噻唑乙醇。合成路线如式 7－7 所示，其工艺过程与用稀 HNO_3 作为氧化剂相比更绿色环保。小试总收率是 50.2%，产品的含量为 98.8%，该工艺在 50 t/年规模的装置上已经中试放大[36]，总收率为 46.7%。

式 7－7　4-甲基-5-噻唑乙醇的合成路线

7.6.1　实验部分

1. 药品

ω(2-乙酰-γ-丁内酯)＝98%；液氯，ω(Cl_2)＝99.5%，以上均为工业品；二氯甲烷、三氯甲烷、ω(HCl)＝36%的盐酸、二硫化碳、氨水和 ω(H_2O_2)＝30%的过氧化氢均为

AR。二硫代氨基甲酸铵的制备参照文献[38]，工艺稍做改进，得到的晶体没有做进一步纯化处理就直接使用。

2. 实验操作

(1) 3-氯-2-乙酰-γ-丁内酯的制备(氯化)

71.0 g(0.55 mol)2-乙酰-γ-丁内酯加到有机械搅拌器、温度计、回流冷凝管及导气管的250 mL反应瓶中，加入125 mL(6.94 mol)水和50 g(0.60 mol)$NaHCO_3$。温度升高到30～35 ℃时，慢慢通入Cl_2，如反应被引发伴随有热量放出，控制反应温度为30～35 ℃，通Cl_2约为3～4 h，通Cl_2量44 g(0.62 mol)。反应混合物静置后分层，油层用150 mL水洗涤1次，再用无水$CaCl_2$干燥后，减压分馏，收集沸点为85～86 ℃(400 Pa)的馏分3-氯-2-乙酰-γ-丁内酯共81.0 g，收率为89.0%。

(2) 3-氯-5-羟基戊酮(水解脱羧)

用81.0 g(0.50 mol)3-氯-2-乙酰-γ-丁内酯、80 mL(2.78 mol)水和2.5 mL的HCl(ω=36%，0.029 mol)在100 ℃下回流反应，在此期间有CO_2逸出，约8.5 h后停止反应，冷却至室温。反应物用二氯甲烷(2×100 mL)萃取，合并有机相，用无水$MgSO_4$干燥后减压蒸除溶剂二氯甲烷，收集沸点为90～110 ℃(400 Pa)的馏分3-氯-5-羟基戊酮共约50.0 g，收率为73.2%。

(3) 2-巯基-4-甲基-5-噻唑乙醇的制备(环合)

把脱羧得到的中间体3-氯-5-羟基戊酮50.0 g(0.37 mol)，与240 mL(13.33 mol)水混合，并用Na_2CO_3调节pH为2左右，冷却到40 ℃，加入由60 g(0.55 mol)的二硫代氨基甲酸铵溶于60 mL(3.33 mol)水所组成的溶液，混合物在40～45 ℃搅拌3 h，冷却至0 ℃，过滤出类白色的棱形固体，在80 ℃下干燥即得到2-巯基-4-甲基-5-噻唑乙醇58 g，熔点为157 ℃，收率为90.6%。

(4) 4-甲基-5-噻唑乙醇的制备(氧化)

用58 g(0.33 mol)2-巯基-4-甲基-5-噻唑乙醇悬浮在由480 mL(26.67 mol)水和10 mL的HCl(ω=36%，0.12 mol)组成的混合液中，在搅拌下慢慢滴加130 g的H_2O_2(ω=30%，1.15 mol)，反应温度保持在45～50 ℃，反应进行时有热量放出。滴毕，在50 ℃保温反应30 min。然后，冷却，并用NaOH(ω=40%)的碱液调节pH为9～10，用$CHCl_3$(3×100 mL)萃取，先常压蒸去溶剂，然后减压蒸馏，收集沸点为143～145 ℃(1.333 kPa)的馏分，得到淡黄色透明液体40.3 g，即为4-甲基-5-噻唑乙醇，质量分数为98.8%(ω)，收率为85.0%。

7.6.2 结果与讨论

1. 氯化

在水溶液中，氯原子取代了2-乙酰-γ-丁内酯分子中酸性最强的次甲基上的H原子。氯化的温度对反应收率影响如表7-16所示。

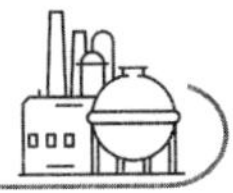

表 7－16　温度对氯化反应收率的影响

反应温度/℃	15	25	35	40	50
完成时间/h	7.2	6.5	4.0	3.4	2.5
收率/%	88.4	86.3	89.0	87.3	71.2

注：除了反应温度，其他条件同实验部分；氯化反应时间以 GC 检测反应物中原料 $\omega<2\%$时计。

反应温度不能超过 40 ℃，因为在 HCl 等酸催化剂存在下，2-乙酰-γ-丁内酯将发生水解脱羧反应，生成 5-羟基-2-戊酮，那么在 2-乙酰-γ-丁内酯的 3 位上氯化反应的选择性就会降低，而在 1 位上的氯化就会增加，导致副产物生成量大，如式 7－8 所示。箭头所指位置上的 H 原子被 Cl 原子优先取代，为了减少副反应，要加入弱碱 $NaHCO_3$ 中和氯化反应生成的 HCl，并维持反应温度为 35～40 ℃。

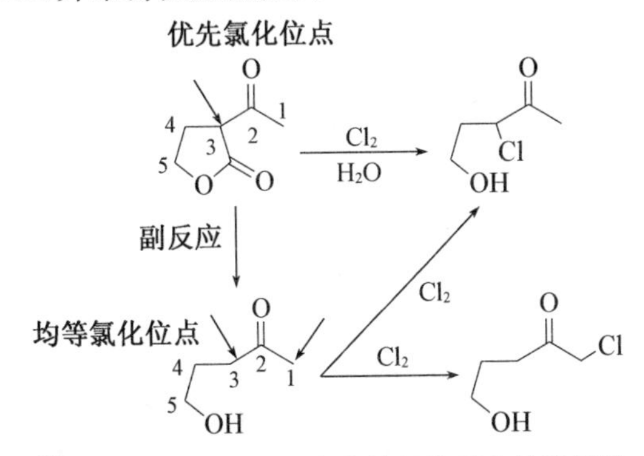

式 7－8　2-乙酰-γ-丁内酯的氯化反应的选择性

2. 水解脱羧

水解脱羧反应是在盐酸催化下进行的。盐酸的质量分数太小，反应速度很慢；若盐酸的质量分数较大，虽然反应速度较快，但副产物的量也随之增加。主要是因为此步产物 3-氯-5-羟基戊酮分子中的—OH 被—Cl 取代而生成的副产物，盐酸的质量分数与脱羧反应完成时间的变化如表 7－17 所示。可以看出，就收率和反应完成时间而言，选择盐酸的质量分数为 1.0%左右比较合适。

表 7－17　盐酸的浓度对脱羧反应的影响

盐酸质量分数/%	0.2	0.5	1.0	1.8	5.0
完成时间/h	15	11	8.5	6.0	2.5
收率/%	75.4	74.0	73.2	60.8	50.5

注：除了盐酸浓度，其他条件同实验部分；反应完成时间以 GC 检测反应物中原料 $\omega<2\%$时计。

3. 环合

水作为 3-氯-5-羟基-2-戊酮（氯酮）和二硫代氨基甲酸铵（铵盐）缩合反应的溶剂很合适，因为生成的 2-巯基-4-甲基-5-噻唑乙醇在水中可以沉淀出来，简单的过滤即可把产物分离出来。3-氯-5-羟基-2-戊酮和二硫代氨基甲酸铵的配比对环合反应收率的影响如表 7 - 18 所示。二硫代氨基甲酸铵是过量的，n(氯酮) ∶ n(铵盐) = 1.0 ∶ 1.4 时，收率达到 90.6%。铵盐的用量继续增加，收率几乎不变化。若是 3-氯-5-羟基-2-戊酮过量，则会形成硫醚。

表 7 - 18　氯酮和铵盐配比对反应收率的影响

n(氯酮) ∶ n(铵盐)/ ℃	1 ∶ 1	1 ∶ 1.1	1 ∶ 1.2	1 ∶ 1.4	1 ∶ 2.0
收率/%	77.3	79.1	83.4	90.6	90.8

注：3-氯-5-羟基-2-戊酮投料量为 50 g，ω(HCl) = 1%，反应温度为 40 ℃，反应完成时间以 GC 检测反应物中原料 ω < 2%时计。

4. 氧化

H_2O_2 的用量对氧化反应收率的影响如表 7 - 19 所示。如果 H_2O_2 和 2-巯基-4-甲基-5-噻唑乙醇物质的量之比太小，则将生成二硫化物；用量过大，也有部分深度氧化产物形成。用稀 HNO_3 氧化，收率也很好，但副产物氧化氮会污染环境，而用 H_2O_2 在稀盐酸中氧化是比较清洁的工艺。产品的颜色与味道是相当重要的指标，实验所得产品的色泽一般为棕黄色或淡黄色，是肉香型的，进一步精制可得豆香型的产品，其价格会更高。

表 7 - 19　H_2O_2 用量对氧化收率的影响

H_2O_2 用量/g	100	125	130	140	150
完成时间/h	15	11	8.5	6.0	2.5
收率/%	88.4	86.3	89.0	87.3	71.2

注：2-巯基-4-甲基-5-噻唑乙醇投料量为 58 g，反应温度为 50 ℃，反应完成时间是目测反应混合物为均相时间计。

7.6.3　中试放大

把 150 kg 的 2-乙酰-γ-丁内酯投到 1 000 L 搪瓷反应釜中，加入 250 L 水和 100 kg 的 $NaHCO_3$，搅拌使之混合均匀。维持反应温度为 35～40 ℃，在 8 h 内慢慢通入 90 kg 的 Cl_2，冷却到 10 ℃，静置分层，油层转移到 1 000 L 的搪瓷反应釜中，加入 160 kg 水和 50 L 的 36%(ω)盐酸搅拌加热到 100 ℃约 10 h 后，停止反应。冷却至 20 ℃，用碳酸钠调节溶液 pH 为 2，在 40～45 ℃条件下滴加 120 kg 二硫代氨基甲酸铵和 120 kg 水混合的溶液。滴加完毕后再搅拌 1 h，冷却到 0～5 ℃，过滤出生成的白色固体 2-巯基-4-甲基-5-噻唑乙醇。湿重为 130 kg，悬浮在 1 000 L 水和 25 kg 浓盐酸的溶液中，在 40～50 ℃下滴加 $\omega(H_2O_2)$ = 30%的过氧化氢 300 kg。滴加完后，在 50 ℃保温反应 2 h，再冷却，用 ω(NaOH) = 40%的碱液调节 pH 为 9～10，用 $CHCl_3$(2×100 L)萃取，先常压蒸去溶剂，再减压蒸馏，收集沸点为 106～110 ℃(400 Pa)的馏分共 79.2 kg，总收率

为 46.7%。

7.6.4　结论

研究了 2-乙酰-γ-丁内酯氯化、脱羧得到 3-氯-5-羟基-2-戊酮，和二硫代氨基甲酸铵发生环合反应生成 2-巯基-4-甲基-5-噻唑乙醇，再用过氧化氢氧化得到 4-甲基-5-噻唑乙醇的合成方法，总收率为 50.2%，产物含量 98.8%(ω)。产品外观是淡黄色透明液体，是肉香型的香料。工艺在 50 t/a 的装置上放大，总收率为 46.7%，质量稳定且符合外商的要求。该工艺中各步反应操作简便，收率较高且中间体及产物容易分离，废水易于处理，具有一定的应用前景。

习题 7

1. 阐述水蒸气蒸馏的应用领域。

2. 以 2-氯吡啶为原料制备 2-氯吡啶-N-氧化物工艺中，使用水蒸气蒸馏的目的和依据是什么?

3. 请设计制备吡啶硫酮铜的工艺流程。

4. 写出以 2-乙酰-γ-丁内酯和二硫代氨基甲酸铵为主要原料，制备 2-巯基-4-甲基-5-噻唑乙醇的合成路线。

参考文献

[1] 何坚，季儒英. 香料概论[M]. 北京：中国石化出版社，1993.
[2] 王丽丽，刘汉成，楼挺华，等. 水蒸气蒸馏—分光光度法测定卷烟中山梨酸的研究[J]. 烟草科技，1993(4)：26－28.
[3] Schweitzer P. Handbook of separation techniques for chemical engineers[M]. New York：McGraw-Hilllnc，1979.
[4] 张珍明. 2-巯基吡啶-N-氧化物钠盐的合成[J]. 化工时刊，1999(12)：23－26.
[5] Srivastava V K，Saxena A K，Ramani M. High pressure steam distillation process for the recovery and purification of phosphorus[J]. Indian Journal of Technology，1987(25)：141－145.
[6] 钱庆利，白鹏，王红星. 水蒸气精馏[J]. 天津化工，2003(1)：25－27.
[7] 吴宝庆，果学军. 甜蜜素(环已氨基磺酸钠)合成条件优化[J]. 食品工业科技，1994(6)：35－36.
[8] 马广宽. 二茂铁制备方法的改进[J]. 冀东学刊，1996(5)：1.
[9] 吕宏初. 2,6-二氯苯胺的合成新工艺[J]. 辽宁化工，2002，31(2)：58－59.
[10] 张珍明. 氧化苯甲醇下脚料制备苯甲醛工艺[J]. 化学工程师，2000(2)：23－24.
[11] 张珍明. 水蒸气蒸馏技术在精细化学品生产中的应用[J]. 化工时刊，2004，18(6)：6－8.
[12] 王元祥. 1-羟基-2-吡啶酮与其盐类的合成与应用[J]. 江苏化工，1991，21(2)：31－33.
[13] 郑占森，张建民，田军. 双-(2-巯基吡啶-1-氧化物)锌螯合物的合成[J]. 化学世界，1993，34(9)：437－440.
[14] Ralph A O，Colrain T，Hamilton. Process for Preparing Pyridine-N-oxide Carbanion salts and

Derivatives：US3773779[P]. 1973 - 11 - 20.

[15] Shaw E，Bernstein J. Analogs of Aspergillic Acid IV[J]. Journal of the American Chemical Society，1950，72(11)：4362 - 4364.

[16] 王元祥. 洗发膏添加剂"PDX"的研制[J]. 日用化学工业，1990(3)：5 - 8.

[17] 王长守，黄建良，张志杰. 催化氧化法制备 2-氯吡啶-N-氧化物[J]. 陕西化工，1999(2)：23 - 25.

[18] 张珍明. 2-巯基吡啶-N-氧化物钠盐的合成[J]. 化工时刊，1999(12)：24 - 26.

[19] Barth V，Biedenbach B，Hermes K. method for producing 2-halopyridine-N-oxide：US6586601[P]. 2003 - 07 - 01.

[20] 陈仪本，欧阳友生，黄小茉. 工业杀菌剂[M]. 北京：化学工业出版社，2001.

[21] Hosseini S M，Kaufman C W，Hobbs P，et al. Process for preparing copper pyrithione：US5650095[P]. 1997 - 7 - 22.

[22] 张珍明，李树安，卞玉桂，等. 涂料用抗菌防霉剂吡啶硫酮铜的制备研究[J]. 涂料工业，2007，37(4)：11 - 13.

[23] Nicholas G M，Blunt J W，Munro M H. Cortamidine Oxide，a Novel Disulfide Metabolite from the New Zealand Basidiomycete (Mushroom) Cortinarius Species [J]. Journal of natural products，2001，64(3)：341 - 344.

[24] O'Donnell G，Poeschl R，Zimhony O，et al. Bioactive Pyridine-N-oxide Disulfides from Allium stipitatum[J]. Journal of Natural Products，2009，72(3)：360 - 365.

[25] Bernstein J，Losee K A. Derivatives of 2-mercaptopyridine 1-oxide：US2742476[P]. 1956 - 04 - 17.

[26] Sandel B B，Dumas R H，Turley P A. Antimicrobial protection for plastic structures：WO20050053397[P]. 2005 - 06 - 16.

[27] Duesseldorf A E，Hilden W S，Haan H H. Use of nanoscale active anti-dandruff ingredients：US20030003070[P]. 2003 - 01 - 02.

[28] 陈慧. PTS2 诱导 HeLa 细胞凋亡及其分子机制的研究[D]. 南京：南京师范大学，2007.

[29] 张永平，范丽岩，唐宁. 三苦味酸根·2，2'-二硫代二(N-氧化吡啶)含稀土(Ⅲ)配合的合成、表征及其抗肿瘤活性研究[J]. 无机化学学报，2001，17(3)：427 - 429.

[30] 黄瑛. 双巯氧吡啶(PTS2)对油酸诱导的急性肺损伤的保护作用研究[D]. 南京：南京大学，2011.

[31] 李树安，李润莱，张珍明. 双吡啶硫酮的合成改进[J]. 精细石油化工，2012，29(6)：55 - 57.

[32] 陈新志. 4-甲基-5-(2-羟乙基)噻唑的合成[J]. 浙江化工，1996，27(3)：7 - 9.

[33] Boar B R，Cross A J，Gree A R，et al. Pharmaceutical formulations：US5385921[P]. 1995 - 01 - 31.

[34] Chang J H，Lee K W，Nam D H，et al. Efficient synthesis of 1-substituted-5-hydrom ethylimidazole derivatives：clean oxidation cleavage of 2-mercap to group [J]. Organic ProcessResearch & Development，2002，6(5)：674 - 676.

[35] 苏为科，何潮洪. 医药中间体制备方法(第一册)抗菌素药中间体[M]. 北京：化学工业出版社，2001.

[36] 李树安. 肉香型香料 4-甲基-5-噻唑乙醇的合成[J]. 精细化工，2005，22(7)：521 - 523.

第 8 章

动力学在精细化工工艺开发中的应用

化学动力学是研究化学反应以及工艺参数对反应速率的影响，利用动力学方程及相关数据可以选择和设计工业化的反应器，判断加料方式和确定反应的工艺条件。

8.1 动力学方法

8.1.1 动力学基本概念

化学动力学是研究化学反应以及工艺参数对反应速率的影响，工艺参数包括温度、压力、催化剂和浓度等。利用动力学方程及相关数据可以选择和设计工业化的反应器[1,2]。对于一个连串反应，A→P→S（A 为反应物、P 为产物、S 为副产物），热力学的方法要获得产物 P 是不可能的，因为在平衡时体系中有大量的 S，而动力学方法能揭示其反应速率，这样就可以通过急速冷却，获得高收率的产物 P，如图 8－1 所示[3]。

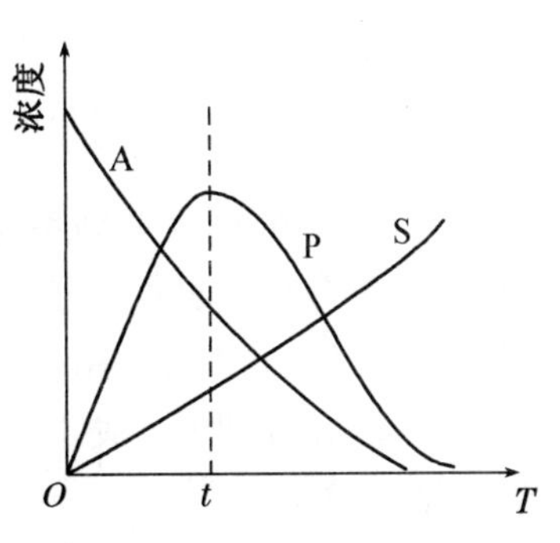

图 8－1 根据动力学为获得某一产物而采取急冷措施

8.1.2 转化率、选择性和收率

假定一个连串反应，在恒容条件下，S为副产物，C_{A0}为未反应前A组分的浓度，C_A为反应到某一时刻A组分的浓度，C_P为主产物浓度，反应物A与产物P的化学计量为1∶1(摩尔比)，则定义：

$$\text{转化率 } X=\frac{C_{A0}-C_A}{C_{A0}};\ \text{选择性 } S=\frac{C_P}{C_{A0}-C_A};\ \text{收率 } Y=\frac{C_P}{C_{A0}}$$

显然：$Y=SX$。

设$Y=\int_0^X S\mathrm{d}X$，收率Y与S、X之间的关系如图8-2所示。要提高收率有三种途径：① 高温短时间(收率为Y_a)，② 低温短时间(收率为Y_b)，③ 程序升温(收率为Y_c)。

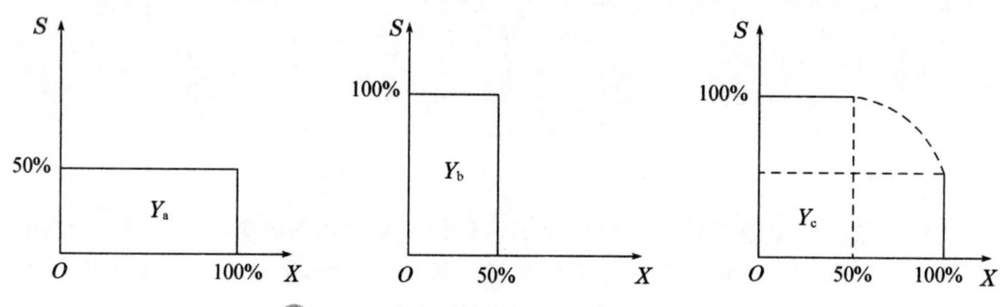

图8-2 收率、选择性和转化率之间的关系

对于一个复杂反应，陈甘棠曾用副反应的速率r_S和主反应的速率r_P之比的表达式，讨论主副反应级数与各组分浓度如何控制产物的分布。陈荣业[4]把主副反应速率之比定义为对比选择性$\overline{S}$：

$$\overline{S}=\frac{\text{主反应的速率}}{\text{副反应的速率}}=\frac{r_P}{r_S}$$

对于平行反应A+B→P(主反应)，A+C→S(副反应)的主副反应速率分别为：

$$r_P=k_P C_A^{a_1} C_B^{b},$$

$$r_S=k_S C_A^{a_2} C_C^{c}。$$

设定r_P、r_S分别为主副反应产物的生成速度；C_P、C_S分别为主副反应产物浓度；C_A、C_B、C_C等分别代表各组分的浓度；a_1、b、c、a_2为相关反应组分的反应级数；τ表示反应时间；E_{VP}、E_{VS}分别为主副反应的活化能，且$E_{VP}<E_{VS}$；k为速率函数，k_0为阿伦尼乌斯常数，k_{0P}、k_{0S}分别为生成主、副产物的阿伦尼乌斯常数。用阿伦尼乌斯方程描述上面的方程$k=k_0 e^{-E/RT}$：

$$r_P=k_{0P} e^{-E_{VP}/RT} C_A^{a_1} C_B^{b},$$

$$r_S=k_{0S} e^{-E_{VS}/RT} C_A^{a_2} C_C^{c}$$

带入 $\overline{S}$ 公式整理后得到：

平行反应的对比选择性　$\overline{S}=\frac{r_P}{r_S}=\frac{k_{0P}}{k_{0S}}e^{(E_{VS}-E_{VP})/RT}C_A^{a_1-a_2}C_B^{b}C_C^{-c}$

所以，平行反应的对比选择性 $\overline{S}$ 与时间无关。

对于连串反应 A+B→P，P+B→S，用同样的方法，能够得到连串反应的对比选择性表达式：

连串反应的对比选择性　$\overline{S}=\frac{r_P}{r_S}=\frac{k_{0P}}{k_{0S}}e^{(E_{VS}-E_{VP})/RT}C_A^{a_1}C_B^{b_1-b_2}C_P^{-p}$

$$\tau\uparrow\Rightarrow X\uparrow\Rightarrow C_P\uparrow\Rightarrow S\downarrow$$

式中：p 为边串反应中的反应级数。所以，连串反应的对比选择性 $\overline{S}$ 与时间有关。

此式表达了主副反应生成速率之比，显然，此比值越大，表明主反应占的比例越大，也就是能够得到的所需产物 P 的产量越大。$\overline{S}$ 也直接反映了主副反应竞争的影响因素，与温度和各组分的浓度有关，可以把 $\overline{S}$ 的表达式分解为温度效应和浓度效应。

8.1.3　温度效应

当各组浓度一定时，对比选择性是温度的函数。

$$\overline{S}=ke^{(E_{VS}-E_{VP})/RT}$$

设 $E_{VS}>E_{VP}$，则 $E_{VS}-E_{VP}>0$。温度升高，$E_{VS}-E_{VP}/RT$ 变小，$\overline{S}$ 变小。

同样，温度降低，$(E_{VS}-E_{VP})/RT$ 变大，$\overline{S}$ 变大。

设 $E_{VS}<E_{VP}$，则 $E_{VS}-E_{VP}<0$。温度升高，$E_{VS}-E_{VP}/RT$ 变大，$\overline{S}$ 变大。

同样，温度降低，$(E_{VS}-E_{VP})/RT$ 变小，$\overline{S}$ 变小。

升高温度有利于活化能高的反应，降低温度有利于活化能低的反应。温度变化和对比选择性以及主副反应活化能的大小建立了一一对应的关系。

$$\left.\begin{cases}T\uparrow\longrightarrow\overline{S}\downarrow\\T\downarrow\longrightarrow\overline{S}\uparrow\end{cases}\right\}\longrightarrow E_{VS}-E_{VP}>0$$

$$\left.\begin{cases}T\uparrow\longrightarrow\overline{S}\downarrow\\T\downarrow\longrightarrow\overline{S}\uparrow\end{cases}\right\}\longrightarrow E_{VS}-E_{VP}<0$$

因为主副反应活化能要通过实验才能得到，而实验测定是很复杂且很麻烦的事。这里我们只根据主副反应活化能的相对大小，就能判断获得最高主产物收率的温度选择范围，因为求取主副反应活化能的相对大小要容易地多。实验可以测定不同温度（T_A、T_B）下的主副产物的色谱峰，得到主副产物的相对含量，计算出其对比选择性 $\overline{S}$，如图8－3所示。

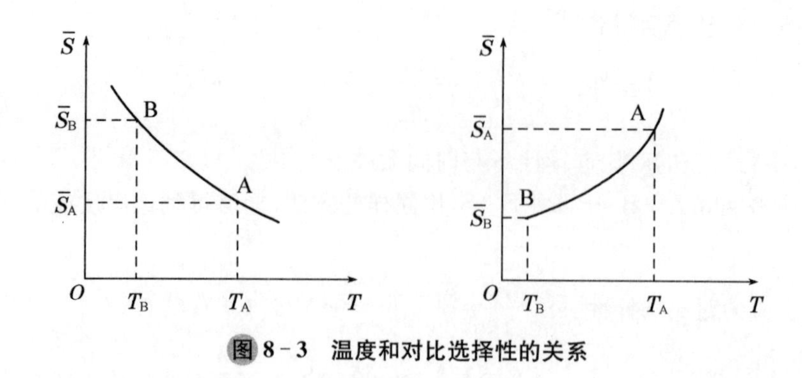

图 8-3　温度和对比选择性的关系

由此可以推导出：(a) $E_{VS}-E_{VP}>0$，(b) $E_{VS}-E_{VP}<0$。对于(a)的情况，因为主反应的活化能小于副反应的活化能，降低温度是有利的。如果要进一步实验，所选的温度只能比 T_B 更小，因为温度大于 T_B 的所有实验点的对比选择性都低于 $\bar{S}_B$。这就大大缩小了温度选择的范围，使得研究过程简单化，这样更具有实用价值。

8.1.4　浓度效应

浓度效应的影响决定了加料方式不同。在一个反应体系中，当温度一定时，温度效应项是常数，唯一的变量是浓度项。对于平行反应来说：

$$\bar{S}=kC_A^{a_1-a_2}C_B^{b}C_C^{-c}$$

从公式中可以看出B、C两组分浓度对 $\bar{S}$ 的影响是明确的，B组分浓度升高，$\bar{S}$ 也随着升高，B组分高浓度是有利的，应一次性加入；C组分浓度升高，$\bar{S}$ 就降低，C组分低浓度是有利的，应尽量从反应体系中除去。

A组分浓度的影响涉及主副反应的反应级数，为了求出主副反应的反应级数要进行很复杂的实验。因此，我们只考虑主副反应级数的相对大小，即差值(a_1-a_2)，这样问题就转变成如何求出 a_1-a_2 的正负值。可设计一组实验：实验一是将A组分一次性加入；实验二是将A组分慢慢滴加。用色谱分析出主副产物的相对含量，并计算出对比选择性 $\bar{S}$ 的值。

如A组分一次性加入，也就是 C_A 升高，对比选择性 $\bar{S}$ 升高，说明 $a_1-a_2>0$；

如A组分一次性加入，也就是 C_A 升高，对比选择性 $\bar{S}$ 降低，说明 $a_1-a_2<0$；

如A组分无论是一次性加入，还是慢慢滴加，对比选择性 $\bar{S}$ 不变，说明 $a_1-a_2=0$。

这样就得到了主副反应的反应级数差，它与A组分浓度和对比选择性 $\bar{S}$ 存在一一对应的关系。

$$\left.\begin{cases}C_A\uparrow\longrightarrow\bar{S}\downarrow\\C_A\downarrow\longrightarrow\bar{S}\uparrow\end{cases}\right\}\longrightarrow a_1-a_2>0\quad\text{A组分一次性加入，高浓度有利}$$

$$\left.\begin{cases}C_A\uparrow\longrightarrow\bar{S}\downarrow\\C_A\downarrow\longrightarrow\bar{S}\uparrow\end{cases}\right\}\longrightarrow a_1-a_2<0\quad\text{A组分慢慢滴加，低浓度有利}$$

$$\left.\begin{cases} C_A \uparrow \longrightarrow \overline{S} \downarrow \\ C_A \downarrow \longrightarrow \overline{S} \uparrow \end{cases}\right\} \longrightarrow a_1 - a_2 = 0 \quad \text{加料方式不影响选择性}$$

副产物 S 的结构与各组分浓度的关系如表 8－1 所示，为了提高主产物的选择性，可根据副产物的结构来调整加料方式，减少副产物的生成。

表 8－1　根据副产物的结构来确定加料方式

副产物 S 的结构	信息解读	优化方法
A+C→A−C	杂质 C 的影响	除去 C，滴加 A
A+A→A−A	C_A 升高，$\overline{S}$ 下降	A 组分稀释后滴加
A+P→A−P	C_A 升高，$\overline{S}$ 下降	A 组分稀释后滴加
	C_P 升高，$\overline{S}$ 下降	及时移除产物 P
	X 升高，$\overline{S}$ 下降	控制低的转化率
A+B→A−B	$\overline{S}=kC_A^{a_1-a_2}C_B^{b_1-b_2}$	对比实验：① A 滴加；② B 滴加；③ A、B 分别滴加；④ A 和 B 一次性加入

8.1.5　应用实例

重氮盐被还原为芳烃衍生物反应式如式 8－1。

式 8－1　重氮盐被还原为芳烃衍生物的反应式

重氮盐(A)还原生成芳烃(P)，同时发生水解副反应生成酚(S1)，这是一个平行反应。生成的副产物酚与原料(A)又发生偶联反应生成副产物偶氮衍生物(S2)，属于连串反应。分析反应的过程，可以知道只要控制了 S1 的生成，也就控制了 S2 的生成，因而可以把该过程简化为平行反应。

应用平行反应对比选择性的公式，研究温度效应和浓度效应。

(1) 温度效应

当 $T=5$ ℃，$C_p/C_s=5$；当 $T=20$ ℃，$C_p/C_s=2$；由此推断 $E_{VS}-E_{VP}>0$，温度升高，对比选择性 $\overline{S}$ 降低，低温对主产物 P 生成有利。

(2) 浓度效应

由对比选择性公式可知：C_B 升高，$\overline{S}$ 变大，B 组分浓度越高越好，B 组分一次性加入，最好过量加入。C 组分浓度越低越好，但 C 组分是溶剂，无法变化浓度。

比较 A 组分滴加和 B 组分滴加对比选择性的变化可知，实验结果是 A 滴加的 $\overline{S}$ 比 B 组分滴加的 $\overline{S}$ 更高些，表明 $a_1-a_2<b$，增加 B 组分的浓度比增加 A 组分浓度更有利，无论 a_1-a_2 大于 0 还是小于 0，A 组分滴加是有利的，相当于增加了 B 组分浓度。

8.2 实战案例|3-羟基吡啶的制备工艺

8.2.1 3-羟基吡啶衍生物的应用

3-羟基吡啶是重要的工业原料，广泛应用于医药、农药、染料等行业。吡啶环具有生物活性，在合成药物方面具有其他基团或官能团不可替代的作用，因此，在医药研究中是一个热点领域。

在医药领域，3-羟基吡啶的衍生物是合成治疗十二指肠溃疡药泮托拉唑钠、抗抑郁药 SB－243213、治疗妊娠呕吐药维生素 B6、支气管扩张药溴地斯的明、治疗慢性阻塞性肺病药吡布特罗、治疗关节炎药吡罗昔康、精神类药帕潘利酮等药物的重要中间体。同时，3-羟基吡啶-2-酰胺酯可抑制胶原蛋白的合成，可以治疗纤维化疾病[5]；2-硝基-3-羟基吡啶可以合成治疗细菌性感染的杀菌剂；以 2-氨基-3-羟基吡啶为原料合成吡啶并[3,2-b]恶嗪-3(4H)-酮[6]，有良好的镇痛效果；以 2-硝基-6-甲基-3-羟基吡啶为原料合成治疗胃肠功能紊乱，抑制胃酸分泌的药物[7]；5-氯-2，3-二羟基吡啶具有显著的抗肿瘤效果[8]；2，3-二羟基吡啶具有很好的治疗甲亢的效果[9]；1-羟乙基-2-乙基-3-羟基吡啶-4-酮是一种铁螯合剂[10]，可以作为抗疟疾类药物。

在农药领域，以 2-乙基-3-羟基吡啶为原料合成常山酮，可用于治疗动物球虫病、疟疾；以 2-氨基-3-羟基吡啶和 2-氯-3-羟基吡啶可以合成 2-巯基-3-苄氧基吡啶，它是三氟啶磺隆的重要中间体，三氟啶磺隆是一种高效磺脲类除草剂，这种除草剂药效高，低毒低残留。

在染料领域，3-羟基吡啶主要是作为合成偶氮化合物的偶合剂，4-硝基-2-氨基-1-羟基苯与 2-氨基-3-羟基吡啶反应生成吡啶酮类染料[11]。3-羟基吡啶其吡啶环上的氮原子和羟基上的氧原子都有孤对电子，因此具有良好的配位性。氯化镍和 3-羟基吡啶在乙醇溶液中反应得到配合物 $Ni(C_5H_4NOH)_4Cl$[12]，对于研究羟基吡啶金属配合物的结构信息有重要意义；在甲醇溶剂中 3-羟基吡啶与乙酸锌和乙酰丙酮配位反应，生成含 Zn 配位聚合物 $Zn(acac)_2(C_5H_4NOH)$[13]；应于舟等[14]以 3-羟基吡啶为配体改性 $Co_2(CO)_8$ 催化剂，用于催化环氧乙烷制备 3-羟基丙酸甲酯，这种方法的优点是避免了由环氧乙烷、甲醇、CO 合成 3-羟基丙酸甲酯反应中，出现不稳定中间体 3-羟基丙醛的缺点。

其他领域的应用如 Lyle. D[15]发现 2-(二甲氨基甲基)-3-羟基吡啶具有改善碳氢燃

料的抗爆炸性能，可以作为无灰(非金属)内燃机燃料的无灰抗爆剂。一些 3-羟基吡啶重要衍生物及其用途如式 8－2 所示。

吡罗昔康(治疗关节炎)　羟基吡啶酮(染料)　吡布特罗(治疗慢性肺病)

三氟啶磺隆　常山酮(治疗动物球虫病、疟疾)　维生素B6(治疗呕吐)

式 8－2　一些 3-羟基吡啶重要衍生物及其用途

8.2.2　3-羟基吡啶的合成方法

3-羟基吡啶及其衍生物的合成方法因为原料的不同，可以归纳为以下几种合成方法，如式 8－3 所示。

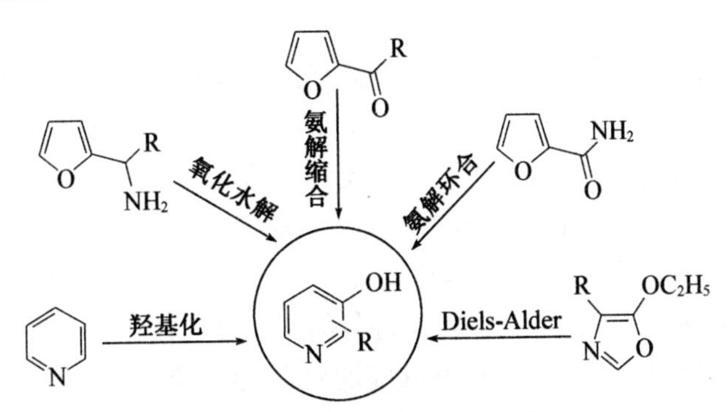

式 8－3　3-羟基吡啶的合成方法

1. 吡啶磺化碱融法

吡啶环 3 位上的电子云密度稍高，所以取代发生在 3 位上，吡啶与硫酸发生亲电取代反应，得到吡啶-3-磺酸，再碱融得到 3-羟基吡啶，收率为 80%。吡啶磺化的条件比较苛刻，需要在 $HgSO_4$ 催化下，在 220～230 ℃与含有 20%SO_3 的发烟 H_2SO_4 反应 24 h，发生吡啶环亲电取代反应。这种方法只适用于没有取代基的吡啶，因为有取代基的吡啶衍生物磺化反应不一定会得到 3-位的磺酸，另外该法三废量大[16]，合成路线如式 8－4 所示。

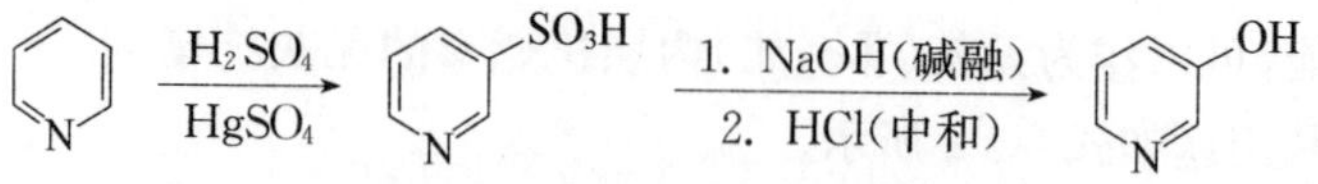

式 8－4　磺化碱融法制备 3-羟基吡啶的合成路线

2. 糠胺氧化水解法

以糠胺为原料，用 H_2O_2 氧化，然后水解得到 3-羟基吡啶，收率为 76%。对取代的糠胺，可以得到相应的 3-羟基吡啶的衍生物，如 2-烷基-3-羟基吡啶、VB6 的中间体等。胺在 H_2O_2 的氧化作用下，将烷氨基相邻的双键氧化成环氧结构，再在盐酸水溶液中进行水解成为 1，4-二羰基化合物，再经过环合生成 2-烷基-3-羟基吡啶。氧化过程是合成的关键步骤，氧化方法有电解氧化、Br_2/H_2O 氧化、H_2O_2 氧化等。电解氧化设备投资大，卤素氧化会污染环境，而 H_2O_2 氧化属于清洁生产工艺[17]。糠胺氧化水解法的合成路线如式 8－5 所示。

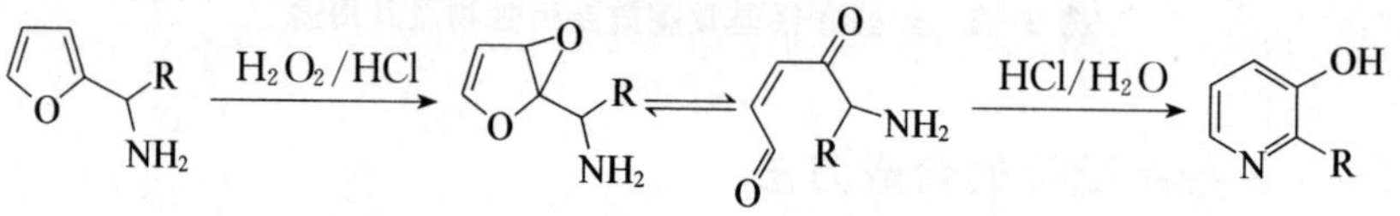

式 8－5　糠胺氧化水解法制备 3-羟基吡啶衍生物的合成路线

3. 呋喃酮氨解法

以呋喃羰基化合物为原料，与氨水和铵盐在高温高压条件下反应得到 3-羟基吡啶化合物，这可以用于合成潘多拉唑中间体。Horton W J 等[18]用乙酰呋喃和浓氨水反应生成 2-甲基-3-羟基吡啶，收率为 47%；戴桂元[19]在乙酰呋喃和浓氨水中加入 NH_4Cl 晶体，高温高压下合成 2-甲基-3-羟基吡啶，收率为 58%，合成路线如式 8－6；Gruber W[20]以 2-甲基呋喃和丙酸酐通过酰基化反应生成 2-丙酰基-5-甲基呋喃，然后在高温下与氨合环生成 2-乙基-6-甲基-3-羟基吡啶；周泽建[21]用三氟化硼乙醚稀溶液为催化剂合成 2-丙酰基-5-甲基呋喃，减少了甲基呋喃的聚合；沈永淼[22]以乙酰呋喃为原料，采用固体超强酸作为催化剂与丙酸酐反应生成 2-丙酰基-5-甲基呋喃，再与氨水和氯化铵反应合成 2-乙基-6-甲基-3-羟基吡啶。此法收率高，同时能有效控制污染，通过在扩环反应时加入少量的三相相转移催化剂树脂还能使反应时间缩短，减少副产物的生成。

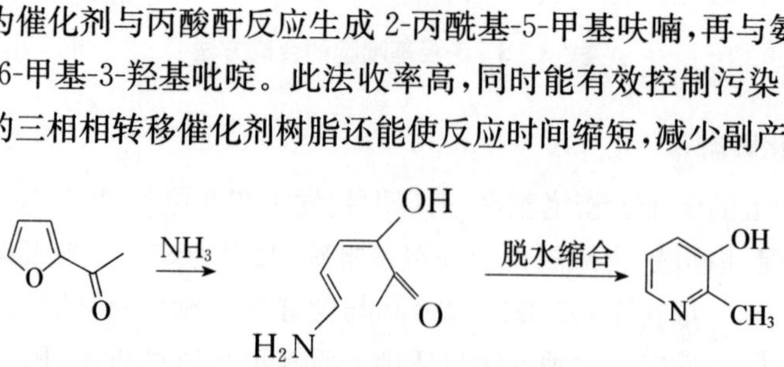

式 8－6　呋喃酮氨解法制备 3-羟基吡啶衍生物的合成路线

4. 呋喃甲酸衍生物法

通过呋喃甲酸衍生物包括如呋喃甲酰胺、呋喃甲酸乙酯、氰基呋喃、5-甲基甲酸甲

酯呋喃等和氨加热到 200～250 ℃，反应时间为 5～11 h，选用 HMPT、甲酰胺、二甲基甲酰胺、乙腈作为溶剂，在铵盐如卤化铵、硫酸铵、醋酸铵等催化剂作用下生成 2-氨基-3-羟基吡啶衍生物，收率最高可达 55%[23]。合成路线如式 8－7 所示。

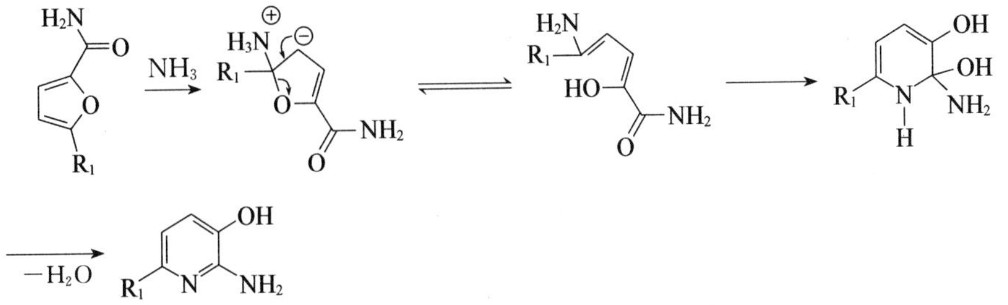

式 8－7　呋喃甲酸衍生物法制备 2-氨基-3-羟基吡啶衍生物的合成路线

5. 噁唑法

以取代的噁唑衍生物和烯烃为原料，发生 Diels-Alder 环加成反应，构成六元环结构。然后，水解得到相应的吡啶环衍生物，当 R_1、R_2 取代基为羧酸酐时，水解后脱羧可以合成 2-甲基-3-羟基吡啶，合成路线如式 8－8 所示。

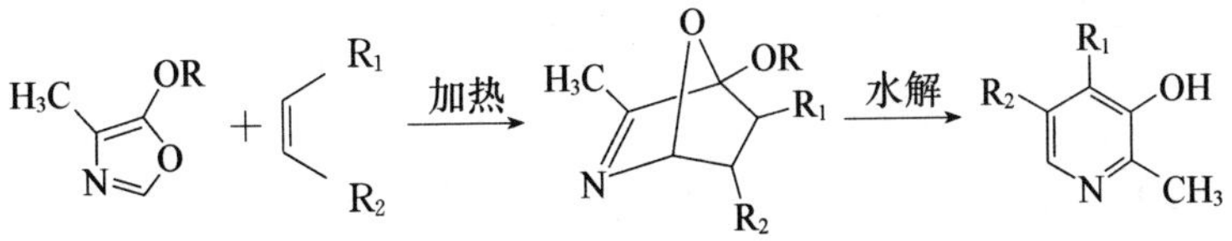

式 8－8　噁唑法制备 2-甲基-3-羟基吡啶的合成路线

噁唑法是合成 VB6 及其中间体的重要方法[24]，关键步骤芳构化一般采用酸、醇、水反应体系。为增加反应选择性，在生产过程中要控制较低的温度和催化酸浓度，合成路线如式 8－9 所示。

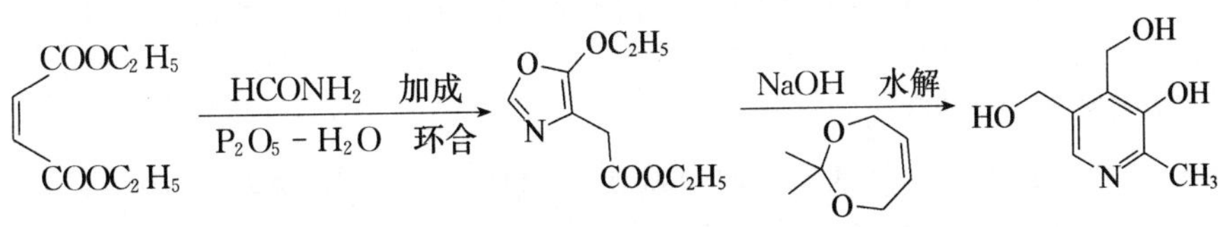

式 8－9　噁唑法制备 VB6 及其中间体的合成路线

6. 3-羟基吡啶衍生法

以 3-羟基吡啶为原料通过卤化、硝化、重氮偶合和还原等反应得到相应的 3-羟基吡啶的衍生物，反应式如式 8－10 所示。

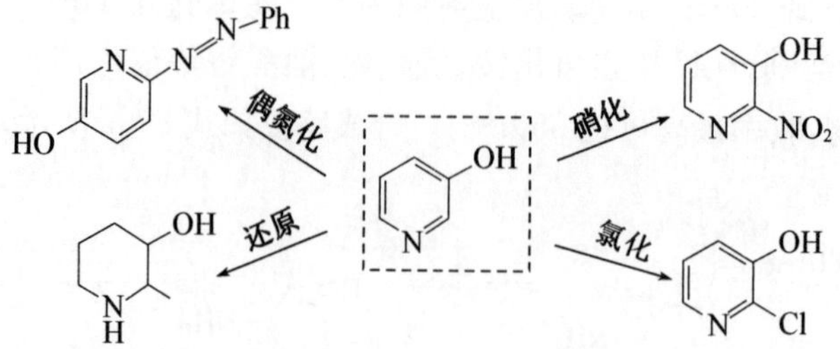

式 8-10 3-羟基吡啶衍生法制备3-羟基吡啶衍生物反应式

8.2.3 重要3-羟基吡啶衍生物的合成

1. 吡布特罗的合成

治疗慢性肺病药物吡布特罗[25]的合成是3-羟基吡啶和甲醛反应生成2,6-二羟甲基-3-羟基吡啶，然后在三氟化硼乙醚溶液中与苯甲醛环合成为1,3-二噁烷环结构，吡啶环上羟甲基再经过氧化、取代成环氧乙烷结构，之后与叔丁基胺反应生成6-(1-羟基-2-叔丁基氨基乙基)-2-苯基-4H-吡啶并[3,2-d]-1,3-二噁烷，1,3-二噁烷在酸性条件下开环得到最终产物吡布特罗，合成路线如式8-11所示。

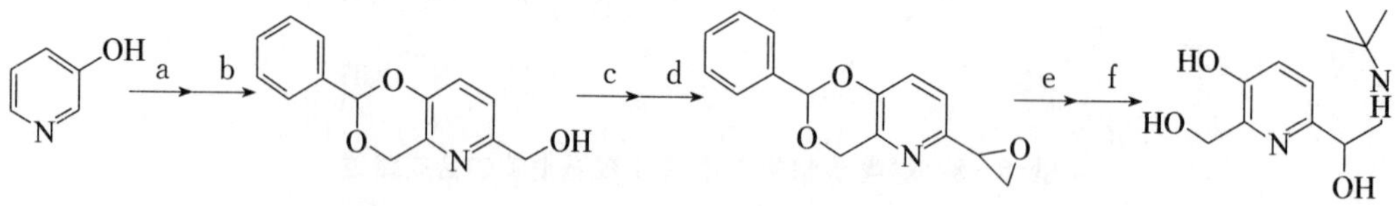

a=NaOH，37%HCHO，HCl　　b=苯甲醛，乙醚，BF_3
c=MnO_2，C_6H_6　　d=$(CH_3)_3SCl$，NaH，THF
e=$(CH_3)_3CNH_2$，C_2H_5OH　　f=HCl，CH_3COOCH_3

式 8-11 3-羟基吡啶为初始原料制备吡布特罗的合成路线

2. 溴地斯的明的合成

3-羟基吡啶分子上的羟基与二甲氨基甲酰氯反应生成酯，再与溴甲烷发生季铵化反应合成支气管扩张药溴地斯的明[26]，合成路线如式8-12所示。

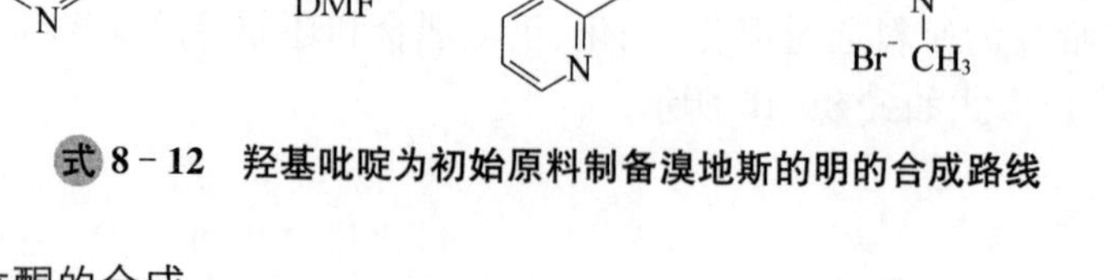

式 8-12 羟基吡啶为初始原料制备溴地斯的明的合成路线

3. 帕潘立酮的合成

2-氨基-3-羟基吡啶经氯苄保护后，与α-乙酰基-γ-丁内酯环合得9-苄氧基-3-(2-羟

乙基)-2-甲基-4H-吡啶并[1,2-a]嘧啶-4-酮,经氯化、还原并脱苄得到关键中间体 3-(2-氯乙基)-6,7,8,9-四氢-9-羟基-2-甲基-4H-吡啶并[1,2-a]嘧啶-4-酮,再与 6-氟-3-(4-哌啶基)-1,2-苯并异噁唑盐酸盐经亲核取代反应制得治疗精神分裂症的药物帕潘立酮[27],总收率约 35%,合成路线如式 8-13 所示。

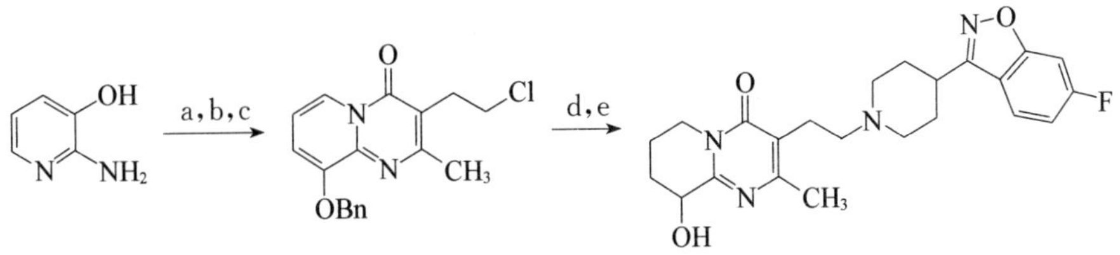

a,b,c　　d,e

a=$PhCH_2Cl$,$PhCH_3$,H_2O,TBAB　　b=α-乙酰基-γ-丁酸内酯,*p*-TSA

c=$POCl_3$　　d=H_2,Pd/C,CH_3OH

e=6-氟-3-(4-哌啶基)-1,2-苯并异恶唑盐酸盐,CH_3CN,Na_2CO_3

式 8-13　羟基吡啶为初始原料制备帕潘立酮的合成路线

4. 吡罗昔康的合成

治疗关节炎药物吡罗昔康的合成[28],分别以 2-氨基-3-羟基吡啶、2-氨基-4-羟基吡啶、2-氨基-5-羟基吡啶及 2-氨基-6-羟基吡啶与羧酸酯反应得到相对应的酰胺化合物,这是吡罗昔康 4 种有效结构,反应式如式 8-14 所示。

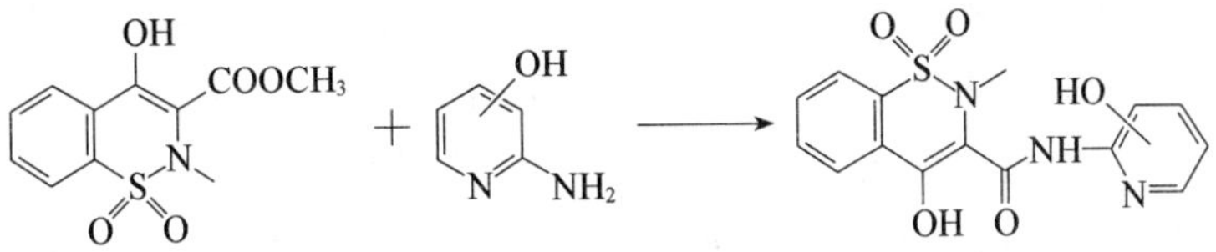

式 8-14　羟基吡啶为初始原料制备吡罗昔康四种有效成分的反应式

5. 三氟啶磺隆的合成

2-巯基-3-苄氧基吡啶为合成除草剂三氟啶磺隆的重要中间体,以 2-氨基-3-羟基吡啶为原料的合成法,在合成过程中需要重氮化,工业生产中可能产生危险,且 2-氨基-3-羟基吡啶价格较高,不太适宜工业化生产。以 2-氯-3-羟基吡啶为原料的合成法,原料价格便宜,运用苄基保护,可使原料损失减小,收率较高,适合工业化生产[29],反应式如式 8-15 所示。

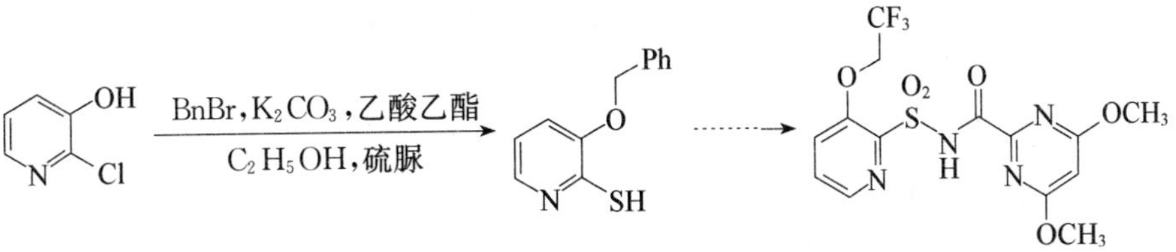

BnBr,K_2CO_3,乙酸乙酯

C_2H_5OH,硫脲

式 8-15　2-氯-3-羟基吡啶为原料合成 2-巯基-3-苄氧基吡啶的反应式

6. 常山酮的合成

以 2-甲基-3-羟基吡啶为起始原料，其甲基化产物与乙腈加成后经 Rh/Al_2O_3 选择性还原得到(3-甲氧基-2-哌啶基)-丙酮，再经溴代、N-保护后与 6-氯-7-溴-4(3H)-喹唑啉酮偶联，产物经水解脱保护得目标化合物 6-氯-7-溴-3-(3-(3-羟基-2-哌啶基)-丙酮基)-4(3H)-喹唑啉酮氢溴酸盐，通过 6 步反应制得了抗球虫药物常山酮[30]，总收率为 11.6%，这为常山酮的工业化生产提供了可能。

7. 结论

综上所述，3-羟基吡啶是重要的工业原料和医药中间体，其衍生物已经得到了广泛的应用[31]。常山酮的抗癌和预防肝纤维化、肺纤维化、硬皮病的效果还需要进一步临床试验。三氟啶磺隆除草剂低毒、低残留的优点将替代高毒性和高残留的除草剂。3-羟基吡啶的合成方法在提高收率等方面仍可以改良，通过新的实验手段，如微波催化法，生物酶催化和使用高效催化剂，可实现其低价高量生产，实现绿色合成，减少环境污染。

8.2.4 3-羟基吡啶的制备工艺

1. 引言

3-羟基吡啶是合成药物及有机合成的重要中间体[32]。3-羟基吡啶的制备主要有两种方法：① 吡啶的磺化碱融[33]。吡啶在 $HgSO_4$ 的催化下用浓 H_2SO_4 磺化得到吡啶-3-磺酸，然后，在过量的碱中碱融，一般碱融的温度高，而且质量不高。若改进为加压碱融，温度适中，产品质量变好，粗品收率可达 84%，精制收率可达 80%，但不足之处是三废量多。② 糠胺的电解酸解或氧化酸解。电解反应在甲醇中进行，设备是专用型的[34]。本案例参考文献[35]中研究糠胺氧化、水解制备 3-羟基吡啶的工艺。即以糠胺为原料，在盐酸的介质中，先用 H_2O_2 氧化，然后加热水解，经过后处理得到 3-羟基吡啶，收率可达 76.2%，含量大于 99%(ω)。该法原料易得，收率比较高，操作简便，适合于工业化生产，反应式如式 8－16 所示。

式 8－16 3-羟基吡啶的合成路线

2. 工艺的优化思路

糠胺用 H_2O_2 氧化比较简单，现在重点考察水解工艺。糠胺氧化后的中间体水解生成 3-羟基吡啶，同时也形成双分子缩合物或更多分子之间的缩合物，是一个典型的平行反应，如式 8－17 所示。

式 8-17 糠胺的氧化物水解为3-羟基吡啶与双分子缩合物的反应式

反应的对比选择性公式：

$$\overline{S}=k\mathrm{e}^{(E_{VS}-E_{VP})/RT}C_{A}^{a_1-a_2}C_{B}^{b_1-b_2}$$

假设：A＝氧化物，B＝盐酸，分别考察其温度效应和浓度效应。

（1）温度效应

当 $T=45$ ℃，$C_P/C_S=1.3$；当 $T=100$ ℃，$C_P/C_S=4.2$。由此推断 $E_{VP}-E_{VS}>0$，温度升高，对比选择性 $\overline{S}$ 增加，高温对主产物 P 生成有利，但由于反应在水溶液中进行，温度最高只能在 100 ℃左右。

（2）浓度效应

由于 a_1、a_2、b_1、b_2 的大小很难测定，所以不能通过对比选择性公式来判断浓度对选择性的影响，但副产物来源于 A，因此 A 低浓度是有利的。采用固定 B 为一次投料，A（氧化物）一次性投料和滴加，比较选择性大小。考察 A 一次性投料，$C_P/C_S=1.4$，A 滴加，$C_P/C_S=3.8$，也就是意味着 A 浓度增加，$\overline{S}$ 变小，A 低浓度对 $\overline{S}$ 有利。同样的方法考察 B（盐酸）浓度的影响，固定为 A 滴加，B 一次性投料，$C_P/C_S=3.8$，B 滴加，$C_P/C_S=1.1$，C_B 升高，$\overline{S}$ 变大，B 组分浓度越高越好，B 组分一次性加入，最好过量。

3. 实验部分

（1）药品

糠胺，质量分数为 99.0%，江苏省常州市华阳化工厂；H_2O_2（$\omega=50\%$），无锡市贝尔化工有限公司；盐酸（$\omega=30\%$），连云港双菱化工集团公司；浓 H_2SO_4、甲苯、乙醚和活性炭均为分析纯试剂，上海化学试剂公司。

（2）分析方法

液相色谱仪 LC-10ADvp（日本岛津）；HPLC 分析条件：柱型是 C18，流动相为 0.1%TFA 和乙腈，流速为 0.8 mL/min，柱温 40 ℃，检测波长为 275 nm，3-羟基吡啶的保留时间约为 8.86 min。

（3）实验操作

在 500 mL 的四口烧瓶上安装温度计、回流冷凝管、机械搅拌器和滴液漏斗。加入 30%（ω）盐酸 250 mL，冷却至 10～15 ℃。然后，慢慢加入 27.0 g 的糠胺，温度不超过 20 ℃，滴毕，再冷却到 0～5 ℃时，慢慢滴加 20.8 g H_2O_2（$\omega=50\%$），滴加时间为 4 h，滴毕，继续保温反应 1 h。然后，加热到 100～105 ℃回流 0.5 h，冷却到室温用 NaOH 水溶液中和 pH 至 6.8～7.1。用 3×100 mL 乙醚萃取，合并有机层，用无水 $MgSO_4$ 干燥，蒸除乙醚，残余物用甲苯溶解并加入 1.0 g 活性炭，在 60～70 ℃搅拌 0.5 h，过滤。滤液冷却到 0 ℃以下，得到白色结晶物 20.1 g，熔点 128～129 ℃（文献值[2]为 126～

129 ℃)，收率为 76.0%，质量分数为 99.3%。

4. 结果与讨论

(1) 氧化剂的选择

通常糠胺在甲醇中经过氧化生成 2-氨甲基-2,5-二甲氧基二氢呋喃，然后，在酸性介质中水解成 1,4-二羰基化合物后环合成 3-羟基吡啶。其中氧化过程是关键步骤，可以用电解氧化、Br_2 - H_2O、Cl_2 - H_2O、NaClO 和 H_2O_2。电解是比较清洁的方法，但反应设备比较复杂；含卤的氧化剂对环境有一定的污染，特别是 Cl_2 和糠胺反应会转化为 2-氯-3-羟基吡啶[36]；H_2O_2 是使用较多的环保型氧化剂，它被还原后产物是水，没有污染，所以选用 H_2O_2 为氧化剂。

(2) HCl 质量分数对收率的影响

由于糠胺是碱性物质，当加入的盐酸与糠胺为等摩尔时，3-羟基吡啶的收率很低，可能的原因是糠胺是一种碱，易于和盐酸形成盐而不能发生氧化反应。研究发现当盐酸与糠胺的摩尔投料比达到 5∶1 时，3-羟基吡啶的收率最高。但是在盐酸与糠胺的物质的量之比固定在 5∶1 时，盐酸的质量分数对 3-羟基吡啶的收率影响很大。盐酸浓度对收率的影响如表 8-2 所示。由此表可知，当盐酸的质量分数为 20%左右时，3-羟基吡啶的收率最高。

表 8-2　盐酸的质量分数对 3-羟基吡啶收率的影响

序号	盐酸/%(ω)	产量/g	含量/%	收率/%
1	5	12.0	98.4	45.2
2	10	15.0	99.1	56.9
3	20	20.1	99.3	76.2
4	30	16.8	99.5	61.4
5	36	16.9	98.9	63.7

注：糠胺的投料量 27.0 g，盐酸用量为 1.37 mol，在 4 h 内滴完 20.8 g H_2O_2(ω=50%)。

(3) 氧化反应温度对收率的影响

氧化反应温度对 3-羟基吡啶收率的影响如表 8-3 所示。可以看出：氧化反应温度高于 20 ℃，3-羟基吡啶收率不高，主要是由于温度高引起 H_2O_2 的分解；在实验中当温度达到 50 ℃，会发生冲料的危险；当温度在 0～5 ℃时，3-羟基吡啶收率达到 76%；温度再降低，收率稍有下降，可能是在 4 h 反应不完全的原因。所以，氧化反应的适宜温度为 0～5 ℃。

表 8-3　反应温度对 3-羟基吡啶收率的影响

序号	反应温度/℃	产量/g	含量/%	收率/%
1	25～30	16.1	98.6	53.2
2	15～20	17.5	98.8	57.9

（续表）

序号	反应温度/℃	产量/g	含量/%	收率/%
3	10～15	19.0	99.6	63.5
4	0～5	22.8	99.3	76.1
5	−5～−2	22.2	98.7	73.4

注：糠胺投料量 30.8 g，在 4 h 内滴完 20.8 g H_2O_2（$\omega=50\%$）。

（4）氧化反应时间对收率的影响

氧化反应时间对 3-羟基吡啶收率的影响如表 8－4 所示。可以看出：当温度在 0 ℃左右时，随着滴加 H_2O_2 时间的延长，3-羟基吡啶收率升高；H_2O_2 在 4 h 滴完，收率达 76%；继续延长 H_2O_2 滴加的时间，收率增加不明显。因此，滴加 H_2O_2 的时间控制在 4～5 h 为宜。

表 8－4　反应时间对 3-羟基吡啶收率的影响

序号	反应时间/h	产量/g	含量/%	收率/%
1	2	11.7	99.0	44.3
2	3	17.5	98.9	65.9
3	4	20.1	99.3	76.0
4	5	20.1	99.4	76.4
5	6	20.3	99.1	76.7

注：糠胺的投料量 27.0 g，250.0 mL $\omega(HCl)=20\%$，20.8 g $\omega(H_2O_2)=50\%$。

5. 结论

3-羟基吡啶是合成药物的重要中间体，糠胺溶解在盐酸溶剂中，滴加 H_2O_2 氧化，然后升温水解，萃取和重结晶得到 3-羟基吡啶。优化的制备条件为 n(糠胺)：n(盐酸)：$n(H_2O_2)=1.0:5.0:1.1$，在 0～5 ℃下 4 h 内将 H_2O_2 滴加到糠胺和质量分数为 20%的盐酸混合物中，然后，加热至回流继续反应 0.5 h，后处理得到 3-羟基吡啶，含量为 99.3%(ω)，收率为 76.0%。此法制备 3-羟基吡啶反应操作简便，产物易于分离，含有氯化钠的废水易于处理，是制备 3-羟基吡啶较为合理的路线[37]。

8.3　相关案例丨2-甲基-3-羟基吡啶的制备

本案例用与合成 3-羟基吡啶基本相同的方法，由原料 2-(α-氨基乙基)呋喃制备 2-甲基-3-羟基吡啶，反应式如式 8－18 所示。

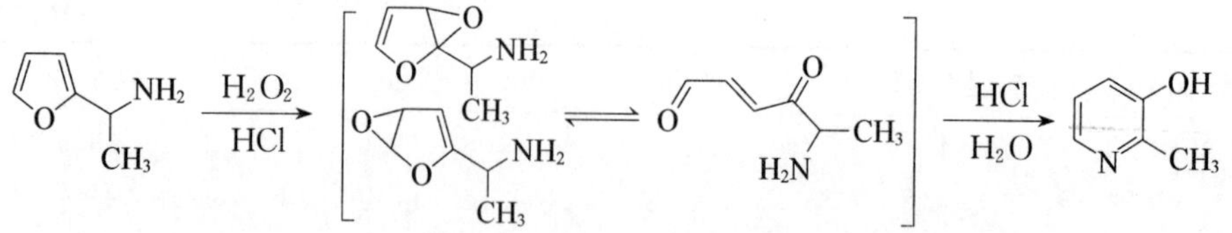

式 8-18　2-(α-氨基乙基)呋喃制备 2-甲基-3-羟基吡啶的合成路线

实验操作：将 52.0 g HCl(ω=36.0%，0.5 mol)放入容量为 500 mL 的四口烧瓶中，搅拌后，在 20 ℃以下滴加 2-(α-氨基乙基)呋喃 556.0 g(0.5 mol)，得到含有 2-(α-氨基乙基)呋喃的盐酸盐的溶液。然后，将 50.0%(ω)的 H_2O_2 水溶液 37.4 g(0.55 mol)滴加到上述得到的溶液中，搅拌并保持在 20 ℃以下，得到反应混合液 A。将 2.3%的盐酸 160.0 g(0.1 mol)放入 500 mL 的四口烧瓶中，在搅拌下升温，保持回流状态，滴加反应混合液 A，在 2 h 内滴毕，在回流下持续搅拌 2 h。冷却得到的反应液，加入 Na_2SO_3，分解过剩的 H_2O_2。确认不存在 H_2O_2 后，加入活性炭进行脱色处理。将活性炭过滤出来，在滤液中加入 48.0%的 NaOH 水溶液调整 pH 为 8 后，在 20 ℃保持 1 h，使其析出结晶。然后，将析出的结晶过滤后，用冷水清洗所得的结晶，干燥，获得含量为 99.2%(ω)的 2-甲基-3-羟基吡啶 48.6 g(收率为 89%[38])。通过液相色谱对滤液进行分析，发现过滤母液中含有约 6%(ω)的 2-甲基-3-羟基吡啶。另外，2-(α-氨基乙基)呋喃的转化率为 100%。

8.4　拓展案例 | 2-甲基-5-硝基苯酚的制备

5-硝基邻甲苯酚是常用的有机中间体，广泛应用于医药、涂料、农药等领域，也作为毛皮染料和有机合成染料，也是金银的鉴定试剂。其在欧洲和日本均有一定的市场，但是在国内鲜有厂家生产，主要是因为国内工艺技术存在问题，导致收率不高，工艺路线急需改进。传统工艺一般如下：由对硝基甲苯经氯化后水解，最后还原可得。此法通氯较易控制，收率可达 98%，但水解需在高温、催化或压力下才能进行，条件较苛刻，工业化存在困难。另外一条合成路线为从邻甲苯胺出发经过低温硝化得到 2-甲基-5-硝基苯胺(大红色基 G)，最后再经重氮化、水解得到产品[39-42]，合成路线如式 8-19 所示。

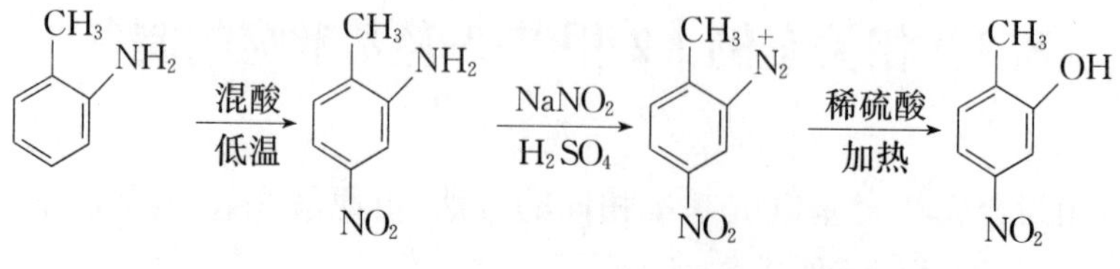

式 8-19　由邻甲苯胺制备 5-硝基邻甲苯酚的合成路线

2-甲基-5-硝基苯胺在稀硫酸中与亚硝酸钠重氮化比较容易，重氮盐水解制备苯酚

类衍生物是酚的典型制备方法之一，反应的机理是 S_N1，水解的副反应主要是生成偶氮化合物的偶联反应，属于连串副反应[43]。2-甲基-5-硝基重氮盐水解的副反应如式 8－20 所示。

$$\underset{A}{\text{2-甲基-5-硝基重氮盐}}+\underset{B}{H_2O}\xrightarrow[H_2O，加热]{H_2SO_4}\underset{P}{\text{2-甲基-5-硝基苯酚}}\xrightarrow{\text{2-甲基-5-硝基重氮盐}}\underset{S}{\text{偶氮化合物}}$$

式 8－20　2-甲基-5-硝基重氮盐水解的副反应反应式

为了讨论方便，把反应式简化为

$$A+B\xrightarrow{k_P}P\xrightarrow[\triangle]{k_S}S$$

由主、副反应的方程式，可导出水解反应的对比选择性方程为

$$\overline{S}=\frac{r_P}{r_S}=\frac{k_{0P}}{k_{0S}}e^{(E_{VS}-E_{VP})/RT}C_A^{a_1-a_2}C_B^{b}C_P^{-p}。$$

8.4.1　温度效应

各组分浓度不变时，对比选择性只是温度的函数。根据有机化学基本原理和相关知识可知，偶合反应比水解反应有较低的活化能，这是因为羟基是强供电基团，偶合反应比亲电取代反应更容易发生。由此得出：$E_{VS}<E_{VP}$，$E_{VS}-E_{VP}<0$。可以推出：温度 T 升高，$e^{(E_{VS}-E_{VP})/RT}$ 值变大，对比选择性 $\overline{S}$ 升高。进一步通过实验验证：$T=30$ ℃，$C_P/C_S=1.12$，$T=100$ ℃，$C_P/C_S=10.24$，也就是升高温度有利于水解反应。

8.4.2　浓度效应

由对比选择性的公式可知：当温度一定时，对比选择性只与各组分的浓度有关。

(1) C_B 值增加，对比选择性 $\overline{S}$ 值升高，水浓度高，有利于主产物生成。

(2) C_P 浓度升高，对比选择性 $\overline{S}$ 值减少，主产物的浓度高，不利于主反应，因而溶剂量要大，或者把产物移出去。

(3) 由于 a_1 和 a_2 大小不知道，要由实验得到。固定其他条件不变化，滴加 A 和一次性加入 A 后由色谱峰得到，滴加 A，$C_P/C_S=10.24$；一次性加入 A，$C_P/C_S=1.33$，表明重氮盐高浓度对主反应不利，因此要滴加 A。

8.4.3　实验操作

将 51.5 g(2.9 mol)水倒入安装搅拌器的反应器中，冷却后滴加 202.4 g($\omega=98\%$，2.0 mol)H_2SO_4，在 22～35 ℃的温度下，将 112.1 g($\omega=42.5\%$，0.7 mol)$NaNO_2$ 的水

溶液滴入反应器，3 h 滴毕。在同一温度下向反应器中添加 60.8 g(0.4 mol)2-甲基 5-硝基苯胺，使其完全溶解，会得到 60.2 g(0.367 mol)2-甲基-5-硝基重氮苯的水溶液 260 mL。然后，将 101 g(ω=98%，1.0 mol)H_2SO_4 和 85.5 g(4.8 mol)H_2O 加入带有搅拌器的反应器中，升温至 88～92 ℃并维持这个反应温度。在该过程中，将先前反应得到的 2-甲基-5-硝基重氮苯水溶液与 134.0 g(7.4 mol)H_2O，滴加到上述制备好的稀硫酸溶液中，控制硫酸在 50%～60%的范围内，滴加重氮溶液的时间为 180～240 min，滴毕，在此温度下搅拌继续反应 60 min。冷却到 30 ℃，将析出物离心或过滤分离。水洗后在50 ℃下干燥，得到 2-甲基-5-硝基苯酚 53.1 g，熔点在 113 ℃，用高效液相色谱分析含量。

习题 8

1. 什么是化学动力学？包括哪些工艺参数？
2. 简述 3-羟基吡啶的合成方法。
3. 写出以糠胺为起始原料制备 3-羟基吡啶的合成路线。
4. 计算说明 2-甲基-5-硝基苯胺合成 2-甲基-5-硝基苯酚的温度效应和浓度效应。

参考文献

[1] 陈甘棠. 化学反应工程[M]. 北京：化学工业出版社，1981.

[2] 陈甘棠，梁玉衡. 化学反应技术基础[M]. 北京：科学出版社，1983.

[3] 石清阳. 化工单元制造程序(上)(第四版)[M]. 台南：大行出版社，1980.

[4] 陈荣业. 有机合成工艺优化[M]. 北京：化学工业出版社，2006.

[5] Klaus W，Karl-Heinz B. 3-Hydroxyoridine-2-carboxamidoesters，their preparation and their use as pharmaceuticals：US6020350[P]. 2000-02-01.

[6] Savelon L，Bizot-EspiardJ G，Caignard D H，et al. Substituted pyrido[3，2-b]oxazin-3(4H)-ones：synthesis and evaluation of antinociceptiveactivity[J]. Bioorganic & Medicinal Chemistry，1998(6)：133-142.

[7] Ife R J，Leach C L. [(Alkoxy) pyridinyl] amine compounds which are useful in the treatment of gastrointestinal disorders：US5409943[P]. 1995-04-25.

[8] Jorgen C. Process for preparing 5-Chloro-2，3-pyridinediol：US3471506[P]. 1969-10-07.

[9] Sugawara M，Park D L，Hershman J M. Antithyroid effect of 2，3-dihydroxypyridinein vivo and in vitro[J]. Experimental Biology and Medicine，1982，170(4)：431-435.

[10] 俞永平，罗伯特海德，李智，等. 手性 3-羟基吡啶-4-酮类衍生物及其合成和用途：CN102190644A[P]. 2011-09-21.

[11] 陈孔常. 有机染料合成工艺[M]. 北京：化学工业出版社，2002.

[12] 张现发，霍丽华. 3-羟基吡啶镍配合物 $Ni(3\text{-}PyOH)_4Cl_2$ 的合成与晶体结构[J]. 黑龙江大学(自然科学学报). 2005，22(6)：797-800.

[13] 马卫兴. 混配配合物 $Zn(acac)_2(C_5H_4NOH)$的合成、晶体结构和表征[J]. 无机化学学报，2006，22(11)：2101-2104.

[14] 应于舟，赵振康，杨菊群，等. 环氧乙烷合成丙羧酸甲酯的研究[J]. 华东理工大学学报(自然科学

版),2008,34(3):334 - 336.

[15] Burns L D. Motor fuel: US4295861[P]. 1981 - 10 - 20.

[16] 金维高,医药中间体生产实用手册[M]. 北京:化学工业出版社,2002.

[17] Joule J A. 杂环化学[M]. 北京:科学出版社,2004.

[18] Horton W J, Spence J T. Hydrogen Bromide Cleavage of Hindered 2-Methoxyacetophenones[J]. Journal of the American Chemical Society, 1958, 80(10): 2453 - 2456.

[19] 戴桂元,胡涛,王玉成. 2-甲基-3-羟基吡啶的合成研究[J]. 化学世界,2001(11):29 - 30,21.

[20] Gruber W. Synthesis of 3-hydroxy-2-alkylpyridines[J]. Canadian Journal of Chemistry, 1953, 31(6): 564 - 568.

[21] 周泽建,王京刚,刘世普,等. 2-乙基-6-甲基-3-羟基吡啶的合成优化[J]. 河北化工,2007,30(11):2.

[22] 沈永淼. 6-甲基-2-乙基-3-羟基吡啶的生产方法:CN101891677A[P]. 2010 - 11 - 24.

[23] Greater H, Bellu D. A new, one-step transformation of fluoric acid derivatives to 2-amino-3-hydropyridine[J]. Journal of Heterocyclic Chemistry, 1977, 7(14): 203 - 205.

[24] 徐开堃,段士道. 有机药物合成手册补编[M]. 上海:上海医药工业研究所,1983.

[25] 陈芬儿. 有机药物合成法[M]. 北京:中国医药科技出版社,1999.

[26] Mervyn O J. Intermediates and process for preparing pyridoxine and related compounds: US3285924[P]. 1966 - 11 - 15.

[27] 王超,禹艳坤,刘爱霞,等. 帕潘立酮的合成[J]. 中国医药工业杂志,2010,41(10):721 - 723.

[28] Lombardino, Joseph G. Synthesis and antiinflammatory activity of metabolites of piroxicam[J]. Journal of Medicinal Chemistry, 1981, 24(1): 39 - 42.

[29] 皮红军,廖道华,董捷,等. 2-巯基-3-苄氧基吡啶的合成[J]. 精细化工中间体,2006,3(5):47 - 49.

[30] 冯俊吾,温芳,张松,等. 抗球虫药氢溴酸常山酮研究进展[J]. 山西农业科学,2022,50(3):439 - 446.

[31] 赵红博,齐家娟,邵栋,等. 3-羟基吡啶衍生物的合成及应用[J]. 化工时刊,2013,27(6):27 - 31.

[32] Cho S D, Park Y D, Kim J J, et al. A One-Pot Synthesis of Pyrido[2,3 - b][1,4]oxazin-2-ones[J]. The Journal of Organic Chemistry, 2003, 68(20): 7918-7920.

[33] 章思规,章伟. 实用有机化学品手册(上)[M]. 北京:化学工业出版社,2004.

[34] Sadolin, Holmblad AS. The preparation of 3-pyridinols and intermediates thereof: GB798320[P]. 1958 - 07 - 16.

[35] Joule J A, Mills K. 杂环化学[M]. 由业诚,高大彬译. 北京:科学出版社,2004.

[36] Domink F, Denis B, Thierry B, et al. Process for the preparation of substituted pyridines: US6133447[P]. 2000 - 10 - 17.

[37] 张珍明,李树安,葛洪玉. 过氧化氢氧化糠胺制备 3-羟基吡啶[J]. 精细石油化工,2007,27(2):18 - 20.

[38] Osamu U,宇野修. Production of 3-Hydroxypyridines: JP2001114766[P]. 2001 - 04 - 24.

[39] 梁诚. 有机中间体合成技术的进展[J]. 化工时刊,1999,13(10):1 - 6.

[40] 徐兆瑜. 医药中间体的发展和市场前景[J]. 化工中间体,2003(12):1 - 6.

[41] 陈旭东. 2-甲基-5-氨基苯酚的合成路线选择及工艺研究[J]. 染料工业,1999,36(1):38 - 40.

[42] 吕维忠. 微波辅助苯丙咪唑的合成及表征[J]. 精细石油化工,2007,24(1):29 - 31.

[43] 叶思景,王衔雄,熊俊超,等. 5-氨基邻甲苯酚的合成工艺研究[J]. 广东化工,2011,38(10):24 - 25.

第9章 溶解度差方法——对硝基氯化苄工艺

化合物溶解度数据不仅应用于工业过程的后处理，例如分离、萃取和重结晶等过程，而且还应用于优化工艺过程。特别是化合物溶解度差应用，能有效地分离异构体，回收未反应的原料，简化工艺过程，从而达到提高产品质量和收率，减少三废的目的。

9.1 溶解度在工艺研发中的应用

溶解度数据几乎用于所有工业后处理，包括分离、萃取、纯化和结晶[1]，有用的热力学信息也可以从溶解度数据推导出来；溶解度的数据及其合理模型通常允许将溶解度行为外推到没有溶解度数据的压力和温度范围内；利用溶解度数据图，通过图形置换，把工业上不同单元操作，如添加反应物、蒸发和稀释、纯化到给定的规格等定量地模拟出来；根据溶解度数据，可以计算每个操作的物料平衡；此外，如果关于反应焓或稀释焓的数据是可用的，也能推算出能量平衡。在某些情况下，可以得出成本平衡核算，可以构建和优化工艺流程图，可以计算出过程反应物数量、反应器类型、流体等参数。

在工业中，有几种技术与溶解度密切相关。通过溶解度和相图等信息通常可以增加产品回收。这些常见的技术如蒸馏、精馏、结晶、萃取和区域结晶；一些不太常见的技术如超临界萃取和多相组分分配。在某些情况下，根据溶解度的特性，一些工艺流程如冻干、水热合成、晶体生长本身可以改进或重新设计。

溶解度差异最广泛应用于萃取、重结晶等，这里不再赘述。以下重点叙述溶解度差

异在分离异构体、纯化和分离反应中间体以及优化反应等方面的应用。

9.1.1　分离异构体

固体有机化合物，在任何一个溶剂中的溶解度均随着温度的升高而增加，所以，将一个有机化合物，在某个溶剂中于较高温度时制成饱和溶液，使其冷却到室温或降低到室温以下，有一部分会成晶体析出。利用溶剂与被提纯物质和杂质之间溶解度的不同，让杂质全部或大部分留在溶液中（或者不溶被过滤除去），从而达到提纯目的，这就是重结晶原理。被提纯的化合物，在不同的溶剂中的溶解度与化合物本身性质和溶剂性质有关，通常是极性化合物易溶于极性溶剂；反之，非极性化合物易溶于非极性溶剂，这称为相似相溶原理。

重结晶所选的溶剂必须具备以下条件：① 不与被提纯化合物发生化学反应；② 温度较高时，化合物在溶剂中的溶解度较大，室温或低温下溶解度很小，杂质的溶解度应该是非常大或者非常小，这样可以使杂质留在母液中，不随提纯物析出，或者杂质在热过滤时滤出；③ 重结晶的溶剂的沸点比较低，易挥发，易与被提纯物质分离除去，回收容易，毒性小，操作安全。

一些化合物在许多溶剂中的溶解度不是太大，就是太小，很难选择一个合适的重结晶溶剂，这时就要考虑混合溶剂。混合溶剂选择的方法：选择一对互溶溶剂，样品易溶于其中之一，很难溶或几乎不溶于另外一个溶剂。做法是先将样品溶于沸腾的某一溶剂中，滤去不溶的杂质或者活性炭脱色，趁热滴入难溶的溶剂至溶液变浑浊；或再加热，使之变清或透明；或逐滴滴入前一个易溶溶剂至溶液变清，放置冷却，使晶体析出。

喹啉硝化得到5-硝基喹啉（微溶于热水）和8-硝基喹啉（微溶于冷水），通常是把硝基喹啉混合物溶解在大量的稀 HNO_3 溶液中，冷却，5-硝基喹啉以硝酸盐的形式优先析出。现在改进的方法是硝基喹啉混合物溶解在含少量水的DMF中，通入HCl气体，生成奶油色沉淀，加热（95～100 ℃）溶解，让溶液慢慢冷却，在70～80 ℃析出结晶，过滤，用乙酸乙酯洗涤2次，干燥得到5-硝基喹啉[2]，含量为99.8%(ω)，收率为37%。合并过滤液和乙酸乙酯洗涤液，通入HCl气体有沉淀生成，过滤，用乙酸乙酯洗涤，把固体悬浮在水中，用 $NaHCO_3$ 使pH升高到3.5，过滤出固体，用冷水洗涤，干燥得到8-硝基喹啉，含量为96.3%(ω)，还含有3.7%的5-硝基喹啉，用异丙醇重结晶即可得到含量99.6%(ω)的8-硝基喹啉。

松本义雄和高野河津发现，虽然邻苯二甲酰-L-谷氨酸（Ⅰ）和邻苯二甲酰-DL-谷氨酸（Ⅱ）在低温下在水中的溶解度都很低，但L-异构体（Ⅰ）的溶解度随着温度的升高而急剧增加，而DL-异构体则没有表现出这种溶解度增加的特征，如图9-1所示。利用它们在高温下在水中的溶解度差异，可以从混合物中分离出L-异构体（Ⅰ）或DL异构体（Ⅱ）。分离L-异构体需要用热水多次重复萃取，并通过冷却从萃取剂中结晶。做法为首先在温热二氧六环中溶解L-和DL-异构体的混合物；然后，逐渐向溶液中加入温水，DL-异构体可以很容易地以结晶形式分离[3]。

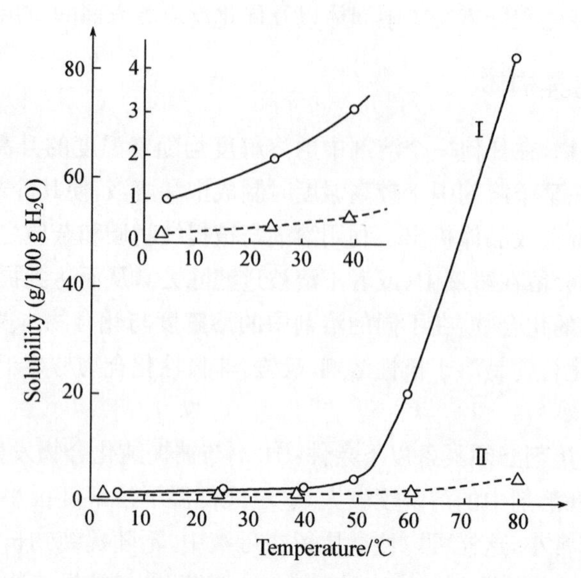

图 9-1 邻苯二甲酰-L-谷氨酸(Ⅰ)和邻苯二甲酰-DL-谷氨酸(Ⅱ)溶解度曲线

再例如,间位取代的苯胺生成酰胺衍生物,接着在 H_2SO_4 作用下形成靛红衍生物,然后,发生 Pfitzinger 反应生成 7-或 6,7-取代喹啉-4-羧酸衍生物(主要产物),这个反应存在区域选择异构体 5-或 5,6-取代喹啉-4-羧酸,合成路线如式 9-1 所示。通常需要柱层析才能把异构体分离纯化。不过仔细研究发现该反应生成的喹啉羧酸衍生物 2a 和 2b 的溶解度有差异,化合物 2a 溶解度比 2b 小。在 pH 为 5～6 的反应混合物中,7-或 6,7-取代喹啉-4-羧酸衍生物优先沉淀出来,可以采用过滤与异构体分离,而 5-或 5,6-取代的喹啉-4-羧酸则留在母液中。这样利用溶解度差异简化了异构体的分离纯化过程[4],使 Pfitzinger 反应合成喹啉-4-羧酸更有实用价值,避免了烦琐的柱层析实验。

H_2SO_4, 80 ℃;主要产物;1b;1. KOH,丙酮 2. HCl(aq.);2a;主要产物;2b

式 9-1 合成 7-或 6,7-取代喹啉-4-羧酸衍生物及其副产物的合成路线

9.1.2 分离与纯化反应中间体

1. 合成辛硫磷

在辛硫磷制造过程中,苯乙腈和亚硝酸乙酯在乙醇钠作用下生成 2-肟基苯乙腈,因反应混合物中有未反应的苯乙腈、亚硝酸乙酯以及反应的副产物等，故直接和乙基氯化物缩合，得到的辛硫磷含量较低。利用 2-肟基苯乙腈在碱性溶液中生成 2-肟钠基苯乙腈易溶于水（80 g/100 g H_2O），而 2-肟基苯乙腈不溶于水的特点来提纯反应中间体 2-肟基苯乙腈。优化的工艺：苯乙腈与亚硝酸乙酯在乙醇钠催化下完成缩合反应后，由于反应混合物中存在乙醇钠，加入适量的水，使 2-肟基苯乙腈生成 2-肟钠基苯乙腈溶于水，分去有机层（如果有的话）。水层用适量的甲苯萃取一次，水层用稀盐酸中和，沉淀出含量很高的 2-肟基苯乙腈。再用 NaOH 中和，与乙基氯化物缩合生成辛硫磷。制备高含量 2-肟基苯乙腈的工艺流程如图 9－2 所示。

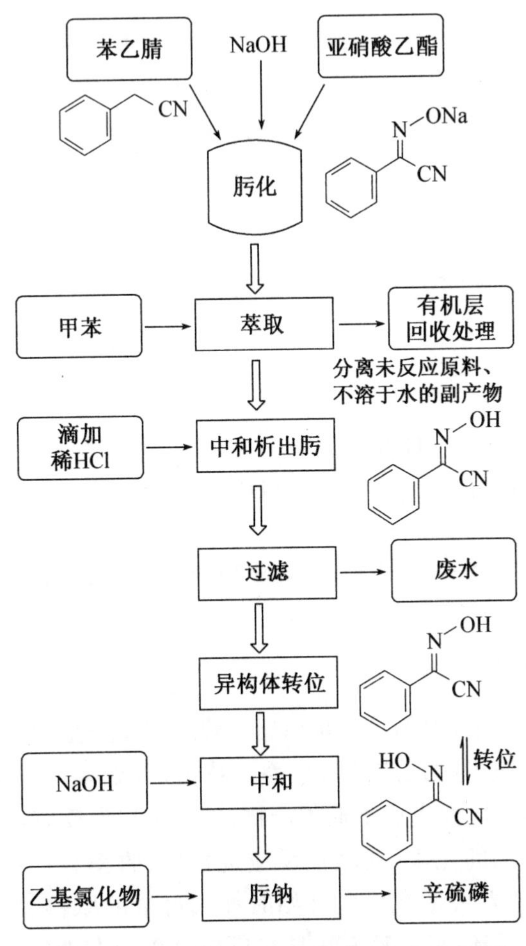

图 9－2　高含量 2-肟基苯乙腈的制备流程图

2. 合成乙酰苯乙腈

应用同样的方法，苯乙腈和乙酸甲酯在甲醇钠作用下，缩合生成 α-乙酰苯乙腈，接着在反应混合物中加水，分出有机层，水层用甲苯萃取一次。然后，用稀 HCl 中和水层，析出质量很高的乙酰苯乙腈。同样是利用乙酰苯乙腈和它的钠盐在水中的溶解度差异达到分离纯化中间体的目标。乙酰苯乙腈合成路线如式 9－2 所示。

$+CH_3COOCH_3$ $\xrightarrow[2.\ H_2O]{1.\ CH_3ONa}$ 溶于水 $\xrightarrow{HCl}$ 不溶于水

式 9-2 乙酰苯乙腈的合成路线

3. 合成 2-氨基-5-噻唑甲酸甲酯

乙醇钠、氯乙酸甲酯和甲酸乙酯在甲苯溶剂中缩合，反应结束后，加入水，使缩合物溶于水，不溶于水未反应的原料等杂质会溶于甲苯，分层。水层用甲苯萃取一次，然后，滴加稀 HCl 得到含量很高的氯代醛基乙酸甲酯。最后与硫脲缩合，得到不溶于水的乳白色固体 2-氨基-5-噻唑甲酸甲酯，合成路线如式 9-3 所示。

$\xrightarrow[C_2H_5ONa,甲苯]{HCOOC_2H_5}$ $\xrightarrow{H_2O}$ 溶于碱性水溶液 $\xrightarrow{稀盐酸}$ $\xrightarrow{H_2NC(S)NH_2}$ H_3CO_2C–(噻唑)–NH_2

式 9-3 2-氨基-5-噻唑甲酸甲酯的合成路线

9.1.3 优化反应

在反应系统的设计中，为了尽量减少副产物的形成，通常需要调整反应环境，如溶剂、温度或试剂，以减少副反应的发生率。特别地，如果反应先生成期望产物，而后又与起始原料继续反应而生成不期望产物，即发生连串反应，如式 9-4 所示，则提高起始原料与期望产物的比率，对增加反应选择性、收率和产物含量是有利的。为了实现这一目标，一种方法是在反应开始时加入过量的原料，然后回收多余的未反应的原料进入下一个循环；另一种方法是在反应过程中有选择地从反应混合物中除去产物。根据原料与产物溶解度的差异，提出了一种简单、独特的二次过滤循环工艺，以优化反应。

单醛

单醛

双加合物

式 9-4　期望生成的单醛与不期望生成的二缩合物连串反应的反应式

1. 合成 3-[2-(7-氯-2-喹啉基)乙烯基]苯甲醛的生产工艺

利用 7-氯喹哪啶和间苯二甲醛缩合生成 3-[2-(7-氯-2-喹啉基)乙烯基]苯甲醛，此化合物为单醛，是合成抗哮喘药物孟鲁斯特的重要中间体[9]，但同时间苯二甲醛有两个醛基与 7-氯喹哪啶易发生双缩合生成副产物，即双加合物。为了提高生成单醛的选择性和收率，则增加间苯二甲醛的用量，以减少或抑制双加合物副产物的生成，然后利用间苯二甲醛、单醛和双加合物在溶剂中不同的溶解度，分离出未反应的间苯二甲醛，套用到下一批。

原料间苯二甲醛和产物单醛在一个溶剂体系中的溶解度数据表明，间苯二甲醛比单醛有更高的溶解度。产品与原料之间的溶解度差异是双过滤循环工艺设计的关键。在反应过程中，通过最初加入大量过量的间苯二甲醛，可以保持间苯二甲醛与单醛的高比率以提高产物单醛的收率，降低副产物双加合物的生成量，选择性结晶产物单醛，而过量的间苯二甲醛仍然溶解在反应混合物中。反应后，由于溶解度的差异，过量间苯二甲醛的回收操作进一步简化。分离出同时含有产物单醛和未反应的间苯二甲醛的滤饼，在浆液洗涤滤饼之后，过量的间苯二甲醛很容易地从滤液中被回收[10]。

(1) 原工艺

将起始原料间苯二甲醛和 7-氯喹哪啶装入反应器，在 100 ℃以上的反应温度下加热反应并老化，反应完成后，将批料冷却至约 90 ℃，大多数双加合物会沉淀下来。副产物成浆液后通过闭端过滤器过滤，以去除沉淀的副产物。过滤后的澄清溶液被转移到结晶器中并缓慢冷却，结晶出产品单醛。过滤产品浆液，清洗湿滤饼并真空干燥。分离出的滤饼含有产品单醛和大约 4%～5%(ω)的双加合物。

(2) 优化工艺

第一次过滤后分离的湿滤饼在溶剂中重新搅拌打浆，溶剂能完全溶解过量的间苯二甲醛和少量的单醛。过滤浆料，清洗湿饼。第二次过滤后分离出来的滤饼只含有单醛和双加合物，而不含有间苯二甲醛。第二次过滤的母液和洗涤液含有所有未反应的间苯二甲醛，母液浓缩再循环到下一批。副产的双加合物在后处理工艺中没有被去除，主要是因为与原工艺相比，生成量要低得多，这不会造成额外的工艺烦琐，因为双加合物是化学惰性，在下一步合成中很容易被除去。后处理过程中有三个关键的变化：首先，在反应开始时，原料间苯二甲醛的含量增加。在原工艺中，间苯二甲醛和7-氯喹哪啶物质的量之比是1.5∶1.0，优化的工艺间苯二甲醛和7-氯喹哪啶物质的量之比高达3.0∶1.0。这一变化显著提高了反应的选择性和收率。第二，在循环过程中包括浆液冲洗/过滤操作，以有效回收未反应的间苯二甲醛。由于间苯二甲醛和单醛的溶解度不同，简单的浆洗操作可以回收所有过量的未反应间苯二甲醛，并在下一个循环中重复使用。第三，采用二元溶剂体系。二元溶剂体系在反应过程中促进了单醛的结晶，减少了母液中单醛和间苯二甲醛的损失。合成3-[2-(7-氯-2-喹啉基)乙烯基]苯甲醛的原工艺和优化工艺流程如图9-3所示。

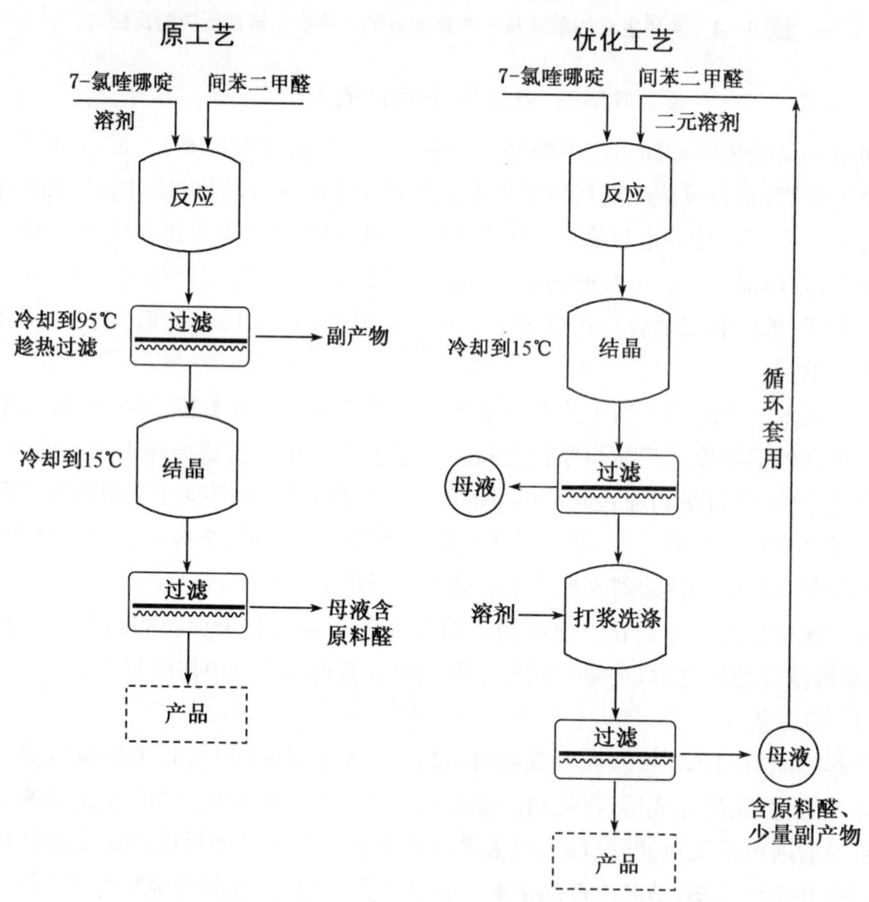

图9-3　合成3-[2-(7-氯-2-喹啉基)乙烯基]苯甲醛的原工艺和优化工艺流程

2. 合成1,5-二羟基萘的生产工艺

传统的生产中，用饱和NaCl盐析出萘-1,5-二磺酸，然后，碱融中和得到产品。由于加入NaCl盐析，会存在盐析过程的产品夹带约0.08%～0.15%(ω)的NaCl，导致碱

融温度升高。碱融物的黏度也随着 NaCl 含量增加而增加，不利于碱融反应。饱和的 NaCl 溶液进入 H_2SO_4 溶液中会产生挥发性气体 HCl，从而引起设备腐蚀，危害工作环境。

Xu Yong-Sheng[5] 等人利用萘-1，5-二磺酸二钠和萘-1，5-二磺酸在 H_2SO_4 溶液中的溶解度不同，用 Na_2SO_4 代替 NaCl 进行盐析，克服了传统策略的缺点。然后，将沉淀的混合物[主要是萘-1，5-二磺酸（1，5-H_2NDS）和 Na_2SO_4]中和得到萘-1，5-二磺酸二钠（1，5-Na_2NDS）和 H_2SO_4。先调节 $\omega(H_2SO_4)=0.3$ 析出 1，5-Na_2NDS，然后调节 $\omega(H_2SO_4)=0.5$ 又析出 1，5-H_2NDS。1，5-H_2NDS 和 1，5-Na_2NDS 的收率均达到 98.0%。1，5-Na_2NDS 被送至碱融工艺，并优化了工艺，而 1，5-H_2NDS 回到中和工序回用。用 Na_2SO_4 代替 NaCl 盐析出萘-1，5-二磺酸的工艺，对 1，5-二羟基萘的工业生产具有特别的指导意义，萘-1，5-二磺酸二钠工艺优化流程如式 9－5 所示。该课题组还研究了其他化合物的溶解度，并利用溶解度差异优化了相关精细化工工艺[6-7]。

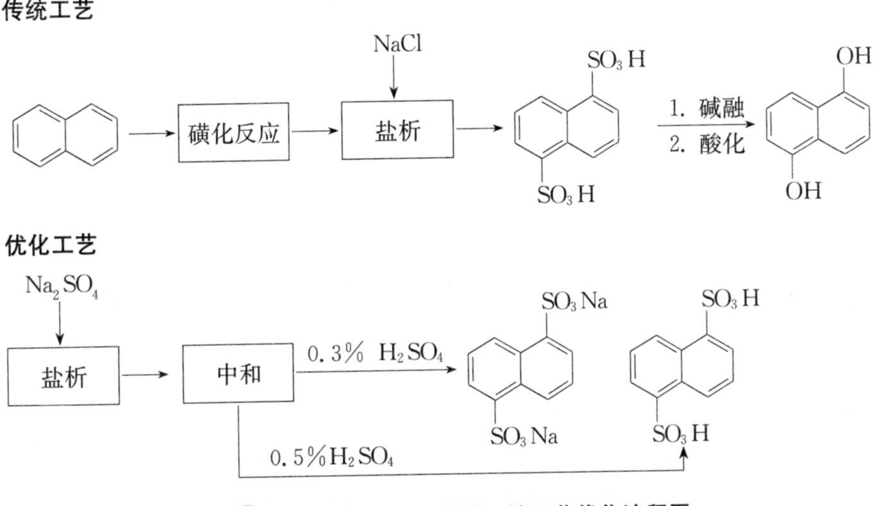

式 9－5　萘-1，5-二磺酸二钠工艺优化流程图

3. 合成超支化聚醚酮的生产工艺

基于 Friedel-Crafts 的聚合物成型过程，采用 A_3+B_2 聚合法合成超支化聚醚酮（polyetherketone，PEK，主链由醚键和酮键交替形成的高分子聚合物），不形成交联产物[8]。A_3+B_2 聚合法是通过 $A_3(A_n,n=3)$ 型单体和 $B_2(B_n,n=2)$ 型单体相互反应而生成超支化聚合物。Friedel-Crafts 反应由单体在黏性亲水性反应介质聚磷酸（PPA）/五氧化二磷（P_2O_5）中的溶解度差异来控制。亲水性均苯三甲酸作为 A_3 单体可溶于反应介质，而疏水性二苯醚和 1，4-二苯氧基苯作为 B_2 单体微溶于反应介质。避免了凝胶化的原因推测是以下两个因素：① 芳基单体在 PPA/P_2O_5 介质中的溶解度差和相分离，导致芳基单体在体系中的自调节进料；② 由反应介质诱导的由高堆积黏度促进了生长中大分子的分离。两种基于等摩尔或等官能化学计量（$A_3:B_2$）的聚合实验中，当这些聚合物含有少量溶剂残留物时，如果在严格的干燥条件下，仅在强酸中，超支化

PEK 可在极性非质子传递溶剂中完全溶解。均苯三甲酸与二苯醚生成超支化聚醚酮的反应式如式 9－6 所示。

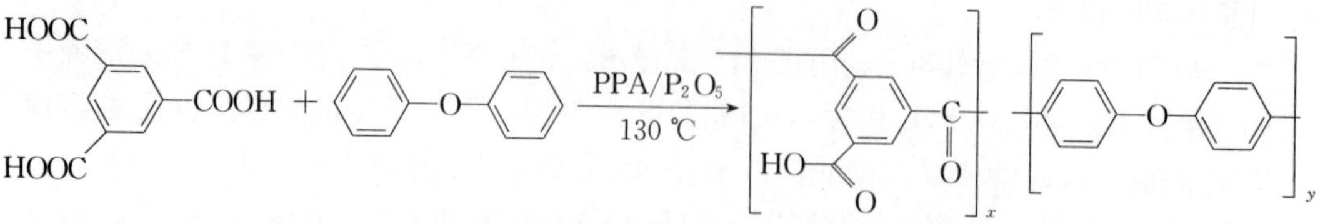

式 9－6　均苯三甲酸与二苯醚生成超支化聚醚酮的反应式

9.2　实战案例｜定向制备对硝基氯化苄

对硝基氯化苄是合成抗偏头痛药物舒马普坦的重要中间体[11]；是合成荧光增白剂的原料，例如合成增白洗衣粉、洗涤剂等产品的 4,4′-双-(2-磺酸钠苯乙烯基)联苯[12]，合成增白聚苯乙烯、聚氨基甲酸乙酯纤维、聚酰胺、聚丙烯纤维和 PVC 等产品的 4,4′-双-2-(甲氧基苯乙烯基)联苯[13]；也用于合成应用于非均相反应和手性合成的催化系统的界面转移剂[14,15]。

张跃等[16]以偶氮二异丁腈为催化剂，用氯气氯化对硝基甲苯合成对硝基氯化苄，收率大于 65%。杨志林等[17]以氯化苄为原料，以发烟硝酸和浓硫酸组成的混酸作硝化剂，收率为 41%。张凯铭[18]用氯化苄为原料，用五氧化二铌为催化剂，以硝酸硝化得对硝基氯化苄，收率为 77%。嵇鸣等[19]用浓硫酸和硝酸作硝化剂，多聚磷酸作定向硝化剂，由氯化苄制备对硝基氯化苄，收率为 90.7%。

本研究以氯化苄为原料，选择以磷酸作为定位剂，采用混酸(硝酸与浓硫酸)为硝化剂，通过 $L_{16}(4^5)$ 正交实验，找出了最优反应条件：硝化温度为 0 ℃(精确到±1 ℃)，21.6 g(0.171 mol)氯化苄，$n_{氯化苄} : n_{发烟硝酸} : n_{浓硫酸} : n_{磷酸} = 1.0 : 2.3 : 0.9 : 1.3$，反应时间为 16 h，产物对硝基氯化苄的收率为 93.1%。滤液循环套用三次，产物收率降低不显著。此工艺的优势是：① 反应体系恰好使底物溶于其中，又能使生成的产物从反应体系中析出，再直接通过抽滤即可使产物与反应体系分离，这样避免了传统方法为了产物析出，把反应液倒入冰水中而产生大量的废酸液；② 通过减压蒸馏蒸去多余水，滤液循环套用三次，减少了浓硫酸、磷酸的使用量和废酸的处理量，降低了生产成本；③ 利用定位剂增加对位产物的选择性，提高了产物收率和原料氯化苄的利用率，为清洁生产工艺，因此具有较大的工业化应用前景。

磷酸能控制对位定向硝化氯化苄得到对硝基氯化苄，利用对硝基氯化苄在反应液中溶解度不大的特点，优化硝化的条件，调节反应物到合适的配比，使反应混合物成为膏状。用过滤的方法得到产物，过滤母液进行水平衡处理后，补加硝酸，能继续套用，避免传统的方法把硝化反应混合物倾倒在冰水中，而产生大量的废水。

9.2.1　实验部分

1. 对硝基氯化苄的合成反应式及制备工艺

在装配电动搅拌器、温度计的 100 mL 干燥的三口烧瓶中，加入一定量 98%(ω)的浓硫酸。开动电动搅拌器，在一定温度条件下，加入适量的 85%(ω)磷酸和原料氯化苄，控制温度在某一范围，从恒压漏斗滴入适当量的发烟硝酸和 98%(ω)浓硫酸配成的混酸，通过混酸硝化制备对硝基氯化苄。其反应式如式 9-7，工艺流程如图 9-4 所示。

$$C_6H_5CH_2Cl \xrightarrow[\text{低温}]{\text{混酸，磷酸}} p\text{-}NO_2C_6H_4CH_2Cl$$

式 9-7　合成对硝基氯化苄的反应式

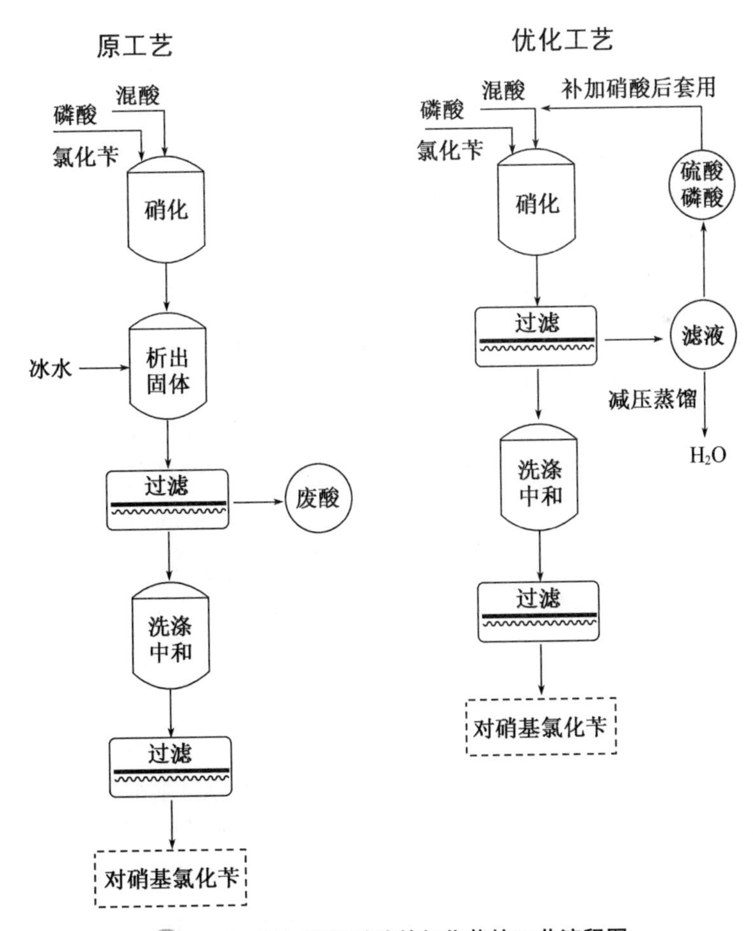

图 9-4　定向制备对硝基氯化苄的工艺流程图

2. 正交实验操作

将装配电动搅拌器和温度计的100 mL干燥三口烧瓶置于冰盐浴中，加入12 g(0.12 mol) 98%(ω)浓硫酸。开动电动搅拌器，待温度低于5 ℃时，从恒压漏斗先滴加21.6 g(0.17 mol)氯化苄，当烧瓶中反应液温度降至B ℃(精确到±1 ℃)，保持此温度，滴加由10.6 g(0.11 mol)98%(ω)浓硫酸、C g 85%(ω)磷酸和A g发烟硝酸组成的混酸。混酸滴完，维持B ℃(精确到±1 ℃)继续搅拌，反应共计D h。抽滤，滤液留存，滤饼用水洗涤，再用10%K_2CO_3水溶液洗涤至pH为7。在烘箱中烘干，用2倍质量的无水乙醇重结晶，抽滤，烘干后称重，测熔点，进行HPLC、EA、IR和^{1}H NMR测定，计算转化率、选择性和产物收率。

3. 验证最优方案的平行实验操作

将装配电动搅拌器和温度计的100 mL干燥三口烧瓶置于冰盐浴中，加入12 g(0.12 mol)98%浓硫酸。开动电动搅拌器，待温度低于5 ℃时，从恒压漏斗先滴加21.6g(0.17 mol)氯化苄，当烧瓶中反应液温度降至0 ℃(精确到±1 ℃)，保持此温度，滴加由10.6 g(0.11 mol)98%(ω)浓硫酸、18 g(0.16 mol)85%(ω)磷酸和26 g(0.40 mol)发烟硝酸组成的混酸。混酸2 h滴完，维持0 ℃(精确到±1 ℃)继续搅拌14 h。抽滤，滤饼用水洗涤，再用10%(ω)K_2CO_3水溶液洗涤至pH为7。在烘箱中烘干，用2倍质量的无水乙醇重结晶，抽滤，烘干后称重，测熔点，进行HPLC、EA、IR和^{1}H NMR测定，计算转化率、选择性和产物收率。

4. 滤液循环套用实验操作

将装配电动搅拌器和温度计的100 mL干燥三口烧瓶置于冰盐浴中，加入上批反应的滤液。开动电动搅拌器，待温度低于5 ℃时，从恒压漏斗先滴加21.6 g(0.171 mol)氯化苄，当烧瓶中反应液温度降至0 ℃(精确到±1 ℃)，保持此温度，滴加由13.0 g(0.13 mol)98%(ω)浓硫酸、10.0 g(0.087mol)85%(ω)磷酸和26.0 g(0.404 mol)发烟硝酸组成的混酸。混酸2 h滴完，维持0 ℃(精确到±1 ℃)继续搅拌反应14 h。抽滤，滤液下批实验套用，滤饼用水洗涤，再用10%K_2CO_3水溶液洗涤至pH为7。在烘箱中烘干，用2倍质量的无水乙醇重结晶，抽滤，烘干后称重，测熔点，进行HPLC、EA、IR和^{1}H NMR测定，计算转化率、选择性和产物收率。

9.2.2 结果与讨论

1. 正交实验的设计

实验初期，进行了几组探索性实验，通过初步实验，在保证实验的安全性、环保性前提下，确定能成功合成对硝基氯化苄的可行性参数范围。经过多次由氯化苄合成对硝基氯化苄的实验，认为在氯化苄硝化反应中，可能影响对硝基氯化苄收率的因素为发烟硝酸用量、硝化反应温度、磷酸用量和硝化反应时间。推测发烟硝酸用量范围为16.1～26 g，硝化反应温度范围为−10～5 ℃，磷酸用量范围为14～20 g，硝化反应时间范围为12～24 h。然后，以发烟硝酸用量(A)、硝化反应温度(B)、磷酸用量(C)和硝化

反应时间(D)作为影响硝化反应的四个因素，以 16.1 g、19.3 g、22.5 g 和 26 g 为发烟硝酸用量(A)的四个水平，以(−10±1)℃、(−5±1)℃、(0±1)℃和(5±1)℃为硝化反应温度(B)的四个水平，以 14.0 g、16.0 g、18.0 g 和 20.0 g 为磷酸用量(C)的四个水平，以 12 h、16 h、20 h 和 24 h 为硝化反应时间(D)的四个水平，合成对硝基氯化苄的因素水平表，如表 9-1 所示。根据影响对硝基氯化苄收率的四个因素和四个水平，设计合成对硝基氯化苄的 $L_{16}(4^5)$ 五因素四水平正交试验方案，如表 9-2 所示。通过正交实验对本实验工艺条件进行优化，得到最优的反应条件，以考察氯化苄硝化反应中发烟硝酸、温度、磷酸用量和反应时间对产物(摩尔)收率的影响。

表 9-1　合成对硝基氯化苄的 $L_{16}(4^5)$ 因素水平表

水平	因素							
	A 发烟硝酸/g		B 硝化温度/℃		C 磷酸量/g		D 硝化时间/h	
1	A_1	16.1	B_1	−10±1	C_1	14	D_1	12
2	A_2	19.3	B_2	−5±1	C_2	16	D_2	16
3	A_3	22.5	B_3	0±1	C_3	18	D_3	20
4	A_4	26	B_4	5±1	C_4	20	D_4	24

2. 正交实验数据的直观分析

严格按照正交表 $L_{16}(4^5)$ 设计的实验条件，进行氯化苄硝化制备对硝基氯化苄合成研究。通过对产物的分离、提纯、烘干、称量和结构表征，确定产物结构和计算对硝基氯化苄的收率，得出实验条件下 16 批产物的收率数据(表 9-2)和合成对硝基氯化苄的 $L_{16}(4^5)$ 的直观分析表(表 9-3)。从 16 批实验的数据出发，利用表 9-2 分析实验结果。

表 9-2　合成对硝基氯化苄的 $L_{16}(4^5)$ 的五因素四水平正交实验表

试验号	水平组合	A 发烟硝酸/g	B 硝化温度/℃	C 磷酸量/g	D 硝化时间/h	E	收率 /%
1	$A_1B_1C_4D_3E_2$	1(16.1)	1(−10±1)	4(20.0)	3(20)	2	78.2
2	$A_2B_1C_1D_1E_3$	2(19.3)	1(−10±1)	1(14.0)	1(12)	3	79.1
3	$A_3B_1C_3D_4E_1$	3(22.5)	1(−10±1)	3(18.0)	4(24)	1	86.2
4	$A_4B_1C_2D_2E_4$	4(26.0)	1(−10±1)	2(16.0)	2(16)	4	89.4
5	$A_1B_2C_3D_2E_3$	1(16.1)	2(−5±1)	3(18.0)	2(16)	3	84.7
6	$A_2B_2C_2D_4E_2$	2(19.3)	2(−5±1)	2(16.0)	4(24)	2	81.5
7	$A_3B_2C_4D_1E_4$	3(22.5)	2(−5±1)	4(20.0)	1(12)	4	79.8
8	$A_4B_2C_1D_3E_1$	4(26.0)	2(−5±1)	1(14.0)	3(20)	1	88.9

（续表）

试验号	水平组合	A 发烟硝酸/g	B 硝化温度/℃	C 磷酸量/g	D 硝化时间/h	E	收率 /%
9	$A_1B_3C_1D_4E_4$	1(16.1)	3(0±1)	1(14.0)	4(24)	4	87.2
10	$A_2B_3C_4D_2E_1$	2(19.3)	3(0±1)	4(20.0)	2(16)	1	86.2
11	$A_3B_3C_2D_3E_3$	3(22.5)	3(0±1)	2(16.0)	3(20)	3	88.7
12	$A_4B_3C_3D_1E_2$	4(26.0)	3(0±1)	3(18.0)	1(12)	2	92.8
13	$A_1B_4C_2D_1E_1$	1(16.1)	4(5±1)	2(16.0)	1(12)	1	79.8
14	$A_2B_4C_3D_3E_4$	2(19.3)	4(5±1)	3(18.0)	3(20)	4	89.4
15	$A_3B_4C_1D_2E_2$	3(22.5)	4(5±1)	1(14.0)	2(16)	2	88.9
16	$A_4B_4C_4D_4E_3$	4(26.0)	4(5±1)	4(20.0)	4(24)	3	90.1

表 9-3 合成对硝基氯化苄的 $L_{16}(4^5)$ 的直观分析表

试验号	水平组合	A 发烟硝酸/g	B 硝化温度/℃	C 磷酸量/g	D 硝化时间/h	E	收率 /%
1	$A_1B_1C_4D_3E_2$	1(16.1)	1(−10±1)	4(20.0)	3(20)	2	78.2
2	$A_2B_1C_1D_1E_3$	2(19.3)	1(−10±1)	1(14.0)	1(12)	3	79.1
3	$A_3B_1C_3D_4E_1$	3(22.5)	1(−10±1)	3(18.0)	4(24)	1	86.2
4	$A_4B_1C_2D_2E_4$	4(26.0)	1(−10±1)	2(16.0)	2(16)	4	89.4
5	$A_1B_2C_3D_2E_3$	1(16.1)	2(−5±1)	3(18.0)	2(16)	3	84.7
6	$A_2B_2C_2D_4E_2$	2(19.3)	2(−5±1)	2(16.0)	4(24)	2	81.5
7	$A_3B_2C_4D_1E_4$	3(22.5)	2(−5±1)	4(20.0)	1(12)	4	79.8
8	$A_4B_2C_1D_3E_1$	4(26.0)	2(−5±1)	1(14.0)	3(20)	1	88.9
9	$A_1B_3C_1D_4E_4$	1(16.1)	3(0±1)	1(14.0)	4(24)	4	87.2
10	$A_2B_3C_4D_2E_1$	2(19.3)	3(0±1)	4(20.0)	2(16)	1	86.2
11	$A_3B_3C_2D_3E_3$	3(22.5)	3(0±1)	2(16.0)	3(20)	3	88.7
12	$A_4B_3C_3D_1E_2$	4(26.0)	3(0±1)	3(18.0)	1(12)	2	92.8
13	$A_1B_4C_2D_1E_1$	1(16.1)	4(5±1)	2(16.0)	1(12)	1	79.8
14	$A_2B_4C_3D_3E_4$	2(19.3)	4(5±1)	3(18.0)	3(20)	4	89.4
15	$A_3B_4C_1D_2E_2$	3(22.5)	4(5±1)	1(14.0)	2(16)	2	88.9
16	$A_4B_4C_4D_4E_3$	4(26.0)	4(5±1)	4(20.0)	4(24)	3	90.1
K_1		329.9	332.9	344.1	331.5	341.1	
K_2		336.2	334.9	339.4	349.2	341.4	
K_3		343.6	354.9	353.1	345.2	342.6	
K_4		361.2	348.2	334.3	345	345.8	
$K_1/4$		82.5	83.2	86.0	82.9	85.3	
$K_2/4$		84.1	83.7	84.9	87.3	85.4	

（续表）

试验号	水平组合	A 发烟硝酸/g	B 硝化温度/℃	C 磷酸量/g	D 硝化时间/h	E	收率 /%
$K_3/4$		85.9	88.7	88.3	86.3	85.7	
$K_4/4$		90.3	87.1	83.6	86.3	86.5	
极差(R_j)		7.8	5.5	4.7	4.4	1.2	

由表 9－3 中各因素极差(R_j)可知：$R_A=7.8$，$R_B=5.5$，$R_C=4.7$，$R_D=4.4$。

因为 $R_A>R_B>R_C>R_D$，所以本实验影响因素主次为 A→B→C→D，即发烟硝酸用量、硝化温度、磷酸用量为主要因素，硝化时间为次要因素。

本实验产物对硝基氯化苄的收率越大越好，应取收率最大的水平。由表 9－3 中各因素最大 K 值所对应的水平可见：

$K_4^A=361.2>343.6>336.2>329.9$，所以 A 因素的 A_4 水平最优，故因素 A 应取 A_4 为最佳水平；

$K_3^B=354.9>348.2>334.9>332.9$，所以 B 因素 B_3 水平最优，故因素 B 应取 B_3 为最佳水平；

$K_3^C=353.1>344.1>339.4>334.3$，所以 C 因素 C_3 水平最优，故因素 C 应取 C_3 为最佳水平；

$K_2^D=349.2>345.2>345>331.5$，所以 D 因素 D_2 水平最优，故因素 D 应取 D_2 为最佳水平。

因此，从表 9－3 可直观分析推断出 $A_4B_3C_3D_2$ 为最优水平。

3. 正交实验数据的方差分析

通过计算得到合成对硝基氯化苄的 $L_{16}(4^5)$ 的方差分析表，如表 9－4 所示。

表 9－4　合成对硝基氯化苄的 $L_{16}(4^5)$ 的方差分析表

方差来源	平方和	自由度	均方	F	临界值
发烟硝酸 A	$S_A=137.3$	3	45.8	39.6	$F_{0.01}(3,3)=29.5$ $F_{0.05}(3,3)=9.3$ $F_{0.1}(3,3)=5.4$
硝化温度 B	$S_B=84.0$	3	28.0	24.2	
磷酸量 C	$S_C=47.9$	3	16.0	13.8	
硝化时间 D	$S_D=44.8$	3	14.9	12.9	
误差 e	$S_e=3.5$	3	1.2		
总和 T	$S_T=317.4$	15			

从表 9－4 的方差分析结果得出：

① 各因素影响强度的主次顺序为发烟硝酸量→硝化温度→磷酸量→硝化时间，这与表 9－3 直观分析的结果完全一致。

② 发烟硝酸用量对合成对硝基氯化苄的收率影响特别显著，而硝化温度、磷酸量

和硝化时间对收率影响显著。

③ 本试验误差为 1.1(即 $\sqrt{1.2}$)，与表 9－3 空列直观分析的极差(1.2)相近。

方差分析认为只对显著的因素进行选择，不显著的因素，原则上可以选择试验范围内的任意一个水平。本实验发烟硝酸用量对合成对硝基氯化苄的收率影响特别显著，而硝化温度、磷酸量和硝化时间对收率影响均显著，即均为显著因素，所以，最优水平选取各因素最大极差 R_j 值所对应的水平，即确定 $A_4B_3C_3D_2$ 为最佳反应条件。以最佳反应条件 $A_4B_3C_3D_2$ 做三次平行实验，以验证在最优条件下是否具有最高的收率，结果如表 9－5 所示。

表 9－5　验证合成对硝基氯化苄的 $L_{16}(4^5)$ 最优条件的实验方案表

试验号	水平组合	A 发烟硝酸/g	B 硝化温度/℃	C 磷酸量/g	D 硝化时间 h	收率 /%	平均收率 /%
1	$A_4B_3C_3D_2$	4(26.0)	3(0±1)	3(18.0)	2(16)	92.8	
2	$A_4B_3C_3D_2$	4(26.0)	3(0±1)	3(18.0)	2(16)	93.5	93.1
3	$A_4B_3C_3D_2$	4(26.0)	3(0±1)	3(18.0)	2(16)	92.9	

从表 9－5 可见，组合条件为 $A_4B_3C_3D_2$，即当硝化反应温度为 0 ℃(精确到±1 ℃)，发烟硝酸用量为 26 g，磷酸用量为 18 g，硝化反应时间为 16 h 时，生成对硝基氯化苄的平均收率为 93.1%。此条件下的收率高于正交试验中 16 批试验的收率，验证了 $A_4B_3C_3D_2$ 是最优反应，即硝化温度为 0 ℃(精确到±1 ℃)，$n_{氯化苄}:n_{发烟硝酸}:n_{浓硫酸}:n_{磷酸}=1.0:2.3:0.9:1.3$，反应时间为 16 h，此反应条件下产物对硝基氯化苄的收率为 93.1%。

9.2.3　滤液循环套用对产物收率的影响

1. 滤液循环套用实验方案的设计依据

从正交实验的直观分析、方差分析和验证实验，确定并验证了最优反应条件下，产物收率为 93.1%。尽管产物收率较目前报道的收率高，但浓硫酸作为溶剂和催化剂，磷酸作为定位剂，如果反应结果分离出滤饼后的滤液直接排出，不但增加了环保负担，资源也大量浪费了。考虑浓硫酸和磷酸在氯化苄硝化合成对硝基苯氯化苄的过程中，理论上的质量是不变的，所以尝试用第一次在最优反应条件下得到的一半滤液循环套用，而浓硫酸和磷酸用量比第一次减半的方案进行氯化苄硝化合成对硝基氯化苄，以考察产物的收率。结果发现收率只有 81.7%，收率低的原因可能是第二次反应时滤液中含有水，使得浓硫酸催化硝酸变成 NO_2^+ 的能力降低，底物与混酸发生硝化反应的反应通式如式 9－8。

$$\text{底物} + HNO_3 \xrightarrow[\text{一定温度}]{\text{混酸，磷酸}} \text{硝基化合物} + H_2O$$

式 9－8　底物与混酸发生硝化反应的反应通式

下面介绍底物与混酸第一次硝化反应前的含水量和套用一半滤液的第二次硝化反应前的含水量的相关公式推导。

在第一次硝化反应前反应体系中：

硝化剂中含水＝发烟硝酸质量×(100％－98％)(若硝化剂为发烟硝酸)；

硝化剂中含水＝硝酸质量×(100％－68％)(若硝化剂为 68％的硝酸)；

浓硫酸中含水＝浓硫酸质量×(100％－98％)；

磷酸中含水＝磷酸质量×(100％－85％)；

第一次反应前反应体系中含水量＝硝化剂中含水＋浓硫酸中含水＋磷酸中含水　（公式 9－1）

因为硝化剂是过量的，所以，用底物为标准计算反应中生成的水量：

$$n(\text{水})=n(\text{底物})；$$

$$\text{反应的生成水量}=n(\text{底物})\times 18\ \text{g/mol}；$$

理论上第一次反应后反应体系中含水量＝第一次反应前反应体系中含水量＋反应的生成水量　（公式 9－2）

$$\text{第一次反应后水损失量}=\text{理论上第一次反应后反应体系中含水量}\times\frac{\text{反应过程中损失量}}{\text{反应前反应液总质量}}$$　（公式 9－3）

第二次反应前若套用一半第一次反应的滤液，同时加一半的浓硫酸和磷酸，则

$$\text{第二次反应前反应体系中含水量}=\frac{\text{第一次反应后滤液中含水量}}{2}+\frac{\text{浓硫酸含水}+\text{磷酸含水}}{2}+\text{硝化剂含水}$$　（公式 9－4）

比第一次反应前反应体系多出水量＝第二次反应前反应体系中含水量－第一次反应前反应体系中含水量　（公式 9－5）

由于在第二次反应前反应体系中的含水量大于最优反应条件所含有的水量，因此需要运用减压蒸馏蒸出滤液中多余的水。因为多出水量是以一半滤液为标准进行计算的，所以减压蒸馏蒸出的水量应该为“比第一次反应前反应体系中多出的水量”的 2 倍，又因为在减压抽滤时，有少量水蒸气从真空泵中被吸出，所以从滤液中蒸出水的量应稍少于 2 倍的“比第一次反应前多出水量”。另外，考虑到滤液的损耗，第二次实验套用一半减压蒸馏后的滤液时，浓硫酸和磷酸的加入量应多于一半，具体计算如下：

$$\text{第一次反应后硫酸损失量}=\frac{\text{第一次反应浓硫酸加入量}\times\text{反应过程中损失量}}{\text{反应前反应液总质量}}$$

（公式 9－6）

$$\text{第一次反应后磷酸损失量}=\frac{\text{第一次反应磷酸加入量}\times\text{反应过程中损失量}}{\text{反应前反应液总质量}}$$　（公式 9－7）

$$\text{第二次反应时浓硫酸加入量}=\frac{\text{第一次反应浓硫酸加入量}+\text{第一次反应后浓硫酸损失量}}{2}$$

（公式 9－8）

$$第二次反应时磷酸加入量=\frac{第一次反应磷酸加入量+第一次反应后磷酸损失量}{2}$$

（公式 9 - 9）

2. 滤液循环套用实验方法

若套用一半滤液，同时加入一半浓硫酸，一半磷酸时，根据第一次反应后水损失量，运用本章推导出的（公式 9 - 5），计算出第二次反应前的反应体系较第一次反应前的反应体系含水量多出 1.49 g。所以，应该从一半滤液中去掉 1.5 g 水，也就是从整个滤液中除掉 3.0 g 水。由于减压蒸馏时，有少量水蒸气由真空泵吸出，所以只需从滤液中蒸出水的量为 2.0 g 左右，即投料 21.6 g 氯化苄反应物能蒸出水量为 2.0 g。考虑到后处理过程中滤液损耗，浓硫酸和磷酸也会损耗，所以第二次实验套用一半减压蒸馏后的滤液时，浓硫酸和磷酸的加入量应多于一半，运用（公式 9 - 8）、（公式 9 - 9）计算出第二次反应即套用一半滤液时，浓硫酸的加入量为 12.3 g，磷酸的加入量为 9.8 g。滤液循环套用三次，考察滤液循环套用次数对生成对硝基氯化苄收率的影响，如表 9 - 6 所示。

表 9 - 6　滤液循环套用次数对产物对硝基氯化苄收率的影响

序号	实验名称	滤液量/g	磷酸/g	浓硫酸/g	含量/%	选择性/%	收率/%
1	初次实验		18	22.6	99.9	93.2	93.2
2	首次套用	23.0	9.8	12.3	99.9	92.5	92.5
3	二次套用	23.3	9.8	12.3	99.9	90.1	90.1
4	三次套用	23.1	9.8	12.3	99.7	87.6	87.6

注：氯化苄为 21.6 g，反应温度为 0 ℃，发烟硝酸为 26 g，液相色谱测定氯化苄转化率为 100%。

从表 9 - 6 可见，通过减压蒸馏除去滤液中的水后，滤液循环套用三次，产物的收率没有显著的降低。

9.2.4　产物性质和结构的表征

对硝基氯化苄外观为浅黄色针状晶体，熔点为 71～72 ℃（文献值[20] 70～73 ℃），含量≥99.9%（ω）。元素分析[分析值（理论值），%]：C：48.8（49.00），H：3.50（3.52），N：8.18（8.16）。IR，σ_{max}/cm^{-1}：3 005.0（苯环的 C—H 键伸缩振动）；1 610.0，1 580.0（苯环骨架伸缩振动）；1 525.0（硝基的非对称伸缩振动）；1350.0（硝基的对称 N—O 伸缩振动）；1 133.0（CH_2—Cl 的 C—H 面外弯曲振动）；856.0（苯环对位二取代 C—H 面外弯曲振动）。^1H NMR，δ：8.19（d，2H，苯环 3 位、5 位 H）；7.62（d，2H，苯环 2 位、6 位 H）；5.20（s，2H，Ar—CH_2），2.21（s，3H，—CH_3）。

图 9 - 5 为产物和氯化苄的红外光谱图，图 9 - 6 为产物的^1H NMR 谱。

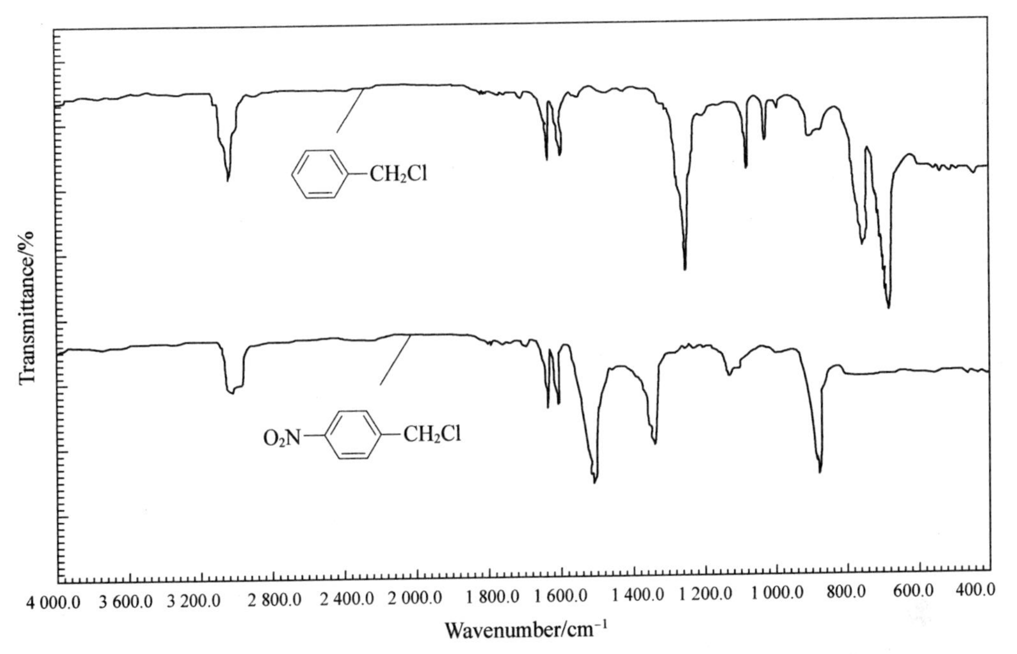

图 9-5　氯化苄和对硝基氯化苄的红外光谱图

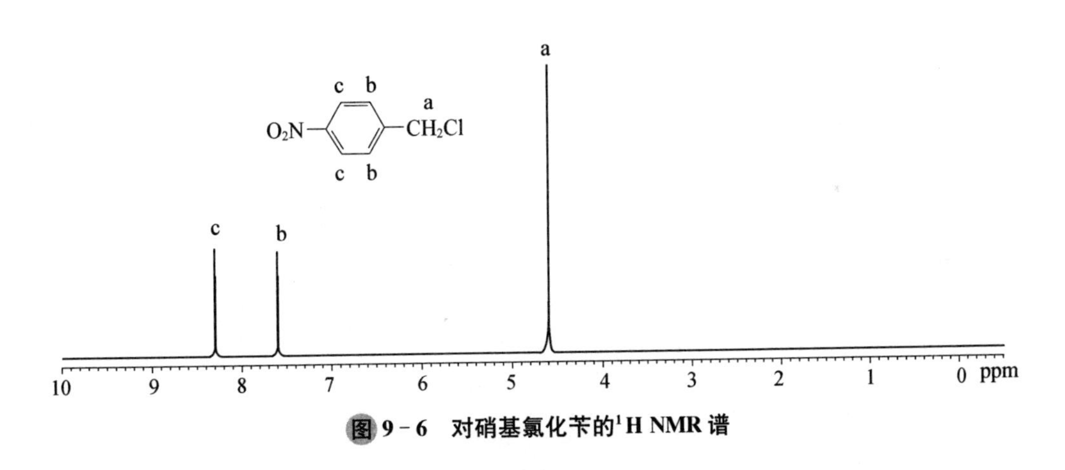

图 9-6　对硝基氯化苄的 ^1H NMR 谱

9.2.5　合成对硝基氯化苄的环境效益评价

在氯化苄硝化合成对硝基氯化苄的研究中，第一次硝化反应直接抽滤分离出滤饼后的滤液中，含有作溶剂和催化剂使用的硫酸和作定位剂使用的磷酸，滤液通过减压蒸馏蒸除多余的水后，一半滤液在下批反应时加入反应器中循环套用，以代替一半的浓硫酸和磷酸。然而，在滤液套用 4 次后，滤液因仍然含有大量硫酸和磷酸，若直接排放，必然造成资源的浪费和对环境的危害。若向含硫酸和磷酸的废酸液中加入适量的氯化钾，则会副产硫酸钾、磷酸二氢钾、盐酸以及少量的硝酸钾，这样不但降低了生产成本，增加了经济效益，而且实现了废酸的零排放。

本案例采用单位质量对硝基氯化苄所消耗的氯化苄质量(氯化苄质量/对硝基氯化

苄质量）、单位质量对硝基氯化苄所消耗的总酸质量（总酸质量/对硝基氯化苄质量，其中总酸量为参加反应所有酸的质量）、单位质量对硝基氯化苄所排放的废液质量（废液质量/对硝基氯化苄质量）等数据，来衡量文献[14]上合成对硝基氯化苄与本案例工艺合成对硝基氯化苄的经济效益、环境效益的优劣，如表 9－7 所示。

表 9－7 文献法与本案例合成对硝基氯化苄的环境效益对照一览表

批次	试剂名称	文献中试剂用量/g		本案例试剂用量/g	
		实验室量	理论放大 21.6 倍	实验室量	理论放大 16.0 倍
一批反应需要资源	氯化苄	16.0	345.6	21.6	345.6
	硝酸(68%)	39.2	846.7	26.0(发烟)	416.0(发烟)
	浓硫酸(98%)	—	—	22.6	361.6
	多聚磷酸	35.0	756.0	—	—
	磷酸	—	—	18.0	288.0
	析出产物需碎冰	150.0	3 240.0	0.0(直接抽滤)	0.0(直接抽滤)
四批反应需要资源	氯化苄	64.0	1 382.0	86.4	1 382.0
	浓硝酸(68%)	156.8	3 387.0	104.0	1 664.0
	浓硫酸(98%)	—	—	90.4	1 446.0
	多聚磷酸	140.0	3 024.0	—	—
	磷酸	—	—	72.0	1 152.0
	析出产物需碎冰	600.0	12 960.0	0.0(直接抽滤)	0.0(直接抽滤)
四批反应数据比较	氯化苄用量	64.0	1 382.0	86.4	1 382.0
	对硝基氯化苄量	19.7	424.9	27.3	436.2
	氯化苄量/产物量	3.3	3.3	3.2	3.2
	理论消耗总酸量	296.8	49 610.0	266.4	4 262.0
	总酸量/产物量	15.9	15.9	9.8	9.8
	理论排放废液量	168.0	3 629.0	无废液	无废液
	废液量/产物量	8.5	8.5	废液零排放	废液零排放

注：对硝基氯化苄的收率：文献为 90.7%，本案例为 93.1%。

从表 9－7 的四批反应数据可见，文献法和本案例合成法四批理论放大实验中，反应均消耗氯化苄 1 382.0 g，文献法得到对硝基氯化苄 424.9 g，本案例获得对硝基氯化苄 436.2 g，即文献中每生产 1.0 g 对硝基氯化苄，将消耗氯化苄 3.25 g（本案例消耗氯化苄 3.16 g），将消耗总的酸量为 15.9 g（本案例消耗总的酸量为 9.8 g），将排出废液量为 8.53 g（本案例废液为零）。本案例所有资源消耗量均小于文献量，因此，本案例由氯化苄合成对硝基氯化苄相对传统方法具有较高的经济效益和环境效益。

9.2.6　小结

以氯化苄为原料，通过混酸硝化反应合成对硝基氯化苄的最优反应条件：21.6 g(0.17 mol)氯化苄，硝化温度为 0 ℃(精确到±1 ℃)，85%(ω)磷酸为 18 g(0.16 mol)，发烟硝酸为 26.0 g(0.404 mol)，98%(ω)浓硫酸为 22.6 g(0.226 mol)，即 $n_{\text{氯化苄}}:n_{\text{发烟硝酸}}:n_{\text{浓硫酸}}:n_{\text{磷酸}}=1.0:2.3:0.9:1.3$，反应时间为 16 h，产物对硝基氯化苄的收率为 93.1%。为了减少滤液中原作为催化剂和脱水剂的浓硫酸和作为定位剂的磷酸的大量排出，采用减压蒸馏方式蒸除硝化反应中生成的水。减压蒸馏蒸出的水量为 2 g/21.6 g 氯化苄，蒸出水后的一半滤液与 21.6 g(0.171 mol)氯化苄混合，滴加 12 g(0.12 mol)98%(ω)的浓硫酸、6 g(0.052mol)85%(ω)的磷酸和 13.5 g(0.2 mol)68%(ω)的硝酸组成的混酸。混酸 2 h 滴加完毕，保温继续反应 14 h，滤液连续套用三次，产物收率分别为 92.5%、90.1%和 87.6%[21]。

9.3　拓展案例 | 3-甲基-6-硝基苯酚的制备工艺

某些间甲酚的单硝化产物是制备有机磷杀虫剂(杀螟松)和除草剂(甲基 1605)的重要中间体，间甲酚直接硝化产生一些副产物，还会发生氧化等副反应，导致收率降低。因此，为了能高收率得到所需要的单硝化产物，通常使用保护基团，以提高制备反应的选择性。某些间甲酚的单硝化产物是制备有机磷杀虫剂杀螟松和除草剂甲基 1605 的重要中间体，间甲酚直接硝化产生一些副产物，还会发生氧化等副反应，导致收率降低。因此，为了能高收率得到所需要的单硝化产物，通常使用保护基团，以提高制备反应的选择性。例如，3-甲基-6-硝基苯酚(6-硝基间甲酚)的制备是用 $POCl_3$ 保护间甲酚的羟基，用磺酸基屏蔽羟基的对位，然后，硝化脱保护基得到目标化合物。3-甲基-6-硝基苯酚(6-硝基间甲酚)的制备是用 $POCl_3$ 保护间甲酚的羟基，用磺酸基屏蔽羟基的对位，然后硝化脱保护基得到目标化合物。

9.3.1　3-甲基-6-硝基苯酚的合成工艺

间硝基苯酚合成 3-甲基-6-硝基苯酚的合成路线如式 9－9 所示[22]。

CH_3 / OH —($POCl_3$, $AlCl_3$, 保护羟基)→ [CH_3 … O–P(=O)]$_3$ —(H_2SO_4, 磺化屏蔽对位)→ [HO_3S, CH_3 … O–P(=O)]$_3$ → [HO_3S, CH_3, NO_2 … O–P(=O)]$_3$ —(H_2SO_4/H_2O, 脱磺酸基)→ CH_3 / OH / NO_2

式 9－9　间硝基苯酚合成 3-甲基-6-硝基苯酚的合成路线

硝化反应是复杂的，除了得到主产物3-甲基-6-硝基苯酚外，还会生成4个副产物，如式9－10所示。

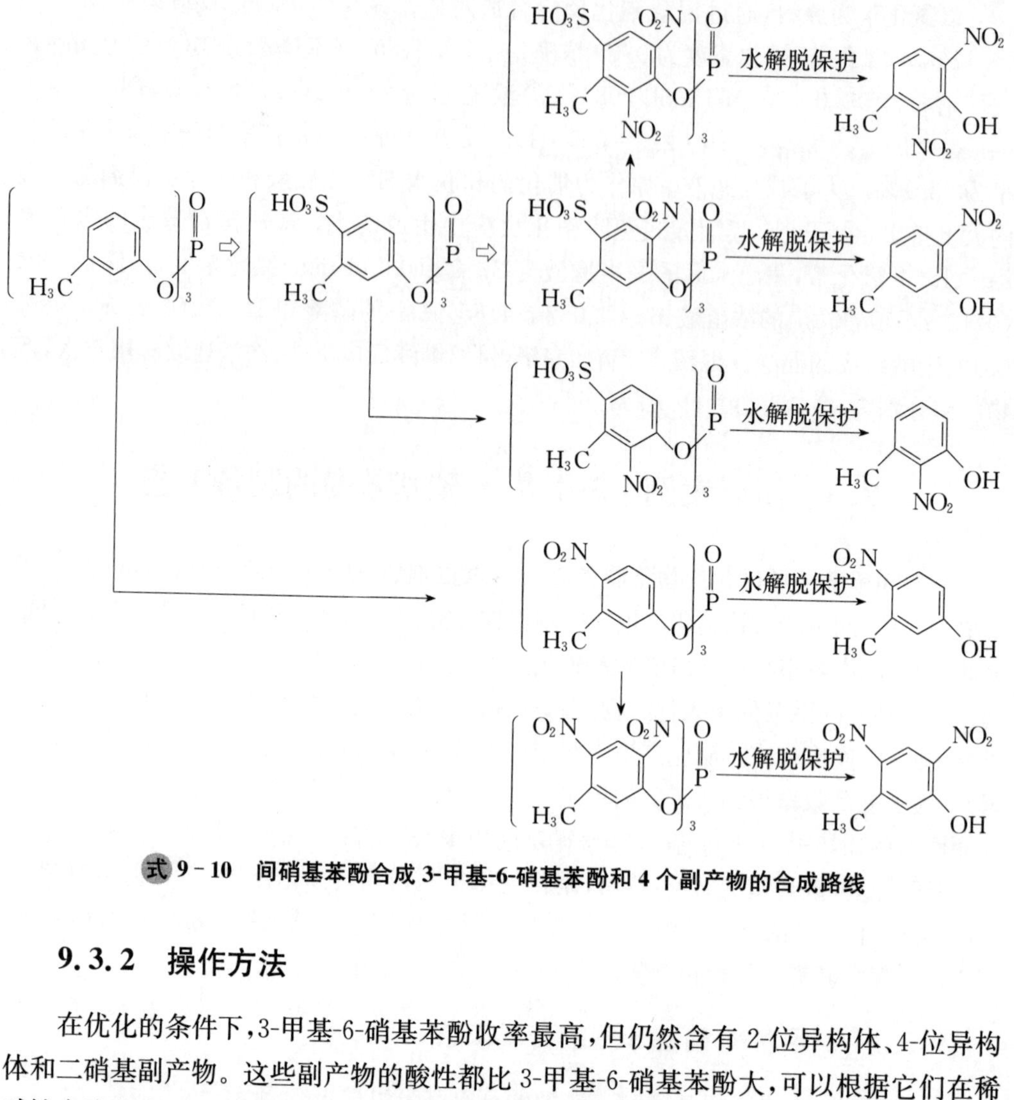

式9－10　间硝基苯酚合成3-甲基-6-硝基苯酚和4个副产物的合成路线

9.3.2　操作方法

在优化的条件下，3-甲基-6-硝基苯酚收率最高，但仍然含有2-位异构体、4-位异构体和二硝基副产物。这些副产物的酸性都比3-甲基-6-硝基苯酚大，可以根据它们在稀碱性水溶液中的溶解度差异，用稀的NaOH水溶液洗涤，把副产物除去，得到含量很高的产物。此工艺中0.8%(ω)的NaOH水溶液很关键。

1. 保护酚羟基制备酯

本步操作需在无水条件下进行，向干燥的反应釜中加入间甲酚200 kg和无水$AlCl_3$ 20 kg，搅拌升温到50 ℃左右，物料变成乳白色液体。在温度到50 ℃时，开始滴加100 kg的$POCl_3$，产生的HCl气体用水吸收成盐酸，控制反应温度在50～60 ℃。滴加完毕后升温到80～100 ℃反应1 h，最后的反应温度应达到100 ℃，物料为黄色透明液体。再升高温度到120～140 ℃反应3 h，直到没有HCl气体产生为止，温度高反应效果好。

把反应物料降温到 70 ℃(降温到 40 ℃以下也可以),并转移到磺化釜中,注意有 HCl 尾气逸出,应及时吸收处理。

2. 磺化反应

将上述得到的酯化物一个批号,约 246 kg,分别用 800 kg 水和 2%NaOH 水溶液 200 kg 各洗涤 1 次,800 kg 水洗涤 2 次,然后减压蒸馏除去水,温度小于 100 ℃。再加入浓硫酸 1 200 kg,搅拌,温度控制在 68～70 ℃,反应 5 h,反应完毕,转入硝化反应釜。

3. 硝化反应

配制混酸:在配酸釜中,先加入水 27 kg,再加入硫酸 153 kg,冷却下(温度为 0～5 ℃)慢慢加入硝酸(98%)66 kg,以不冻结为限,温度越低越好。

在硝化反应釜中加入磺化液 725 kg(约半个批次量),降温到 0 ℃以下。滴加已经降温好的混酸(温度为−1～0 ℃),控制反应温度在−1 ℃～0 ℃,直到滴加完毕,再保持这个温度继续反应 2 h。

4. 脱磺酸基水蒸气蒸馏

在反应釜中加入水 450 kg,再加入一批硝化物料约 970 kg,打开夹套蒸气加热到 120 ℃,然后向反应釜内通入蒸汽,控制蒸馏温度为 140 ℃～145 ℃,仔细观察馏出物的状况,及时调节蒸气阀门的大小。馏出物料中泡沫量增多,有冒出趋势时关小蒸气阀门,紧急情况下排除夹套内蒸气降温,保持蒸馏平稳进行。及时调节冷凝器中的冷凝水温度,防止物料凝固堵塞。及时取出固体馏出物,称重约 220 kg。

5. 精制硝化产品

把 100 kg 的馏出物加到反应釜中,加入石油醚 300 kg,升温到 50 ℃,搅拌 20～30 min,使之全部溶解。用 150 kg 的 0.8%(ω)NaOH 水溶液(4 kg 30%液碱溶于 146 kg 水中)洗涤 5 次,每次搅拌 20 min 后,静置 5 min,从底部排除碱洗液,回收集中处理。石油醚层热过滤,转入冷却釜内,降温到 5 ℃,抽滤,滤饼再用离心机甩干后烘干,石油醚可以套用 3 次后,蒸馏回收。碱洗液用稀酸调节 pH 至 3.5,静置后,分出油层 15 kg,水层经中和后排到废液处理池内。

9.4 拓展案例 | 间甲苯酚的合成工艺

9.4.1 甲苯的硝化

甲苯是邻对位定位基,发生亲电取代反应的主要产物在邻位和对位,甲苯发生硝化产物主要生成 57.5%(ω)的邻硝基甲苯和 38.5%(ω)的对硝基甲苯,同时生成 4%(ω)的间硝基甲苯(式 9-11)。实验室合成克级产品时,副产物间硝基甲苯可以忽略不计,但工业化后一般年产上万吨产品,4%的副产物间硝基甲苯量不可小觑。

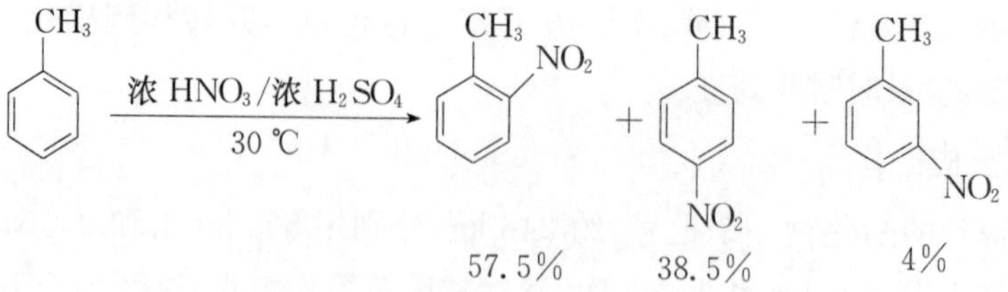

浓 HNO_3/浓 H_2SO_4，30 ℃

57.5%　　38.5%　　4%

式 9-11　甲苯发生硝化后的主要产物

某化工厂年产 50 000 吨邻硝基甲苯和对硝基甲苯产物，就会产生 2 083 吨间硝基甲苯。副产物为淡黄色油状液体，有硝基苯的气味，吸入体内会引起高铁血红蛋白血症，密度为 1.157 1 g/cm³，熔点为 16 ℃，沸点为 230～231 ℃，几乎不溶于水，溶于乙醇、乙醚、氯仿和苯，冬季为固体，其他季节为液体。副产物一般作为废弃物，即使提纯后作为副产品处理，其售价也不高，还会给企业带来非常大的环保压力和安全隐患。

9.4.2　废弃物的变废为宝

技术创新是将间硝基甲苯先还原为间甲苯胺，再亚硝化得到重氮盐，然后水解生成间甲苯酚，反应式如式 9-12 所示。

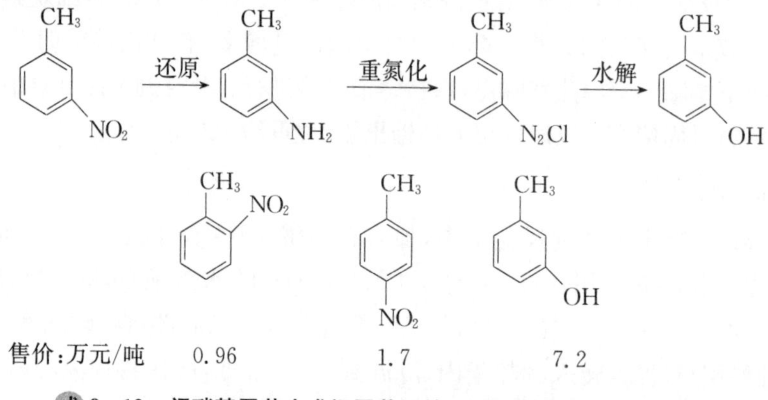

还原　　重氮化　　水解

售价：万元/吨　　0.96　　1.7　　7.2

式 9-12　间硝基甲苯生成间甲苯酚的流程及部分产物的市场售价

事实上，用其他方法生产间甲苯酚比较困难，也不经济。此工艺可以联产邻硝基甲苯、对硝基甲苯和间甲苯酚，而且间甲苯酚价格高于邻硝基甲苯和对硝基甲苯。该工艺的开发既将间硝基甲苯变废为宝，避免了废弃物的污染，保护了生态环境，同时也节省了原料资源。

习近平总书记指出："创新是引领发展的第一动力，是建设现代化经济体系的战略支撑"，本案例就是一个非常好的创新。

习题 9

1. 作为重结晶的溶剂必须具备什么条件？
2. 喹啉硝化得到 5-硝基喹啉和 8-硝基喹啉，如何分离两种异构体？

3. 谈谈以氯化苄为原料如何制备硝基氯化苄，实现清洁生产。

4. 请用反应式说明甲苯硝化的副产物如何变废为宝。

参考文献

[1] Tomkins Reginald P T. Applications of Solubility Data[J]. Journal of Chemical Education, 2008, 85(2): 310 - 316.

[2] Kress T J, Wepsie James P. Separation of 5-nitroquinoline and 8-nitroquinoline: US6268500[P]. 2001 - 07 - 31.

[3] Matsumoto Y, Takano E. Separation of Phthalyl-L-and-DL-Glutamic Acid on Their Solubility Difference[J]. Chemical & pharmaceutical bulletin, 1974, 22(8): 1917 - 1918.

[4] Lindsay-Scott P, Barlow H. Utilizing Solubility Differences to Achieve Regiocontrol in the Synthesis of Substituted Quinoline-4-carboxylic Acids[J]. Synlett, 2016, 27: 1516 - 1520.

[5] Xu Y, Zhao R, Pei K, et al. Optimal Design of Neutralization Process in 1, 5-Dihydroxy-naphthalene Production with Solubility Difference of Naphthalene-1, 5-disulfonic Acid and Naphthalene-1,5-disulfonic Acid Disodium in Aqueous Sulfuric Acid Solutions[J]. Industrial & Engineering Chemistry Research. 2018, 57(34): 11826 - 11832.

[6] Zhao R X, Pei K K, Zhang G L, et al. Solubilities of Sodium 1- and 2-Naphthalenesulfonate in Aqueous Sodium Hydroxide Solutions and Its Application for Optimizing the Production of 2-Naphthol[J]. Industrial & Engineering Chemistry Research. 2017, 56(36): 10193 - 10198.

[7] Zhao W, Zou W, Liu T, et al. Solubilities of *p*-Toluenesulfonic Acid Monohydrate and Sodium - Toluenesulfonate in Aqueous Sulfuric Acid Solutions and Its Application for Preparing Sodium *p*-Toluenesulfonate[J]. Industrial & Engineering Chemistry Research, 2013, 52(51): 18466 - 18471.

[8] Choi J, Baek J, Tan L. Self-Controlled Synthesis of Hyperbranched Poly(ether ketone)s from A3 + B2Approach via Different Solubilities of Monomers in the Reaction Medium [J]. Macromolecules, 2006, 39(26): 9057 - 9063.

[9] 张珍明，李树安，王丽萍，等. 微波辅助制备 3-[2-(7-氯-2-喹啉基)乙烯基]苯甲醛[J]. 中国医药工业杂志，2010，41(2)：92 - 93.

[10] Hobbs D M, Schubert P, Tung H H. Applying Solubility to the Design and Optimization of a Reaction System[J]. Ind. Eng. Chem. Res. 1997, 36(12): 5302 - 5306.

[11] 陈延蕾，刘涛，陈新志. N-甲基-4-氨基苯甲基磺酰胺的合成[J]. 化学世界，2005(3)：165 - 166.

[12] 杨辉琼，苏娇莲，易翔. 荧光增白剂 4，4-双-(2-磺酸钠苯乙烯基)联苯的合成新工艺[J]. 江苏化工，2005，33(1)：30 - 32.

[13] 杨辉琼，易翔，苏娇莲. 荧光增白剂 FP 的新合成工艺研究[J]. 印染助剂，2004(3)：21 - 23.

[14] Breslow R, Groves K, Mayer M U. Antihydrophobic cosolvent effects in organic displacement reaction[J]. Organic Letters, 1999, 1(1): 117 - 120.

[15] Tamburlin T I, Crozet M P, et al. A convenient method for the alkylation of tropolone derivatives and related α-keto hydroxyl compounds[J]. Synthesis, 1999(7): 1149 - 1154.

[16] 张跃，严生虎. 直接氯化法合成对硝基氯化苄[J]. 精细石油化工，2002(2)：3.

[17] 杨志林，王兴涌，张雪峰，等. 4-氨基苄醇的合成研究[J]. 化工中间体，2008(10)：22 - 24.

[18] 张凯铭. 氯化苄的选择性硝化及其在对硝基苯甲醛合成中的应用[D]. 南京：南京理工大学，2007.
[19] 嵇鸣，陈田田，韦长梅. 氯化苄定向硝化的研究[J]. 淮海工学院学报，2001，10(4)：42 - 43.
[20] 迪安 J A. 兰氏化学手册[M]. 北京：科学出版社，1991.
[21] 张珍明. 芳香族化合物绿色硝基化路线及实现研究[D]. 徐州：中国矿业大学，2015.
[22] Mitsuru Sasaki, Katsuji Nodera, Kunio Mukai, et al. Studies on the Nitration ofm-Cresol. A New Selective Method for the Preparation of 3-Methyl-6-nitrophenol [J]. Bulletin of the Chemical Society of Japan, 1977, 50(1): 276 - 279.

第 10 章

反应产物应用——3-苄基-4-甲基-5-噻唑乙醇工艺

一些化工工艺的设计中，还需要借助“产物”来制造产物。这些“产物”的作用是作为产物结晶的晶种、反应的溶剂以及反应的催化剂等。使用产物作为反应溶剂和催化剂，不仅提高了反应效率，更重要的是省去分离工序，避免了引入杂质。

10.1 反应产物在精细化工中的应用

精细化工工艺主要是制造产物，有机合成的目的也是制备出目标化合物。但有些化工工艺中，还需要使用“产物”来制造产物。通常这些“产物”的作用是作为产物结晶的晶种、反应的溶剂以及反应的催化剂等。

10.1.1 晶种

对于不易结晶(也就是难以形成晶核)的物质，常采用加入晶种的方法，以提高结晶速率。对于溶液黏度较高的物系，晶核产生困难，而在较高的过饱和度下进行结晶时，由于晶核形成速率较快，容易发生聚晶现象，使产品质量不易控制。因此，高黏度的物系必须采用在介稳区内添加晶种的操作方法[1-5]。

晶种用以提供晶体生长的位点，以便从均匀的、仅存在一相的溶液中越过一个能垒形成晶核，加入晶种会加速目标晶型的生长速率，有助于得到目标晶型。工业制晶中，为了得到粒度大且均匀的晶体产品，都要尽可能避免初级成核，控制二次成核，加入适量的晶种作为晶体生长的核心，因此晶种的制备也成为制备晶体的一个重要环节。加入晶种必须掌握好时机，应在溶液进入介稳区内适当温度时加入晶种。如果溶液温度较高，即高于饱和温度，加入晶种可能部分或全部被溶化；如果温度过低，即已进入不稳区，溶液中已自发产生大量晶核，再加晶种已不起作用。此外，在加晶种时，应当轻微地搅动，以使其均匀地散布在溶液中。

不同的晶型有不同的性质和功能，通常应该用一定晶型的晶种诱导结晶才能制备出需要的晶型。例如，抗氧剂 1010 有 α、β、δ、γ、λ 等多种晶型，但常见的主要有 α、β 和 δ 三种晶型。不同晶型的结晶制备方法不同，孙延喜等[6]将抗氧剂粗品与 C_6 烷烃按质剂比(m/m)为 1∶3～1∶4 混合，升温、搅拌使其溶解，降温，加入 α-型晶体做晶种。然后严格控制降温速率使其冷却结晶，析出抗氧剂 1010 晶体。过滤，完成一次重结晶处理。析出物经低级醇洗涤，加入含水量为 3%～5%的低级醇溶液，升温溶解后，再降温到一定温度，加入 α-型晶种诱导，析出结晶。过滤，结晶物用低级醇洗涤，经干燥即得 α-型抗氧剂 1010。

陈晓艳等[7]将抗氧剂 1010 混晶粗品与 C_6 烷烃和低级醇混合，其中溶剂质量比为 5∶5，质剂质量比为 1∶3～1∶4。升温溶解后，恒温搅拌一定时间，至完全溶解。然后严格控制结晶降温工艺条件，冷却降温，在适宜的温度点加入 β-型晶种诱导，继续降温，使其完全析出。母液抽滤，将结晶物经低级醇洗涤，干燥后即得 β-型抗氧剂 1010。

孙延喜等[8]将抗氧剂 1010 混晶粗品与由乙醇、低级醇 A 和蒸馏水按一定配比组成的混合溶剂混合，其中低级醇含量约 10%，蒸馏水含量约 3%～5%。然后升温搅拌，待完全溶解后，根据特定的降温曲线，控制降温速率，冷却结晶，在适宜的温度加入 δ-型晶种诱导，结晶析出抗氧剂 1010。母液过滤得到晶体，结晶物用乙醇洗涤、干燥后，即得到 δ-型抗氧剂 1010。

10.1.2 反应溶剂

有些高熔点的化合物参与反应，需要用溶剂溶解来加速反应，若这类化合物反应后的产物是液体或者是熔点很低的固体，则可以把反应产物作为溶剂使用，预先加到反应体系中，能避免引入额外的杂质，同时也能省去分离溶剂的费用。例如，苯甲酸(熔点为 122.4 ℃)氢化还原制备环己基甲酸(熔点为 30～32 ℃)，以 Pd/C 为催化剂，在高压釜中进行氢化。环己基甲酸就作为溶剂，反应温度控制在 140～160 ℃。这样方法简单，而且产品含量高，收率可达 95%以上[9]。

在 Na_2CO_3 生产过程中[10]，也可使用类似的方法。因为 $NaHCO_3$ 含水量大，煅烧时易结块、结疤(沾碱)，影响传热和产品的质量。含水量大的 $NaHCO_3$ 进入煅烧炉之前，与 Na_2CO_3(返碱)混合，从而降低 $NaHCO_3$ 的水分，再进行煅烧可以避免结块。这虽然降低了设备的利用率，不是最好的方法，然而操作很方便。化工专家侯德榜先生说过：“煅烧炉操作的全部诀窍在于有适量的返碱”。在蒸汽煅烧的情况下，加热面广泛地分布在料层内，不能保证 $NaHCO_3$ 和炉内的物料在达到加热面之前完全混合好，因此必须加入返碱。

10.1.3 反应催化剂

美国专利文献报道[11]，芳香乙腈无论在酸性或者碱性中水解，加入少量(5%～

10%)的芳香乙腈水解产物芳香乙酸或者芳香乙酸钠，就会很快发生水解反应，反应平稳，产物质量高、收率高。如式 10－1 所示。

$$\text{(H}_3\text{CO, C}_2\text{H}_5\text{O)C}_6\text{H}_3\text{CH}_2\text{CN} + \text{NaOH} \xrightarrow{\text{催化剂}} \text{(H}_3\text{CO, C}_2\text{H}_5\text{O)C}_6\text{H}_3\text{COONa}$$

式 10－1　芳香乙腈水解产物芳香乙酸的反应式

1. 添加目标产物 3-甲氧基-4-乙氧基苯乙酸的生产工艺

将 3-甲氧基-4-乙氧基苯乙腈水解生成 3-甲氧基-4-乙氧基苯乙酸的添加工艺：将 155 份 H_2O、78 份 NaOH 和 5.4 份 3-甲氧基-4-乙氧基苯乙酸所得混合物搅拌并加热至约 55 ℃，然后加至 110 份熔融的 3-甲氧基-4-乙氧基苯乙腈中，搅拌并加热至回流(此时温度约 120 ℃)。在反应混合物温度达到 120 ℃之前，水解反应已经发生，只是 NH_3 逸出速度比较缓慢，随着反应进行，NH_3 逸出速度增加，在 15～20 min 内达到峰值，温度将稳定在 108～110 ℃，大约比初始温度低 10～12 ℃。当反应温度开始升高，表明水解反应的峰值已经过去。反应混合物的温度达到约 120 ℃，水解反应基本完成。此外，通常需要将反应混合物保持在回流温度，直到 NH_3 不再逸出为止，反应时间约 3 h。后处理得到白色晶体 3-甲氧基-4-乙氧基苯乙酸，收率为 91%。

2. 不添加目标产物 3-甲氧基-4-乙氧基苯乙酸的生产工艺

没有添加 5.4 份 3-甲氧基-4-乙氧基苯乙酸到水性碱溶液中，其他条件相同。当反应混合物回流 10 min 后，几乎检测不到 NH_3。此后可检测到少量 NH_3，大约 2.5 h 后水解反应达到峰值，有大量的 NH_3 释放，反应温度下降。需要额外加热 2～3 h 来完成水解反应，总反应时间约为 6 h。3-甲氧基-4-乙氧基-苯乙酸的收率约为 75%～80%。

Kenso Soai[12] 发现了产物可以自催化不对称反应，已经报道的手性催化剂和产物的结构是不相同的，如果产物的结构和手性催化剂的结构是一样的，这个反应体系就是一个自我产生手性催化剂的反应(自我催化)。

当使用 0.03 g 的(－)-2-甲基-1-(3-吡啶基)-1-丙醇($[\alpha]_D^{22} = -35.7°$, $c =$ 2.3 MeOH，86%对映体过量，e. e.)作为手性催化剂，用二异丙基锌(2.0 mmol)处理吡啶-3-甲醛(1 mmol)时，得到(－)-2-甲基-1-(3-吡啶基)-1-丙醇(0.132 g，47% e. e)。结果表明，(－)-2-甲基-1-(3-吡啶基)-1-丙醇作为手性催化剂，催化吡啶-3-甲醛与二异丙基锌反应，能够生成和(－)-2-甲基-1-(3-吡啶基)-1-丙醇构型相同的产物，不对称自催化反应的机理如式 10－2 所示。手性化合物与二异丙基锌形成手性的单烷氧基锌，催化 R_2Zn 和吡啶-3-甲醛的对映选择性加成，生成手性的单烷氧基锌，而手性的单烷氧基锌的生成量不断增加，再酸性水解后处理得到(－)-2-甲基-1-(3-吡啶基)-1-丙醇。不对称碳原子与手性配体中的羟基结合的构型是决定不对称诱导的一个因素。

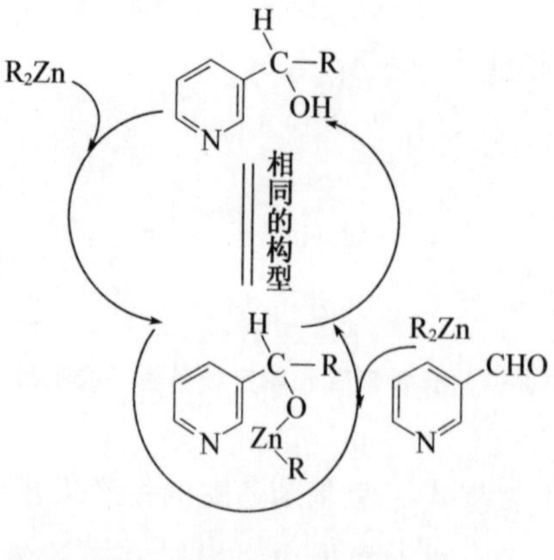

式 10－2　手性化合物自催化机理

10.2　实战案例丨3-苄基-5-(2-羟乙基)-4-甲基氯化噻唑鎓的合成工艺

1,2-二苯基羟乙酮是合成天然产物、工业原料和药物的重要原料[13-15]。安息香缩合反应将醛分子间的两个 C 原子连接起来,被认为是构筑 C—C 键的有效手段,也是制备不同 α-羟基酮的非常有前景的方法[16,17]。安息香缩合反应最初采用有剧毒的氰化物作为催化剂,后来使用有生物活性的辅酶 VB1(维生素 B1)代替氰化物催化安息香缩合,但 VB1 在碱性条件下不稳定,在水溶液中易被氧化且受热易被破坏。目前,用于催化安息香缩合的催化剂是合成的 N-杂环卡宾,主要分为四类:噻唑盐、咪唑盐、1,2,4-三唑盐以及双杂环化合物[18,19]。本案例参考文献[20],以 4-甲基-5-羟乙基噻唑和氯化苄为原料合成 3-苄基-5-(2-羟乙基)-4-甲基氯化噻唑鎓,作为安息香缩合生成 1,2-二苯基羟乙酮的催化剂,收率为 88.4%,未反应完的原料和溶剂均回收套用,其反应式如式 10－3 所示,中试工艺流程如图 10－1 所示。

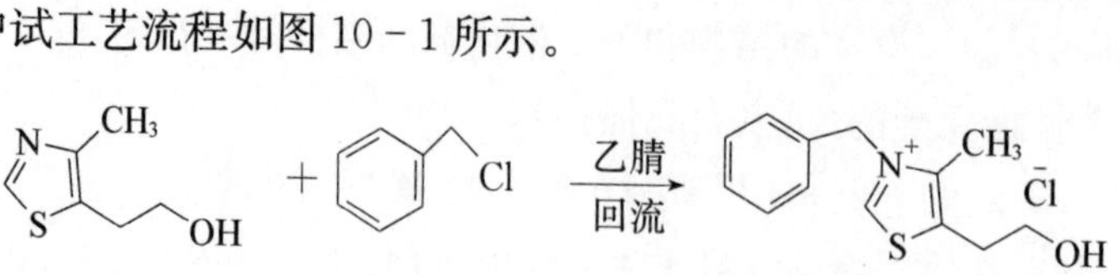

式 10－3　合成 3-苄基-5-(2-羟乙基)-4-甲基氯化噻唑鎓的反应式

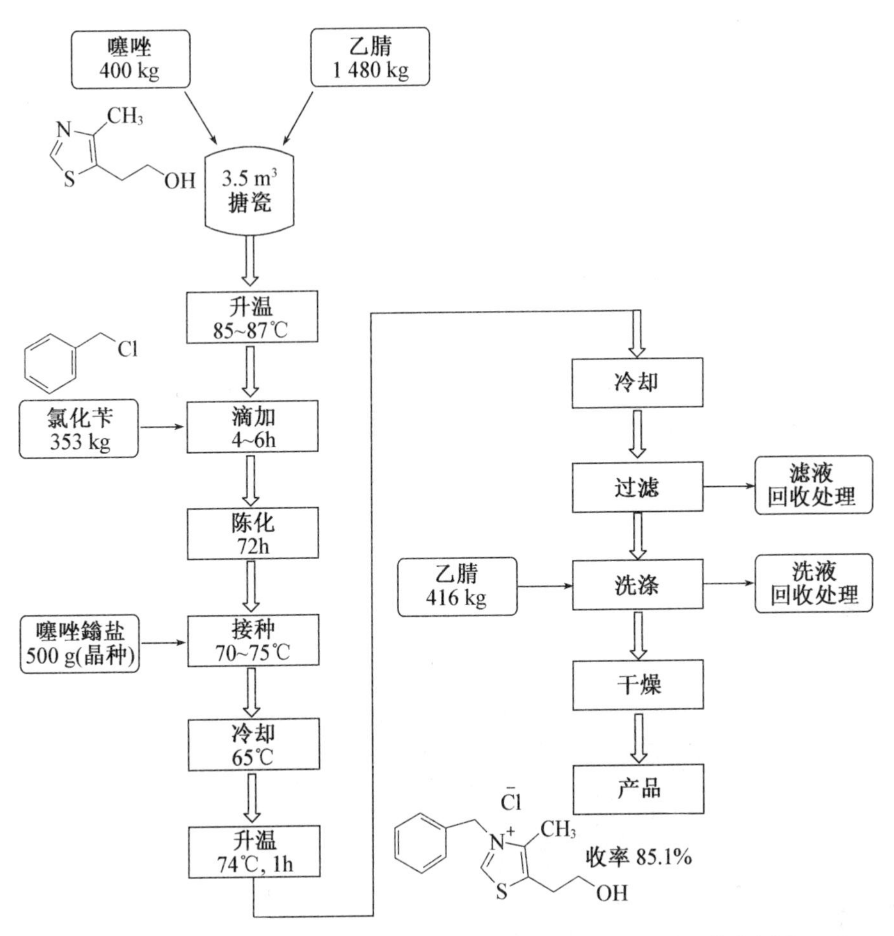

图 10－1 3-苄基-5-(2-羟乙基)-4-甲基氯化噻唑鎓的中试工艺流程图

10.2.1 实验部分

取 3 个 100 mL 的小烧杯分别放入一定量的无水 $CaCl_2$ 或无水 Na_2CO_3，分别倒入 80 mL 的 4-甲基-5-羟乙基噻唑、氯化苄和乙腈，室温下放置 24 h(间歇式摇动)。在已烘干的 100 mL 三口烧瓶中，加入上述干燥的 14.5 g(0.10 mol)4-甲基-5-羟乙基噻唑、12.5 g(0.10 mol)氯化苄和 50 mL(1.0 mol)乙腈，反应混合物为淡黄绿色透明液，加热至回流(82～83 ℃)。反应 13 h 后，反应液变为深黄褐色透明液，继续回流 2 h，停止加热，冷却到 50 ℃。加入 1.0 g 晶种，陈化 24 h，陈化后的反应液大量结晶，冷却至20 ℃以下，有大量浅黄色沙粒状晶体析出。抽滤，滤液用无水 $CaCl_2$ 或无水 Na_2CO_3 干燥回收套用。黄色沙粒状晶体用无水乙腈洗涤 2 次呈无色，置入烘箱中干燥 24 h，得到 23.5 g 无色晶体，熔点为 141～143 ℃，收率为 88.4%。

10.2.2 结果与讨论

1. 反应温度和溶剂对产物收率的影响

在100 mL三口烧瓶中，加入14.5 g(0.10 mol)4-甲基-5-羟乙基噻唑、12.5 g(0.10 mol)氯化苄和50 mL二氧六环或乙腈，加热至一定温度，先反应15 h，陈化24 h后，再反应10 h。考察不同溶剂中反应温度对3-苄基-5-(2-羟乙基)-4-甲基氯化噻唑鎓收率的影响，结果如表10-1所示。

表10-1 不同溶剂中反应温度对产物收率的影响

反应温度/℃	收率/%(乙腈为溶剂)	收率/%(二氧六环为溶剂)
40	43.6	4.5
60	56.4	7.9
70	71.1	15.0
82～83	88.4	19.9
92		28.2
100～101		28.9

由表10-1可见，随着温度的升高，产物收率均增加，选用乙腈为溶剂具有较高的收率。最佳反应温度为82～83 ℃，即乙腈的回流温度。

2. 反应混合液陈化时间对收率的影响

在100 mL三口烧瓶中，加入14.5 g(0.10 mol)4-甲基-5-羟乙基噻唑、12.5 g(0.10 mol)氯化苄和50 mL乙腈，加热至回流温度，先反应15 h，陈化24 h后，再反应10 h。考察反应混合物陈化时间对3-苄基-5-(2-羟乙基)-4-甲基氯化噻唑鎓收率的影响，结果如表10-2所示。

表10-2 反应液陈化时间对产物收率的影响

陈化时间/h	产物/g	收率/%
0	13.5	50.7
12	21.2	79.6
24	23.5	88.4
36	23.6	88.7
48	23.6	88.7

由表10-2可见，随着反应液陈化时间的增加，产物收率也增加，但陈化超过24 h，产物收率几乎不再增加，因此反应混合液的最佳陈化时间为24 h。

3. 反应液循环套用对收率的影响

其他条件不变，将反应后的滤液回收干燥后继续套用。考察反应液循环套用次数

对 3-苄基-5-(2-羟乙基)-4-甲基氯化噻唑鎓收率的影响，结果如表 10－3 所示。

表 10－3　反应液循环套用对产物收率的影响

套用次数	1	2	3	4
收率/%	88.4	89.7	89.1	90.2

由表 10－3 可见，反应后滤液回收套用得到产物的收率比原料与溶剂初次使用得到产物的收率高一些。

4. 产物的结构表征

3-苄基-5-(2-羟乙基)-4-甲基氯化噻唑鎓外观为无色晶体，含量≥99.1%(ω)。元素分析[分析值(理论值)，%]：C 57.91(57.88)，H 5.93(5.94)，N 5.20(5.19)。

IR，δ/cm^{-1}：3 300(羟基的 O—H 键伸缩振动)；3 018(苯环上的 C—H 伸缩振动)；1 608、1 593、1 493、1 460、140、1 352(苯环及杂环骨架伸缩振动)；1 063(伯醇的 C—O 伸缩振动)；741(苯环单取代 C—H 面外弯曲振动)。

^{1}H NMR，δ：9.60(s，1H，噻唑环 2 位 H)，7.44～7.26(m，5H，Ar—H)，5.60(s，2H，Ar—CH_2—)，4.70(溶剂峰)，3.79～3.77(t，2H，—CH_2OH)，3.08～3.05(t，2H，—CH_2CH_2OH)，2.36(s，3H，—CH_3)。

10.2.3　结论

合成 3-苄基-5-(2-羟乙基)-4-甲基氯化噻唑鎓的最佳条件：n(4-甲基-5-羟乙基噻唑)：n(氯化苄)：n(乙腈)＝1.0：1.0：9.6，反应温度为溶剂乙腈的回流温度，间歇反应，反应 12 h 后，陈化 24 h，继续反应 10 h。该工艺具有反应条件易于控制、操作简单，产物收率高的特点。溶剂及未反应完的原料均回收套用，提高了产物的收率[21,22]。

10.3　相关案例 | 3-对氰基苄基-4-甲基-5-(2-羟乙基)氯化噻唑鎓的合成工艺

10.3.1　反应式

以 4-甲基-5-羟乙基噻唑和对氰基氯苄为原料微波合成一种新型噻唑盐(噻唑鎓)——3-(对氰基苄基)-4-甲基-5-(2-羟乙基)噻唑氯化物。它作为催化剂分别催化苯甲醛和糠醛的安息香缩合得到苯偶姻的收率为 74.5%，得到糠偶姻的收率为 76.1%。此噻唑盐不仅具有天然 VB1 的无毒性，且可以多次回用，反应式如式 10－4 所示。

CH_3 N S OH ＋ NC Cl —乙腈/回流→ NC N^+ CH_3 Cl^- S OH

式 10－4　合成 3-(对氰基苄基)-4-甲基-5-(2-羟乙基)噻唑氯化物的反应式

10.3.2 实验部分

实验需在无水条件下进行。将装有一定量对氰基氯化苄、50.0 mL 乙腈的反应瓶放入微波反应器，设定微波功率、温度、反应时间，搅拌，回流时缓慢滴加 14.3 g (0.10 mol) 4-甲基-5-羟乙基噻唑，10.0 min 滴毕。继续搅拌回流，反应毕，将深棕色黏稠油状液体倒入烧杯中密封陈化过夜。若陈化液仍无晶体析出，可以用玻璃棒，在瓶底或烧杯底轻轻划一下，结晶就会慢慢产生。析出的晶体用乙腈清洗后减压抽滤，滤液回收，经简单处理后回用，滤饼用乙醇重结晶，过滤，烘干，称重，进行表征分析。

10.3.3 结果与讨论

1. 工艺条件对微波合成噻唑盐收率的影响

采用单因素实验法考察在微波反应中，对氰基氯化苄与 4-甲基-5-羟乙基噻唑的物质的量投料比、反应时间、反应温度及微波反应器设定功率等工艺条件对微波合成 3-(对氰基苄基)-4-甲基-5-(2-羟乙基)噻唑氯化物收率的影响。

(1) 物质的量投料比的影响

设置条件为一定量对氰基氯化苄、14.3 g 4-甲基-5-羟乙基噻唑、50.0 mL 乙腈，微波功率为 400 W，反应温度为(70±1)℃，反应时间为 80 min，考察对氰基氯化苄与 4-甲基-5-羟乙基噻唑物质的量投料比对产物收率的影响。从表 10-4 可见，当 n(对氰基氯化苄)：n(4-甲基-5-羟乙基噻唑)＝1.0：1.2，收率为 63.1%，投料比继续增加产品收率提高较缓。

表 10-4 工艺条件对合成噻唑盐收率的影响

物质的量投料比		反应时间		微波功率		反应温度	
n(A)：n(B)	收率/%	时间/min	收率/%	功率/W	收率/%	温度/℃	收率/%
1.0：0.9	58.4	50	0	350	13.2	65	60.5
1.0：1.0	42.5	60	0	400	66.4	70	70.6
1.0：1.1	57.3	70	55.7	450	70.6	75	72.8
1.0：1.2	63.1	80	63.1	500	64.9	80	79.4
1.0：1.3	63.6	90	66.4	550	55.6	85	79.4
1.0：1.4	63.9	100	62.3	600	46.4	90	79.1

注：A＝对氰基氯化苄，B＝4-甲基-5-羟乙基噻唑。

(2) 反应时间的影响

设置条件为 14.3 g 4-甲基-5-羟乙基噻唑，n(对氰基氯化苄)：n(4-甲基-5-羟乙基噻唑)＝1.0：1.2，50.0 mL 乙腈，微波器功率 400 W，反应温度为(70±1) ℃，考察反应时间对产物收率的影响。从表 10-4 观察到，反应时间为 90 min 时，收率为最大值 66.4%。

(3) 微波反应功率的影响

设置条件为 14.3 g 4-甲基-5-羟乙基噻唑，n(对氰基氯化苄)：n(4-甲基-5-羟乙基噻唑)＝1.0：1.2，50 mL 乙腈，反应温度为(70±1)℃，反应时间为 90 min，考察微波功率对产物收率的影响。表 10－4 显示，微波功率为 450 W 时，收率为最大值 70.6%。

(4) 微波反应温度的影响

设置条件为 14.3 g 4-甲基-5-羟乙基噻唑，n(对氰基氯化苄)：n(4-甲基-5-羟乙基噻唑)＝1.0：1.2，50.0 mL 乙腈，微波反应功率为 450 W，反应时间为 90 min，考察反应温度对产物收率的影响。由表 10－4 可知，反应温度为(80±1) ℃，产物收率最大值为 79.4%[23]。

2. 噻唑盐的表征

噻唑盐为黄色沙砾状晶体，溶于水、甲醇、乙醇，不溶于丙酮和乙腈；mp：147～149 ℃；HPLC：含量为 95.3%(ω)；元素分析，$C_{14}H_{15}ClN_2OS$[分析值(理论值)，%]：C 57.07(57.04)，H 5.06(5.13)，N 9.57(9.50)；IR，σ max/cm^{-1}：3 258.19(羟乙基 O—H 的伸缩振动)，2 961.16、2 942.70、2 921.24(苯环和噻唑环 C—H 伸缩振动)，2 230.49(C≡N 三键中的 C—N 伸缩振动)，1 587.07、1 510.55(苯环、噻唑环骨架伸缩振动)，1 189.92、1 085.02(季铵 C—N 伸缩振动)，1 066.08(羟基 C—O 伸缩振动)，848.89(苯环对二取代 C—H 弯曲振动)；^1H NMR(500 M，DMSO)，δ：10.45(s，1H)，7.92(d，J＝8.3 Hz，2H)，7.52(d，J＝8.3 Hz，2H)，6.01(s，2H)，3.62(t，2H)，δ3.01(t，2H)，2.30(s，3H)；EIMS(m/z)：计算值 $C_{14}H_{16}N_2OS[M—Cl]^+$ 为 259.09，实验值为 259.103 6，噻唑盐 LC－MS 的质谱图如图 10－2 所示。

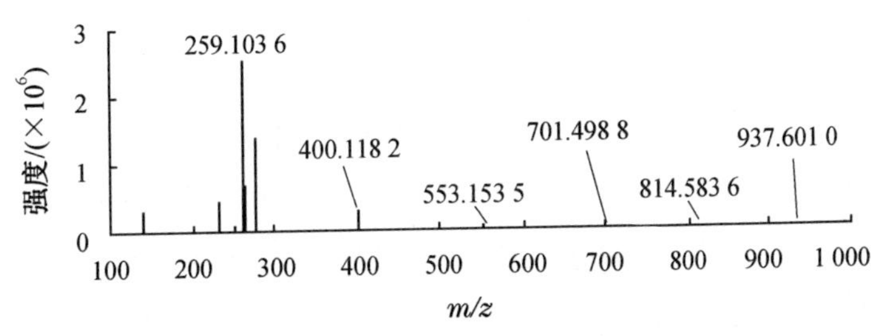

图 10－2 3-(对氰基苄基)-4-甲基-5-(2-羟乙基)噻唑氯化物的质谱图

10.4 拓展案例丨千克级非布司他晶型 A 放大制备的工艺

非布司他(febuxostat)系非嘌呤类黄嘌呤氧化还原酶抑制剂，可通过抑制黄嘌呤氧化酶减少尿酸形成从而治疗痛风[24]。本品由日本 Teijin 公司研发，2008 年 4 月和 2009 年 2 月先后在欧盟和美国上市，2013 年恒瑞医药、江苏万邦、杭州朱养心药业生产的非布司他仿制药在中国上市，2018 年 9 月原研厂家的非布司他片也在中国上市，临床用于治疗长期痛风及高尿酸血症[25-26]。

研究发现，非布司他存在多种晶型，已报道共有40余种多晶型物和假多晶型物[27]。有专利报道将非布司他多种晶型制成片剂，但发现只有晶型A的晶型能保持不变且溶解速率较快[28]。目前，上市的非布司他晶型即为晶型A[29]。已有很多文献报道非布司他其他晶型的制备方法，见表10-5。

表10-5 非布司他不同晶型的制备方法

晶型	溶剂	关键工艺参数	文献
A	甲醇	65℃加热，1 h内加入晶种A，冷却至35℃，过滤，80℃减压干燥4 h	[30]
B	2-丙醇和水	由水合物晶型G在80℃下减压干燥2 d制得	[30]
C	甲醇和水	65℃加热，加入晶种C，搅拌析晶，冷却，过滤，80℃减压干燥4 h	[30]
D	甲醇	65℃加热，搅拌析晶，冷却，过滤，25℃减压干燥4 h	[30]
G	2-丙醇和水	80℃加热搅拌溶解，冷却至室温，过滤，空气干燥过夜	[30]
H	乙腈	80℃加热，20℃保温静置析晶2 h，过滤，100℃真空干燥12 h	[31]
I	乙腈或丙腈	加热搅拌，50℃减压抽滤得到晶体，80℃减压干燥24 h	[31]
J	乙腈	加热搅拌，静置析晶，常压210℃加热熔融，室温析晶，过滤，干燥	[31]
K	冰乙酸	加热溶解，20℃或5～8℃静置析晶，抽滤，62℃减压干燥48 h	[32]
L	乙酸乙酯	加热回流至溶解，−10℃静置析晶，62℃或66℃减压干燥12 h	[32]
M	甲苯	90～100℃加热，冷却至−5～0℃，搅拌析晶2 h，过滤，80℃真空干燥8 h	[33]
N	DMF或DMAC	80～100℃加热，降温至−5～20℃，加水，析晶1～2 h，80℃真空干燥10～12 h	[34]
P	丙酮	加热搅拌回流至完全溶解，缓慢降温至5～40℃，搅拌析晶	[35]
Q	二甲亚砜和水	加热回流至完全溶解，缓慢降温至5～40℃，搅拌析晶	[36]
R	THF	物料溶解后，30℃减压蒸干溶剂后，60℃干燥24 h	[37]
S	DMF	加热至100℃，加水，保温1 h，冷却至20℃，抽滤，60℃干燥24 h	[37]
T	N-甲基-2-吡咯烷酮	加热至80℃，加水，保温1 h，冷却至20℃，抽滤，60℃干燥24 h	[37]
X	丁酮	加热回流溶解，冷却至室温，搅拌析晶2 h，过滤，60℃干燥	[38]
Y	丙酮和乙腈	加热回流溶解，滴加乙腈，室温搅拌析晶1 h，过滤，60℃干燥	[38]
Z	异丙醇	加热回流溶解，冷却至室温，搅拌析晶1～2 h，过滤，60℃干燥	[38]
Ⅰ	硝基甲烷	由晶型Ⅱ加热至约205℃制得	[39]
Ⅱ	硝基甲烷	75℃加热，微孔过滤，迅速冷却，搅拌析晶30 min，过滤，真空干燥3 h	[39]

文献报道的晶型A的制备方法主要有以下几种：① 以甲醇和水为溶剂，工艺再现性较差[40]；② 以丙酮、丁酮或95%乙醇、95%丁醇为溶剂，在−15～0℃条件下析晶8～10 h，析晶温度较低且时间较长[41]；③ 以无水乙醇和水为溶剂，需分段降温且要加

入晶种[42]；④ 以乙醇和水为溶剂，需要加入晶种且收率较低[43]；⑤ 以丙酮为溶剂，工艺简单但收率较低[44]；⑥ 以乙腈或乙腈-水为溶剂，需用到二类溶剂[45]。

结晶工艺直接影响非布司他产品的质量。本案例通过正交实验和单因素实验得到最佳工艺条件：以无水乙醇为溶剂，通过冷却结晶法，75 ℃溶解后降温析晶得到晶型 A，收率为 93%～96%。该工艺操作简单，再现性好，更安全环保，无须加入晶种；与方法②相比，无须低温且时间更短；溶剂可循环套用 2 次，工业化生产成本降低。由其他晶型转化为晶型 A 的报道较少，本案例以不同晶型的非布司他为原料制得晶型 A，并确定了晶型转化条件，比较适合工业化生产。

10.4.1　实验部分

1. 试剂与仪器

试剂：非布司他[自制[46]，化学含量为 99.60%(ω)，确认为晶型 B(PXRD 检测与原研专利[30]晶型衍射峰基本一致，图 10－3)]；甲醇、无水乙醇、N，N-二甲基甲酰胺(DMF)均购自国药集团化学试剂有限公司；乙腈(上海麦克林生化科技有限公司)；乙酸乙酯(南京化学试剂股份有限公司)；磷酸(天津市科密欧化学试剂有限公司)。如无特别说明，所用试剂均为分析纯。

仪器：DF－101S 型集热式恒温加热磁力搅拌器；50 L 玻璃反应釜(巩义市予华仪器有限责任公司)；DHG－9240A 型电热鼓风干燥箱(上海一恒科学仪器股份有限公司)；D8 Advance 型 X 射线衍射仪(德国 Bruker 公司)；U3000 型高效液相色谱仪(美国赛默飞公司)；GC－2030 型气相色谱仪配备 FID 检测器、顶空自动进样器(日本岛津)。

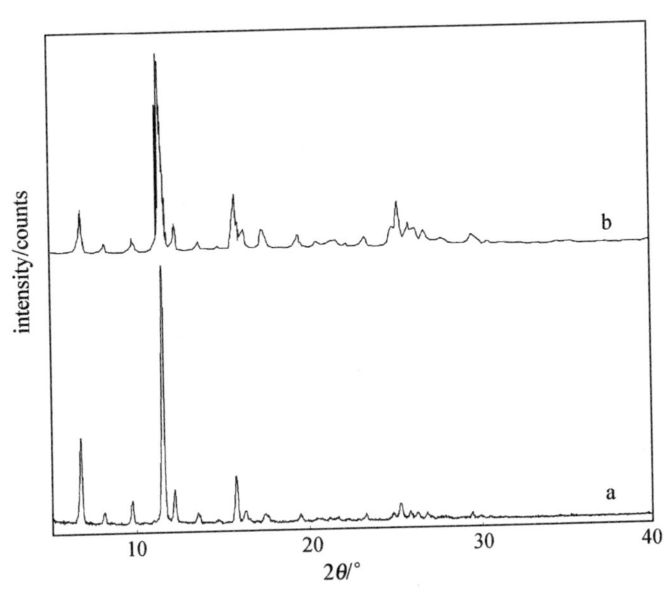

图 10－3　自制非布司他(a)与原研专利(b)PXRD 对比图谱

2. 工艺流程图

以如上所得的非布司他为起始原料，无水乙醇为溶剂，通过冷却结晶法获得目标产物晶型 A，收率为 93%～96%，化学含量为 99.98%(ω)。与原研专利[30]制备工艺相比，无须使用二类溶剂甲醇，无须加入晶种和减压干燥；与文献[41]相比析晶时间更短，无须低温，操作简便，比较适合工业化生产(图 10-4)。

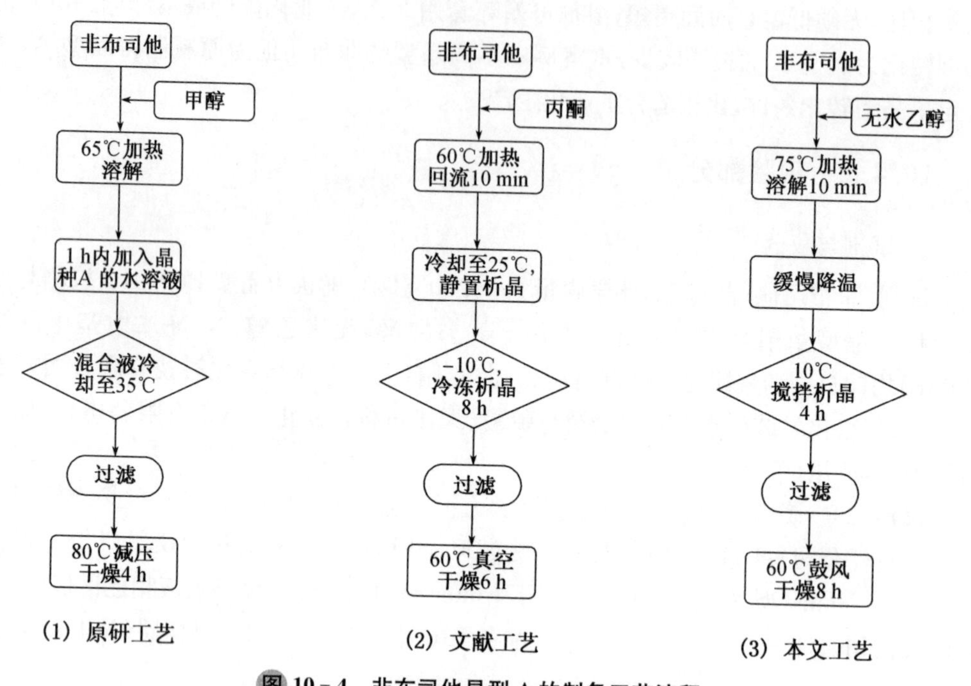

图 10-4 非布司他晶型 A 的制备工艺流程

3. 制备方法

用 10.0 g 非布司他加至 80 mL 无水乙醇中，加热至 75 ℃溶解(约 10 min)，缓慢冷却至 10 ℃，低速搅拌保温析晶 4 h。过滤，滤饼用无水乙醇洗涤，60 ℃干燥 8 h，PXRD 检测为非布司他晶型 A，流程见图 10-4(3)。

4. 表征方法

采用粉末 X 射线衍射仪对非布司他进行测定，测试条件：采用 Cu K_α 靶，管电压为 40 kV，管电流为 40 mA，扫描范围为 5°～40°，扫描步长为 0.02°。

10.4.2 结果与讨论

1. PXRD 分析

非布司他晶型制备研究过程中采用 PXRD 表征获得的 4 种晶型，分别为晶型 A、晶型 B、晶型 C、晶型 D，其 PXRD 如图10-5所示。目标晶型为晶型 A。

产品晶型与原研公司专利[30,40]中晶型的标志性衍射峰对比如表 10-6 所示，衍射图谱基本一致，衍射角 2θ 在允许的±0.2°的误差范围内。将晶型 A 与原研公司 PXRD

对比，标志性强衍射峰为(7.18±0.2)°、(12.80±0.2)°，且(6.62±0.2)°、(7.18±0.2)°呈相邻增强态势；晶型 B 最强标志性衍射峰为(11.50±0.2)°，与原研公司基本一致；晶型 C 标志性强衍射峰为(6.62±0.2)°、(13.336±0.2)°和(15.52±0.2)°，且 3 个标志性衍射峰峰高呈递降态势；晶型 D 标志性强衍射峰为(8.32±0.2)°、(9.68±0.2)°、(12.92±0.2)°、(17.34±0.2)°和(19.38±0.2)°，最强衍射峰为(9.68±0.2)°，如图 10-5 所示。衍射角与标志性衍射峰基本一致，说明本实验条件下制得的晶型均是单一晶型。

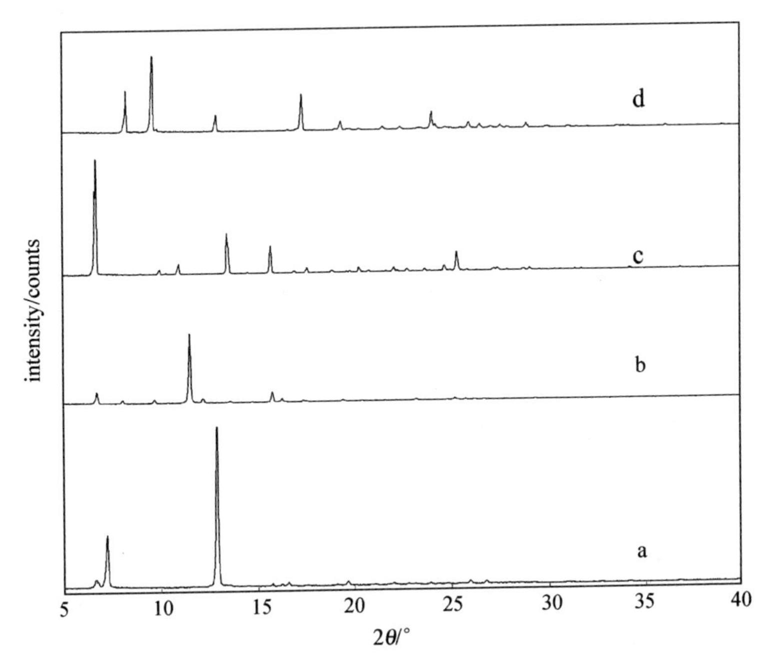

图 10-5　非布司他晶型 A(a)、B(b)、C(c)和 D(d)的 PXRD 图谱

表 10-6　自制晶型与原研专利衍射角对比

晶型	2θ/°	制备方法
A	6.62，7.18，12.80，13.26，16.48，19.58，21.92，22.68，25.84，26.70，29.16，36.70	原研专利[30,40]
A	6.66，7.24，12.88，13.31，16.58，19.65，22.01，22.77，25.92，26.76，29.23，36.80	本案例方法
B	6.76，8.08，9.74，11.50，12.22，13.56，15.76，16.20，17.32，19.38，21.14，21.56，23.16，24.78，25.14，25.72，26.12，26.68，27.68，29.36	原研专利[30,40]
B	6.76，8.08，9.71，11.52，12.18，13.55，15.76，16.25，17.36，19.42，21.13，21.60，23.20，24.80，25.20，25.76，26.13，26.72，27.73，29.33	本案例方法
C	6.62，10.82，13.36，15.52，16.74，17.40，18.00，18.70，20.16，20.62，21.90，23.50，24.78，25.18，34.08，36.72，38.04	原研专利[30,40]

（续表）

晶型	2θ/°	制备方法
C	6.75,10.99,13.45,15.70,16.93,17.59,18.20,18.89,20.26,20.82,22.10,23.70,24.71,25.33,34.17,36.85,38.20	本案例方法
D	8.32,9.68,12.92,16.06,17.34,19.38,21.56,24.06,26.00,30.06,33.60	原研专利[30,40]
D	8.31,9.67,12.92,16.25,17.34,19.38,21.58,24.09,25.98,30.06,33.57	本案例方法

2. 工艺条件考察

用正交实验考察析晶工艺条件。在缓慢降温和搅拌析晶条件下，采用 $L_{16}(4^5)$ 正交实验考察溶剂种类(A)、溶剂用量(B)、溶解温度(C)、析晶温度(D)及析晶时间(E)对制备晶型 A 的影响。因素水平见表 10－7。

表 10－7　制备晶型 A 的 $L_{16}(4^5)$ 正交实验因素水平表

水平	因素				
	溶剂种类	溶剂用量/(w∶v)	溶解温度/℃	析晶温度/℃	析晶时间/h
1	甲醇	1∶15	45	0	2
2	无水乙醇	1∶10	55	10	4
3	乙腈	1∶8	65	20	6
4	乙酸乙酯	1∶5	75	30	8

从正交实验直观分析结果可知，影响制备晶型 A 最显著的因素是析晶温度，其次是溶解温度和溶剂用量，溶剂种类和析晶时间影响最小。最佳实验方案为 $A_2B_3C_4D_2E_{2/3}$，即以无水乙醇为溶剂，溶剂用量为 1∶8，溶解温度为 75 ℃，析晶温度为 10 ℃，析晶时间为 4 h 或 6 h。因为 75 ℃为溶解温度因素的边界温度条件，所以将溶解温度升高至 80 ℃进行考察，结果晶型不变，考虑到能耗等问题，选择 75 ℃为溶解温度。将上述最佳工艺进行小试，均得到晶型 A 且收率变化不大，考虑到工业成本问题，优选 4 h。另外正交试验 8(以无水乙醇为溶剂，溶剂用量为 1∶5，溶解温度为 65 ℃，析晶温度为 10 ℃，析晶时间为 2 h)也可得到晶型 A，虽然能耗较少，但由于溶剂用量少，导致杂质析出增多，化学含量仅为 99.49%(ω)，且析晶时间较短，收率也较低(82%)，故未选用此工艺。通过 3 批小试，上述最佳工艺均可制得晶型 A 产品，且收率和含量都能达到要求。

(1) 降温方式的工艺优化

在最佳正交试验 $A_2B_3C_4D_2E_2$ 条件下，采用不同降温方式进行单因素实验，考察降温速率对非布司他晶型和收率的影响，结果见表 10－8。

表 10-8　降温方式对晶型和收率的影响

降温速率/℃·min^{-1}	收率/%	晶型
5	95.4	B
2	93.6	B
1	95.3	A
0.5	94.6	A

可见相同条件下，缓慢降温可得到晶型 A，而迅速降温会产生爆析现象，导致无法得到晶型 A。因此，最佳降温条件为缓慢降温，控制降温速率在 0.5～1 ℃/min。

(2) 析晶方式优化工艺研究

在最佳正交试验 $A_2B_3C_4D_2E_2$ 条件下，采用不同析晶方式进行单因素实验，考察搅拌速率对非布司他晶型和收率的影响，结果见表 10-9。

表 10-9　析晶方式对晶型和收率的影响

搅拌速率/r·min^{-1}	收率/%	晶型
600	94.1	C
300	95.3	C
100	94.5	A
0	94.7	A

可知相同条件下，静置或低速搅拌析晶可得到晶型 A，而高速搅拌析晶则得到稳定晶型 C，收率变化不大。考虑到工业生产析晶过程中晶体沉淀，可能会造成堵塞底阀等问题，所以优选低速搅拌(100 r·min^{-1})。

(3) 溶剂循环利用考察

按"10.4.1 实验部分"的方法制备非布司他晶型 A，保留母液，用于下一批晶型 A 制备中，考察溶剂循环利用对非布司他晶型和收率的影响，结果见表 10-10。

表 10-10　溶剂循环利用对晶型和收率的影响

溶剂循环利用	收率/%	晶型
第 1 次	96.9	A
第 2 次	98.7	A
第 3 次	95.4	C

可见前两次溶剂循环利用试验晶型不变，且由于母液属饱和溶液，含有部分未析出的产物，因此在溶剂循环利用时有利于收率提高。再增加循环利用次数，可能因母液杂质富集等原因，无法得到晶型 A。综合考虑，可将母液循环利用 2 次，这样能有效降低成本，对工业化生产更有意义。

(4) 晶型转化考察

将得到的非布司他其他晶型按“10.4.1实验部分”的方法制备晶型A，讨论其他晶型是否可以转化为晶型A，结果见表10-11。

表10-11 晶型转化结果

非布司他	收率/%	晶型
晶型B	95.4	A
晶型C	93.5	A
晶型D	93.8	A

可见晶型B、C、D均可转化为晶型A，且收率变化不大。这为晶型A的制备扩展了途径，更有利于工业化生产。

3. 干燥温度对含量的影响

将非布司他湿品干燥温度设为60 ℃[35]，考察干燥温度对有关物质的影响，结果见表10-12。HPLC归一化法：色谱柱Thermo Scientific BDS Hypersil C_{18}柱（4.6 mm×250 mm，5 μm）；流动相A为0.1%磷酸溶液，B为乙腈，梯度洗脱；流速为1.0 mL/min；检测波长为220 nm；柱温为30 ℃。

表10-12 干燥温度对含量的影响

物料	最大单杂/%	总杂/%	含量/%
湿品	0.01	0.03	99.97
干品	0.01	0.02	99.98

通过高效液相色谱检测湿品及干品的有关物质，含量基本保持一致。因此，60 ℃干燥温度不影响产品质量。

(1) 残留溶剂分析

取本试验所得产品分3批通过气相色谱仪对残留溶剂进行检测，结果见表10-13。气相色谱条件：色谱柱DB-624毛细管柱（0.53 mm×30.0 m×3.0 μm）；采用程序升温，初始温度50 ℃，保持6 min，以35 ℃/min速率升温至220 ℃，保持10 min；进样口温度为220 ℃，检测器温度为250 ℃，载气：氮气；顶空条件：平衡温度为100 ℃，平衡时间为30 min，进样体积为1 mL。

表10-13 产品中溶剂残留测定结果

产品批次	甲醇	乙醇	乙腈	乙酸乙酯	DMF
1	未检出	0.002 5	未检出	未检出	未检出
2	未检出	0.001 2	未检出	未检出	未检出
3	未检出	0.005 3	未检出	未检出	未检出
药典限度/%	0.3	0.5	0.072	0.5	0.088

可见各批样品均符合《中华人民共和国药典》(2020年版)的残留溶剂限度，均未检出甲醇、乙腈、乙酸乙酯和DMF，乙醇溶剂残留量在规定限度以内。

(2) 放大试验

综上确立了 10 g 级非布司他晶型 A 最佳工艺条件。为了确保小试研发和放大工艺产品质量的一致性,降低工业化生产风险,可进行公斤级放大进一步验证工艺可行性。工艺操作:① 向 50 L 反应釜中加入 8 倍量的无水乙醇,搅拌下加入非布司他原料;② 加料完毕,加热至 75 ℃搅拌 10 min;③ 将料液缓慢降温至 10 ℃,低速搅拌,保温析晶 4 h;④ 析晶完毕,放料离心,用无水乙醇洗涤,甩干,物料 60 ℃干燥 8 h,产物晶型和收率结果见表 10 - 14。

表 10 - 14　放大工艺的晶型和收率

投料量/kg	收率/%	晶型
1.00	93.8	A
2.00	95.5	A
3.00	96.2	A

由表 10 - 14 可见,公斤级试验均得到晶型 A 及收率稳定的产品。和原研专利 PXRD 对比谱图如图 10 - 6。

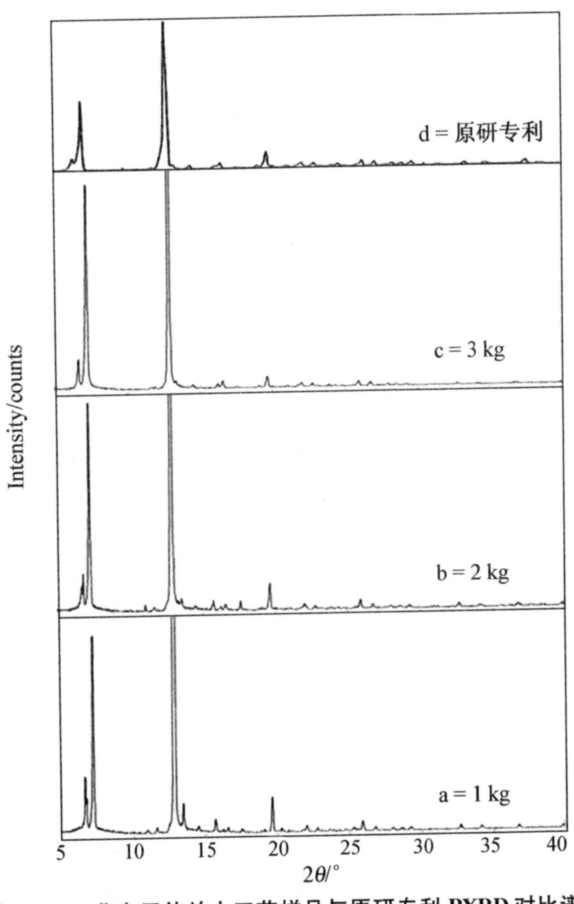

图 10 - 6　非布司他放大工艺样品与原研专利 PXRD 对比谱图

10.4.3 结论

通过正交实验及单因素实验，系统考察了各个工艺参数对晶型的影响，并运用PXRD对制备获得的晶型进行了分析。得到最佳工艺条件：非布司他物料在无水乙醇溶剂量1∶8条件下，控制温度为75℃溶解10 min，缓慢冷却至10℃，低速搅拌保温析晶4 h，离心过滤，无水乙醇洗涤，置于60℃干燥箱中干燥8 h，得到稳定的非布司他晶型A，收率为93%～96%。优化后的工艺无须加入晶种，操作简便，工艺稳定，安全环保。其他人也研究了用其他晶型通过晶型转化得到晶型A的工艺，并通过溶剂循环利用降低成本，为工业制备非布司他晶型A提供基础依据和参考[47]。

习题10

1. 简述反应产物在精细化工生产中的应用。
2. 为什么在有些精细化工的生产中用反应产物作溶剂？
3. 试列出$L^9(3^4)$正交实验表。
4. 请画出非布司他晶型A制备工艺流程图。

参考文献

[1] 于文国. 生化分离技术(第二版)[M]. 北京：化学工业出版社，2010.
[2] 白光清. 药物晶型专利保护[M]. 北京：知识产权出版社，2016.
[3] 刘佩田，闫晔. 化工单元操作[M]. 北京：化学工业出版社，2004.
[4] 张纲，王静康，熊晖. 沉淀结晶过程中添加晶种技术[J]. 化学世界，2002(6)：326－328.
[5] 陆杰. 反应结晶研究[D]. 天津：天津大学，1997.
[6] 孙延喜，常桂祖，董炳利，等. α-型抗氧剂1010结晶研究[J]. 石油技术与应用，2000，17(20)：145－146.
[7] 陈晓艳，孙延喜. β-型抗氧剂及其结晶制备[J]. 弹性体，2001，11(2)：19－22.
[8] 孙延喜，常桂祖，魏玉德. δ-型抗氧剂1010及其结晶制备[J]. 弹性体，2000，10(2)：13－16.
[9] 广州化学试剂一厂. 苯甲酸催化氢化制备环己甲酸[J]. 医药工业，1980(12)：11－12.
[10] Rant Z. 索尔维法制碱[M]. 彭承美译. 北京：化学工业出版社，1983.
[11] Marrine A T, Kirwood M. Arylacetic acids: US2817681[P]. 1957－12－24.
[12] Soai K, Niwa S, Hori H. Asymmetric Self-catalytic Reaction. Self-production of Chiral 1-(3-Pyridyl)alkanols as Chiral Self-catalysts in the Enantioselective Addition of Dialkylzinc Reagents to Pyridine-3-carbaldehyde[J]. Journal of the Chemical Society, Chemical Communications, 1990, 112(14): 982－983.
[13] 乔永锋，彭永芳. 微波辅助苯偶姻合成反应优化[J]. 昆明学院学报，2008，30(4)：3.
[14] Iwamoto K, Hamaya M, Hashimoto N, et al. Benzoin reaction in water as an aqueous medium catalyzed by benzimidazolium salt[J]. Tetrahedron Letters, 2006, 47(2): 7175－7177.
[15] Celebi N, Yildiz N, Demirc A S, et al. Optimization of ben-zoin synthesis in supercritical carbon dioxide by response surface methodology (RSM)[J]. The Journal of Supercritical Fluids, 2008,

47(2): 227 - 232.

[16] 高洋. 手性咪唑鎓盐离子液体的合成及其对安息香缩合反应的催化作用[D]. 兰州:兰州理工大学,2006.

[17] Xu L W, Gao Y, Yin J, et al. Efficient and mild benzoin condensation reaction catalyzed by simple 1-n-alkyl-3-methyimidazolium salts[J]. Tetrahedron Letters, 2005, 46(32): 5317 -5320.

[18] 于海珠,傅尧,刘磊. 经过极性反转的亲核有机催化[J]. 有机化学,2007,27(5):5645 - 5647.

[19] He J M, Tang S B, Tang S C, et al. Assembly of functionalized hydroxy carbonyl compounds via combination of N-heterocyclic carbene and Pd catalysts[J]. Tetrahedron Letters 2009, 50(4): 430 - 433.

[20] White M J, Leeper F J. Kinetics of the thiazolium ion-catalyzed benzoin condensation[J]. Journal of Organic Chemistry, 2001, 66(15): 5124 - 5131.

[21] 张珍明,李树安,王丽萍,等. 3-苄基-5-(2-羟乙基)-4-甲基氯化噻唑鎓绿色合成工艺研究[J]. 精细石油化工,2010,27(1):16 - 18.

[22] 张珍明,李树安,王丽萍,等. 固载型维生素 B1 模拟物的合成与催化安息香缩合反应研究[J]. 化工时刊,2009,23(11):17 - 19,31.

[23] 张珍明,占垚,陈达,等. 一种新型噻唑盐的微波辅助合成及对安息香缩合的催化作用[J]. 兰州理工大学学报,2020,46(2):75 - 79.

[24] Ju C, Lai R, Li K, et al. Comparative cardiovascular risk in users versus nonusers of xanthine oxidase inhibitors and febuxostat versus allopurinol users[J]. Rheumatology, 2019, 45(9): 1 - 10.

[25] Mackenzie I S, Ford I, Nuki G, et al. Long-term cardiovascular safety of febuxostat compared with allopurinol in patients with gout(FAST): a multicentre, prospective, randomised, open-label, non-inferiority trial[J]. Lancet, 2020, 396(10264): 1745 - 1757.

[26] Huang Y Y, Ye Z, Gu S W, et al. The efficacy and tolerability of febuxostat treatment in a cohort of Chinese Han population with history of gout[J]. The Journal of international medical research, 2020, 48(5): 1 - 9.

[27] Yadav J A, Khomane K S, Modi S R, et al. Correlating single crystal structure, nanomechanical, and bulk compaction behavior of febuxostat polymorphs [J]. Acta Crystallographica Section A: Foundations and Advances, 2017, 73(3): C112.

[28] Michio I, Kazuhiro N, Masahiko D, et al. Solid preparation containing single crystal form: EP1488790[P]. 2007 - 06 - 20.

[29] 李丽阳. 非布索坦多晶型、共晶、盐的制备、表征及性质研究[D]. 广州:华南理工大学,2018.

[30] Matsumoto K, Watanabe K, Hiramatsu T, et al. Polymorphic modifications of 2-(3-cyano-4-isobutyloxyphenyl)-4-methyl-5-thiazole-carboxylic acid and processes for the preparation thereof: EP1020454[P]. 2013 - 01 - 23.

[31] 周兴国,唐雪民,邓杰,等. 非布司他的新晶型及其制备方法:CN1970547A[P]. 2007 - 05 - 30.

[32] 周兴国,唐雪民,叶文润,等. 非布司他新晶型及其制备方法:CN101759656A[P]. 2010 - 06 - 30.

[33] 李能刚,贾春容. 非布司他的晶体、制备方法及在药物中的应用:CN101891702A[P]. 2010 - 11 - 24.

[34] 李能刚,贾春容.一种非布司他的晶体、制备方法及在药物中的应用:CN101891703A[P]. 2010-11-24.
[35] 吴剑锋,周航,吕华,等.一种非布索坦的新晶型P及其制备方法:CN101824006A[P]. 2010-04-27.
[36] 吴剑锋,周航,吕华,等.一种非布索坦的新晶型Q及其制备方法:CN101824005A[P]. 2010-09-08.
[37] 闫起强,祁伟,芦甜,等.非布索坦新晶型及其制备方法:CN101928260A[P]. 2010-12-29.
[38] 罗军芝,焦慧荣,郜文斌,等.非布索坦的新晶型及其制备方法:CN101684107A[P]. 2010-03-31.
[39] Andreas H, Ulrich G, Verena A, et al. Polymorphs of febuxostat: EP2977372A1[P]. 2016-01-27.
[40] Matsumoto K, Watanabe K, Hiramatsu T, et al. Polymorphs of 2-(3-cyano-4-isobutyloxyphenyl)-4-methyl-5-thiazolecarboxylic acid and method of producing the same: US6225474B1[P]. 2001-05-01.
[41] 郑家晴,刘淑桂,张建礼,等.非布司他A晶型的制备方法:CN102267957[P]. 2011-12-07.
[42] 谢厅,徐仲军,周玉宝.一种非布司他晶型A及其制备方法:CN103588724B[P]. 2015-05-20.
[43] 施连勇,陈小青,张海波,等.一种非布司他药用晶型的制备方法:CN106565627A[P]. 2017-04-19.
[44] 隋强,王小妹,王哲烽,等.2-(3-氰基-4-异丁氧基苯基)-4-甲基-5-噻唑甲酸的晶型及其制备方法:CN101139325B[P]. 2010-05-12.
[45] 郭美丽,王鹏,陆海波,等.一种非布司他晶型A的制备方法:CN111285822A[P]. 2020-06-16.
[46] 施连勇,张海波,胡涛,等.非布司他的合成及关键中间体杂质研究[J].中国医药工业杂志,2016,47(1):22-24.
[47] 宋航,杨汉跃,李树安,等.千克级非布司他晶型A制备工艺[J].中国医药工业杂志,2022,53(3):388-394.